高等职业教育改革创新系列教材

煤矿开采方法

主　编　苏永成

副主编　李春平　郭建彪　陈四川

参　编　代　强　李阳坤鋆　杨　庆

主　审　孟宪臣

机械工业出版社

本书全面系统地阐述了煤矿开采的基本理论和方法，概括了我国煤矿开采技术的最新理论和先进技术。全书共分 19 个单元，内容包括井田开拓、采煤方法、开采设计、露天采煤和实践教学五个部分。各单元将煤炭开采新理论、新技术和新方法融合在一起，特别突出实践教学。

本书适合职业技术院校和成人教育院校、中职煤矿学校采矿技术专业使用，也可供煤矿通风与安全及其他采矿工程相关专业选用，还可供煤炭企业工程技术人员学习参考。

图书在版编目（CIP）数据

煤矿开采方法/苏永成主编. —北京：机械工业出版社，2014.7（2025.8 重印）
高等职业教育改革创新示范教材
ISBN 978-7-111-46944-5

Ⅰ.①煤…　Ⅱ.①苏…　Ⅲ.①煤矿开采—高等职业教育—教材
Ⅳ.①TD82

中国版本图书馆 CIP 数据核字（2014）第 136096 号

机械工业出版社（北京市百万庄大街 22 号　邮政编码 100037）
策划编辑：汪光灿　责任编辑：汪光灿　王海霞
版式设计：霍永明　责任校对：潘　蕊
封面设计：张　静　责任印制：张　博
固安县铭成印刷有限公司印刷
2025 年 8 月第 1 版第 6 次印刷
184mm×260mm · 23 印张 · 560 千字
标准书号：ISBN 978-7-111-46944-5
定价：68.00 元

电话服务　　网络服务
客服电话：010-88361066　机　工　官　网：www.cmpbook.com
010-88379833　机　工　官　博：weibo.com/cmp1952
010-68326294　金　书　网：www.golden-book.com
封底无防伪标均为盗版　机工教育服务网：www.cmpedu.com

前言

为贯彻《国务院关于大力发展职业教育的决定》，落实国务院关于加快矿业类人才培养的重要批示精神，满足煤炭行业发展对一线技能型人才的需求，教育部、国家安全生产监督管理总局、中国煤炭工业协会决定实施“职业院校煤炭行业技能型紧缺人才培养培训工程”，全面提高教育教学质量，并制定了职业教育煤炭行业技能型紧缺人才培养培训教学方案。本书是按照“方案”要求，根据职业教育特色和教学模式的需要，以及职业院校学生的心理特点和认知规律编写的，以“简明实用”为编写宗旨。为此，本书体现了以下特点：

1. 理论知识与生产实践紧密结合，简化了理论的论述，突出专业理论在生产实践中的应用。

2. 反映煤矿开采新技术、新方法、新设备、新工艺。

3. 适应职业教育的要求，增加了课程实践教学内容，体现了实践教学的重要性。

全书共分四篇：第一篇为井田开拓，第二篇为采煤方法，第三篇为开采设计，第四篇为露天开采。附录为实践教学。考虑到各院校采矿工程类专业教学计划不尽相同，所处地区不同，教学内容各有侧重，本书编写学时数定为160学时，以便各院校根据需要选用。

课时安排推荐表

单　　元	课时	单　　元	课时
单元一　井田开拓基本知识	8	单元十二　柱式采煤法简介	2
单元二　井田开拓方式	8	单元十三　其他采煤方法简介	8
单元三　井田开拓的基本问题	8	单元十四　矿井开采设计	4
单元四　井底车场	4	单元十五　采区方案设计	6
单元五　采煤方法概述	4	单元十六　采区车场轨道路线设计	8
单元六　缓斜、倾斜煤层走向长壁采煤法	18	单元十七　采区硐室设计	6
单元七　近水平煤层长壁采煤法	4	单元十八　露天开采概述	2
单元八　长壁采煤法采煤工艺	20	单元十九　露天矿开采方法	6
单元九　采煤工作面生产技术管理	8	附录A　模型实训	2
单元十　厚煤层放顶煤采煤法	6	附录B　课程设计	10
单元十一　急斜煤层采煤法	12	附录C　课程实习	8

本书由苏永成任主编，李春平、郭建彪、陈四川任副主编。具体编写分工如下：单元五～九、单元十八、十九由重庆能源技师学院苏永成编写；附录由重庆市涪陵区煤管局局长代强与重庆松藻煤电公司陈四川共同编写；单元十～十三由河北能源职业技术学院李春平编

写；前言、绪论由安徽矿业职业技术学院郭建彪编写；单元一～四由重庆能源技师学院李阳坤鎏编写；单元十四～十七由重庆能源技师学院杨庆编写。河北能源职业技术学院孟宪臣对本书提出了许多宝贵意见和建议。

本书在编写过程中参考了相关文献，在此对文献作者表示感谢。

由于时间仓促和编者水平有限，书中错误和缺点在所难免，恳请广大读者批评指正。

编　者

目录

注：加“*”者为中职学校选学内容。

绪　论

煤炭是我国能源的基石，与国民经济关系重大。新中国成立以来，煤炭在我国一次能源消耗结构中的比重一直占70%左右；2011年，煤炭累计年产量，占国内一次能源消耗量的67.5%。根据资源条件和国民经济发展趋势，在今后相当长的时期内，我国以煤炭为主的一次能源结构不会发生根本性变化。

我国是世界煤炭资源蕴藏量最丰富的国家之一。据我国第二次煤田预测资料，埋藏在1000m以下的煤碳总资源量为2.6万亿t，煤炭储量居世界第三位，而且煤种齐全、分布面积广，这就为我国发展煤炭工业提供了必要的基础条件。

我国开采利用煤炭已有几千年的历史，是世界上开采和利用煤炭最早的国家之一。早在春秋战国时期，煤炭就已经成为了一种重要的产品。

新中国成立以来，我国煤炭工业的面貌焕然一新，开发了一批新矿区，建设了一批高产、高效、安全的现代化矿井，矿井生产能力不断提高，煤炭产量不断增长，煤炭工业的科技含量不断增加，产品深加工利用程度越来越高。特别是改革开放以来，煤炭工业发展取得了更为显著的成果，采煤、掘进、运输等环节的机械化和生产集中化程度迅速提高，工作面平均单产工效增长较快，连创多项新纪录。

采煤方法是煤炭工业的关键工艺技术，是建设现代化矿井的基础。走依靠科技进步的发展之路，是我国煤炭工业发展的重要方针。采煤方法改革的根本出路在于发展煤炭生产的机械化、自动化和工艺操作的程序化，达到安全、高产、高效、资源回收率高的目的，并努力达到或接近国际先进水平。

20世纪80年代以来，我国出现了十余种新的采煤方法，采煤方法得到了迅速发展。5.0m以上厚煤层综合机械化放顶煤采煤法等方法得到了进一步改进和完善，已趋于成熟，综采工作面单产和工效不断提高；6.5~7.0m厚煤层大采高一次采全厚采煤法也日渐完善。到2006年末，涌现出了97个单产超百万吨的综采工作面，个别综采工作面单产达5Mt以上，最高工效达288t/工，平均回采效率为178t/工，达到了世界先进水平。神东矿区集团2007年原煤产量达1.1926亿t，全员工效达到100t/工以上。

煤矿开采方法是学习和掌握煤矿开采技术的综合性技术课程。其基本内容是，根据煤矿生产、技术、管理一线高技能人才职业岗位（群）的知识、能力和素质要求，理论结合实际地阐述不同煤层赋存条件下的井田开拓、采煤方法、开采设计、露天开采等专业理论知识和实践知识。

本着为煤炭行业培养面向生产、技术和管理第一线的高等技术应用性人才的目的，本书在内容编排和选材上体现了科学性、先进性和实用性。由于各地区煤田地质条件不同，所采用的开采方式和采煤方法种类繁多，本书从介绍我国煤矿生产建设的基本经验出发，兼顾可供借鉴的国内外先进技术，着重介绍煤矿开采的基本原理和方法，各院校可结合当地煤矿开采技术发展状况，在教学内容上作适当选择。

第一篇

井田开拓

【学习目标】

📖 **知识目标：**

1）掌握井田再划分的原则和方法，以及井田开拓方式的选择与应用。

2）掌握矿井主要运输巷道和井底车场的布置形式。

📖 **技能目标：**

1）理解并能在实践中运用井田开拓方式指导生产。

2）能根据地形、煤炭赋存条件推荐矿井开拓方式。

【任务描述】

我国煤炭行业大部分采用地下开采，需要从地面开凿通道通至地下，再在地下掘一系列巷道和硐室进入煤体。在煤体中布置开采场所，需要建立完善的开采、运输、通风、排水、提升、动力、照明等生产系统，并制订出妥善、合理的安全生产技术措施，就构成了一个矿井完备的生产系统，可以保证矿井安全、合理、经济地生产。

由于煤矿开采的对象是赋存在地下的煤层，受地质条件和生产技术条件的限制和影响，一个矿井所能生产的煤层范围是有限的，往往难以开采整个煤田。因此，一般将一个煤田划分为若干个煤矿进行开采。划归一个煤矿开采的范围称为井田，在一个井田上进行开采的煤矿一般叫矿井。在一个井田范围内，主要巷道的总体部署及其有关参数的确定称为井田开拓。

单元一　井田开拓基本知识

【学习目标】

📖 知识目标：

1）了解井田开拓的概念及分类。

2）掌握煤田划分井田的基本原则，以及矿井储量、生产能力和服务年限三者之间的关系。

3）掌握井田内的再划分方式。

4）理解阶段、水平和区段的基本概念和主要特点。

📖 技能目标：

1）识记矿井巷道的分类。

2）能根据井田划分的基本原则，综合分析矿井储量、生产能力和服务年限三者之间的相互联系，科学地确定井田内的再划分。

课题一　矿井生产概况

【任务描述】

为了开发地下煤炭资源，必须从地面开掘一系列的巷道、硐室进入煤层，并安装各种机电设备，完成各种生产任务，从而构成井下生产系统。

【相关知识】

一、基本概念

1. 煤田

在地质历史发展过程中，由含炭物质沉积形成的基本上连续的大面积含煤地带称为煤田。

2. 矿区

开发煤田形成的社会组合称为矿区。

3. 井田

煤田和矿区的范围都很大，需要将其划分为若干部分分给矿井开采，这种划归给一个矿井开采的部分煤田称为井田。

4. 矿区开发

根据煤炭储量、赋存条件、煤炭需求量、投资环境等情况，确定矿区规模，划分井田，确定井田开拓方式（露天或矿井）、露天或矿井建设顺序，以及矿区附属企业的种类与生产规模及其建设过程等内容，总称为矿区开发。

二、矿井巷道

在煤矿地下开采中，为了提升、运输、排水、动力供应等而开掘的井筒、巷道和硐室，总称为矿井巷道。

（一）按巷道空间位置分类

矿井巷道种类很多，根据巷道的长轴线与水平面的关系，可以将其分为水平巷道、倾斜巷道和垂直巷道三类，如图 1 - 1 所示。

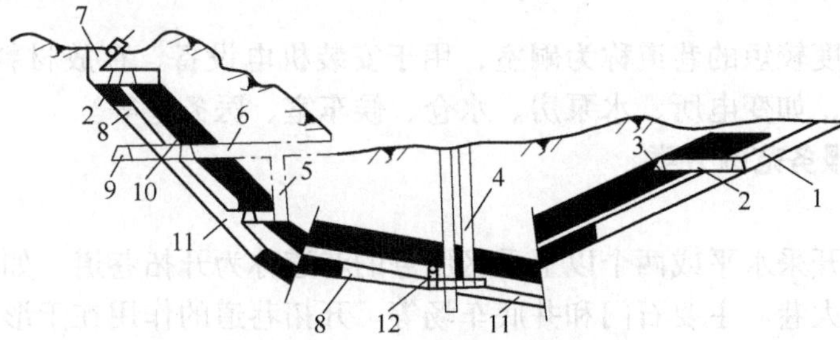

图 1 - 1　矿井巷道

1—斜井　2—石门　3—煤层巷道　4—立井　5—暗立井　6—平硐　7—风井
8—上山　9—岩石平巷　10—煤仓　11—下山　12—溜井

1. 水平巷道

巷道的长轴线与水平面平行的巷道称为水平巷道。实际上，这类巷道并不是绝对水平，为了运输和排水方便，都具有一定的坡度，一般为 3‰ ~ 5‰，如平硐、平巷、石门等。

（1）平硐　直接与地面相通的水平巷道称为平硐，常作运输、通风、行人和排水用。

（2）平巷　沿岩（煤）层走向开掘且没有直通地面出口的水平巷道称为平巷。依据其岩性不同，可分为岩层平巷、煤层平巷和半煤岩巷。为开采水平服务的平巷常称为大巷，如运输大巷。

（3）石门与煤门　没有直接通达地面的出口，在岩层中开凿并与煤层走向垂直或斜交的水平巷道叫做石门，主要作运输、通风和排水用。为开采水平服务的石门称为主要石门，为采区服务的石门称为采区石门。

穿煤层并与煤层走向垂直或斜交的水平巷道称为煤门。

2. 倾斜巷道

巷道长轴线与水平面成一定夹角的巷道称为倾斜巷道，如斜井、上山、下山等。

（1）斜井　与地面直接相通的倾斜巷道称为斜井，一般是从地面沿煤层倾斜方向开掘。其用途是提升煤和矸石、上下人员、下放材料设备、通风、排水等。

（2）暗斜井　不与地面直接相通的斜井称为暗斜井，其用途与斜井大体相同。

（3）上山（下山）　在运输大巷上（下）方，沿煤（岩）层开掘，为一个采区或水平服务的不与地面相通的倾斜巷道称为上（下）山。其按用途和装备可分为运输机上（下）山、轨道上（下）山、通风上（下）山和行人上（下）山等。

3. 垂直巷道

巷道长轴线与水平面垂直的巷道称为垂直巷道，如立井、暗立井等。

（1）立井　自地面往下开凿的垂直巷道称为立井，又称竖井。专门或主要用于提升煤炭的立井称为主井；主要用于提升矸石、下放设备器材、升降人员等辅助提升工作的称为副井。生产中，还经常开掘一些专门或主要用于通风、排水、充填等工作的立井，均按其主要任务命名，如风井、排水井、充填井等。

（2）暗立井　暗立井又称盲竖井，是不与地面直接相通的垂直巷道。用以将下水平开采的煤炭提升至上水平，也可以运送材料、设备、人员或用来通风和排水。

（3）溜井　专门用来溜放煤炭的暗井称为溜井。在采区内部，高度不大、直径较小的溜井称为溜煤眼。

4. 硐室

凡断面较大而长度较短的巷道称为硐室，用于安装机电设备、存放材料或作其他用途，其名称依据用途而定，如变电所、水泵房、水仓、候车室、医务室等。

（二）按井巷的服务范围分类

1. 开拓巷道

为全矿井、一个开采水平或两个以上采区服务的巷道称为开拓巷道，如立井、斜井、平硐、运输大巷、回风大巷、主要石门和井底车场等。开拓巷道的作用在于形成新的或拓展原有阶段或开采水平，为构成完整的生产系统奠定基础。这些巷道的服务年限最长，一般为10~30年。

［视频链接］..\煤矿视频..\采煤方法 flash 集锦\巷道种类.swf

2. 准备巷道

为一个采区或两个以上回采工作面服务的巷道称为准备巷道，如采区石门、采区上山、采区下山、采区车场等。准备巷道的作用在于准备新的采区，以便构成采区的生产系统。这些巷道随采区采完而废弃，服务年限一般为3~5年。

3. 回采巷道

为一个回采工作面服务的巷道称为回采巷道，如区段运输平巷、区段回风平巷和开切眼等。回采巷道的作用在于切割出新的采煤工作面并进行生产。这些巷道随工作面的推进而废弃，服务年限一般为0.5~1年。

开拓、准备、回采是矿井生产建设中紧密相关的三个程序，解决好三者之间的关系，对保证矿井生产的正常进行具有重要意义。

三、矿井生产系统

矿井生产系统由井下生产系统和地面生产系统组成。

（一）井下生产系统

为了采出煤炭，需要开掘一系列的巷道、硐室，并安装各种机电设备，完成各种生产任务，从而构成矿井生产系统。

如图1-2所示的矿井生产系统，其矿井巷道的开掘顺序为：①自地面开凿主井1、副井2进入地下；②当井筒开凿到第一阶段下部边界开采水平高程时，即开凿井底车场3、主要运输石门4，向井田两翼掘进开采水平阶段运输大巷5；③到达采区运输石门位置后，由运输大巷5开掘采区运输石门9通达煤层；④到达预定位置后，开掘采区下部车场10和采区下部材料车场11，然后沿煤层自下而上掘进采区运输上山14和轨道上山15；⑤与此同时，自风井6和回风石门7，开掘回风大巷8；⑥向煤层开掘采区回风石门17、采区上部车场

18、上山绞车房16，与采区运输上山14及轨道上山15相联通；⑦当形成通风回路后，即可自采区两翼掘进第一区段的区段运输平巷20、区段回风平巷23、下区段回风平巷21；⑧当以上巷道掘到采区边界后，即可掘进开切眼24形成采煤工作面。安装好机电设备和进行必要的准备工作后，即可开始采煤。采煤工作面25向采区上山后退回采，与此同时，需要适时开掘第二区段的运输平巷和开切眼，以保证采煤工作面的正常接替。

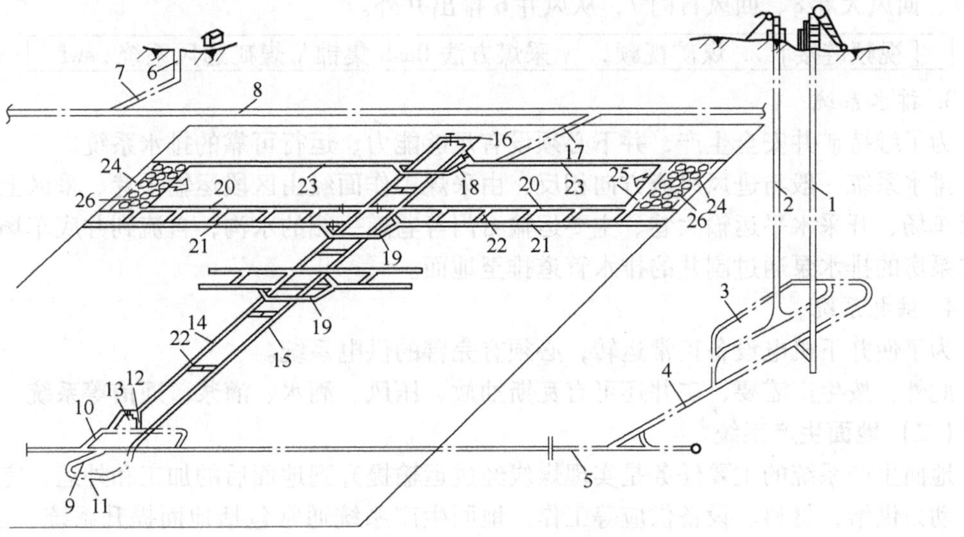

图1-2　矿井生产系统示意图

1—主井　2—副井　3—井底车场　4—主要运输石门　5—运输大巷　6—风井　7—回风石门　8—回风大巷　9—采区运输石门　10—采区下部车场　11—采区下部材料车场　12—采区煤仓　13—行人进风巷　14—运输上山　15—轨道上山　16—上山绞车房　17—采区回风石门　18—采区上部车场　19—采区中部车场　20—区段运输平巷　21—下区段回风平巷　22—联络巷　23—区段回风平巷　24—开切眼　25—采煤工作面　26—采空区

井下生产系统主要包括以下内容。

1. 提升运输系统

提升运输系统包括主要提升运输系统和辅助提升运输系统，前者用于矿井煤炭的提升运输，故又称为运煤系统；后者则用于矸石、材料、设备的提升运输，故又称运料排矸系统。在中小型矿井中，这两个系统的某些环节可合二为一，大型矿井一般都设两套以上的提升运输系统。

在图1-2所示的矿井生产系统中，运煤系统为：从采煤工作面25采下的煤，经区段运输平巷20和采区运输上山14，到采区煤仓12，在采区下部车场10内装车，经开采水平运输大巷5和主要运输石门4，运到井底车场3，由主井1提升至地面。

运料排矸系统为：用矿车将采煤工作面所需材料、设备由副井2下放到井底车场3，经主要运输石门4、运输大巷5、采区运输石门9、采区下部材料车场11，由采区轨道上山15提升到区段回风平巷23，再运到采煤工作面25。采煤工作面回收的材料、设备和掘进工作面运出的矸石，由矿车经与运料系统相反的方向运至地面。

2. 通风系统

为了保证矿井安全生产，必须有完整、可靠的通风系统。通风设备不断把新鲜风流按照一定的路线、风量送到井下各个用风地点，同时把井下的污浊风流排至地面，并将井下各种有害气体稀释到允许浓度以下，以保证井下人员的人身安全及设备的正常运转。通风还可以调节井下温度。

在图1-2所示的矿井生产系统中，通风系统为：新鲜风流从地面经副井2进入井下，经井底车场3、主要运输石门4、运输大巷5、采区下部材料车场11、采区轨道上山15、区段运输平巷20进入采煤工作面25。清洗工作面后，污浊风流经区段回风平巷23、采区回风石门17、回风大巷8、回风石门7，从风井6排出井外。

[视频链接]..煤矿视频..\采煤方法flash集锦\煤矿通风系统.swf

3. 排水系统

为了维持矿井安全生产，井下必须设有足够能力、运行可靠的排水系统。

排水系统一般与进风风流方向相反，由采煤工作面经由区段运输平巷、采区上山、采区下部车场、开采水平运输大巷、主要运输石门等巷道一侧的水沟，自流到井底车场水仓，再由水泵房的排水泵通过副井的排水管道排至地面。

4. 供电系统

为了使井下机电设备正常运转，必须有完善的供电系统。

此外，按生产需要，矿井还可有瓦斯抽放、压风、洒水、灌浆、通信等系统。

（二）地面生产系统

地面生产系统的主要任务是实现煤炭经过运输提升到地面后的加工和外运，完成矸石排放、动力供给，材料、设备供应等工作。地面生产系统通常包括地面提升系统、运输系统、排矸系统、选煤系统和管道路线系统。

1. 地面生产系统的类型

（1）无加工设备的地面生产系统　这种生产系统适用于原煤不需要进行加工，原煤提升到地面以后，经由煤仓或储煤场直接装车外运的情况。

（2）设有选矸设备的地面生产系统　这种生产系统适用于需要对原煤排除大块矸石的煤矿或生产焦煤的煤矿。

（3）设有筛分厂的地面生产系统　这种生产系统适用于生产动力煤和民用煤的煤矿。原煤提升到地面后，需要按照用户对煤质与粒度的要求进行选矸和筛分，将不同粒度的煤分别装车外运。

（4）设有洗选厂的地面生产系统　这种生产系统适用于产量较大、煤质符合洗选要求的矿井。

2. 地面排矸运料系统

矿井在建设和生产期间，掘进和采煤都要使用或补充大量的材料、更换和维修各种机电设备，有大量的矸石运出矿井。

（1）矸石场的选址及类型　由于矸石易散发粉尘，有的有自燃发火危险，在选择矸石场时，一般选择在工业广场、居民区的下风方向，并且地形须有利于堆放矸石，尽量不占或少占良田。

矸石不得堆放在水源上游和河床上；能自燃的矸石不能堆放在煤层露头、表土下10m以内有煤层的地面上，或采空区可能塌陷而影响到井下的范围内。

矸石场按照矸石的堆积形式可以分为平堆矸石场和高堆矸石场两种。当地面工业场地及其附近起伏不平，且矸石无自燃发火危险时，可利用矸石将场地附近的洼地、山谷填平覆土换田，这种堆放矸石的方式称平堆矸石场。目前采用较广泛的是高堆矸石场。这种矸石场堆积矸石的高度一般为25～30m，矸石堆积的自然坡角为40°～45°。

（2）材料、设备的运输　矿井正常生产期间，需要及时供应各种材料、设备，维修各种机电设备。由于这些物料主要经由副井上下，因此材料、设备的运输系统都必须以副井为中心。一般副井井口至木材加工场、机修厂和材料库等道路，都铺有运输窄轨铁路。运往井下的材料设备装在矿车或材料车上，由电动机车牵引到井口，再通过副井送到井下；井下待修的机电设备，也装在矿车或平板车上，由副井提升到地面，用电动机车牵引送往机修厂。

3. 地面管线系统

为了保证矿井生产的需要，地面工业场地内还需要设上下水管道、热力管道、压缩空气管道、地下电缆、瓦斯抽放管路和灌浆管路等。

课题二　煤田划分为井田

【任务描述】

煤田的范围相当广阔，大煤田的面积可达数千平方公里，储量可达数百亿吨。对于这样大的煤田，如果用一个矿井来开采，在技术上、经济上和安全上都是不合理的。因此开发一个煤田时，应将煤田划分成若干个较小的部分，由若干个矿井进行开采。划归一个矿井开采的那部分煤田称为井田。

在将煤田划分为井田时，应以矿区总体规划为依据，要保证各井田有合理的尺寸和境界，使煤田各部分都能得到合理的开发。

【相关知识】

一、井田划分的原则

1. 充分利用自然条件

在可能的条件下，应尽量利用地形、地物、地质构造、水文地质及煤层特征等自然条件划分井田，以便相对减少煤柱损失，提高资源采出率，减少给开采工作造成的困难，以及保护地面设施等。

2. 有合理的井田范围

井田范围必须与矿井生产能力相适应，保证矿井有足够的储量和合理的尺寸，特别是要使井田有合理的走向长度；避免因矿井水平接续紧张、延伸频繁和井田尺寸过大，而造成开采强度过低，使矿井通风、运输困难等问题。我国合理的井田走向长度一般为：小型矿井不小于1500m，中型矿井不小于4000m，大型矿井不小于7000m。

3. 处理好与相邻井田的关系

划分井田时要处理好与相邻井田的关系，包括矿井与露天矿、生产井与新建井、浅部井与深部井及新建井之间的关系，不能造成邻近矿井开采上的困难或限制邻近矿井的发展，同时要考虑矿井本身的发展。

4. 为矿井发展留有余地

划分井田时，要适当将井田划大一些或划一个后备区，待扩大井型或单独建井时使用。这样可在初期建井节约投资，中后期扩建矿井或新建打矿对矿区发展有利。

5. 直（折）线原则

当不受其他条件限制时，一般应以直线或折线形式作为井田边界，尽量避免采用曲线，这样有利于矿井的设计和生产管理工作。

二、井田划分的方法

依照上述划分井田的原则，常用的划分井田方法有下列几种。

1. 按地质构造划分

将断层、褶曲轴、岩浆岩侵入带等地质构造作为井田自然境界，是优先考虑的最常用方法，如图 1-3 所示。

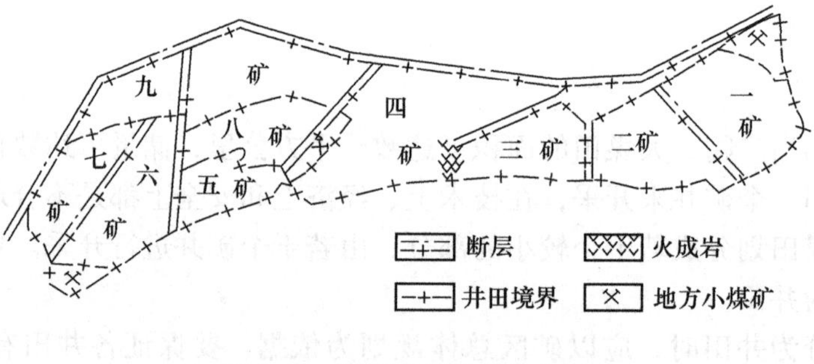

图 1-3　煤田按断层划分井田

【典型案例】

陕西铜川矿区考虑到地层的构造、地形、村镇的位置等情况，分别在三里洞、史家河和王石凹等地修建了煤矿，如图 1-4 所示。铜川矿务局位于陕北高原与关中盆地过渡带，北枕子午岭，南依渭河平原；南距西安 100km，北距黄帝陵 80km、延安 240km，交通运输环境十分便捷。

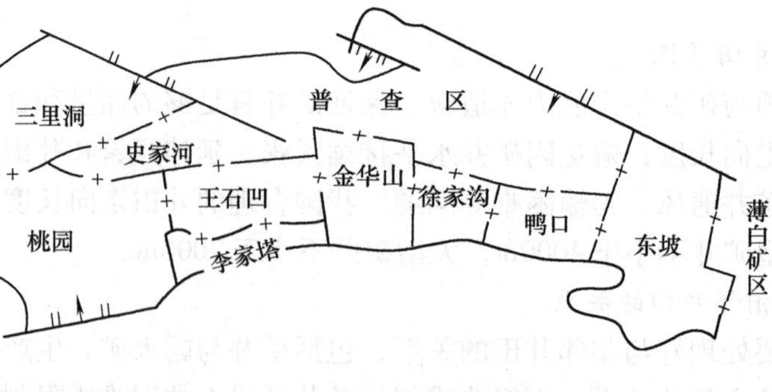

图 1-4　铜川矿区的井田划分

2. 按煤层赋存形态划分

为便于不同矿井划分水平，通常按煤层赋存深浅划分（以某一高称划分）井田。有时为使同一矿井内的巷道布置形式和采煤方法尽可能一致，会按不同区域产状划分井田，如倾角。

3. 按煤质、煤种分布规律划分

为便于对不同煤质、煤种进行管理，在煤质、煤种变化较大的矿区，要尽量将煤质、煤种分界线作为井田境界。如抚顺北龙凤井与龙凤井之间 -400m 以上为长焰煤，-400m 以下为气煤，则以 -400m 为界划分井田。

4. 按地形地物界线划分

在地面河流、铁路、建筑物等需要留煤柱保护时，可以保护煤柱线为界划分井田。

5. 人为划分境界

在其他条件均不受限制时，往往采用人为划分境界的方法。此方法包括垂直划分法、水平划分法和倾斜划分法，如图 1-5 所示。

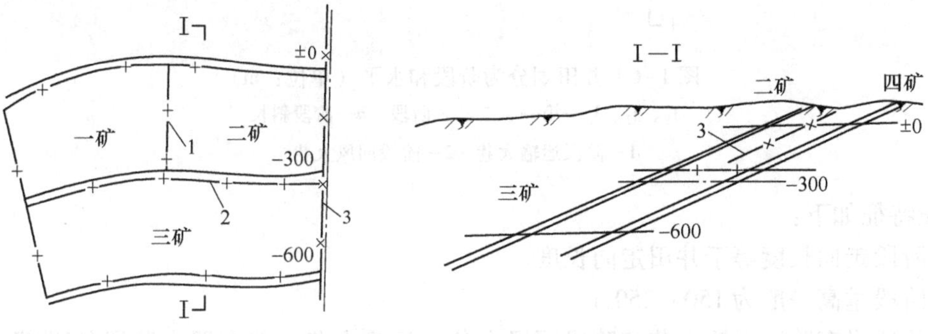

图 1-5　人为划分井田境界（单位：m）

人为划分法可保持井田境界的整齐划一，对巷道布置和开采工作有利，而且减少了矿井之间复杂的“压茬”关系。

课题三　井田内再划分

【任务描述】

煤田划分为井田后，可以布置一套完全、独立的生产系统，但这套生产系统仍不可能把整个井田内的煤一下全采出来，还需要一步一步、一块一块，有计划、有步骤地开采。这就需要把井田进一步划分成若干宜于开采的小部分，对每一个小部分，还可以根据情况进一步划分为更小的区域，直到满足开采工艺要求为止，这个工作称为井田再划分。

【相关知识】

将煤田划分为井田后，每一个井田的范围仍然比较大，其走向长度可达数千米到万余米，倾斜长度可达数千米。因此，必须将井田划分为若干个更小的部分，以便有计划地按照一定的顺序进行井下开采。

一、井田划分为阶段和水平

1. 阶段

开采倾斜和部分缓斜煤层时，通常在井田范围内沿煤层的倾斜方向，按一定高程把煤层划分为若干个平行于走向的具有独立生产系统的长条，每一个长条称为一个阶段，如图1-6所示。

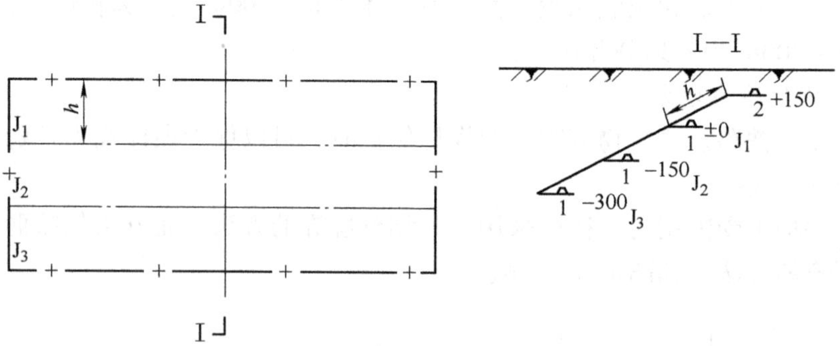

图1-6　井田划分为阶段和水平（单位：m）

J_1、J_2、J_3—第一、二、三阶段　h—阶段斜长

1—阶段运输大巷　2—阶段回风大巷

阶段特征如下：

1）阶段走向长度等于井田走向长度。

2）阶段垂高一般为150～250m。

3）阶段设有阶段运输大巷和阶段回风大巷，运输大巷一般布置在阶段的下部，回风大巷一般布置在阶段的上部。

4）每个阶段有独立的运输和通风系统。

2. 水平

巷道和硐室一般布置在某一高程的水平面上，这一水平面简称水平。水平常用高程、开采顺序、用途来表示，如图1-5中的“±0”“-150”“-300”等。在矿井生产中，为说明水平的位置和顺序，相应地称其为±0m水平、-150m水平、-300m水平等，或称为第一水平、第二水平、第三水平等。通常将设有井底车场、阶段运输大巷且担负全阶段运输任务的水平，称为开采水平，也简称水平；将设有主要回风巷道的水平称为回风水平。

根据煤层赋存条件，一个井田可以用一个水平开采，也可以用几个水平开采，前者称为单水平开拓，后者称为多水平开拓。

单水平开拓是用一个开采水平把井田沿倾斜划分为两个阶段。在水平以上的阶段，采出的煤炭向下运到开采水平，称为上山开采阶段；在水平以下的阶段，采出的煤炭向上运到开采水平，称为下山开采阶段。

单水平开拓一般用在煤层倾角较小（<16°），倾斜长度也较小的井田；多水平开拓是用两个以上开采水平开采整个井田，一般用于煤层倾角、范围较大的井田。多水平开拓时，根据水平服务的阶段布置方式，又可分为多水平上山开拓和多水平下山开拓。

阶段和水平是两个不同的概念，它们既有联系，又有区别。阶段表示井田范围的一部分，水平是指布置大巷某一高程的水平面。但广义的水平不仅表示一个平面，同时也指一个范围，即包括所服务的相应阶段。

二、阶段内的再划分

井田划分成阶段后，阶段内的范围仍然较大，不能直接布置采煤工作面，必须再划分为更小的块段，以适应开采技术的要求。

阶段内的划分一般有三种方式：分区式、分段式和带区式。

［视频链接］..\煤矿视频..\采煤概论－视频\前言3－矿井开发.swf

1. 分区式划分

在阶段范围内，沿走向将阶段划分为若干具有独立生产系统的块，每一个块称为一个采区，如图1-7所示。

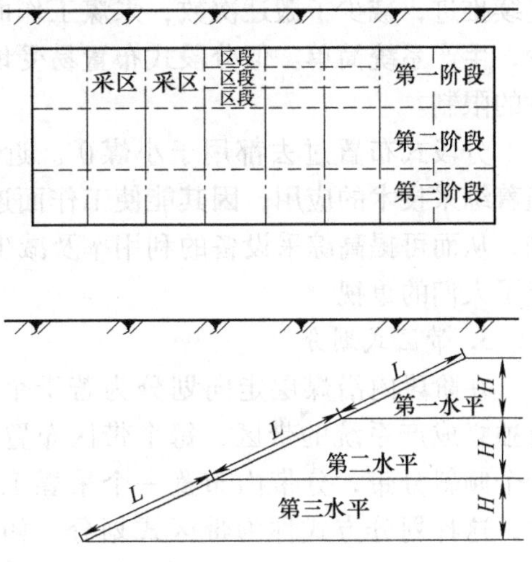

图1-7　阶段内的分区布置

L—阶段斜长　H—阶段垂直高度

采区倾斜长度与阶段斜长相等。采区的走向长度为400～2000m，甚至更长，采区斜长一般为600～1000m。在这样的斜长范围内，如采用走向长壁采煤法，还要沿煤层倾斜将采区划分为若干个长条部分，称为区段。如图1-7中，采区划分为三个区段，每个区段布置一个采煤工作面，工作面沿走向推进。每个区段下部边界开掘区段运输平巷，上部边界开掘区段回风平巷；各区段平巷通过采区运输上山、轨道上山与开采水平大巷连接，构成生产系统。区段的斜长等于采煤工作面长度、运输平巷和回风平巷的宽度与煤柱宽度之和。

有些小煤矿的阶段斜长不大，也可不划分为区段，即整阶段布置一个回采工作面，称为整阶段布置。

在采区内，为了进行生产，必须用上（下）山把各区段平巷与开采水平联系起来。根据上（下）山在采区中的位置，采区可分为双面采区和单面采区。

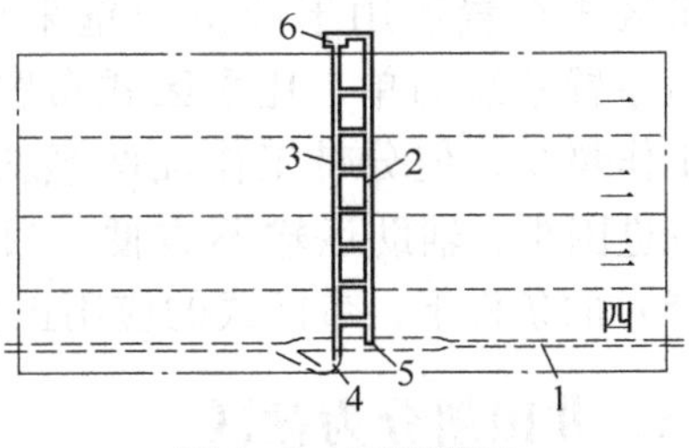

图1-8　双面采区

1—阶段运输大巷　2—输送机上山　3—轨道上山　4—采区下部车场　5—采区煤仓　6—绞车房　一、二、三、四—区段

采区上（下）山位于采区中央，并在上（下）山的两翼布置回采工作面时称为双面采区，如图1-8所示。这种方式使用得较多。

采区上（下）山位于采区一侧，并只能在其一翼布置回采工作面时称为单面采区。这种方式应用不多，只在受地质构造的限制，或在安全上有特殊要求（如有冲击地压或瓦斯和煤突出危险煤层）时才采用。

2. 分段式划分

在阶段范围内，不再划分采区，而是沿煤层的倾斜方向将煤层划分为若干个走向条带布置一个采煤工作面，称为分段（图1-9）。采煤工作面沿走向方向由井田中央向井田边界推进，或者由井田边界向井田中央连续推进。

分段的倾斜长度和区段斜长相同，分段的走向长度等于井田走向全长。

与分区式相比，分段式减少了采区上（下）山及其硐室的工程量；采煤工作面可以连续推进，减少了搬迁次数；采煤工作面数量少，生产系统简单。但分段式布置易受地质条件的限制。

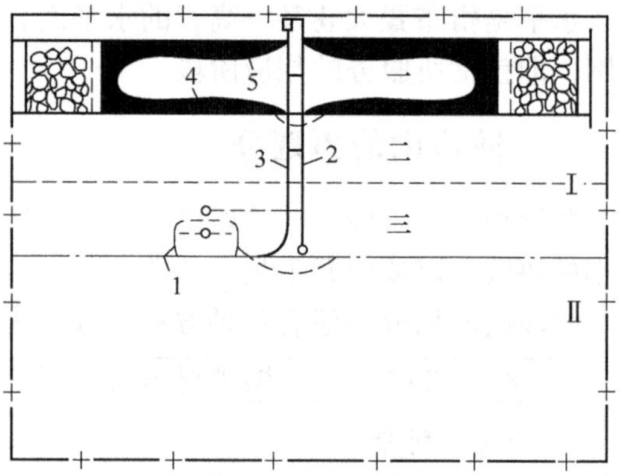

图1-9　分段式布置

Ⅰ、Ⅱ—阶段　一、二、三—分段　1—阶段运输大巷　2—阶段输送机上山　3—阶段轨道上山　4—分段运输巷　5—分段回风巷

分段式布置过去都用于小煤矿。近年来，随着综采技术的应用，因其能使工作面连续推进，从而可提高综采设备的利用率及减少搬迁时间，并能充分发挥综采的效能，故又重新引起了人们的重视。

3. 带区式划分

在阶段内沿煤层走向划分为若干个具有独立成产系统的带区，每个带区布置若干个倾斜分带，分带内布置一个采煤工作面，这种划分方式称为带区式划分，如图1-10。

分带内，采煤工作面沿煤层倾斜方向仰斜或俯斜推进，即由阶段的下部边界向上部边界，或者由阶段的上部边界向下部边界推进。

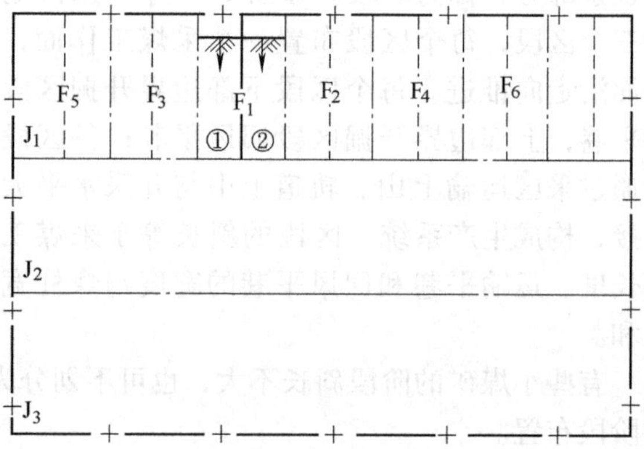

图1-10　带区式划分

F_1、F_2、…—带区　①、②—分带

带区式布置适用于倾斜长壁采煤法，其巷道布置系统简单，比采区式布置巷道掘进工作量少；但分带工作面两倾斜回采巷道掘进困难、辅助运输不方便。目前，我国大量应用的还是采区式。在煤层倾角较小（$<12°$）的条件下，带区式的应用正在进一步扩大。

三、井田划分为盘区

开采煤层倾角较小的近水平煤层时，按高程划分井田已无实际意义。这时，沿煤层主要延展方向布置运输大巷，在主要水平大巷两侧划分若干采掘区，每个采掘区叫做一个盘区。盘区内的巷道布置方式及生产系统与采区基本相同，有独立的运输系统和通风系统，如图1-11所示。

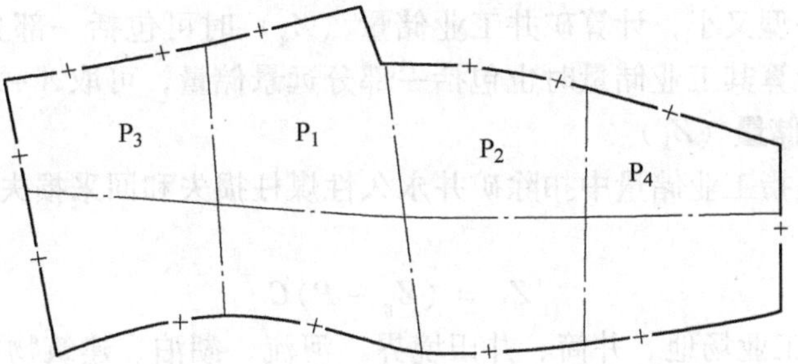

图 1-11　井田划分为盘区

P_1、P_2、P_3、P_4—第一、二、三、四盘区

课题四　矿井储量、生产能力和服务年限

【任务描述】

矿井储量是建井的重要依据之一，矿井生产能力是煤矿建设和生产过程中体现矿井经济效益的最重要的指标，矿井服务年限与矿井储量、生产能力应有比较合理的关系。

【相关知识】

一、矿井储量

矿井储量是在划定的井田范围内，根据勘探资料计算得到的煤炭埋藏量，它是进行矿井设计和生产建设的依据。

根据工业要求，按开采技术条件及储量被查明的程度，可对矿井储量进行分类，如图 1-12 所示。

矿井地质储量
- 能利用储量 $(A+B+C+D)$
  - 工业储量 $(A+B+C)$
    - 可采储量
    - 设计损失量
  - 远景储量 D
- 尚难利用储量

图 1-12　矿井储量的分类

（一）矿井地质储量（Z）

矿井地质储量是经过地质勘探查明的储量，包括能利用储量和尚难利用储量。能利用储量是指在目前技术条件下，煤层的主要质量指标（如灰分含量、发热量等）和经济技术指标（如煤层厚度、赋存条件等）都符合工业要求，可供开采的储量。尚难利用储量是指煤层的质量指标和经济技术指标不能满足当前的工业要求，目前暂不能开采，但今后可能被利用和开采的储量。

（二）矿井工业储量（Z_g）

矿井工业储量是指地质储量中，符合工业要求和开采技术条件的那部分储量，它是进行矿井设计的资源依据，一般列入能利用储量中的 $A+B+C$ 级储量，不包括作为远景的 D 级储量。缺煤地区的一些煤层赋存不稳定、构造较复杂的煤田，达到高级储量（A、B 级）的勘探工程量太大而井型又小，计算矿井工业储量（Z_g）时可包括一部分 D 级储量。为便于地方小煤矿发展，计算其工业储量时也包括一部分远景储量，可取 $A+B+C+0.5D$。

（三）矿井可采储量（Z_k）

矿井可采储量是指工业储量中扣除矿井永久性煤柱损失和回采损失后，实际可以采出的储量，即

$$Z_k = (Z_g - P)C \tag{1-1}$$

式中 P——为保护工业场地、井筒、井田境界、河流、湖泊、建筑物等留置的永久煤柱损失量；

C——采区采出率（%）。

采区采出率是指采区工业储量中，可以采出的那部分储量占采区工业储量的百分比。采区采出率的高低是衡量矿井生产技术和管理水平的重要标志之一。采出率低，煤炭资源损失就大，这不仅损失了国家资源，缩短了采区与矿井的生产时间，造成采区接续紧张，影响矿井的均衡生产，而且容易引起煤层自燃发火，增加瓦斯涌出量，威胁安全生产。因此，《煤炭工业矿井设计规范》对采区采出率作出了明确的规定：

1）薄煤层不得小于85%。

2）中厚煤层不得小于80%。

3）厚煤层不得小于75%。

同时，还规定了采煤工作面采出率不得小于的数值：薄煤层97%，中厚煤层95%，厚煤层93%。

二、矿井生产能力

矿井生产能力通常指矿井设计的年生产能力，也称井型。矿井生产能力是煤矿生产建设的重要指标，是选择井田开拓方式的重要依据之一。

（一）矿井井型分类

为了便于矿井生产的计划和管理，设计实行定型化，机电设备等生产供应实行系列化。按矿井设计生产能力的大小，我国的矿井可划分为四类：

1）特大型矿井：600 万 t/年以上。

2）大型矿井：120、150、180、240、300、400、500、600 万 t/年。

3）中型矿井：45、60、90 万 t/年。

4）小型矿井：30 万 t/年及以下。

除小煤矿外，设计时不应出现介于两种设计生产能力的中间类型。

（二）矿井生产能力的确定

矿井生产能力的大小，各有其特点。大型矿井产量大，装备水平高，生产集中，效率高，成本低，服务年限长，增产潜力大，能较长期地供应煤炭，是我国煤炭工业的骨干；但初期工程量大，建井期长，施工技术要求高，需要较多的设备，特别是重型设备，吨煤投资高，生产管理复杂。小型矿井初期工程量小，建设周期短，投资少，技术装备简单，施工技术要求不太高，容易管理；但是生产分散，效率低，成本高，矿井服务年限短，矿井接替频繁，而且占用地面面积相对较多。

要确定出合理的井型，必须了解影响矿井生产能力的因素。

1. 地质条件与开采技术条件

影响矿井生产能力的地质因素包括井田煤炭储量、煤层生产能力、煤层埋藏条件、地质构造和煤层开采条件等。

煤炭储量丰富、地质构造简单、煤层生产能力大、开采条件好的井田，矿井生产能力就大；反之，矿井生产能力就小。

矿井生产能力的基础是工作面数量和单产。要实现集中生产，一期应以开采一个水平来保证矿井的设计生产能力，因此矿井内同时生产的采区数，实际上就是一个水平内同时生产的采区数。目前，现代化高产高效矿井大多已实现一矿一井一面（或两面）的高度集中生产。

对储量不是很丰富，煤层生产能力不大；或者储量较丰富，但多数为薄煤层，开采条件差；或者地质构造复杂，以及煤层有煤和瓦斯突出危险者，宜建中小型矿井。

提高工作面单产是实现集中生产，达到高产、高效的关键，因此确定井型时，还需根据地质条件选择合适的工艺及设备。

2. 各生产环节的能力

矿井的提升、运输和通风能力，以及大巷和井底车场的通过能力都制约着井型的大小。但对于新设计矿井来说，一般根据井型大小选择与各环节所需能力相适应的设备。通常新设计矿井的各环节都应有30%～50%的储备能力。

3. 储量条件

矿井生产能力应与其储量相适应，以保证有足够的矿井和水平服务年限。我国各类井型的矿井和第一水平设计服务年限的要求见表1-1。表中列举的数值有一个较大的范围，井下较大时宜取大值，井型较小时可取小值。

表1-1 我国各类井型矿井和第一水平设计服务年限的要求

矿井设计生产能力/(万t/年)	矿井设计服务年限/年	第一水平设计服务年限/年		
		煤层倾角<25°	煤层倾角=25°～45°	煤层倾角>45°
>600	70	35	—	—
300～600	60	30	—	—
120～240	50	25	20	15
45～90	40	20	15	15
9～30	各省自定			

4. 安全生产条件

矿井瓦斯、矿井水等也影响矿井生产能力。例如，当矿井瓦斯涌出量很大，所需的风量很大时，通风能力可能成为限制井型的决定性因素；当地质构造破坏严重、水文地质复杂、煤层自燃发火严重，对安全生产威胁很大时，也必然会限制矿井生产能力的提高。

5. 经济条件

由于生产盈亏主要取决于原煤成本，所以在确定矿井生产能力时，应以原煤成本最低为准则。原煤成本由经营费与固定资产折旧费构成。经营费一般占总成本的75%～90%，是成本构成的主要部分；固定资产折旧费一般占总成本的10%～25%。

当井田储量一定时，随着井型的增大，为全矿开采服务的固定资产也随之增加。由于折旧费是按可采储量分摊的，势必会使开采成本中的折旧费增加。相反，如果井型过小，由于服务年限延长，管理费、维修费、排水费和人工费相对上升，也会使吨煤成本提高。

具体设计时，确定生产能力要考虑许多因素，为了降低生产成本，始终保持良好的经济效益，应从折旧费和经营费的各项影响因素着手，结合实际条件采取最优方案。

上述因素中，储量是基础，能力是关键，安全是保证，高产、高效是目的。

三、矿井服务年限

矿井的服务年限是指矿井从投产到报废的全部生产时间，包括生产递增期、正常生产期和生产递减期。矿井服务年限必须与井型相适应。

矿井可采储量 Z_k、设计生产能力 A 和矿井服务年限 T 三者之间的关系为

$$Z_k = TAK \tag{1-2}$$

式中 K——矿井储量备用系数，矿井地质条件复杂时取1.5，地质条件好时取1.4，地方小煤矿可取1.3。

确定井型时考虑储量备用系数的原因是，矿井各生产环节有一定的储备能力，矿井投产后，产量迅速提高，局部地质条件变化，使储量减少；有的矿井由于技术原因，使采出率降低，从而减少了储量。为保证有合适的服务年限，确定井型时，必须考虑储量备用系数。

当井型一定时，其服务年限必须与井型相适应，这样才能获得好的技术经济效果。矿井服务年限长，能有效利用井巷、地面建筑和机电设备，充分发挥投资的作用，使分摊到每吨煤的折旧费用减少；对于矿区均衡生产，大型矿井服务年限长些会长期稳定地提供煤炭，也能充分发挥附属企业的效能；可避免出现矿井接续紧张等问题。但从另一方面来看，矿井服务年限长，则矿区开发强度低，积压储量和积压勘探与建设资金，不能充分发挥投资效益；井田范围大，矿井的生产经营费用相应增加；现代新技术飞速发展，而设备的更新周期为10~20年，服务年限长，对采用新技术很不利。近年来，国外有服务年限变短的发展趋势。我国兴隆庄、东滩、燕子山、西曲、大兴等矿井的年生产能力为300~500万t，服务年限为81~139年，而俄罗斯、英国、德国、美国的一些矿井，其年生产能力为300~1100万t，服务年限仅为25~45年。

随着科学技术的发展，各种新技术、新工艺、新装备、新材料不断出现，使矿井的开采技术和装备条件不断完善，加上国民经济对煤炭的需求和能源结构的变化，矿井井型和服务年限之间的合理关系将不是一成不变的。

【知识拓展】

技能训练

模型实训一 矿井模拟巷道类型的识别

【实训目标】

通过矿井模拟巷道及生产系统模型实训，掌握巷道的名称、形式、用途、主要技术装备及其同周围岩层的空间关系，进一步建立矿井巷道的空间概念。

【任务描述】

1）矿井生产系统模型。

2）斜井单水平采区式开拓方式模型。

3）立井多水平采区式开拓方式模型。

4）斜井单水平带区式开拓方式模型。

5）平硐开拓方式模型。

6）几种形式的综合开拓方式模型。

7）几种形式的井底车场线路及硐室模型。

【任务实施】

一、实训教学过程

1）按每小组10～15人分组，每小组安排一组实训模型。

2）指导教师介绍模型实训的目的、方法、要求和注意事项。

3）各小组在指导教师的指导下，采用观摩、讨论、绘图等方式进行实训。

4）完成一组实训模型之后，小组之间互相交换模型，进行另一组模型实训。

5）指导教师对实训开展情况进行指导和检查。

6）实训结束前，指导教师对实训情况进行总结。

二、实训要求

1）实训前，学生必须复习课程的相关知识，预习实训指导书，做好实训前的准备工作。

2）实训教学的重点和难点是建立矿井巷道的空间概念。要求学生在实训中认真对照模型，结合教学内容，理解巷道名称及其位置、用途、安装的设备、与岩（煤）层之间的关系。

3）实训结束后认真撰写实训报告书。

三、实训注意事项

1）指导教师要维护好实训教学秩序，确保每个同学都能认真地进行实训。

2）实训过程中要爱护模型设施，以免损坏。

3）分组进行观摩实训，避免各组之间相互干扰。

【任务考评】

实训考核成绩由两部分组成：一是考核学生在实训教学中的态度和独立完成能力（见表1-2），二是考核学生的实训报告书。

表 1-2　模拟巷道模型制作检测表

测评项目	应得分值/分	小组自评	小组互评	教师评价	实际得分
态度	20				
独立完成能力	65				
知识拓展	15				
合计	100				
说明	对口述部分，语言表达要求顺畅、清晰；教师结合各项表现进行综合考评。				

注：实际得分用分数标出。得分结果包括优秀（>90 分）、良好（80~90 分）、中等（70~80 分）、合格（60~70 分）、不合格（<60 分）。

【练习】

按照指导教师的要求，选择一个矿井开拓方式模型或井底车场模型，绘制其巷道布置剖面图，标注出巷道的名称，并叙述该巷道的用途。

思考与练习

1. 何谓煤田、矿区、井田？
2. 井田划分时依据的原则是什么？划分方法有哪些？
3. 如何确定矿井的生产能力和服务年限？
4. 矿井巷道是如何进行分类的？
5. 如何区分石门和平巷？
6. 简述矿井开拓、准备和回采的含义及作用。
7. 确定矿井服务年限时为何要考虑储量备用系数？
8. 绘图并说明矿井主要巷道及主要生产系统。

单元二　井田开拓方式

【学习目标】

📖 知识目标：

1）掌握平硐、斜井、立井开拓的特点及适用条件。

2）掌握选择井硐形式、数目、位置及矿井通风方式的方法。

📖 技能目标：

1）能根据井田内煤层赋存条件的不同和各种开拓方式的主要特征，合理选择井田开拓方式。

2）具备区分不同开拓方式适合相应地形、煤层的能力。

课题一　井田开拓的概念

【任务描述】

由于井田内煤层的赋存状况及地质、地形等条件不同，所以进入煤层的方式、井田及阶段内的划分方式也不同，即开拓方式不同。因此，井田开拓方式的内容应包括：井硐的形式；水平的设置及开采顺序；阶段内的划分方式。通常以不同的井硐形式进入煤层，作为井田开拓方式的主要表征。

【相关知识】

一、井田开拓方式及分类

在一个井田范围内，为了采煤，从地面向地下开掘一系列巷道进入煤体，建立矿井提升、运输、通风、排水和动力供应等生产系统的过程，称为井田开拓。这些用于开拓的井下巷道的形式、数量、位置及其相互联系和配合称为开拓方式。须对技术上可行的多种开拓方式进行井下技术、经济比较后，才能确定合理的开拓方式。

由于具体的井田地质条件和开采技术条件有较大的差异，所以井田开拓方式的种类很多。

1. 按井筒（硐）形式分类

按井筒（硐）形式，可分为立井开拓、斜井开拓、平硐开拓和综合开拓。近年来，由于特大型矿井的出现，还出现了多井筒分区域开拓方式。

2. 按开采水平数目分类

按开采水平数目，可分为单水平开拓和多水平开拓。

3. 按开采水平大巷的布置方式分类

按水平大巷所在的层位和布置方式可分为：分煤层大巷开拓，即每个煤层设置大巷；集中大巷开拓，即煤层群中只设置一条或一对（皮带大巷和轨道大巷）大巷，通过采区石门与各煤层联系；分组集中大巷开拓，即将煤层群分组，在各分组中设置集中大巷。

4. 按开采方式分类

按开采方式，可分为上山式、上下山式及混合式。上山式，即开采水平只开采上山阶段，阶段内一般采用采区式准备；下山式，即开采水平只开采下山阶段，阶段内采用采区式准备或带区式准备；对于近水平煤层，开采水平分别开采井田上山部分及下山部分，采用盘区式或带区式准备；混合式是上述方式的综合应用。

图 2 - 1 所示为我国常用的开拓方式分类。

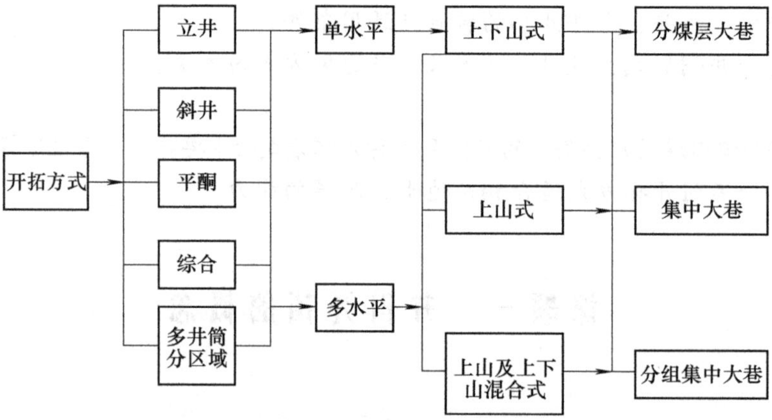

图 2 - 1　开拓方式分类

二、确定井田开拓方式的原则

井田开拓方式的选择是煤矿建设中的重要问题，开拓方式选择得是否正确，关系到整个矿井生产的长远利益，以及矿井的基建工程量、初期投资和建设速度，从而影响矿井经济效益。井田开拓方案一经实施，若再发现不合理而改动，将耽误许多时间，浪费巨大投资。因此，解决开拓问题，需根据国家政策，综合考虑地质、开采技术等诸多条件，经全面比较后才能确定合理的方案。合理的开拓方式必须符合下列原则：

1）合理、集中开拓，生产系统完善、简化。

2）建井期短、出煤快。

3）劳动生产率高，吨煤成本低，煤柱损失少。

4）尽量采用新技术、新装备，为采煤机械化、自动化创造条件。

5）保证施工建设和生产安全。

6）投资少、成本低，使矿井获得好的经济效益。

课题二　立井开拓

【任务描述】

立井开拓是利用垂直巷道作为主、副井的一种开拓方式，其在我国得到了广泛应用。无论井田划分为阶段或盘区，是单水平或多水平，都可采用立井开拓方式。常用的有立井多水平分区式开拓和立井单水平分区式开拓。

【相关知识】

一、立井多水平分区式开拓

立井多水平分区式开拓就是把井田划分为多个水平，在每个阶段内划分采区。

图2-2所示为立井多水平上山开拓方式示例。井田为缓斜煤层，可采煤层为2层，煤层赋存较深。井田沿倾斜分为2个阶段，其阶段下部高程分别为－300m和－480m，设2个开采水平，在阶段内沿走向再划分6个采区。

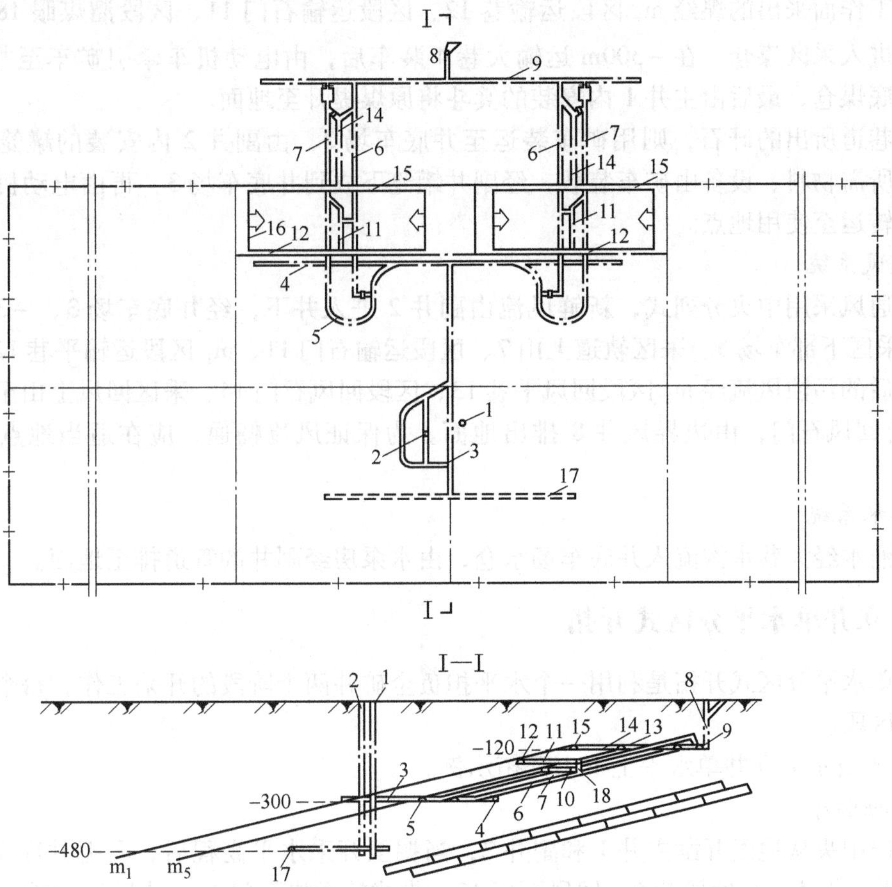

图2-2　立井多水平上山开拓（单位：m）

1—主立井　2—副立井　3—井底车场及主石门　4—－300m运输大巷　5—采区下部车场　6—采区运输上山　7—采区轨道上山　8—边界风井　9—总回风巷　10—m_2区段运输巷　11—区段运输石门　12—m_1区段运输平巷　13—m_2区段回风平巷　14—区段回风石门　15—m_1区段回风巷　16—采煤工作面　17—－480m运输大巷　18—区段溜煤眼

1. *开掘顺序*

首先在井田中部开凿主、副立井1、2，井筒掘到－300m水平后，开井底车场及主石门3；然后在最下一个煤层中或煤层底板岩石中开掘－300m运输大巷4，向两翼伸长；当大巷掘至各采区下部边界中部时，开掘采区下部车场5、采区运输上山6和采区轨道上山7；同时，在井田浅部中央开凿边界风井 8 到 -120m 回风水平，然后掘总回风石门和总回风巷 9；当上山 6、7 与总回风巷 9 连通形成通风系统后，掘进采区上部和中部车场；最后掘出区段平巷及开切眼，直至形成采煤工作面。

井巷系统形成后，安装相应的设备，建成井上下各生产系统，经试运转符合要求后，矿井即可投产。

在第一区段煤采完之前，应及时准备好第二区段的巷道。在第一水平减产之前，应及时延伸井筒，开拓第二水平，并逐步由两水平同时生产过渡都全部由第二水平保证矿井产量。按照水平由上向下，采区由中央向两翼边界的顺序依次开采，直至采完全部井田。

2. 运输系统

采煤工作面采出的煤经 m_1 区段运输巷 12、区段运输石门 11、区段溜煤眼 18、采区运输上山 6 进入采区煤仓，在 -300m 运输大巷 4 装车后，由电动机车牵引矿车至井底车场 3 卸载到井底煤仓，最后由主井 1 内安装的箕斗将原煤提升至地面。

掘进巷道所出的矸石，则用矿车装运至井底车场 3，由副井 2 内安装的罐笼提升至地面。井下所需物料、设备由矿车装载，经副井罐笼下放到井底车场 3，再由电动机车牵引拉至采区，转运至使用地点。

3. 通风系统

矿井通风采用中央分列式，新鲜风流由副井 2 进入井下，经井底车场 3、-300m 运输大巷 4、采区下部车场 5、采区轨道上山 7、区段运输石门 11、m_1 区段运输平巷 12；清洗采煤工作面后的污浊风流经 m_2 区段回风平巷 13、区段回风石门 14、采区回风上山至总回风巷 9，再经总回风石门，由边界风井 8 排出地面。为保证风流畅通，应在适当地点构筑通风设施。

4. 排水系统

井下涌水经大巷水沟流入井底车场水仓，由水泵房经副井的管道排至地面。

二、立井单水平分区式开拓

立井单水平分区式开拓是利用一个水平担负全矿井两个阶段的开采工作，每个阶段内划分采区和区段。

图 2-3 所示为立井单水平上下山开拓示例。

1. 开掘顺序

在井田中央从地面开凿主井 1 和副井 2；当掘至开采水平高程后，开掘井底车场 3、主要运输大巷 4 和 5、总回风巷 6、回风石门 13、带式输送机石门 14；当阶段运输大巷向两翼开掘一定距离后，即可由大巷掘进分带行人和进风斜巷 12、运料斜巷 11 进入煤层，并沿煤层掘进分带运输斜巷 7、带区煤仓 10、分带回风斜巷 8；最后沿煤层走向掘出开切眼，安装好设备，即可进行回采。

2. 运输系统

由工作面采出的煤经工作面刮板输送机、分带运输斜巷 7 中的转载机及带式输送机运至带区煤仓 10，再经煤仓 10 下大巷 5 中的带式输送机及轨道运输石门 14 的输送机运至井底煤仓 15，通过主井 1 的箕斗提升至地面。井下所需物料及设备经副井 2 下放至井底车场 3，由电动机车牵引至分带材料车场，经运料斜巷 11 由绞车提升至分带回风斜巷 8，然后运至采煤工作面。

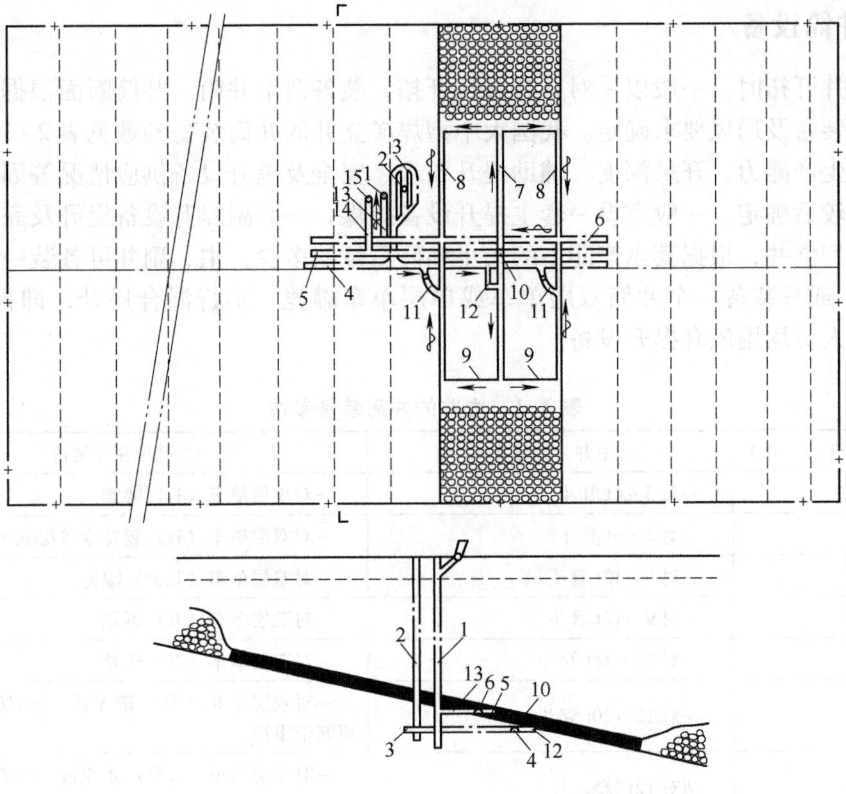

图 2-3　立井单水平上下山开拓（带区准备）

1—主井　2—副井　3—井底车场　4—轨道运输大巷　5—带式输送机运输大巷　6—总回风巷　7—分带运输斜巷　8—分带回风斜巷　9—采煤工作面　10—带区煤仓　11—运料斜巷　12—行人和进风斜巷　13—回风石门　14—带式输送机石门　15—井底煤仓

3. 通风系统

新鲜风流由地面经副井 2、井底车场 3、轨道运输大巷 4、行人和进风斜巷 12，由分带运输斜巷 7 分两股进入两个工作面。清洗采煤工作面后的污浊风流，由各自的分带回风斜巷 8 至总回风巷 6，再经总回石门 13 进入主井排出地面。

这种开拓方式的生产系统比较简单，运输环节少，建井速度快，投产顺利。

【典型案例】

鲍店煤矿（图 2-4）采用的就是立井开拓。鲍店煤矿地处山东省邹城市，北依东岳泰山和历史名城曲阜，东靠京沪铁路和 104 国道，西临京杭大运河和京九铁路，地理位置优越，交通十分便利。该矿是我国自行设计和施工的年产 300 万 t 的大型现代化矿井，并配有年入洗量 300 万 t 的洗煤厂，目前实际年产量达到 636 万 t，洗精煤达到 361 万 t。

图 2-4　鲍店煤矿

三、井筒设备

采用立井开拓时，一般以一对立井进行开拓，装备两个井筒。井筒断面根据提升容器尺寸、井筒内装备及通风要求确定。我国大中型煤矿立井的井筒装备参数见表2-1。具体矿井要依据矿井生产能力、开采深度、辅助提升要求、安全及提升设备供应情况等因素，经综合技术经济比较后确定。一般宜设一套主提升设备提煤，一套副提升设备提矸及完成其他辅助作业。对小型立井，根据其生产能力的大小和矸石量的多少，主、副井可各装一对单层单车(1t)罐笼；或只装备一个井筒双层单车或单层单车罐笼，实行混合提升，即提煤、提矸、下料、升降人员均用该套提升设备。

表2-1 立井的井筒装备参数

矿井生产能力/(万t/年)	主井井筒装备	副井井筒装备
45	一对3~6t箕斗	一对单层单车(1t)罐笼
60	一对3~6t箕斗	一对双层单车(1t)罐笼或单层双车(1t)罐笼
90	一对9~12t箕斗	一对双层单车(1.5t)罐笼
120	一对9~12t箕斗	一对双层单车(3t)罐笼
150	一对12~16t箕斗	一对双层单车(3t)罐笼
180	一对12~20t箕斗	一对双层单车(3t)罐笼或一个双层单车(3t)罐笼带重锤
240	两对12t箕斗	一对双层双车(1.5t)罐笼或一个双层单车(5t)罐笼带重锤
300	两对12~16t箕斗或一对25t箕斗	一对双层双车(1.5t)罐笼或一个双层单车(5t)或双层双车(1.5t)罐笼带重锤
400	两对16~20t箕斗或一对32~40t箕斗	一对双层双车(1.5t)罐笼或一个双层单车(5t)或双层双车(1.5t)罐笼带重锤
500	两对22t箕斗	

注：双层双车也称为双层四车，即共两层，每层两车，共四车。

课题三 斜井开拓

【任务描述】

斜井开拓是利用倾斜巷道由地面进入地下到达煤层的开拓方式。在埋藏较浅的浅斜煤层中，可以用斜井开拓。斜井开拓占生产井田数目的50%以上，斜井开拓在我国应用很广，有多种不同的形式。按斜井与井田内划分方式的配合不同，可分为集中斜井和片盘斜井两大类。

【相关知识】

一、集中斜井开拓方式

集中斜井是将井田划分为阶段或盘区，建立较稳定的开采水平，实行集中生产的斜井。

除井田布置外，集中斜井与立井一样，有单水平、多水平和上山式、上下山式、混合式等多种开拓方式。斜井井筒依照其与煤（岩）层的相对位置关系，则有沿层（煤层或岩层）、穿层等多种布置形式，主要受矿井地形地貌、煤层赋存情况和矿井产量、采用的提升设备等因素的影响。图 2-5 所示为集中斜井的基本形式。此井田为缓斜煤层，可采煤层两层，埋藏不深。井田沿倾斜划分为 2 个阶段，其阶段下部高程为 -100m 和 -280m，设 2 个开采水平，每个上山阶段沿走向划分为 4 个采区。

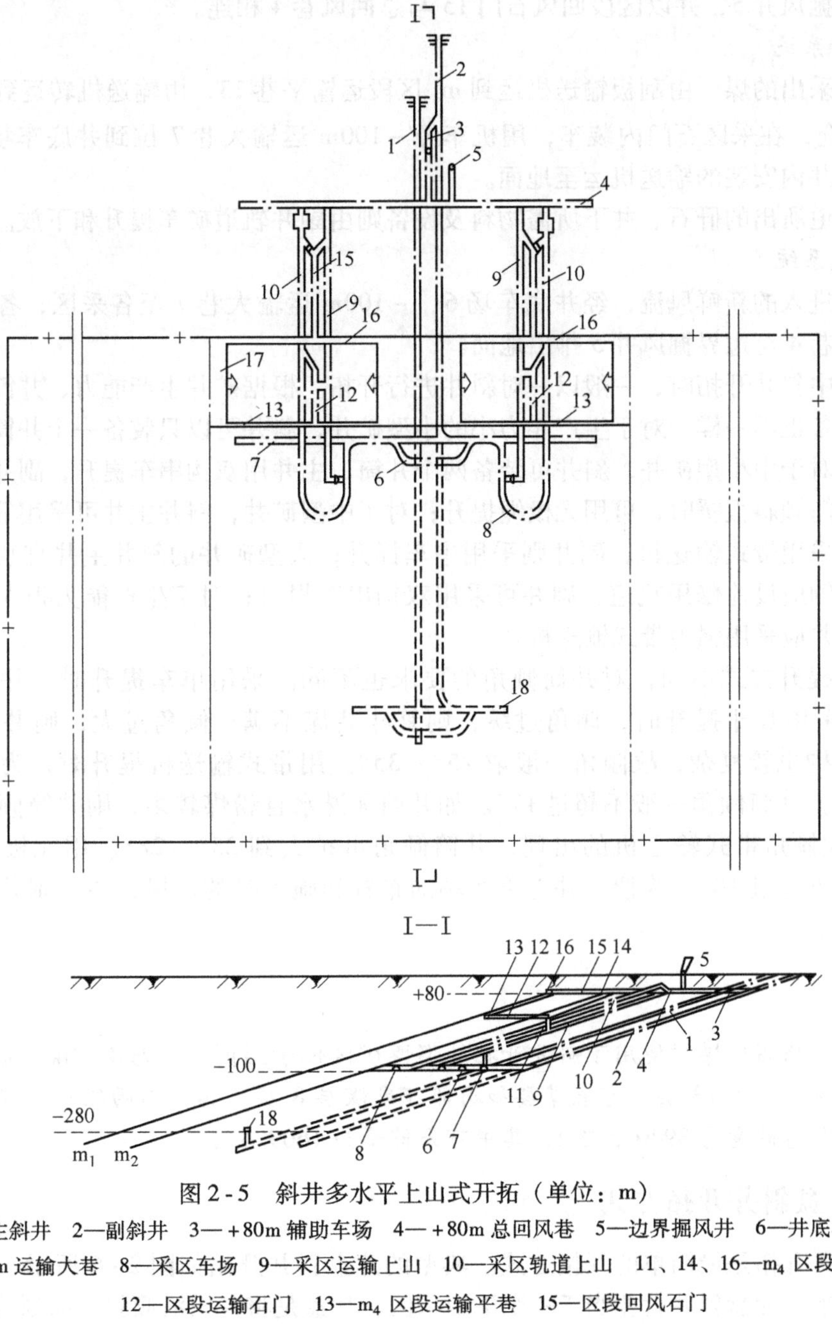

图 2-5　斜井多水平上山式开拓（单位：m）

1—主斜井　2—副斜井　3— +80m 辅助车场　4— +80m 总回风巷　5—边界掘风井　6—井底车场　7— -100m 运输大巷　8—采区车场　9—采区运输上山　10—采区轨道上山　11、14、16—m_4 区段回风平巷　12—区段运输石门　13—m_4 区段运输平巷　15—区段回风石门　17—采煤工作面　18— -280m 运输大巷

1. 掘进顺序

在井田走向中部自地面向下掘一对斜井，主斜井 1、副斜井 2 均位于最下一个可采煤层的底板岩层中。当副斜井掘至 +80m 回风水平后，开掘 +80m 辅助车场 3 及 +80m 总回风巷 4；斜井达 -100m 水平后，开掘井底车场 6，并在最下部的开采煤层底板岩层中掘 -100m 运输大巷 7；掘至采区中部后，掘采区车场 8、采区运输上山 9 和轨道上山 10，并继续进行采区内巷道的掘进，其内容与立井多水平上山式开拓示例基本相同。为便于矿井通风，在井田上部边界掘风井 5，并以区段回风石门 15 与总回风巷 4 相连。

2. 运输系统

工作面采出的煤，由刮板输送机运到 m_4 区段运输平巷 13，由输送机转运到采区运输上山 9，经煤仓，在采区石门内装车，用机车经 -100m 运输大巷 7 拉到井底车场 6，卸入煤仓，再由主井内安装的输送机运至地面。

掘进巷道所出的矸石、井下所需物料及设备则由副井轨道矿车提升和下放。

3. 通风系统

由副井进入的新鲜风流，经井底车场 6、-100m 运输大巷 7 至各采区，各采区污浊风流经总回风巷 4 至边界掘风井 5 排出地面。

采用集中斜井开拓时，一般以一对斜井进行开拓。根据矿井生产能力、井筒倾角大小不同，井筒装备也不一样。对于生产能力小的小型矿井，斜井可以只装备一个井筒，采用单钩串车提升；对于中小型矿井，斜井可装备两个井筒，主井用双钩串车提升，副井用单钩串车提升，当井筒倾斜很缓时，可用无极绳提升；对于中型矿井，斜井主井可采用箕斗提升，有条件时也可采用带式输送机，副井则采用串车提升；大型矿井的斜井主井宜装备带式输送机，在其一侧应设检修用轨道，副井可采用双钩串车提升；对于生产能力很大的特大型矿井，斜井主井应采用强力带式输送机。

斜井的提升方式不同，对井筒倾角的要求也不同。采用单车提升时，井筒倾角不宜大于 25°。采用箕斗提升时，倾角过缓，则箕斗装煤不满；倾角过大，则井筒施工较困难，道床结构也较复杂，故倾角一般取 25° ~ 35°。用带式输送机提升时，为防止原煤沿输送带下滑，井筒倾角一般不超过 17°。如井筒无淋水且粉煤较多，则井筒倾角也可大于 18°。随着大倾角带式输送机的出现，井筒倾角可扩大到 25° ~ 28°。用无极绳提升的井筒，其倾角不超过 10°。为便于井上下车场的布置和施工时的通风，主、副井筒的倾角最好大体一致。

【典型案例】

淄博矿务局淄川煤矿使用了斜井开拓。淄博矿区位于淄博市张店南 20km 处，含煤地层为石炭二叠系，含煤 13 层，可采煤层和局部可采煤层 8 层，其中山西组可采煤层 3 层。山东煤炭局批准总储量为 3940.5 万 t，其中可采储量为 1609.4 万 t。

二、片盘斜井开拓方式

片盘斜井开拓是最简单的开拓方式。典型的片盘斜井开拓如图 2-6 所示，如果把地面看作开采水平，片盘斜井就相当于一个下山采区。片盘是将井田沿倾斜方向划分成便于用一个长壁工作面开采的分段，相当于采区的区段。

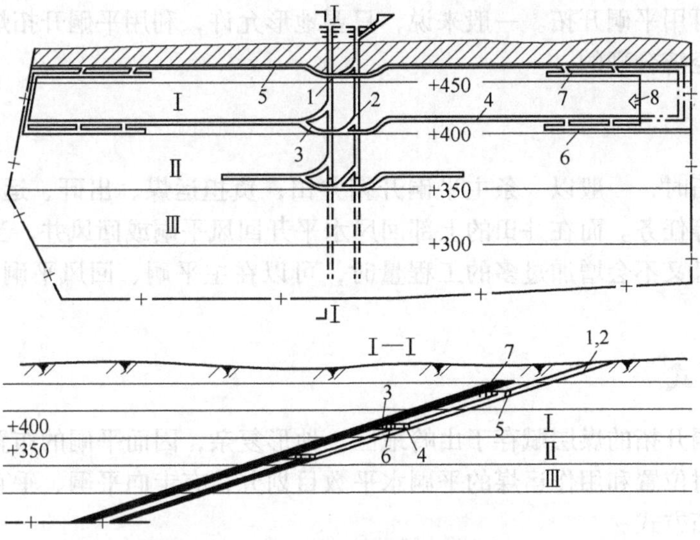

图 2-6　片盘斜井开拓（单位：m）

1—主斜井　2—副斜井　3—片盘车场　4—片盘运输平巷　5—片盘回风平巷
6—上煤层超前运输平巷　7—上煤层超前回风巷　8—上煤层采煤工作面
Ⅰ、Ⅱ、Ⅲ—片盘序号

1. 掘进顺序

自地面向下沿煤层开掘一对斜井，至第一片盘下 20～30m；在第一片盘上部开掘片盘车场 3 和片盘回风平巷 5，在第一片盘下部开掘片盘车场 3 和片盘运输平巷 4；然后掘石门和上煤层超前运输平巷 6 及开切眼，安装设备，形成生产系统后即可开始第一片盘的回采。各片盘按照由浅到深的顺序开拓、准备和回采。

2. 运输系统

回采出的煤及掘进出的煤（矸）经片盘运输平巷 4 用矿车运至片盘车场 3，由主斜井 1 提升至地面。

3. 通风系统

新鲜风流自主斜井 1 进入，经片盘运输平巷 4、石门、上煤层超前运输平巷 6、倾斜采煤工作面后，经上煤层超前回风巷 7、石门、片盘回风平巷 5，由副斜井 2 排出。

片盘斜井的基本特点是：井田沿倾斜划分片盘，每片盘整段回采，沿走向不分采区，从井田边界向井田方向连续推进；片盘内煤层的开采能力不大，每一片盘的服务年限不长，上、下片盘生产接续频繁。因此一般设计成一对斜井开拓，一个井筒，采用单钩串车提升，井底车场可较简单。受开采能力和提升能力的限制，片盘斜井一般为小型井。

课题四　平硐开拓

【任务描述】

在地形为山岭的矿区，利用水平巷道作为主要井硐的开拓方式称为平硐开拓。平硐开拓是最简单、最有利的开拓方式之一。在侵蚀基准面以上的高山和丘陵地区煤层，有相当数量的工业储量时，可用平硐开拓。一般来说，只要地形允许，利用平硐开拓煤层的全部、大部或局部，大多是经济合理的。

【相关知识】

采用平硐开拓时，一般以一条主平硐开拓井田，负担运煤、出矸、运料、通风、排水、敷设管线及行人等任务。而在井田的上部回风水平开回风平硐或回风井，当地形条件允许和生产建设需要，且又不会增加过多的工程量时，可以在主平硐、回风平硐之外，另掘排水、排矸专用平硐。

一、平硐形式

由于适于平硐开拓的煤层赋存于山岭地区，地形复杂，因而平硐的布置有多种形式。按平硐与煤层的相对位置和用作运煤的平硐水平数目划分，有走向平硐、垂直走向平硐和阶梯平硐三类平硐开拓方式。

1. 走向平硐

走向平硐沿煤层走向底板岩层或直接在煤层中开掘，其开拓工程量少，建设期短，出煤快，投资少，经济效益好。但走向平硐是单翼开采，不利于运输及通风，不易选择平硐口位置，矿井年产量较低。

走向平硐是平硐开拓中应用比较广泛的方式。采用这种方式时，主平硐一般沿煤层底板岩层掘进。当开采煤层不厚、煤质较硬、围岩稳固时，主平硐也可沿煤层开掘。

[视频链接] ..煤矿视频..\采煤概论\3－矿井开拓.swf

2. 垂直走向平硐

垂直煤层走向开掘的平硐进入煤层后，可以在两翼布置采区，矿井生产能力较大。根据地形，平硐可以从煤层顶板或底板进入岩层。

3. 阶梯平硐

当煤层赋存于地形高差较大的山岭地区时，若用一条主平硐开拓，则平硐水平以上的煤层垂高过大，全部上山煤用下部主平硐开拓，将造成上山运输、通风和巷道维护困难，而且工人上、下井所需的时间过长，初期工程量和基建投资大，工期长，生产费用也要增高。在这种情况下，如地形条件适宜，可以采用阶梯平硐开拓，如图 2-7 所示。将煤层按高程划分为数个阶段，分别由各自独立的平硐来开拓。上平硐采出的煤可以经专门的溜煤下山或下平硐的某一采区上山溜放至下平硐，集中外运。如上、下平硐口位置相近，地面工程地质条件较好，气候条件也不恶劣，则可由上平硐运出硐外，再从地面下放至下平硐，而后集中外运。如上、下平硐地面运输易于解决，也可各自直接外运。

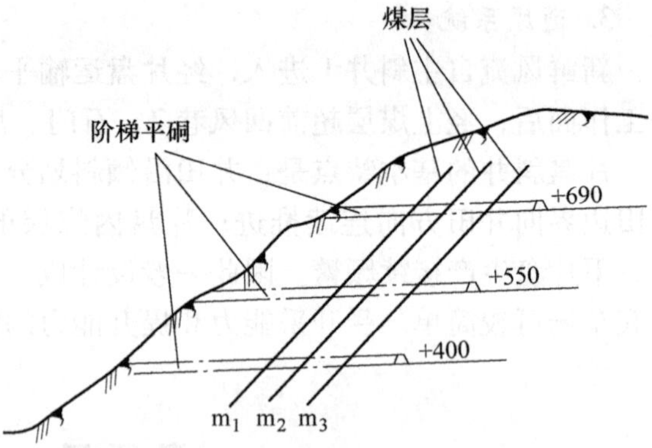

图 2-7 阶梯平硐（单位：m）

二、平硐设备

由于平硐运输能力大，一般以一条主平硐开拓井田，担负运煤、出矸、运料、通风、排水、敷设管线及行人等任务。平硐运输普遍采用矿车轨道运输。中小型矿井用1t或1.5t矿车，大中型矿井用1.5t或3t底卸式矿车，特大型矿井可用3t、5t或更大吨位的矿车。当生产能力很大，一个平硐的运输能力不够时，可布置多个平硐。一些新建的特大型矿井也出现了用带式输送机运煤的平硐。

【典型案例】

重庆中梁山煤电气公司北矿就采用了走向平硐的开拓形式。该矿既是高瓦斯矿井，又是煤与瓦斯突出矿井，本身处于山区地带，煤层赋存于山体中，适合平硐开拓。

课题五　井筒（硐）形式分析及选择

【任务描述】

井筒（硐）是井下与地面出入的咽喉，是全矿的生产枢纽。井筒（硐）形式及位置的选择，对于建井期限、基本建设投资、矿井劳动生产率及吨煤生产成本都有重大影响，正确选择井筒（硐）形式十分重要。

【相关知识】

一、井筒（硐）形式的选择

平硐、斜井和立井三种井筒形式各有特点，一般情况下，平硐最简单，斜井次之，立井最复杂。但在解决具体问题时，必须从自然地质条件、技术条件和经济条件等方面进行综合考虑。一个合理的开拓方案，应该是基建工程量小，基建时间短，投资少，工艺简单、合理，管理方便，生产安全、可靠，使企业能创造较好的经济效益。

1. 平硐开拓的优缺点

平硐开拓与其他开拓方法相比，有下列优点：

1）施工方法和施工设备简单。

2）出煤系统简单，大型设备少，投资低。

3）井下水经主平硐排出地表，节省能源，生产成本低，对预防井下水灾较为有利。

4）生产安全、可靠，潜在能力大，改扩建时投资小、见效快。

5）除长平硐外，一般情况下施工速度快，基建时间短。特别是开拓阶梯平硐时，同时作业的工作面多，更是如此。

平硐开拓的缺点是：受地形及埋藏条件限制，只有在地形条件合适，煤层赋存较多的山岭、丘陵或沟谷地区，且便于布置工业场地和引进铁路，上山部分的储量大致能满足同类井型水平服务年限要求时，才适宜采用平硐开拓。

因此，平硐开拓是最简单且最经济的开拓方式，只要条件适宜，应优先选用。

2. 斜井开拓的优缺点

斜井开拓与立井开拓相比，优点是：井田施工工艺、施工设备与工序比较简单，掘进速度快，井筒施工单价低，初期投资少；地面工业建筑、井田装备、井底车场及硐室都比立井简单，井筒延深施工方便，对生产干扰少，不易受底板含水层的威胁；主提升胶带具有相当大的提升能力，可满足特大型矿井主提升的需求；斜井井筒可作为安全出口，井下一旦发生透水等事故，人员可迅速从井筒撤离。

与立井开拓相比，斜井开拓的缺点是：斜井井筒长，辅助提升能力低，提升深度有限；通风路线长，阻力大，管线长度大；斜井井筒通过富含水层、流砂层，施工技术复杂。

井田内煤层埋藏不深、表土层不厚、水文地质情况简单、井筒不需特殊法施工的缓斜和倾斜煤层，一般可采用斜井开拓。

3. 立井开拓的优缺点

立井开拓的优点是：不受煤层倾角、厚度、深度、瓦斯及水文等自然条件的限制。在采深相同的条件下，立井井筒短，提升速度快，提升能力大，对辅助提升特别有利；井筒通风断面大，可满足高瓦斯矿井、煤与瓦斯突出矿井需风量的要求，而且阻力小，对深井开拓更为有利；当表土层为富含水的冲积层或流砂层时，立井井筒比斜井施工容易；对地质构造和煤层产状均特别复杂的井筒，能兼顾井筒浅部和深部不同产状的煤层。

立井开拓的主要缺点是：井筒施工技术复杂，需要设备多，要求有较高的技术水平，井筒装备复杂，掘进速度慢，基本建设投资大。

当井田的地形、地质条件不利于平硐或斜井开拓时，都可考虑采用立井开拓。对于煤层赋存较深或冲积层厚、水文地质情况比较复杂或多水平开采急斜煤层的矿井，一般都应采用立井开拓。对于倾斜长度大的井田，采用立井多水平开拓有利于较合理地兼顾浅部和深部的开采。

以上三种开拓方式各有特点，一般来说，当条件适宜时，应优先考虑采用平硐或斜井开拓。由于影响开拓方式的因素较多，在选择开拓方案时，必须根据具体情况，综合考虑地质、地形及技术经济条件，通过方案比较后确定。

二、井筒（硐）位置的选择

由于井筒（硐）上接工业广场，下接开采水平，因此，合理地确定井筒（硐）位置，对于井下开拓部署、地面设施布局及运输线路布置有着决定性影响。

1. 井筒（硐）沿井田走向方向的位置

当井田形状比较规则且储量分布均匀时，井筒（硐）的有利位置应在井田走向的中央；当井田储量呈不均匀分布时，应布置在储量中央，以形成两翼储量比较均匀的双翼井田，这样可使沿井田走向的井下运输工作量最小、通风网路较短、通风阻力小。应尽力避免井筒（硐）偏于一侧，造成单翼开采的不利局面。

2. 井筒（硐）沿井筒倾斜方向的位置

斜井开拓时，井筒沿井田倾斜方向的有利位置主要是选择合适的层位和倾角，为了减小石门的长度，井筒应距下部煤层近些。

立井开拓时，井筒沿倾斜方向布置可以有如图 2-8 所示的几种方案。井筒位置设于井田中部 B 处，可使石门较短，沿石门的运输工作量较小。井田位置设于 A 处时，总的石门工程量虽然稍大，但第一水平的工程量及投资较少，建井期较短。井筒位置设于 C 处时，初期工程量最大，石门总长度和沿石门的运输工作量也较大，但在煤系基底有含水量大的岩层，不允许井筒穿过时，它可以延深井筒到深部，对开采井田深部及向下扩展有利。而在 A、B 位置，井筒只能打到第一、第二水平，深部需要用暗井或暗斜井开拓，生产环节多，运输、提升较复杂。从井筒和工业场地保护煤柱损失看，井筒越靠近浅部，煤柱的尺寸越小；越靠近深部，煤柱尺寸越大。

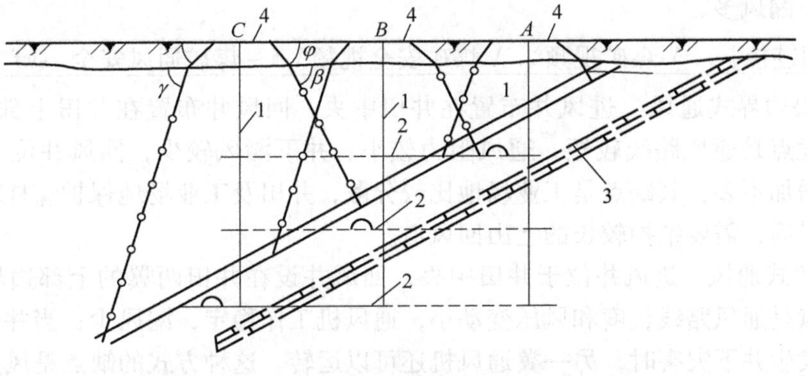

图 2-8　立井井筒沿井田倾斜方向布置方案

1—井筒　2—石门　3—富含水层　4—井筒及工业场地煤柱

3. 地质及水文地质条件对井筒（硐）布置的影响

井筒是开拓工程的咽喉部位，虽然其工程量占矿井总工程量的比重不大，但施工工期长，可达整个施工工期的 35% ~40%。为了减少井筒施工困难，井筒、井底车场及硐室应位于稳定的围岩中，尽量避免穿过流砂层、较大含水层、较厚冲积层、断层破碎带、煤与瓦斯突出煤层、较软煤层及高应力区。因此，井筒施工前，打检查孔探明井筒所处的地层和水文地质资料等工作是必不可少的。

4. 地形条件对井筒（硐）布置的影响

井筒应位于当地历年最高洪水水位 1m 以上，以防洪水淹井。井口附近要布置工业广场，其占地面积大，要尽量避开农田、桥涵工程。

选择井筒（硐）位置时要统筹井田全局，兼顾前期和后期、地下与地面等各方面因素，不仅要考虑有利于第一水平，还应兼顾其他水平，适当考虑井筒延深的影响。

三、井筒（硐）数目的选择

井筒（硐）是连接地面和地下的唯一通道，为了保证矿井正常生产，井筒（硐）的数目必须满足煤炭、矸石、材料、设备的提运和通风、行人等的需要。

根据矿井生产能力和开拓方式，一个矿井应有 2 个或 2 个以上的井筒（硐），有些小煤矿井只有 1 个井筒（硐），但还要有另外的出口，以满足通风要求。

1. 单井筒开拓

单井筒开拓是装备 1 个井筒用于提升，另设 1 个通达地面的安全出口，如小风井。这种方式设备简单、占地少、井巷工程量少，但提升能力受限制，因此一般适用于小型矿井。

2. 双井筒开拓

双井筒开拓是装备 2 个井筒：一个是主井，担负主要提升任务；另一个是副井，担负人员、器材、矸石等的辅助提升任务。

双井筒开拓是我国目前采用最多的开拓方式。根据矿井瓦斯等级、井型、煤层赋存情况、通风方式来配置下列形式的风井。

（1）中央并列式通风　进、回风井均布置在井田中央的同一个工业场地内。这种方式的优点是工业场地布置集中、管理方便、工业场地保护煤柱小；其缺点是通风线路长、通风阻力大、井下漏风多。

［视频链接］..\煤矿视频..\煤矿安全视频\5－煤矿通风安全.swf

（2）中央边界式通风　进风井布置在井田中央，回风井布置在井田上部边界的中部。这种方式的优点是通风路线较短，通风阻力较小、井下漏风较少，回风井位于井田上部边界，工程量增加不多；其缺点是工业场地比较分散，井田及工业场地保护煤柱较大，当矿井转入深部开采后，需要维护较长的上山回风道。

（3）对角式通风　进风井位于井田中央，回风井设在井田两翼的上部边界，成对角式布置。其优点是通风路线长度和风压变动小，通风机工作稳定，漏风少；当井田一翼通风机出现故障或发生井下灾害时，另一翼通风机还可以运转。这种方式的缺点是风井、通风设备占用较多，工业场地分散，进风井与回风井贯通需要较长的时间。

（4）采区风井通风　回风井设在各采区。这种方式的通风路线短，采区通风方便，通风阻力小，建井时可以从几个采区同时施工，从而可缩短建井期。但这种方式所需通风设备和风井多，并且管理分散。

（5）混合式通风　混合式通风由上述方式混合而成，如中央边界式和对角式混合、中央并列式与对角式混合等，其特点是进、回风井的数量较多，通风能力大，布置较灵活。

（6）分区域通风　每一个分区域内均设置进风井及回风井，构成独立的通风系统。这种方式除具有通风路线短、几个分区域可以同时施工的优点外，更有利于处理矿井事故；此外，运送人员、设备也方便。其缺点为工业场地分散、占地面积大、井田保护煤柱较多。

3. 多井筒开拓

多井筒开拓是指装备2个以上的井筒，一般用于1对井筒不能满足生产需要，即为了适应矿井多水平提升或不同煤种分开提升的要求；或由于井田扩大，矿井生产能力相应增加，而老井提升能力又不能满足生产需要的情况。

课题六　综合开拓

【任务描述】

综合开拓的主要目的是根据矿井环境、开采条件和设备供应情况，发挥不同井硐形式的优势，因地制宜地进行井硐形式的最佳组合，以适应矿井生产的需要。

【相关知识】

主要井筒采用不同井硐形式进行开拓时称为综合开拓。在某些条件下，如为了充分利用地形或考虑煤层埋藏深浅等特点，避免大量提前投资，或者单纯用一种开拓方式在技术和经济上不够合理时，可采用综合开拓。综合开拓能发挥利用不同井硐形式的优势，因地制宜地进行井硐形式的最佳组合，从而适应矿井生产的需要。从井筒（硐）的形式组合上看，有平硐－斜井、平硐－立井、斜井－立井及平硐－斜井－立井四种类型。其中，以斜井为主井安装带式输送机提煤，以立井为副井以利于辅助提升的综合开拓方式，是一些大型矿井的发展方向。

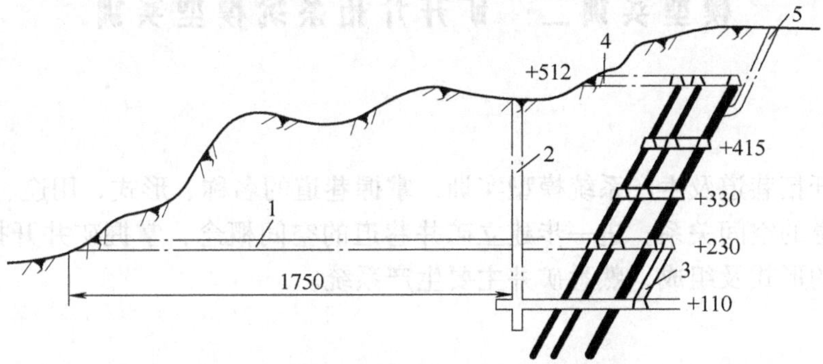

图 2-9　平硐－立井综合开拓（单位：m）

1—主平硐　2—副立井　3—暗斜井（箕斗斜井）　4—回风小平硐　5—回风小斜井

斜井－立井组合方式又分为主斜井－副立井和主立井－副斜井开拓方式。主立井－副斜井开拓方式由于不能充分利用立井和斜井的主要优点，故应用较少；而主斜井－副立井开拓方式综合了斜井和立井的优点，且主、副井的提升能力大，因此得到了较多的应用，特别适合大型或特大型矿井的开拓。

【典型案例】

高平市野川镇西山煤矿为镇办集体企业，生产能力为 30 万 t/年，该矿现有一个主斜井、一个副立井和一个通风立井。

平硐与其他井筒形式组合的开拓方式，一般以平硐为主，并依据地形地貌、特殊要求及矿井发展需要等因素，灵活组合其他井筒形式，合理解决和满足矿井开拓的需要。图 2-9 所示平硐开拓的矿井，平硐距离很长，另开凿副立井，辅助提升能力大，同时通风路线短，对通风有利。为解决深部、浅部煤层的开采问题，有的矿井采用浅部平硐、深部立井或斜井的综合开拓方式，如图 2-10 所示。

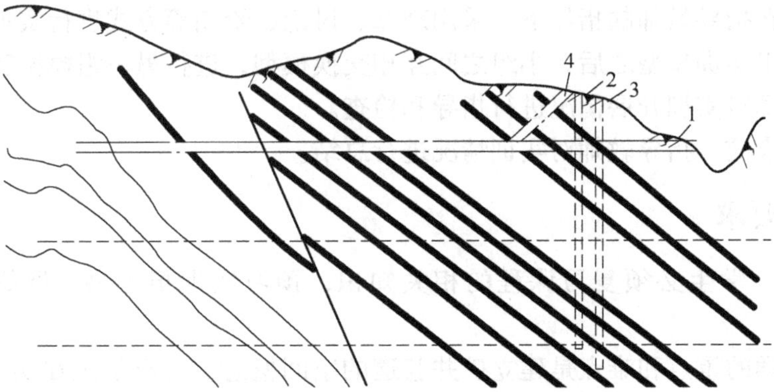

图 2-10　浅部平硐－深部立井综合开拓

1—主平硐　2、3—后期立井　4—进风井

【知识拓展】

📖 技能训练

模型实训二 矿井开拓系统模型实训

【实训目标】

通过矿井开拓巷道及生产系统模型实训，掌握巷道的名称、形式、用途、主要技术装备及其同周围巷道的空间关系。进一步建立矿井巷道的空间概念，掌握矿井开拓方式的概念，熟悉井底车场的形式及组成，熟悉矿井主要生产系统。

【任务描述】

1）矿井生产系统模型。
2）片盘斜井开拓方式模型。
3）斜井单水平采区式开拓方式模型。
4）斜井多水平采区式开拓方式模型。
5）立井多水平采区式开拓方式模型。
6）立井多水平带区式开拓方式模型。
7）斜井单水平带区式开拓方式模型。
8）平硐开拓方式模型。
9）几种形式的综合开拓方式模型。

【任务实施】

一、实训教学过程

1）按每小组10~15人分组，给每小组安排一组实训模型。
2）指导教师介绍模型实训目的、方法、要求和注意事项。
3）各小组在指导教师的指导下，采用观摩、讨论、绘图等方式进行实训。
4）完成一组实训模型之后，小组之间互相交换模型，进行另一组模型实训。
5）指导教师对实训开展情况进行指导和检查。
6）实训结束前，指导教师对实训情况进行总结。

二、实训要求

1）实训前，学生必须复习课程的相关知识，预习实训指导书，做好实训前的准备工作。

2）实训教学的重点和难点是建立矿井巷道的空间概念。要求学生在实训中认真对照模型，结合教学内容，理解巷道名称、形式、用途及其与周围巷道的空间关系和联系方式，建立矿井开拓方式的空间概念，熟悉矿井生产系统。

3）实训结束后要认真撰写实训报告书，选择其中一个实训模型，绘制出一种开拓方式的巷道布置平面图、剖面图。

三、实训注意事项

1）指导教师要维护好实训教学秩序，确保每个学生都能认真地进行实训。

2）实训过程中要爱护模型设施，以免损坏。

3）分组进行观摩实训，避免各组之间的相互干扰。

4）实训教学结束前，指导教师要对实训教学进行总结和评价。

【任务考评】

实训考核成绩由两部分组成：一是考核学生在实训中的态度和独立完成能力（见表2-2），二是考核学生的实训教学报告书。

表2-2　矿井生产系统模型制作检测表

测评项目	应得分值/分	小组自评	小组互评	教师评价	实际得分
态度	20				
独立完成能力	65				
知识拓展	15				
合计	100				
说明	对口述部分，语言表达要求顺畅、清晰；教师结合各项表现进行综合考评。				

注：实际得分用分数标出。得分结果包括优秀（>90分）、良好（80~90分）、中等（70~80分）、合格（60~70分）、不合格（<60分）。

【练习】

按照指导教师的要求，选择一个矿井开拓方式模型或井底车场模型，绘制其巷道布置平面图、剖面图，要求标注主要巷道的名称，叙述矿井的提升运输系统、通风系统、行人系统、运料系统、排水系统和供电系统等。

思考与练习

1. 什么是井田开拓？矿井开拓主要研究和确定哪些问题？
2. 井田开拓方式有哪些？
3. 立井开拓方式的基本特征是什么？
4. 集中斜井开拓方式的基本特征是什么？
5. 片盘斜井开拓方式的基本特征是什么？
6. 平硐开拓有哪几种方式？说明其布置特点及使用条件。
7. 综合开拓有哪些类型？
8. 综合开拓的主要目的是什么？
9. 简述分区域开拓的基本特征及其适用性。
10. 分区域开拓有哪些类型？

单元三　井田开拓的基本问题

【学习目标】

📖 知识目标：

1）掌握阶段斜长和上、下山开采的合理分布及辅助水平的合理性。

2）掌握开采水平的合理布置方法、大巷位置的选择原则和矿井采掘衔接关系。

3）掌握三量相关规定及计算方法。

📖 技能目标：

1）能正确运用开采水平的划分原则，综合考虑影响因素，科学地划分开采水平，确定井田位置和井田数目，合理地布置主要运输大巷与上、下山。

2）正确地选择延深方案，科学地协调过渡期间生产与延深之间的相互关系。

课题一　开采水平的划分

【任务描述】

煤矿开采时，合理的水平高度应以合理的阶段斜长和是否采用上、下山开采为前提，并应使开采水平有足够的储量和服务年限，这样才会有良好的技术、经济效果。为了逐段开采，需要在阶段的某个水平分界面布置回风大巷或运输大巷等主要开拓巷道，布置有运输大巷和井底车场，并担负该水平开采范围内主要运输和提升任务的水平就叫开采水平，简称水平。

【相关知识】

根据井田垂高的大小、开采煤层的多少和煤层倾角的陡缓，井田内可设一个或几个开采水平。

开采水平的划分与井田内阶段的划分密切相关，而井田内划分阶段的多少主要取决于井田斜长和阶段尺寸大小。

开采水平垂高是指该开采水平上、下边界之间的垂直距离。若一个开采水平只开采一个上山阶段，则阶段的垂高就是开采水平的垂高；若一个开采水平开采上、下山各一个阶段，则开采水平的垂高应是这两个阶段的总垂高。在极少数情况下，一个开采水平开采两个上山阶段，开采水平垂高就应包括两个上山阶段的垂高。

开采近水平煤层的矿井，井田内各煤层的斜长可能很长，但其垂高并不大，也不划分为阶段，而是划分为盘区。如开采煤层不多且上、下可采煤层的间距不大，则可以采用单水平开拓；如开采煤层数目较多，上、下可采煤层的间距较大，则要划分煤组，各煤组分别设置开采水平，实行多水平开拓。

一、合理的开采水平垂高

合理的开采水平垂高应以合理的阶段垂高（斜长）为前提，并使开采水平有合理的服务年限，有利于矿井水平和采区的接替，还要有较好的技术经济效果。合理的水平垂高应注意满足以下要求。

（一）具有合理的阶段斜长

阶段划分为采区是普遍应用的一种准备方式。由于阶段内沿倾斜可布置几个区段，因此必须考虑以下因素对阶段斜长的影响。

1. 煤的运输

对缓斜和倾斜煤层，上山用输送机或溜槽运煤时，上山斜长（即阶段斜长）一般不因运煤而受限制。对急倾斜煤层，过高的溜煤眼在掘进和维护上都比较困难，并且大高度溜煤眼容易冲毁支护，造成堵眼事故，还会使煤破碎，故溜煤眼的高度一般为70~100m。

对于某些中小型矿井，采区上山用矿车运煤，只设一段绞车提升（两段就不合理了），上山斜长受绞车能力限制，应根据所要求的采区生产能力及采用的绞车型号验算所能达到的最大长度。验算时，每班净提升时间按6h计，运输不均衡系数取1.5，除运煤工作量外，还应考虑矸石和物料的运量。

2. 辅助提升

采区一般采用一段单钩串车提升，滚筒直径太大时，在井下运输、安装都不方便，故绞车滚筒直径一般不大于1.6m。上山斜长受绞车滚筒容绳量限制，一般不超过600m。一些矿区及矿机厂制造了直径为1.6m的加宽滚筒或直径为2.0m的滚筒，则斜长可达900m。采区内一般不采用两段提升。

3. 行人条件

阶段斜长过大时行人不便，要考虑机械升降人员，并为此增加辅助提升工作量。

（二）具有合理的区段数

所谓合理的区段数，是指能保证采区正常生产和接替的区段数。由于是在保证工作日长度合理的前提下划分区段，所以区段数从另一个侧面反映了对阶段斜长的要求。

为合理集中生产，减少矿井内同时生产的采区个数，采区的生产能力一般较大，普采采区内同采的工作面数一般为2~3个。特别是厚煤层在采用分层分采、沿空掘巷时，要保证采区内工作面的正常接替，区段数多一些是比较有利的。但是，区段增多将导致阶段斜长加大，又会遇到前述上山提升、运输方面的困难，根据这对矛盾因素的相互制约和影响，应有一个比较合理的区段数，在我国目前的技术条件下，缓斜煤层可取3~5，其相应的垂高为150~200m；倾斜煤层可划分为3个左右，其相应的垂高为200m；急斜煤层不少于2个，相应的垂高为100~120m。

（三）有利于采区的正常接替

为保证矿井均衡生产，一个采区开始减产时，另一个新采区即应投入生产，为此，必须提前准备好一个新采区。所以一个采区的服务年限应大于一个采区的开拓准备时间。由此看来，阶段斜长大、采区储量多、采区服务年限长，对采区的接替均是有利的。

从开拓准备工程量来看，运输大巷、采区石门、采区硐室等的掘进工程量随着阶段斜长的增加而增大，分摊到每吨煤上的那部分工程量则减少。换句话说，每掘1m这类巷道（如大巷）所获得的可采煤量就增多。因为掘进每米这类巷道获得的煤量较多，对缓和接替紧张大有好处，所以近年来我国许多矿井采用了较大的阶段垂高。

（四）经济上有利

从技术与经济统一的观点来看，技术上合理的水平垂高，应能获得较好的经济效果，可以通过经济比较的方法，选择有利的水平垂高。

在实际工作中，一般是针对矿井具体条件提出几个方案，对其进行技术分析和经济比较。经济比较的项目包括：水平范围内的开拓工程量及掘进费，相应范围的井巷维护费，煤炭沿井筒的提升费、排水费等。根据比较的结果综合考虑技术、管理、安全等因素，最后确定水平垂高。

综上所述，水平垂高受一系列因素的影响，它也是井下开采技术发展和生产集中程度的综合反映。我国多年的生产建设实际表明，开采水平垂高过小，将造成严重的采掘失调。合理加大开采水平垂高，可以增加水平储量和服务年限，有利于集中生产，提高开采水平的生产能力，减少开采水平和同时生产的水平数目。所以，在运输、通风、排水、巷道维护等技术条件能够达到要求的情况下，可适当加大水平垂高，减少水平数目。根据我国的开采经验，不同类型矿井的阶段（水平）垂高可参见表3-1。当井田浅部老窑开采深度或风化带深度尚未全部探明时，矿井第一水平的阶段垂高还可适当加大。

表3-1　矿井阶段（水平）垂高

井型	开采缓斜煤层的矿井/m	开采倾斜煤层的矿井/m	开采急斜煤层的矿井/m
大、中型	200~350	100~200	100~250
小型	60~100	80~120	80~120

上表所列数字是一个相当大的范围，具体条件下选用多大的垂高，还要根据上述因素，并结合是否采用下山开采、是否设置辅助水平等，进行具体的划分。

二、下山开采的应用

为扩大开采水平的开采范围，有时除在开采水平以上布置上山采区外，还可在开采水平以下布置下山采区，进行下山开采。

（一）上、下山开采的比较

上山开采和下山开采在采煤工作面生产方面没有太大的差别，但在采区运输、提升、通风、排水和上（下）山掘进等方面却有许多不同之处，其比较如图3-1所示。

1. 运输提升方面

上山开采时，煤向下运输，上山的运输能力大。当输送机的道路铺设长度较长、倾角较大时，还可采用自溜运输，其运输费用较低，但从全矿看，其中有折返运输。下山开采时，向上运煤，没有折返运输，总的运输工作量较少。

2. 排水方面

上山开采时，井下涌水可直接流入井底水仓，排水系统简单。下山开采时，各采区都要解决采区内的排水问题。如涌水量不大，可在每区段下部设临时排水硐室及小水仓，随采掘工作的向下发展，在相应的区段安装排水设备，将采区涌水排至大巷，这样就要多掘硐室及

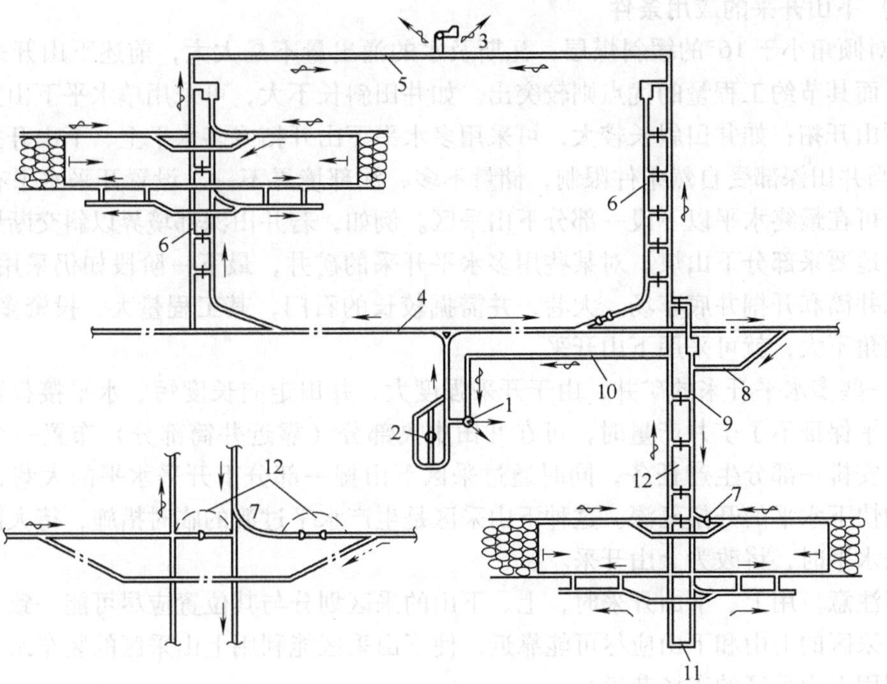

图 3-1　上、下山开采比较图

1—主井　2—副井　3—回风巷　4—运输大巷　5—总回风巷　6—采区上山　7—下山采区中部车场　8—下山采区上部车场　9—采区下山　10—大巷配风巷（作为下山采区总回风道）　11—下山采区水仓　12—漏风处

安装排水设备。较常用的做法是将采区下山一次掘至终深，在其下部掘排水硐室、水仓和安装排水设备，但这样将增加总的排水工作量和排水费用。

3. 掘进方面

下山开采时，掘进的装载、运输、排水等工序比较复杂，因而掘进速度较慢、效率较低、成本较高。尤其是在下山坡度大、涌水量大时，下山掘进更为困难；而上山掘进则方便得多。

4. 通风方面

上山开采时，新鲜风流由进风上山进入采区，清洗工作面后的污风经回风上山进入回风道，新风和污风均向上流动，沿倾斜方向的风路较短。而下山开采时，新鲜风流由进风下山进入采区，清洗采煤工作面后的污风经回风下山到回风道，风流在进风下山和回风下山内流动的方向相反，采区范围内沿倾斜方向的风路长，在通风最困难时，其风路约比上山采区长一倍。另外，进风下山和回风下山一般相距 20～30m，下山之间有巷道连通，用风门控制风流，两下山之间的风压差较大，漏风较大，通风管理比较复杂，当瓦斯涌出量较大时，通风更加困难。

5. 基本建设投资方面

采用下山开采时，可以用一个开采水平为两个阶段服务，从而减少了开采水平的数目，延长了水平服务年限，可充分利用原有开采水平的井巷和设施，节省了开拓和基本建设投资。

总的看来，上山开采在生产技术上较下山开采优越，但在一定条件下，配合应用下山开采，在经济上是合理的。

（二）下山开采的应用条件

1）对倾角小于16°的缓斜煤层，瓦斯及水的涌出量不是太大，前述下山开采的缺点并不严重，而其节约工程量的优点则较突出。如井田斜长不大，可采用单水平下山开拓或单水平上、下山开拓；如井田斜长较大，可采用多水平下山开拓或多水平上、下山开拓。

2）当井田深部受自然条件限制，储量不多、深部境界不一、设置开采水平有困难或不经济时，可在最终水平以下设一部分下山采区。例如，若井田深部境界以斜交断层划分，将不可避免地要采部分下山煤。对某些用多水平开采的矿井，最下一阶段如仍采用上山开采，则需延深井筒和开掘井底车场、大巷，并需掘较长的石门，其工程量大、投资多、工期长，如煤层倾角不大，就可采用下山开采。

3）一些多水平开采的矿井，由于开采强度大、井田走向长度短、水平接替紧张，当原有生产水平保证不了矿井产量时，可在井田中央部分（靠近井筒部分）布置一个或几个下山采区，安排一部分生产任务，同时通过采区下山掘一部分下开采水平的大巷、车场及硐室，以加快下水平的开拓延深。这种下山采区是生产水平过渡的临时措施，待大部分生产转入下开采水平时，将改为上山开采。

应当注意，用上、下山开采时，上、下山的采区划分与其位置应尽可能一致，相对应的上、下山采区的上山和下山应尽可能靠近，使下山采区能利用上山采区的装车站及煤仓，并尽可能利用上山采区的车场巷道。

三、辅助水平的应用

为了增大开采水平的储量和服务年限，有时需要设辅助水平（有的称中间水平）。

辅助水平设有阶段大巷，担负阶段运输、通风、排水等任务，但不设井底车场。大巷运出的煤需下达到开采水平，由开采水平的井底车场运至地面。当辅助水平大巷离井筒较近时，也可设简易材料车场，担负运料、通风或排水任务。辅助水平的主要适用条件如下：

1）水平垂高过大、开采水平以上的上山煤斜长太大，用一个阶段开采技术上有困难，安全上不可靠时，可将开采水平以上的煤分为两个阶段，利用辅助水平开采上一阶段。

图3-2所示为平硐水平以上的上组煤斜长过大，在其上部设辅助水平的情况。利用一对主要上山4、5与辅助水平运输大巷6联系，以加快矿井建设（先不开后期主石门8），并可最大限度地扩大平硐的开采范围，充分发挥平硐开拓的优点。

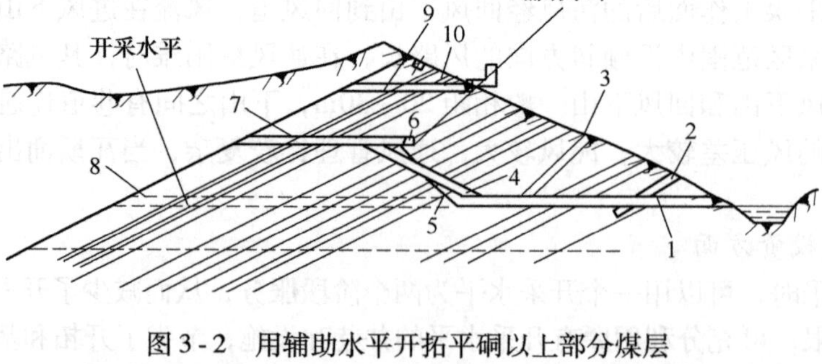

图3-2 用辅助水平开拓平硐以上部分煤层

1—主平硐 2—运煤斜井 3—进风斜井 4—主要运输上山 5—主要轨道上山 6—辅助水平运输大巷 7—辅助水平石门 8—后期主石门 9—回风石门 10—回风平硐

2）采用多水平上山开采的矿井，上一开采水平下山采区的排水、通风及采区辅助提升比较困难，下开采水平的回风问题也需妥善解决，矿井和采区生产能力越大，这些问题就越突出。此时，可在两开采水平之间设辅助水平，使上述问题得到较合理的解决。

图3-3所示为某矿井开采缓斜煤层群，它采用立井多水平上、下山开拓，井田划分为两个开采水平，其高程分别为-600m及-1050m。在两开采水平之间设辅助水平，其高程为-850m。另外，由于第一开采水平上山的采区斜长过大，故在-450m处也设辅助水平。开采第一水平时，上、下山采区出煤均经600m胶带运输大巷5运出，经煤仓3向主井1转载；辅助运输则由600m轨道运输大巷6承担。开采第一水平下山采区前，延深副井到-850m水平，并掘850m辅助水平大巷11。开采第一水平的下山采区时，即可由-850m辅助水平进风、泄水、排矸。开采二水平时不再延深原有主、副井，而是设置二水平胶带暗斜井12及轨道暗斜井13，第二开采水平开采上、下山各采区出煤，经二水平胶带暗斜井12直通一水平井底煤仓3。出矸则经二水平轨道暗斜井13提至-850m辅助水平，再经副井提出地面；物料运输均须经-850m辅助水平轨道大巷，再转运到各上、下山采区。矿井通风由副井进风，污风由两翼风井排出。这一方案中，-850m辅助水平不设胶带运输大巷，不进行煤的运输，也就取消了煤的运输、转载、存储的设施。这样，辅助水平只担负进风、排水、辅助运输和升降人员的任务。

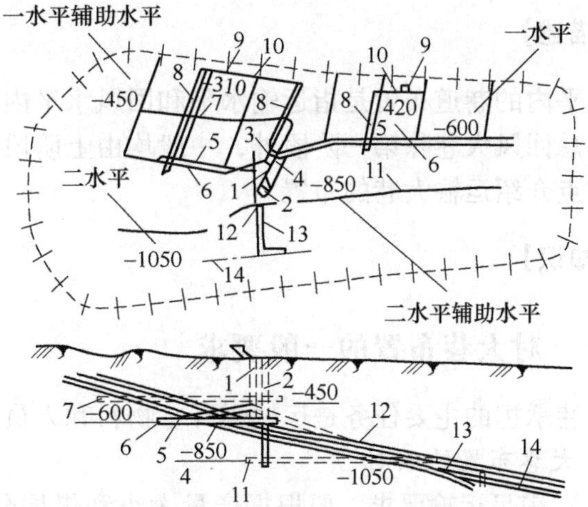

图3-3　用辅助水平配合上、下山开采（单位：m）

1—主井　2—副井　3—煤仓　4—主石门　5—600m胶带运输大巷　6—600m轨道运输大巷　7—450m辅助水平轨道巷　8—采区上山　9—边界风井　10—总回风道　11—850m辅助水平大巷　12—二水平胶带暗斜井　13—二水平轨道暗斜井　14—二水平大巷

3）开采急斜煤层的矿井时，受溜煤、运料、上下人员等技术和安全条件的限制，阶段垂高较短、水平储量较少、水平服务年限达不到规定要求，一些矿井加大了开采水平的垂高，一次延深两个阶段的高度，在两个阶段之间设置辅助水平，上阶段出煤利用设在井筒附近的溜煤眼溜放到下阶段，然后集中提出地面。很明显，这种方式增加了阶段运煤的环节和总的提升工作量，长距离溜煤易使块煤破碎，并有堵眼的危险，而节约的工程量并不多，如非迫不得已，一般不宜采用。

4）一些开采近水平煤层的矿井，采用分煤层开拓，即在主采层设开采水平，布置为全矿井服务的井底车场及设施，而在主采层以上或以下的煤层分别设辅助水平，开掘较简单的车场和煤层运输大巷，布置盘区进行开采。辅助水平和开采水平之间用暗井或暗斜井联系，煤经溜井下放或暗井提升，矸石及物料要多段转运，井下运输环节较多，生产比较分散，对矿井合理集中生产不利，随盘区联合布置的发展，这种方式的应用也日益减少。

如上所述，应用辅助水平能加大开采水平垂高。但设置辅助水平又增加了井下的运输环节，使生产系统复杂化，这是其本质上的缺点。

课题二　水平大巷布置

【任务描述】

水平内的巷道布置是指运输水平和回风水平内的巷道布置，即运输大巷和总回风大巷的布置。总回风大巷除第一阶段外，一般均由上阶段的运输大巷作为下阶段的总回风大巷，故这里重点介绍运输大巷的布置。

【相关知识】

一、对大巷布置的一般要求

大巷承担的主要任务是运输煤矸、物料和人员，以及通风、排水和铺设管线。

1. 大巷布置的原则

（1）满足运输要求　要根据产量大小和煤层分布情况，确定合理的运输系统、巷道数目及巷道位置。

（2）安全要求　大巷应布置在安全地点，在其全部服务期限内，不会因岩石移动或采矿过程的其他影响而遭受破坏。

（3）掘进和维护费用要小　巷道位置要避开各种不稳定岩层和地质构造带，布置在易于掘进和支护的岩层中。为了减少总的掘进工程量和费用，应该使大巷靠近煤层，但是不能布置在采场附近的压力增高带之内，否则将增加巷道维护费用。

（4）一巷多用的要求　布置大巷时，要尽可能兼顾到探矿、通风、排水及填充等各方面的要求，做到一巷多用，使其发挥最大的效益。

2. 大巷的运输方式和设备

根据矿井生产能力和矿井地质条件的不同，大巷可以采用不同的运输方式和设备，而不同的运输设备又对大巷提出了不同的要求。我国各类井型矿井的大巷设备一般采用矿车运输。少数大型矿井大巷采用胶带输送机运煤，而矸石、物料仍采用矿车运输。

采用轨道矿车运输时，按井型不同，分别采用1t、3t固定式矿车和3t、5t底卸式矿车，用电动机车牵引，轨距有600mm和900mm两种。

大巷采用矿车运煤的优点如下：

1）矿车运煤可同时解决煤炭、矸石、物料和人员的运输问题。

2）运输能力大、机动性强，随着运距和运量的变化可以增加列车数。

3）能满足不同煤炭的分采、分运要求。

4）对巷道直线度要求不高，能适应长距离运输。

5）吨公里运输费比较低。

但是，轨道矿车运输是不连续运输，井型越大，列车的调度工作越紧张，其运输能力将受到限制。

采用胶带输送机运煤时，主要使用钢丝芯胶带和钢丝绳牵引胶带输送机两种类型的设备，普通胶带输送机很少在大巷中使用。

用胶带输送机运煤的优点：

1）实现了大巷连续化运输，运输能力强。

2）操作简单，比较容易实现自动化。

3）装卸载设备少，卸载均匀。

但是，胶带输送机不适应按不同煤种的分装分运，并要求大巷直。因此，运量大、运距较短、煤种单一、装载点少、大巷比较直的矿井，应采用胶带输送机运输。目前，在特大型矿井中，大巷采用胶带输送机运输是实现高产、高效工作面的重要措施。

根据我国煤矿装备标准化、系列化和定型化的要求，不同矿井生产能力的大巷运输设备可参照表 3-2 选取。采用矿车运输时，选用架线电极车还是蓄电池机车主要取决于矿井瓦斯等级。一般低瓦斯矿井大巷运输采用架线电机车，高瓦斯矿井采用安全型的蓄电池机车。矿井总回风道的瓦斯浓度不得超过 0.75%，有瓦斯喷出或有煤与瓦斯突出危险矿井的进风道（距工作面 50m 以外）应使用防爆型蓄电池机车。

表 3-2　不同矿井生产能力的大巷运输设备

矿井生产能力/(万 t/年)	运煤	辅助运输	大巷轨距/mm
≥240	5t 底卸式矿车	1.5t 固定车厢式矿车	900
	胶带输送机	1.5t 固定车厢式矿车	600
90～180	3t 底卸式矿车	1t 或 1.5t 固定车厢式矿车	600
	3t 固定车厢式矿车	1.5t 固定车厢式矿车	900
≤60	1t 固定车厢式矿车	1t 固定车厢式矿车	600

3. 大巷的断面要求和支护

大巷的断面应满足运输、通风、行人和管缆铺设的需要，符合《煤矿安全规程》的规定。采用矿车运输的大巷一般采用双轨巷道断面；对于生产能力不大的中小型矿井，根据实际需要，也可以采用单轨巷道断面。大巷铺单轨时，要在井底车场和采区车场之间设双轨错车场，其有效长度要大于一列车的长度，并且线路应有 30% 的富裕通过能力。

大巷用胶带输送机进行运输的矿井，一般采用两条大巷，分别铺设胶带辅送机及轨道。两条大巷在同一水平且相互平行，每隔一定距离用联络巷贯通。为便于处理两条巷道的交叉关系，也可使胶带输送机大巷略高于轨道大巷 4～10m。

大巷断面要满足风速要求。采用矿车运输时，大巷允许风速不大于 8m/s，设计时要留有余地，一般不大于 6m/s；采用胶带输送机运输时，大巷风速不得超过 4m/s，通常只有少量进风。当大巷采用矿车运输，且矿井产量大，瓦斯涌出壁大，需要风量大，因而要求巷道断面大时，可以布置一条大断面巷道或两条断面较小的巷道，并结合施工条件和运输要求等因素综合考虑，合理确定。

大巷的服务年限很长，一般应采用锚喷。对于中小型矿井中服务年限不长的大巷，也可采用其它支护方式。当大巷设在具有自燃发火威胁的煤层里时，可以选择砌碹。条件适宜时，可在煤层大巷中采用锚网支架，围岩松软时也可采用 U 形钢金属可缩性支架。

4. 大巷的方向和坡度

大巷的方向应与煤层的走向大体一致。当煤层因褶曲、断层等地质构造影响，局部走向变化频繁时，为了提高列车运行速度，便于电机车行驶，也为了缩短线路及巷道长度，节约开拓工程量，要避免大巷转弯过多，即使大巷尽量取直。但应注意，不要因取直巷道而造成大巷维护不利及煤层开采上的困难（如距厚煤层过近、穿至开采煤层的顶板等）。铺设胶带输送机的大巷更要求巷道取直，当大巷不能成一直线时，可布置成段数较少的折线，由此要增加胶带输送机铺设的台数，从而将涉及采用胶带输送机运煤是否合理的问题，应在选择大巷运输方式时合理确定。

对于近水平煤层，若煤层变化大，则往往会有小的波状起伏、局部隆起或低洼，煤层走向不明显，很难沿一定走向布置大巷。在这种情况下，大巷应与井田内煤层的主要延展方向一致，甚至可以根据煤层赋存状况将大巷分叉布置，以便于在其两侧布置盘区或带区。当井田内开采煤层数目较多，分煤层（组）布置大巷时，上、下煤层（组）内大巷的方向应一致，平面位置宜重叠，以便少留保护大巷的安全煤柱。

大巷的坡度要有利于运输和流水。采用电动机车运输的矿井，一般使大巷向井底车场方向有0.3%～0.5%的下坡。对于井下涌水量很大的矿井，或因采用水砂充填采煤法而使大巷流水含泥量较多的矿井，为利于疏水及防止流水中泥沙沉淀，淤塞水沟，大巷坡度可取上限。用胶带辅送机运煤的大巷，其方向及坡度应尽可能与轨道大巷一致。为便于两巷在井底车场内的布置，避免巷道交叉上的困难，胶带输送机大巷向井底车场方向要逐步抬高，抬高的坡度要根据井底车场煤仓的上部高程及抬高的范围来确定。

二、运输大巷的布置方式

布置开采水平的核心问题是运输大巷的布置。根据煤层的数目和层间距的大小，运输大巷的布置有三种基本形式，即单层布置、集中布置和分组布置。

1. *单层布置（分层运输大巷）*

单层布置的特点是在开采水平内，在各煤层中或煤层底板岩石中都布置大巷，如图3-4所示。各煤层单独布置采区，各煤层之间用主要石门联系。

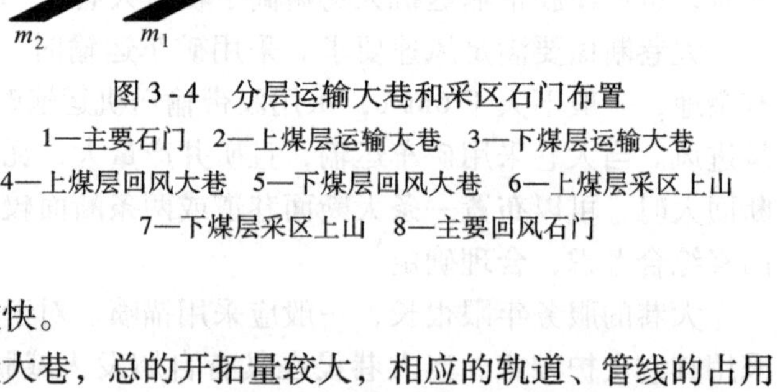

图3-4　分层运输大巷和采区石门布置

1—主要石门　2—上煤层运输大巷　3—下煤层运输大巷
4—上煤层回风大巷　5—下煤层回风大巷　6—上煤层采区上山
7—下煤层采区上山　8—主要回风石门

这种布置的优点是：在各可采煤层中都布置大巷，相应地在各煤层单独布置采区，就每个采区而言，准备工程量较小，各分煤层大巷之间只有一条主要石门，石门的开拓工程量一般比较小；由于建井时首先在上部煤层进行开拓准备，初期工程量较小，加上沿煤层掘进、施工技术及装备均较简单，因此初期投资较少，建井速度较快。

这种布置的缺点是：每个煤层均布置大巷，总的开拓量较大，相应的轨道、管线的占用量也较多；各煤层布置采区，总的采区数目多，生产采区比较分散，因而井下运输、装载也分散，占用辅助生产人员多，生产管理不方便；由于大巷的数目多，总的维护工作量大，如大巷沿煤层布置，则维护大巷较困难；每条大巷均需留设保护巷煤柱，故煤柱损失大。

因此，在单产较低、采区数较多的条件下，一般不宜采用单层布置方式。只有当井田走向不太长，煤层数目少，煤层间距大，集中布置在技术有困难、经济上不合理时，才考虑采用这种方式。

2. 集中布置（集中运输大巷）

集中布置的特点是在开采水平内只布置一条或一对集中大巷，用采区石门联系各煤层，如图3-5所示。这种布置的优缺点如下：

优点：总的大巷开拓工程量、占用的轨道管线均较少；大巷一般布置在煤组底板岩层或最下部较坚硬的薄及中厚煤层中，维护较容易，维护的大巷少，总的开拓巷道维护工作量较少；生产区域比较集中，有利于提高井下运输效率；由于以采区石门贯穿各煤层，可同时进行若干个煤层的准备和回采，开采顺序较为灵活，开采强度可较大。

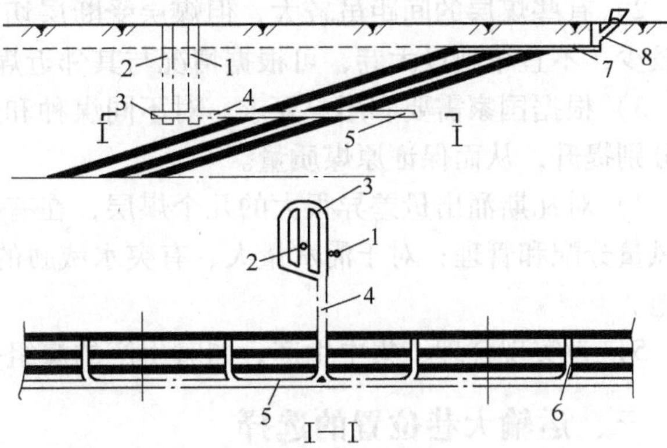

图3-5　集中运输大巷和采区石门布置

1—主井　2—副井　3—井底车场　4—主要石门　5—集中运输大巷　6—采区石门　7—集中回风大巷　8—回风井

缺点：矿井投产前要掘主石门、集中运输大巷和采区石门，然后才能进行上部煤层的准备与回采；煤组厚度大时，初期建井工程量较大、建井期较长；每一采区要掘采区石门，如果煤层的间距大，采区石门就很长，总的石门工程量就更大，可能造成经济上的不合理。

因此，集中布置方式适用于井田走向长度大、服务年限长、煤层层数较多、层间距不大的矿井。

3. 分组布置（分组集中运输大巷）

分组布置的特点是将煤层划分为若干分组，每个分组开掘一条集中大巷，分组内用采区石门联系，分组集中大巷之间用主要石门或分区石门联系，如图3-6所示。

分组布置方式可以看作前两种方式的综合，它兼有前两种方式的部分特点。当井田内各煤层的间距有大有小，全部煤组采用单一的集中运输大巷有困难或不经济时，可以根据各煤层的远近及组成，将所有煤层分为若干煤组，每一煤组布置分组集中运输大巷。

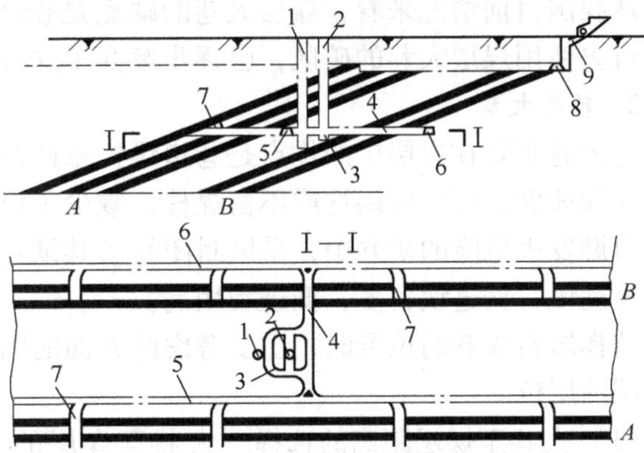

图3-6　分组集中运输大巷

1—主井　2—副井　3—井底车场　4—主要石门　5—A煤组集中运输大巷　6—B煤组集中运输大巷　7—采区石门　8—回风大巷　9—回风井

这种布置方式总的巷道工程量较少，生产比较集中，大巷容易维护；其缺点是石门总长度较长。因此，它适用于可采煤层层数较多、层间距大小不等的矿井。特别是在由于井筒布置要求，井底车场落在煤层组的上部或中间时，采用分级布置初期工程量少、建井工期短。

采用分组集中布置大巷，划分分组时应注意以下问题：

1）层间距较近的煤层可以划为一组，以减少采区石门的掘进工程量。

2）有些煤层的间距虽较大，但煤层受断层切割或赋存不稳定，只有局部块段可采，储量较少，不宜单独设大巷，可根据情况与其邻近煤层划为一组。

3）根据国家需要和用户要求，对不同煤种和煤质的煤层可分别划组，以便分采、分运和分别提升，从而保证原煤质量。

4）对瓦斯涌出量差异很大的几个煤层，在有技术安全上的需要时，可分别划组，以便于风量分配和管理；对于涌水量大、有突水威胁的煤层，可分层布置，以便采取防治水患的措施。

5）为实现合理、集中生产，同时生产的煤组一般不多于两个。

三、运输大巷位置的选择

确定运输大巷在煤组中的具体位置与选择运输大巷的布置方式密切相关。由于运输大巷不仅要为上水平开采的各煤层服务，还将作为开采下水平各煤层的总回风道，其总的使用期限长达十余年至数十年。为便于维护和使用，应不受开采各煤层的采动影响，一般将运输大巷设在煤组的底板岩层中，有条件时也可设在煤组底部煤质坚硬、围岩稳固的薄及中厚煤层中。

1. 煤层大巷

煤层大巷是将大巷布置在煤层中。其优点是容易施工，掘进速度快，掘进费用低，便于机械化作业，掘进中可以进一步探明煤层变化情况和地质构造。其缺点是巷道维护困难，维护费用高；当煤层起伏、褶曲较多时，将造成巷道弯曲转折多，使机车行驶速度受限；大巷两侧须各留 30 ~ 40m 以上的煤柱，煤炭损失较大；当煤层有自燃发火危险时，一旦发生火灾就必须封闭大巷，这将导致矿井停产，且不易封闭，扑灭火灾困难。

从我国目前情况来看，煤层大巷的缺点是较严重的。因此，从 20 世纪 50 年代后期起，许多过去使用煤层大巷的矿区，已逐步废弃了这种方式而采用岩石大巷。

2. 岩层大巷

将大巷布置在岩层中的优点是巷道维护条件好，维护费用低，巷道施工能按要求保持一定方向和坡度；可少留煤柱或不留煤柱，减少了煤炭资源损失，便于设置煤仓；在有瓦斯突出和自燃发火危险的矿井中，采区封闭好。其缺点是岩石掘进工程量较大，掘进施工困难，掘进速度慢，掘进设备多，掘进费用高。

选择岩石大巷的位置时，主要考虑两方面的因素：一是大巷至煤层的距离，二是大巷所在岩层的层位。

（1）大巷至煤层距离的选择　大巷至煤层的距离直接关系到大巷受采动影响的程度，由开采形成的支承压力经煤柱传递到煤层底板，在底板岩层内也形成一应力升高区。为避开支承压力的不利影响，大巷应与煤层保持一定的距离。支承压力在底板岩石内的传递因岩性的不同而不同：岩石坚硬，则传递的范围广而向下的强度小，大巷距煤层可近一些；岩石松软，则传递的范围窄而向下的强度大，大巷距煤层应远一些。我国各矿区围岩性质和管理顶板的方法不同，岩石大巷至煤层的距离大小不等，一般为 15 ~ 30m。

对于开采急斜煤层的矿井，一般采用多水平开拓，运输大巷或者作为下水平的回风巷，或者因下水平开采时上水平仍在开采，而都要继续维护，应保证它在下水平开采时仍不受采动影响。当倾角大于60°时，煤层采动后不仅顶板岩层要垮落下沉，底板岩层也要向下滑动，为使运输大巷免受底板滑动的影响，应将其布置在底板滑动线之外，并要留适当尺寸的安全岩柱，其宽度可取10～20m。

（2）岩层层位的选择　确定岩石大巷的位置时，选择合适的层位极其重要。为便于大巷的维护，应选择稳定、较厚且坚硬的岩层，如砂岩、石灰岩、砂质页岩等，避免在岩性松软、吸水膨胀、易风化的岩层中布置大巷。当煤层底板岩层的水文地质情况复杂时，应根据情况慎重对待。例如，我国一些煤田煤系的基底为奥陶纪石灰岩，溶洞发育、含水丰富，有时甚至与地面河流有水力联系，为防止井下发生突水事故，大巷与这些岩层应有一定的安全距离。

四、总回风巷的布置

回风大巷的布置原则与运输大巷的布置原则基本相同，并且对一个具体的矿井来说，常采用相同的布置方式。实际上，上水平的运输大巷常作为下水平的回风大巷。

矿井第一水平回风大巷的设置应根据不同情况区别对待：

1）对开采急斜、倾斜和大多数缓斜煤层的矿井，根据煤层和围岩情况及开采要求，回风大巷可设在煤组稳固的底板岩层中；有条件时，可设在煤组下部煤质坚硬、围岩稳固的薄或中厚煤层中。

2）当井田上部冲积层厚和含水丰富时，要在井田上部沿煤层侵蚀带留设防水煤柱。在这种情况下，可将回风大巷设在防水煤柱内。

3）对于开采近水平煤层的矿井，回风大巷可位于大巷一侧平行并列布置，或设在下部煤（岩）层中，其选定的原则与运输大巷的布置原则相同。

4）对于采用采区小风井通风的矿井，第一水平可不设回风大巷。多井筒分区式的矿井也不设全矿性的回风大巷。

5）对于一些多水平生产的矿井，为使上水平的进风与下水平的回风互不干扰，有时要在上水平布置一条与集中运输大巷平行的下水平回风大巷，该巷在运输大巷掘进时可作为配风副巷。

课题三　开采顺序

【任务描述】

井田划分后，必须按照一定的顺序进行开采。井田的开采顺序包括：沿煤层倾斜和走向的开采顺序；煤层群组开采时，组间及组内层间的开采顺序。

【相关知识】

一、煤层群组间和组内层间的开采顺序

根据煤层群的赋存状况和自然条件，将其划分成组，并按一定的顺序进行开采。

煤组与煤组之间、组内各煤层之间，一般均采用下行开采顺序，即先采上煤组（上层煤），后采下煤组（下层煤）。为了避免下煤组（下层煤）开采对上煤组（上层煤）的影响，上煤组（上层煤）应超前下煤组（下层煤）开采。

为了集中生产，一般同时采煤组数不宜超过两组。

二、沿煤层倾斜的开采顺序

井田沿煤层倾斜方向，一般自上而下地按阶段依次回采，称为下行开采顺序。采用这种开采顺序，初期工程量少、投资少、投产快。

在阶段内部，不论是哪种划分方式，一般都采用下行开采，即自上而下地按区段或分段依次开采。在开采近水平煤层时，上行、下行开采顺序均可采用。

三、沿煤层走向的开采顺序

在井田内，对井田的走向来说，一般以井筒或采区上（下）山的位置为准，将井田或采区的边界位置作为前方。在井田的一翼，由于沿煤层走向开采的方向不同，分区式或分段式布置又可分为前进式和后退式开采顺序。

采区（或分段）由井筒向井田边界依次（或连续）回采的方式称为前进式；采区（或分段）由井田边界向井筒依次（或连续）回采的方式称为后退式。

前进式的特点是初期工程小、投资小、投资快；但采空区容易漏风，巷道维护比较困难，采掘干扰大。后退式的特点是可以通过已掘巷道了解煤层的地质变化，采空区不易漏风，巷道维护好，采掘干扰小；但初期工程量大，基建工期长。

对于采区或分段来说，除了井田走向长度较短的情况之外，一般均采用前进式开采；对于采区内部来说，一般均采用后退式开采。

课题四　采掘关系及三量管理

【任务描述】

采煤与掘进的关系是煤矿生产特有的基本矛盾之一。掘进是为了采煤，采煤必须掘进，而且必须按照采煤的需要来安排掘进工作，应掌握"采掘并举、掘进先行"的原则，使掘进和回采保持正确、合理的比例关系。为了正确处理好采掘关系，在实际工作中必须严格掌握和正确运用有关计划统计指标，主要有掘进总进尺、开拓巷道进尺、"三量"可采期、万吨掘进率、采掘工作面个数比、采掘工作面人数比、采掘工作面推进速度比、备用工作面个数比等。

【相关知识】

掘进与采煤是煤矿生产中的两个基本环节。掘进是为采煤做准备，而开拓、准备和回采之间的关系，就是常说的采掘关系。正确处理采掘关系，对保证矿井稳产和高产有重大的意义。

一、开采计划

根据市场对矿井的煤炭产量、质量、采出率和材料消耗等提出的要求，按照地质情况和生产技术条件，统筹安排采区及工作面的开采与接替的过程称为开采计划。开采计划包括采煤工作面年度接替计划、采煤工作面较长期接替接计划和采区接替计划。

（一）采煤工作面接替计划

采煤工作面年度接替计划是根据采煤工作面较长时期接替计划与生产实际情况做出具体的安排，每年都要安排采煤工作面的年度接替计划和掘进工作面的掘进工程计划。

1. 编制采煤工作面接替计划的方法和步骤

1）根据已批准的采区和采煤工作面设计，在设计图上测算各工作面参数，包括采高、工作面长度、推进度和可采储量等，并掌握煤层赋存特点和地质构造等情况。

2）确定各采煤工作面计划采用的采煤工艺方式，估算月进度、产量和可采期。

3）根据生产工作面结束时间顺序，考虑采煤队力量强弱，依次选择接替工作面。所选定的接替工作面必须保证开采顺序合理，满足矿井产量和煤质搭配开采的要求，并力求生产集中和便于施工准备等。

4）将计划年度内开采的所有采煤工作面，按时间顺序编制成接替计划表。

5）检查巷道掘进、设备安装能否按期完成，运输、通风等生产系统和能力能否适应。如果不能满足需要，则应采取一定的措施或调整接替计划。这样经过几次检查修改，最后确定采煤工作面接替计划。

2. 编制采煤工作面接替计划的原则及应注意的问题

1）年度内所有进行生产的采煤工作面的产量总和加上掘出的煤量，必须确保矿井计划产量的完成，并力求各月采煤工作面的产量较均衡。

2）确保合理的开采顺序，上、下区段工作面和上、下煤层（包括分层）工作面之间，应保持一定的错距和时间间隔；煤层之间，除间距较大或有特殊要求允许上行开采外，要求按自上而下的顺序开采。

3）为实现合理、集中生产，应尽量减少同时生产的采区数，避免工作面布置得过于分散。

4）薄、厚煤层，缓、急倾斜煤层，煤质优、劣煤层，生产条件好、差煤层的工作面要保持适当的比例。

5）为便于生产管理，各采煤工作面的接替时间尽量不要重合，力求保持一定的时间间隔。特别是综采工作面，要防止两个面同时搬迁接替。

6）虽然计划图表中不出现备用工作面，为留有余地，在编制计划时应考虑配置备用工作面。

（二）采区接替计划

编制采区接替计划时，应使投产采区或近期接替生产采区的准备工程量小、时间短、生产条件好。同时生产和同时准备的采区数目不宜太多，几个采区同时生产的矿井，备采区接替的时间宜彼此错开，不宜排在同一年度，必须保证同时生产的采区能力之和能满足矿井设计能力或计划产量的要求。

二、巷道掘进工程计划

巷道掘进工程计划是按照井田开拓方式以采区准备方式，并根据开采计划规定的接替要求和掘进队的施工力量，安排各个巷道的施工顺序及时间，以保证采煤工作面、采区及水平的接替。

在接替时间上要留有富裕量，以免在出现意外情况时接替不上，即在现在生产的采区内，采煤工作面结束前 10 ~15 天，完成接替工作面的巷道掘进及设备安装工程；在现有开采水平内，每个采区减产前 1 ~1.5 月，必须完成接替采区和接替工作面的掘进工程和设备安装工程；在现在开采水平内，要求在同采采区总量开始递减前的 1 ~1.5 年，完成下一个开采水平的基本井巷工程和准备、安装工程。

1. 编制巷道掘进工程计划的方法和步骤

一般地，采煤巷道与开拓、准备巷道分别编制掘进施工计划，原则上可按下述方法与步骤进行：

1）根据已批准的开采水平、采区及采煤工作面设计，列出待掘进巷道的名称、类别、断面，并在设计图上测出长度。

2）根据掘进施工和设备安装的要求，编排各组巷道（各采区、各区段及各工作面的巷道）掘进必须遵循的先后顺序。

3）按照开采计划对采煤工作面、采区及开采水平接替时间的要求，加上富裕的时间，确定各巷道掘完的最后期限，并根据这一要求编排各巷道的掘进顺序。

4）根据现有巷道掘进情况，分派各掘进队的任务，编制各巷道掘进进度表。

5）根据巷道掘进进度表，检查与施工有关的运输、通风、动力供应、供水等辅助生产系统，最后确定巷道掘进工程计划。

2. 编制巷道掘进工程计划的原则及注意事项

1）确定联锁工程，分清各巷道的先后、主次，确定施工顺序。

2）尽快构成巷道掘进通风系统，改善施工中的通风状况，以便多个掘进工作面的掘进施工。

3）尽快按岩巷、煤巷、半煤岩巷分别配置掘进队，施工条件要相对稳定，以利于掘进技术和速度的提高。

4）巷道掘进工程量的测算既要符合实际，又要留有余地，计算时的取值须在按图测算值的基础上增加 10% ~20%。

5）巷道掘进速度要根据当地及邻近矿井的具体条件选取，同时要考虑施工准备时间及设备安装时间，使计划切实可行。

三、“三量”管理

为了及时掌握和检查各矿井的采掘关系正常与否，按开采准备程度，将可采储量中已经进行开拓准备的那部分储量分为开拓煤量、准备煤量和回采煤量，即所谓的“三量”。

1. 开拓煤量

开拓煤量是井田范围内已掘进的开拓巷道所圈定的尚未采出的那部分可采储量。其公式为

$$Z_d = (Z_{og} - Z_g - P_{dd})C \tag{3-1}$$

式中 Z_d——开拓煤量；

Z_{og}——已开拓范围内的地质储量；

Z_g——已开拓范围内的地质损失，是因地质、水文地质的原因而不能采出的煤量；

P_{dd}——开拓煤量可采期内不能开采的煤量，指留设的临时和永久煤柱；

C——采区采出率。

所谓已开拓范围，是指为该部分所需要的开拓巷道已经掘完。若未掘完，则这部分煤量不能列入开拓煤量。

2. 准备煤量

准备煤量是采区上山及车场等准备巷道所圈定的可采煤量。其公式为

$$Z_p = (Z_{pg} - Z_g - Z_d)C \tag{3-2}$$

式中 Z_p——准备煤量；

Z_{pg}——各采区所圈定的工业储量；

Z_g——采区内的地质损失；

Z_d——呆滞煤量，即在准备煤量可采期内不能开采的煤量。

同样，若准备巷道没有掘完，则不能计入相应的准备煤量。如采区上山尚未掘完，则整个采区的煤量不能列为准备煤量。

3. 回采煤量

回采煤量是在准备煤量范围内，已有采煤巷道及开切眼（或工作面）所圈定的可采储量，也就是采煤工作面和已准备接替的各工作面尚保有的可采储量。当采煤工作面受开采顺序限制，暂时不能采煤时，不能计入回采煤量。

生产矿井或投产矿井的“三量”可采期按下式计算

$$\text{开拓煤量可采期（年）} = \frac{\text{期末开拓煤量}}{\text{当年计划产量或设计能力}}$$

$$\text{准备煤量可采期（月）} = \frac{\text{期末准备煤量}}{\text{当年平均月计划产量或平均月设计能力}}$$

$$\text{回采煤量可采期（日）} = \frac{\text{期末回采煤量}}{\text{当年平均月计划采煤量}}$$

一般情况下，矿井的“三量”符合上述规定即能达到采掘平衡，并有一定的合理储量。但是“三量”是一个概括性指标，它本身只能说明已为开采准备了一定储量，而不能说明储量的分布性质及开采条件。“三量”可采期通常规定为：开拓煤量为3~5年，准备煤量为1年以上，回采煤量为4~6个月。

四、采掘比例关系指标及计算方法

表达采掘比例关系的指标有产量与进尺比、采掘工作面个数比、采掘工作面人数比、万吨掘进率、“三量”与各类产量比，以及“三量”与各类掘进进尺比等。经常使用的是以下两个指标。

1. 采掘工作面个数比

采掘工作面个数比反映矿井每个采煤工作面需要配备几个掘进工作面为其做准备，从另

一个意义上讲，它表明随采煤工作面个数的变化，需要调整掘进工作面的个数，即调整采掘关系。其计算公式为

$$采掘工作面个数比=\frac{年平均采煤工作面个数}{年平均掘进工作面个数}$$

矿井采掘工作面个数比与采煤工艺、掘进工艺等有关，目前我国通常取1∶2.5～1∶1.5之间，一般为1∶2。

2. 万吨掘进率

万吨掘进率（m/万 t）是生产矿井在一定时期内，每产1万t煤所需掘进的生产巷道总进尺和开拓总进尺，它反映在既定的煤层赋存情况、开拓准备方式及采煤方法等条件下的掘进效果。其计算公式为

$$生产掘进率=\frac{生产掘进总进尺}{矿井产量}$$

$$开拓掘进率=\frac{开拓巷道掘进总进尺}{矿井产量+工程出煤}$$

$$生产矿井全部掘进率=\frac{生产矿井全部巷道掘进总进尺}{矿井产量+工程出煤}$$

课题五　矿井开拓延深

【任务描述】

矿井开拓延深的实质是开拓一个新的开采水平。正确选择矿井延深方案，使矿井生产与井筒延深施工密切配合，切实处理好新旧水平的接替，是矿井延深工作中应解决的主要问题。

【相关知识】

矿井开拓延深就是多水平开拓的生产矿井为接替生产而进行的下一开采水平的井巷布置及开掘工程。生产矿井新水平开拓延深的特点如下：

1）井巷工程量大，大体接近新建矿井。

2）施工技术和管理复杂，边生产，边延深，施工与生产在运输、提升、通风方面相互干扰。

3）工期长，一般需要5～8年（延深3～5年，过渡2～3年）。

4）可充分利用原有井巷和设备。

5）能更好地适应开采煤层的特点，改进矿井开拓、准备巷道的布置，有可能扩大生产能力。

因此，合理地确定矿井延深方式至关重要。

一、矿井开拓延深方式及应用概况

矿井开拓延深方式一般分为五类：

1）直接延深。

2）暗井延深。

3）直接延深结合暗井延深。

4）新开一个井筒，延深一个井筒。

5）深部新开立井或斜井。

1. 直接延深

这种延深方式是将原有主、副立井或斜井直接延深到下一个开采水平，如图3-7所示。

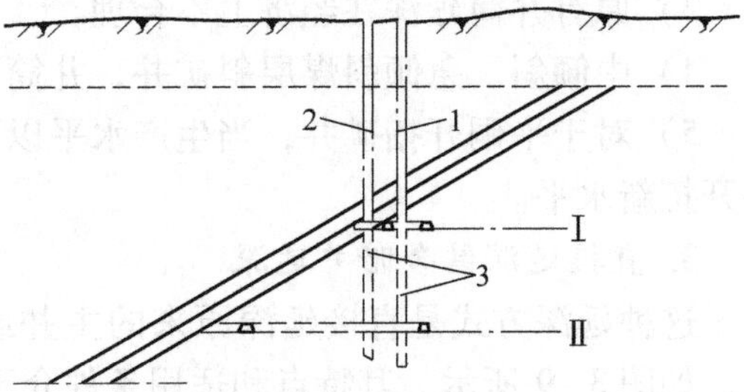

图3-7　直接延深主、副井方式

Ⅰ—第一水平　Ⅱ—第二水平

1—主井　2—副井　3—延深的主、副井

直接延深的特点如下：

1）可充分利用原有设备和设施，掘进量小，投资少。

2）采用统一提升设备，转运环节少，工程量较少。

3）生产与延深同时进行，生产与延深相互干扰。

4）主井接井时，技术要求严格，矿井要短期停产。

5）延深两个井筒，组织施工复杂。

6）掘进一些辅助巷道，临时工程以后难以启用。

7）提升高度增加，需要更换设备。

直接延深方式的适用条件如下：

1）井筒延深及井底车场的布置不受地质、水文地质条件的限制。

2）断面和提升设备能满足新水平的提升要求，或更换提升设备后直接延深合理。

2. 暗井延深

暗井延深是指利用暗立井或暗斜井延深，开拓深部水平，如图3-8所示。

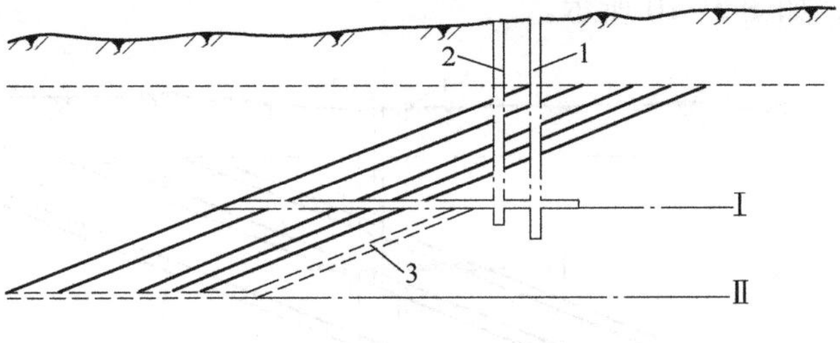

图3-8　暗斜井延深方式

Ⅰ—第一水平　Ⅱ—第二水平

1—主井　2—副井　3—延深的暗斜井

暗井延深的特点如下：

1）生产与延深互不干扰。

2）延深施工容易。

3）暗井位置、方向、倾角、提升方式不受原井筒的限制，而按下水平开采有利于布置。

4）增加了一些工程量，如暗井车场。

5）增加了运输环节。

暗井延深方式的适用条件如下：

1）受地质及水文地质条件限制，原井筒不能直接延深。

2）原有设备不能满足新水平提升需求，但又无法更换。

3）原有井筒延深在经济上不合理。

4）中倾斜、急倾斜煤层斜矿井，井筒不能直接延深，宜采用暗立井延深。

5）对于平硐开拓矿井，当生产水平以下的阶段无法用平硐开拓时，应用暗立井或暗斜井开拓新水平。

3. 直接延深结合暗井延深

这种延深方式是直接延深原来的主井或副井，不直接延深的副井或主井采用暗斜井延深，如图3-9所示。其特点和适用条件介于直接延深与暗井延深方式之间。

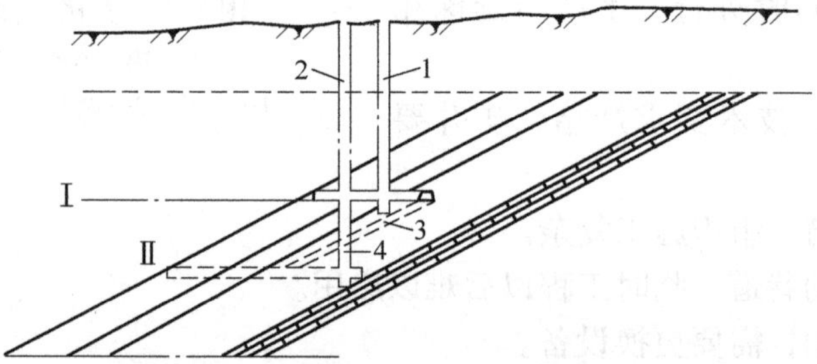

图3-9 副井直接延深、主井用暗斜井延深方式

Ⅰ—第一水平 Ⅱ—第二水平

1—主井 2—副井 3—暗斜井 4—延深副井

4. 新开一个井筒，延深一个井筒

这种方式是从地面新开一个主井（或副井）通达延深的水平，另外用暗井延深或直接延深副井（或主井），如图3-10所示。

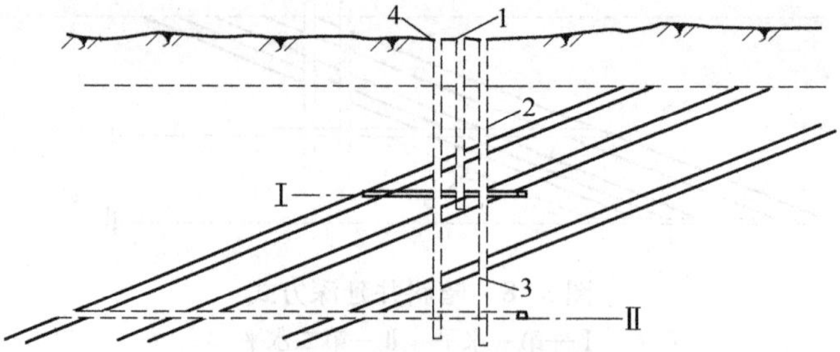

图3-10 新开主井、直接延深副井方式

Ⅰ—第一水平 Ⅱ—第二水平

1—原主井 2—副井 3—延深副井 4—新开主井

新开一个井筒，延深一个井筒的特点如下：

1）对生产干扰小，能大幅度提高矿井的生产能力。

2）便于采用先进的技术装备。

3）需增加改造地面生产系统的工作量，基建工程与投资大。

新开一个井筒，延深一个井筒的方式一般适用于以下情况：

1）采深加大后，原主、副井的提升、通风满足不了新水平的需求。

2）需要提高矿井生产能力，结合矿井改扩建的大型矿井的延深。

5. 深部新开立井或斜井

这种方式是几个开采浅部煤层的中小型矿井各自不再向其延深水平延深，而将深部合并为一个井田新开立井或斜井集中延深。其特点是若干个小井的深部井田合并成一个井田开拓，便于实现矿井的集中生产。

深部新开立井或斜井的方式一般适用于煤层浅部井型小、生产分散、技术装备落后，深部煤层储量丰富、便于改扩建的矿区。

二、矿井开拓延深方式的确定

1. 确定开拓延深方式的原则

生产矿井开拓延深方式的确定，关系到井田开采的合理与否、施工的难易、工期的长短、资金使用的合理与否以及对现有生产水平的影响等，应深入调查论证，反复进行技术经济比较。

确定矿井开拓延深方式的基本原则如下：

1）充分利用现有井巷、设备和设施。

2）生产系统力求简单，缩短新、旧生产水平的同采时间。

3）保持或扩大原有生产能力。

4）尽量减少对现有生产水平的影响。

5）采用新技术、新工艺和新装备。

6）临时性辅助工程量要小，投资少、工期短、生产费用低，并尽量减少煤炭资源的丢失。

2. 确定开拓延深方式的方法

在具体进行开拓延深方案设计时，要根据煤层、地质、水文地质等条件，现有矿井的生产条件，以及当前技术发展水平进行综合技术经济分析比较来确定。

传统的方法是方案比较法，即提出技术上可行的开拓延深方案并作初步技术经济比较，保留2~3个较优的方案再作详细的经济比较，最后得出最优方案。

20世纪80年代后期，系统工程和计算机基础的优化设计方法被引用到矿井开拓延深设计中，用系统工程方法对若干个方案通过计算机进行分析比较，然后利用计算机模拟分析得出总值最小的方案。

三、新、老水平生产过渡时期的技术措施

新、老水平生产过渡时期（上一开采水平开始减产至结束~下一水平投产至全部接替）一般要经过3~4年，即在3~4年内要维持两个水平同时生产。这样增加了提升、通风、排水的复杂性，必须采取相应的措施来保证生产的正常进行。

1. 提升措施

直接延深原来利用箕斗提升井筒的矿井，上、下水平同时提升将发生矛盾，此时必须采取以下措施。

（1）利用通过式箕斗装载设备　这种方式的特点是启闭上水平箕斗装载煤仓闸门的下部框架改为可伸缩的悬臂，当悬臂伸出时，提升上水平煤；缩回时，提升下水平煤。两个水平分班出煤，同时加大两个水平煤仓的容量。

这种方式的优点是提升系统单一，不增加提升工作量。其缺点是每次更换水平提煤时，需要调整钢丝绳长度；需要扩大煤仓容量；提升机为大型设备，检修困难。所以，通常使用在水平过渡期比较短的矿井。

（2）利用下山采区过渡　这种方式的特点是当上水平开始减产时，靠井筒附近开采1～2个下山采区，集中于上水平出煤，称为“剃头下山”。在主要生产转入下水平后，原下山采区改为上山采区开采，集中下水平出煤。

这种方式的优点是缓和水平接替，利于矿井延深。其缺点是采区提升更换方向，需要重新布置车场；采区主要进、回风巷尚未贯通，通风、供电、排水等系统均没有形成和完善，抗灾能力差，存在很大安全隐患。通常在煤层倾角小于16°、水平接替紧张时采用。

（3）利用溜井将上水平的煤放至新水平提升

这种方式的优点是提升系统简单，提升机运转条件好，其缺点是需要多开溜井，增加了提升费用。通常应用在水平过渡期短的矿井。

（4）利用副井或风井临时提升

这种方式的优点是不增加设备，其缺点是需要改造地面系统。

2. 通风措施

当下水平投产时，一般要利用上水平的运输大巷作为下水平的回风大巷。在上、下水平过渡时期，要求上、下开采水平独立通风，上水平的运输大巷仍然负担本水平的进风工作，一般的解决措施如下：

1）维护上水平的采区上山（岩石上山为好）作为下水平的回风道通和上水平的总回风巷。

2）利用上水平运输大巷的配风巷作为新水平的回风道。

3）分组集中布置大巷时，新水平通风利用上水平上煤组分组集中大巷回风。

3. 排水措施

（1）一段排水　上水平的水涌入下水平水仓，集中排到地面。

（2）两段独立排水　两个水平有各自的排水系统。

（3）两段接力排水　下水平的水排至上水平，然后统一排到地面。

（4）两段联合排水　上、下水平共用一套管路，设三通阀控制，上、下水平各有水泵，上、下水平均可排水。

生产中，需要根据井下涌水大小、水平过渡期长短、设备情况等因素选定排水方式。

课题六　矿井技术改造

【任务描述】

矿井的服务年限一般长达几十年甚至上百年，而科学技术的发展日新月异，为了使生产多年的矿井持续、健康地发展，发挥其生产潜力，改变其技术面貌和提高经济效益，建设高产、高效的现代化矿井，需要充分利用原有的基础和设施，用现代新技术、新装备、新工艺、新材料对矿井原有的生产系统、设备、工艺等进行更新和改造，即进行矿井技术改造。这是用改善内涵的方式扩大矿井生产能力，也是煤矿生产发展的客观要求和必然规律。

【相关知识】

一、矿井改扩建

矿井改扩建是对储量丰富、开采条件好、已经达到和超过设计生产能力的矿井进行的技术改造。

1. 矿井改扩建的基本条件

（1）有足够的煤炭资源　有足够勘探精度的可采储量是矿井改扩建的资源基础，以保证改扩建后矿井有一定的服务年限，充分发挥改扩建投资的效果，并改善矿井各项经济技术指标。

（2）开采条件适合　煤层开采条件是决定改扩建矿井能否尽快达到产量的关键。例如，西山官地矿的煤层倾角为1°~5°，厚度一般为2~4m，结构简单，经过两次改扩建和一次环节改造，采煤机械化程度和产量分别提高了92.8%和70.6%。

（3）有增产潜力　由于矿井设计中就隐含增产潜力，若实际年工作日和日提升时数大于设计值，加上改善技术及管理条件，则矿井改扩建后很快就能达到设计能力。

（4）有可充分利用的原井上下生产系统和设施　矿井本身具有改扩建的生产和设施基础，可减少投入。

2. 矿井改扩建方式

（1）矿井合理集中改造　矿井合理集中改造方式包括生产矿井间的合并集中改造、规划矿井与生产矿井的合并集中改造和矿井单独技术改造。

（2）矿井开拓系统技术改造　对采用立井、斜井、平硐和综合开拓的改扩建矿井的开拓系统进行改造，以形成新的开拓系统。

（3）矿井生产系统技术改造　对矿井的运输、提升、通风、排水和其他系统进行改造。

二、矿井生产集中化

生产集中化是指生产手段和劳动力在时间和空间上的集中，是在单位时间及较小空间内，用最少的劳动消耗，取得最大的产量和最佳的经济效果。矿井生产的合理集中可简化生产系统，减少辅助设备与人员，降低巷道掘进率，从而取得更好的经济效益。

我国的生产集中化是通过矿井合并、扩大井田范围、提高开采强度等途径来实现的。

1. 矿井合并

（1）相邻井田在向深部发展中合并　这种方式最典型的就是片盘斜井群的合并集中改造。我国曾将94处片盘斜井群进行合并集中改造，改造后合并为31处大型矿井。例如，黑龙江鹤岗富力矿上部的7对片盘斜井在深部集中开拓后，其年生产能力由108万t/年提升到了200万t/年。

（2）新旧矿井合并　新井田与老井田合并改造的实例很多，如淮北局原有的26对矿井合并为现在的9对矿井。

2. 扩大井田范围

各井田不再新建矿，而是规范各矿井田范围。

3. 矿井单独集中改造

矿井单独集中改造是通过加大水平高度、采区尺寸、工作面长度和工作面连续推进长度，以及提高单产等方法来实现矿井的集中生产。

各矿区对水平合理集中采取的主要措施如下：

1）确定合理的水平高度。

2）减少同时生产的水平数目。

3）改进开采水平布置（利用上、下山开采，水平大巷集中布置等）。

各矿井准备巷道布置的合理集中改造措施如下：

1）加大采区及工作面尺寸。

2）为适应综采工作面的连续推进，采用了跨越上山回采及分带式的巷道布置。

3）为适应工作面推进速度快的要求，采用综合掘进、减少巷道数量、增加煤巷比重、扩大巷道断面、使用金属可缩性支架等措施。

4）降低巷道掘进率和巷道维护费用，提高煤炭采出率，推广“无煤柱开采”的准备巷道。

三、改扩建矿井的开拓系统改造

1. 由单一井筒（硐）开拓形式改造为综合开拓形式

1）原平硐开拓在延深新水平时，可增加立井或斜井。这样既保持了原平硐开拓的优点，又适应了扩建水平的要求。

2）原斜井开拓在延深新水平时，可新增立井（多为副立井）。这样解决了深部提矸、进风、提人和排水等问题。

3）原立井开拓在延深新水平时，可新增斜井（多为主斜井）。

2. 综合开拓形式矿井的开拓系统改造

由于胶带输送机的日益改进与发展，使用范围更广，因此在综合开拓系统中，主提升由立井箕斗提升改造为斜井胶带提升。

四、矿井主要生产系统的技术改造

矿井主要生产系统是指矿井提升、运输、通风、排水、动力供应和地面生产系统等。常将这些系统中相应的最小能力作为核定矿井综合能力的指标。因此，必须对最薄弱的环节进行改造，以维持或提高矿井综合生产能力。

1. 矿井提升系统的改造

矿井提升系统的改造包括以下几个方面的技术措施：

1）改造与提升相关的井巷系统。

2）增加提升容器的容量，提高运行速度。

3）将斜井箕斗或串车改为大倾角胶带提升，普通胶带改为钢丝绳牵引胶带或强力胶带。

4）增加井筒数，加大提升能力。

2. 矿井运输系统的改造

运输系统包括大巷、采区、井底车场和辅助提升等。其主要改造技术措施如下：

1）改固定矿车为底卸式矿车。

2）将普通胶带改为钢丝绳牵引胶带或强力胶带。

3）辅助运输采用新设备，如单轨吊、卡轨车、齿轨车等。

4）对井底车场及煤仓进行改造。

3. 矿井通风系统的改造

生产矿井由于生产区域不断扩大，通风网络越来越长，巷道断面缩小，阻力增大，设备老化，开采条件恶化等因素，造成其远远不能适应产量增长的需求，因此必须进行技术改造。矿井通风系统的技术改造主要包括两项内容：一是扩大风量，调整全矿通风系统；二是改造、更新通风设备。矿井通风系统改造的主要措施如下：

1）合理调整通风系统，使通风机与矿井通风网络的特性相匹配，如改变通风系统、采用并联风路及扩修井巷降低风阻、合理分流风量和缩短通风网络等。

2）改造、更新矿井通风设备，如更换高效通风机、改变叶片、采用大功率离心机等。

其他措施还有利用箕斗井回风、改造通风装置、利用新技术改造通风安全系统等。

4. 矿井排水系统的改造

矿井排水系统的改造措施如下：

1）减少排水段数。

2）增加排水设备和管路。

3）扩大水仓容量。

4）更新水泵。

5. 矿井供电系统的改造

由于矿井扩建后，生产能力提高，供电系统成薄弱环节，因此改造的措施有：

1）增加电容。

2）增加线路。

3）升高供电电压。

6. 地面系统的改造

随着矿井生产能力的增大，地面排矸系统将不能满足排矸要求，因此需要对其进行相应的改造。可以采取改造矸石山运输系统、更换提矸绞车、向山沟排矸或回填塌陷区等措施。

思考与练习

1. 矿井开采水平是如何划分的？
2. 试述下山开采的一般适用条件。
3. 简述如何确定运输大巷的合理位置。
4. 简述如何解决生产水平过渡时期的提升问题。
5. 阶段和开采水平有什么区别？为什么开采水平要有一定的服务年限？
6. 大巷运输方式有哪几种？其对大巷布置各有什么要求？

7. 何谓采掘平衡？它在煤矿生产中具有什么意义？生产矿井如何协调采掘关系？
8. 选择开拓延深方案的原则及要求是什么？
9. 矿井技术改造的含义是什么？
10. 水平过渡期应采用的措施有哪些？
11. 矿井改扩建的基本条件是什么？矿井改扩建的方式有哪几类？

单元四　井底车场

【学习目标】

📖 知识目标：

1）了解车场调车方式，以及车场通过能力计算方法与要求。

2）熟悉车场路线及硐室布置。

3）掌握井底车场形式分类，车场主要硐室和线路的布置原则、线路布置方式，以及各线路长度、坡度的确定方法。

📖 技能目标：

1）能根据井田与主要运输大巷的相互位置和运输方式，正确选择井底车场形式。

2）能确定车场内的线路布置方式和计算车场线路参数。

课题一　井底车场的组成

【任务描述】

井底车场是位于开采水平或井筒底部，与其周围相连接的一组巷道和硐室的总称。井下采出的煤和矸石的转运、人员的出入，以及设备、材料的运输均需在此进行。同时，地下主要硐室，如水泵房、变电所、电机车库、机修站等也多设置在井底车场附近。因此，井底车场是矿井提升、运输、通风、排水和供电的枢纽。

【相关知识】

井底车场包括运输巷道和硐室两部分。

一、运输巷道

井底车场运输巷道按其用途可分为储车线和调车线。

1. 储车线

储车线是容纳空、重车的专用线路。

（1）主井空、重车线　大型矿井的主井空、重车线长度各为1.5～2.0倍列车长；中小型矿井的主井空、重车线长度各为1.0～1.5倍列车长。

（2）副井空、重车线　大型矿井的副井空、重车线长度各为1.0～1.5倍列车长；中小型矿井的副井空、重车线长度各为0.5～1.0倍列车长。为保留一定的调整余地，副井空、重车线长度一般不小于1.0倍列车长。小型矿井有时可按0.5倍列车长设计副井空、重车线长度。

（3）材料车线　大型矿井的材料车线长度应能容纳10辆以上材料车，一般为15～20

辆材料车；中小型矿井应能容纳5~10辆材料车。

2. 调车线

调车线是调动空、重车辆运行的线路。调车线长度通常为1.0倍列车长与电机车长度之和。

［视频链接］..\煤矿视频\采煤概论 flash\立井环式车场.swf

3. 辅助线路

辅助线路是通往水仓等各个硐室的线路。

二、井底车场硐室

井底车场硐室根据其布置的位置和服务对象不同，可分为三类。这里以图4-1为例，说明井底车场硐室的组成。

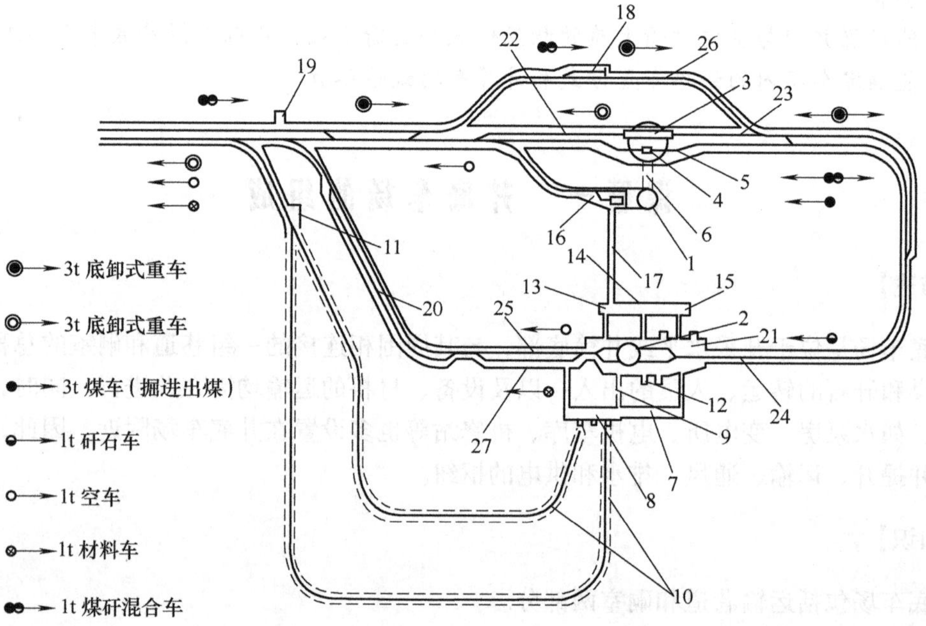

图4-1　立井井底车场（底卸式矿车运煤）

1—主井　2—副井　3—底卸式矿车卸载站　4—翻笼卸载站　5—井底煤仓　6—箕斗装载硐室　7—中央变电所　8—中央水泵房　9—管子道　10—水仓　11—清仓绞车硐室　12—信号硐室　13—医疗室　14—等候室　15—工具库　16—电机车库及修理间　17—人行通道　18—消防材料库　19—调度室　20—人车场　21—推车机硐室　22—主井重车线　23—主井空车线　24—副井重车线　25—副井空车线　26—绕道进车线　27—材料车线

1. 主井系统硐室

主井系统硐室主要有底卸式矿车卸载站3、翻笼卸载站4、井底煤仓5、箕斗装载硐室6、人行通道17等。

（1）翻笼硐室　位于主井空、重车线连接处，硐室中安设推车机及翻箱设备，煤车经推车机推入翻笼后，将煤卸入井底煤仓。

（2）箕斗装载硐室　位于井底车场运输水平之下，上接井底煤仓，与立井井筒直接相连，硐室中安设箕斗装载设备，可将井底煤仓的煤定量装入箕斗中。

(3) 清理撒煤硐室及斜巷　清理箕斗在装煤过程中撒落井底的煤，其中安设提升绞车，经清理斜巷将矿车或小型箕斗送入井底，清除出的煤经斜巷提升至运输水平，然后由矿车运至翻笼硐室。

(4) 井底煤仓　井底煤仓上接翻笼硐室，下接箕斗装载硐室；采用斜井开拓时，其下接主斜井胶带输送机。井底煤仓一般采用圆形断面垂直布置，用以储存煤炭。

2. 副井系统硐室

副井系统硐室主要有马头门、中央变电所7、中央水泵房8、水仓10、等候室14、信号硐室12等。

(1) 马头门　马头门即副井井筒与井底车场巷道的连接部分，井下生产所需的材料、设备、人员等都要通过它进出罐笼。为便于矿车进出罐笼，在马头门附近要安装推车机、阻车器等设备。

(2) 中央变电所和中央水泵房　中央变电所和中央水泵房通常联合布置在副井井筒与井底车场连接处附近，使主变电所向主排水泵房的供电距离最短。为防止井下突然涌水淹没矿井，变电所和水泵房的底板高程应高出井筒与井底车场联络处巷道轨面高程0.5m。

(3) 水仓　水仓由两条独立的巷道组成。水仓入口一般设在空车线车场高程最低点处，水仓末端经吸水小井与中央水泵房相通。为了清理水仓内的沉淀物，在水仓内铺设轨道并在其入口处设置提升小绞车。

(4) 等候室　位于副井井筒附近，并设两个通路通向井底车场，作为工人候罐休息的场所。

3. 其他硐室

其他硐室有调度室19、电机车库及修理间16、消防材料库18、人车场20、工具库15、防火门硐室、防水门硐室、爆破材料库、医疗室13等。

(1) 调度室　一般设在井底车场进车线的进口处，负责井底车场内车辆的调度工作。

(2) 电机车库及修理间　一般设在井底车场便于进出车辆的地点，并考虑通风的方便。

(3) 防火门硐室　防火门硐室必须设置在进风筒和各水平的井底车场连接处，用作当井下或井口发生火灾时隔断风流，并且在打开时不妨碍提升、运输和人员通行。

(4) 爆破材料库　爆破材料库是井下发放和保存爆破材料的硐室。爆破材料库应有单独的进风风流，其回风道与矿井总回风道相连。爆破材料库应选择在干燥、通风良好、运输方便和容易布置回风道的地点。

(5) 消防材料库　用于存放消防用的器材。

(6) 医疗室　医疗室是用于井下急救和处理工伤事故的场所。

课题二　井底车场调车方式及通过能力

【任务描述】

井底车场的主要任务是将由运输大巷驶来的重矿车调入重车线，而不同的调车方式将直接影响车场运输线路的通过能力。

【相关知识】

一、调车方式

调车方式直接影响车场运输线路的通过能力，常用的调车方式有顶车调车法、甩车调车法和专用设备调车法。

1. 顶车调车法

电机车拉一列重车停在调车线上，摘钩后，经调车线绕行到列车尾部，将列车推入主井重车线，再绕道至主井空车线，把空车拉回采区。

采用这种调车法，电机车在车场内运行的时间较长，影响车场的通过能力。

2. 甩车调车法

电机车从大巷拉来的重车，沿车场重车线运行到道岔前 10 ~ 20m 处，不停车摘钩驶过道岔，行至空车线或绕道，重矿车靠惯性继续沿重车线滑行到主井重车线上。

这种调车方法简单，缩短了调车时间，在斜井车场使用较多。

3. 专用设备调车法

电机车牵引重矿车至调车线，停车摘钩后驶往空车线，而重矿车的调车由专用设备（机车、绞车、推车器）来完成。这种方式可以大大缩短调车时间，提高了车场通过能力，但调车设备多，一般适用于大型矿井。

二、井底车场的通过能力

井底车场的通过能力是指车场运输线路的通过能力，它与井底车场的形式、调车方式和矿车载重量有关。

井底车场的通过能力可按下式计算

$$N = \frac{nG \times 300 \times 14 \times 60}{1.15(1+K)t} \times 10^{-4} = \frac{25.2nG}{1.15(1+K)t}$$

式中 N——车场通过能力（万 t/年）；

n——每一列车的矿车数（辆）；

G——每辆矿车的实际载重量（t）；

300——年工作天数；

14——每日工作小时数；

60——每小时分钟数（min/h）；

1.15——运输不均衡系数；

K——矿井矸石数，根据矿井开采方法及煤层自然条件等因素确定。一般情况下可取煤产量的 10% ~25%，即 $K = 0.1 \sim 0.25$；

t——矿车进入井底车场的平均间隔时间（min）。

根据《煤矿设计规范》的规定，井底车场的通过能力应大于矿井设计年生产能力的 30%。

课题三 井底车场的形式及其选择

【任务描述】

井底车场的形式应适合井下运输和井筒提升的需要。由于井筒形式、提升方式、大巷运输方式及大巷与井筒的水平距离等不同，井底车场的形式也各不相同。按照矿车运行方式不同，井底车场可分为环形式和折返式两大类型。

【相关知识】

选择井底车场形式时，主要应考虑以下原则：

1）运输系统和调车方式简单，机车运行可靠，管理方便。

2）车场的通过能力要比矿井实际生产能力大30%以上。

3）减少巷道开拓工程量，投资少，便于维护，生产成本低。

4）尽量减少巷道交叉点，以减少施工困难和提高行车速度。

5）井底车场应开掘在易于维护的岩层中。

一、环形式井底车场

环形式井底车场的特点是设有空车绕道，空、重车辆不在车场内同一轨道上作相向运行。

根据井底车场储车线与主要运输巷道之间的相互位置关系，可分为卧式、斜式、立式和刀式四种基本类型。

1. 卧式车场

这里以立井卧式环形井底车场为例，如图4-2所示。卧式车场的特点是主、副井的储车线与主要运输巷道平行。由于主、副井距离主要运输大巷较近，可利用主要运输大巷作绕道回车线及调车线，从而减少了车场的工程量。

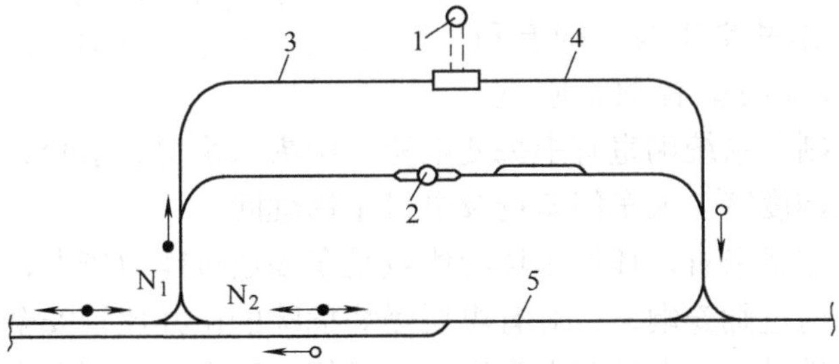

图4-2 立井卧式环形井底车场

1—主井 2—副井 3—主井重车线 4—主井空车线 5—主要运输巷道

这种车场调车方便，但电机车在弯道上顶推调车时的安全性较差，且巷道交叉点及弯道多，施工不方便。当井筒距离主要运输巷道较近时，可采用这种车场。

2. 斜式车场

以立井斜式环形井底车场为例，如图4-3所示。斜式车场的特点是主、副井储车线与主要巷道斜交，局部利用主要运输巷道作为调车线及回车绕道。

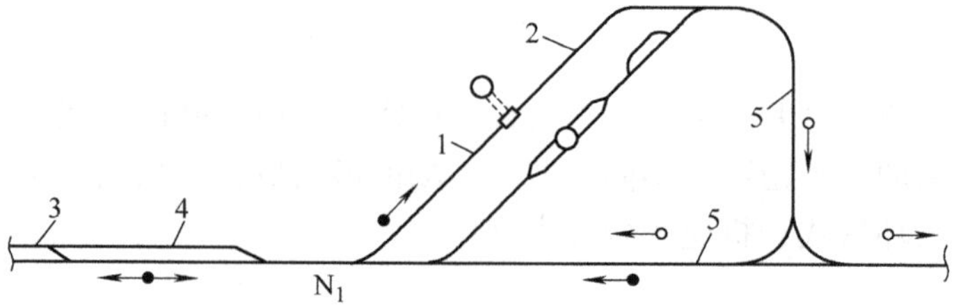

图4-3 立井斜式环形井底车场

1—主井重车线 2—主井空车线 3—主要运输巷道 4—调车线 5—绕道回车线

与卧式车场相比，斜式车场弯道的度数较小，交叉点较少，调车比较方便，但由于两翼的调车速度不同，故多用于两翼产量不相等的矿井。当井筒距离大巷较近，且地面出车方向要求与大巷斜交时，可采用这种车场。

3. 立式车场

以立井立式环形井底车场为例，如图4-4所示。立式车场的特点是主、副井储车线与主要运输巷道垂直，且有足够的长度布置储车线。

立式车场调车较方便，但巷道工程量较大，交叉点及弯道多。当井筒距主要运输巷道较远时，可以采用这种车场。

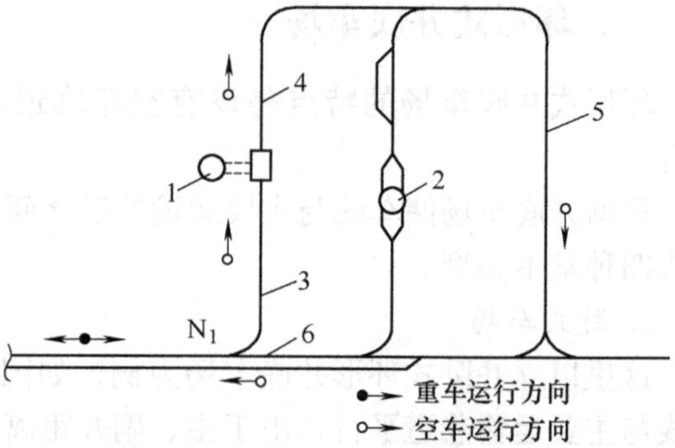

图4-4 立井立式环形井底车场

1—主井 2—副井 3—主井重车线

4—主井空车线 5—绕道回车线 6—主要运输巷道

4. 刀式车场

以斜井刀式环形井底车场为例，如图4-5所示。刀式车场的特点是设置空车绕道。车场的巷道包括主井重车线、主井空车线、副井重车线、副井空车线、绕道和调车线。井底主井系统硐室有翻笼硐室、煤仓、主井水泵房；副井系统硐室有中央变电所、中央水泵房、水仓、候罐室、清理水仓绞车硐室；其他硐室有调度室、人车停车场及电机车修理间。

从以上四种调车方式来看，环形车场的优点是车场通过能力较大，能适应大中型矿井生产的需要；电机车不通过翻笼硐室，对有煤层爆炸危险的矿井比较安全。其缺点是巷道交叉点多，施工复杂，掘进量大；电机车在弯道上的运行速度慢，且调车安全性较差。

二、折返式井底车场

折返式井底车场的特点是空、重车线在同一巷道内的两股轨道上折返运行，不另设绕道。这种井底车场按列车从井底车场两端或一端进出，分为梭式车场和尽头式车场。

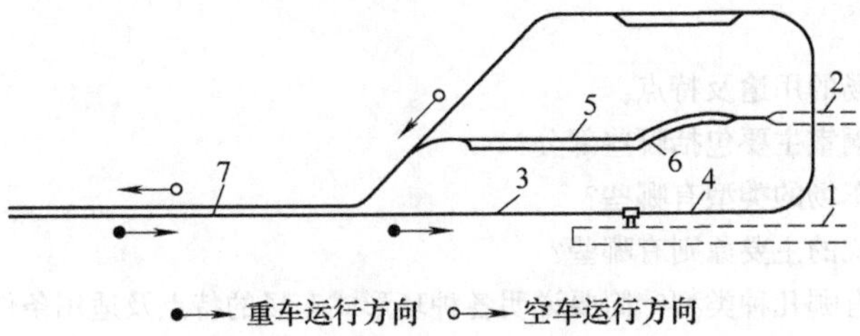

图 4-5　斜井刀式环形井底车场

1—主井　2—副井　3—主井重车线　4—主井空车线

5—副井重车线（矸石车线）　6—副井空车线（材料车线）　7—调车线

1. 梭式车场

以立井梭式车场为例，如图 4-6 所示。梭式车场利用主要运输巷道作为主井空、重车线和调车线，故车场的工程量较小，交岔点和弯道较少，电机车在直线段顶推重车比较安全。

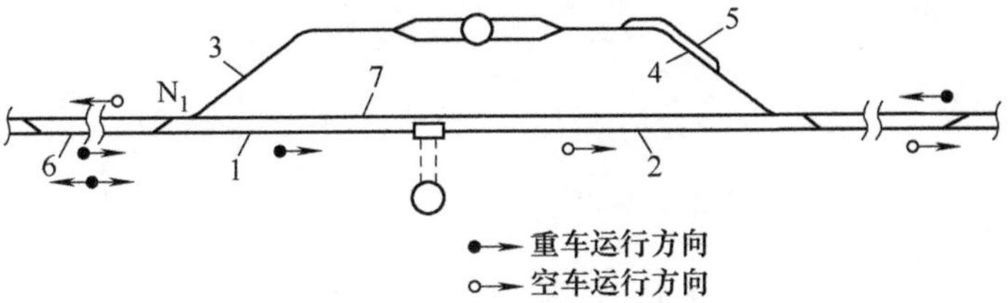

图 4-6　立井梭式车场

1—主井重车线　2—主井空车线　3—副井重车线　4—副井空车线　5—材料车线　6—调车线　7—通过线

梭式车场适用于井筒距主要运输巷道较近的中型矿井。

2. 尽头式车场

以立井尽头式车场为例，如图 4-7 所示。尽头式车场的特点是主井空、重车线及通过线布置在同一条巷道内，空、重车由车场一端进出，另一端为尽头，尽头处设置风道，以便通风。

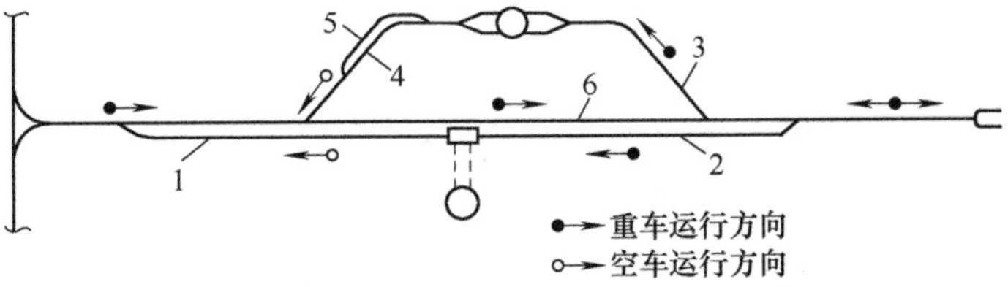

图 4-7　立井尽头式车场

1—主井空车线　2—主井重车线　3—副井重车线　4—副井空车线　5—材料车线　6—通过线

尽头式车场工程量小、弯道少，施工容易，但车场通过能力较小，故适用于井筒距运输大巷较远的中、小型矿井。

思考与练习

1. 简要说明井底车场的用途及特点。
2. 井底车场巷道和硐室主要包括哪些部分？
3. 我国常用的井底车场的类型有哪些？
4. 选择井底车场形式的主要原则有哪些？
5. 环形式井底车场有哪几种类型？简要说明各种环形式车场的特点及适用条件。
6. 试说明井底车场主要硐室的位置、用途及布置原则。
7. 井底车场通过能力主要取决于哪些因素？
8. 小型矿井的井底车场与大型矿井的井底车场相比有何异同？

第二篇

采煤方法

【学习目标】

📖 知识目标：

1）学习采煤法的种类，认识壁式采煤法的特点。

2）了解采煤法的发展方向。

📖 技能目标：

1）掌握采煤方法的选择原则。

2）能够区分不同开采方法的适用条件。

在学习地下采煤法的基础上，进一步认识露天开采的特点、生产系统，比较、区分其与地下采煤方法的异同，加深对不同采煤法的理解。

【任务描述】

对于储量丰富、埋藏浅的煤田（或矿田），可以采用剥离煤层上部覆盖岩土层的方法进行开采，这种开采方法叫做露天开采。目前，我国的大型露天矿有山西平朔、内蒙古霍林河和准格尔、陕西神府等。

我国露天煤矿开采的技术发展方向是开采规模大型化，工艺连续化，应用联合开拓方式，工艺设备大型化，加强计算机在露天矿设计、管理中的应用。

单元五 采煤方法概述

【学习目标】

📖 知识目标：

1）掌握各种主要采煤方法的特征。

2）正确理解采煤工作面、采煤系统、采煤工艺和采煤方法等的概念。

3）认识采煤方法的发展方向。

📖 技能目标：

1）能够叙述采煤方法选择的原则。

2）能够叙述不同采煤方法的适用条件。

课题一 采煤基本概念及采煤方法分类

【任务描述】

采煤可以理解成从将煤炭开采出来到将其运出矿井的全过程，具体包括“落、装、运、支、处”五大环节。不同的煤炭赋存情况必须使用相应的采煤方法，通过本单元的学习，要认清各种不同煤层条件分别适合哪种采煤方法。

【相关知识】

一、基本概念

1. 采场

在采区内，用来直接大量开采煤炭资源的场所称为采场。

2. 采煤工作面

在采场内进行采煤的煤层暴露面称为煤壁。在实际工作中，采煤工作面是指采煤作业场地，俗称“掌子面”，与采场是同义语。

采煤工作面上煤层被采出的厚度称为采高，采煤工作面的煤壁长度称为采煤工作面长度。

3. 采煤工作

在采场内，为开采煤炭资源而进行的一系列工作，称为采煤工作。采煤工作包括破煤、装煤、运煤、支护、采空区处理等基本工序及其辅助工序。

4. 采煤工艺

由于煤层的自然赋存条件和所用的采煤机械不同，完成采煤工作各道工序的方法也就不同，在进行的顺序、时间和空间上必须有规律地加以安排和配合。这种在采煤工作面内，各道工序按照一定顺序完成的方法及其相互配合称为采煤工艺。在一定时间内，按照一定的顺序完成采煤工作各项工序的过程，称为采煤工艺过程。我国矿井广泛使用的采煤工艺主要有爆破采煤工艺、普通机械化采煤工艺、综合机械化采煤工艺和水力采煤工艺等。

5. 采煤系统

采煤系统是指采区内的巷道布置系统，以及为了进行正常生产而建立的采区内用于运输、通风、排水等生产系统的总称。采煤系统通常是由一系列的准备巷道和回采巷道构成的。

6. 采煤方法

根据不同的矿山地质及技术条件，可由不同的采煤系统与采煤工艺相配合，从而构成多种多样的采煤方法。采煤方法是指采煤系统和采煤工艺的综合及其在时间、空间上的相互配合。不同采煤工艺与采区内相关巷道布置的组合，构成了不同的采煤方法。采煤方法的不断改进和创新，推动着煤炭工业的技术进步，确保了煤炭工业的持续、稳定、健康发展。

二、采煤方法分类

我国煤炭资源分布广，赋存条件多样，开采地质条件各异，从而形成了多样化的采煤方法。我国曾经采用过百余种采煤方法，目前采用的约50种，是世界上采煤方法种类最多的国家。

通常按采煤工艺、矿压控制特点等，将采煤方法分为壁式体系采煤法和柱式体系采煤法两大类。我国矿井采用的主要采煤方法及其特征见表5-1。

表5-1　我国矿井采用的主要采煤方法及其特征

序号	采煤方法	体系	整层与分层	推进方向	采空区处理	采煤工艺	适用条件
1	单一走向长壁采煤法	壁式	整层	走向	垮落法	综采、普采、炮采	薄及中厚煤层
2	单一倾斜长壁采煤法	壁式	整层	倾斜	垮落法	综采、普采、炮采	缓斜薄及中厚煤层
3	刀柱式采煤法	壁式	整层	走向或倾斜	煤柱支撑法	普采、炮采	顶板坚硬的缓斜薄及中厚煤层
4	大采高一次采全厚采煤法	壁式	整层	走向或倾斜	垮落法	综采	缓斜5m以下的厚煤层
5	倾斜分层走向长壁下行垮落采煤法	壁式	分层	走向	垮落法	综采、普采、炮采	缓斜、倾斜厚及特厚煤层
6	倾斜分层倾斜长壁下行垮落采煤法	壁式	分层	倾斜	垮落法	综采、普采、炮采	缓斜、倾斜厚及特厚煤层
7	倾斜分层走向长壁上行垮落采煤法	壁式	整层	走向或倾斜	充填法	炮采	缓斜、倾斜特厚煤层
8	放顶煤采煤法	壁式	整层	走向或倾斜	垮落法	综采为主	缓斜5m以上的厚煤层
9	水平分段放顶煤采煤法	壁式	分层	走向	垮落法	综采为主	急斜特厚煤层
10	水平分层、斜切分层下行垮落采煤法	壁式	分层	走向	垮落法	炮采	急斜厚及特厚煤层

（续）

序号	采煤方法	体系	整层与分层	推进方向	采空区处理	采煤工艺	适用条件
11	掩护支架采煤法	壁式	整层	走向或倾斜	垮落法	炮采、风镐	急斜中厚及厚煤层
12	台阶式采煤法	壁式	整层	走向	垮落法	炮采、风镐	急斜薄及中厚煤层
13	仓储巷道长壁采煤法	壁式	整层	走向为主	垮落法	炮采	急斜薄及中厚煤层
14	水力采煤法	柱式	整层	走向或倾斜	垮落法	水采	不稳定煤层及倾斜、急斜煤层
15	柱式体系采煤法	柱式	整层	走向或倾斜	垮落法	炮采	非正规条件回收煤柱

（一）壁式体系采煤法

壁式体系采煤法一般以长壁工作面采煤为主要特征，是目前我国应用最普遍的一种采煤方法，其产量约占国有重点煤矿产量的95%以上。中国、俄罗斯、乌克兰、波兰、英国、德国、法国、日本等国广泛采用长壁体系采煤法，其产量均占地下开采产量的90%以上（西欧国家接近100%）。近年来，美国和澳大利亚的长壁采煤技术也有较大发展。

1. 壁式体系采煤法的主要特点

1）在采煤工作面的两端至少各布置一条巷道，构成完整的生产系统。其中，为采煤工作面运煤、通风、行人等服务的巷道称为区段运输平巷；为工作面运料、回风等服务的巷道称为区段回风平巷。

2）采煤工作面的长度较长，一般为80～250m。

3）采煤工作面可分别采用爆破、滚筒式采煤机或刨煤机破煤、装煤，用与工作面煤壁平行的可弯曲刮板输送机运煤，用自移液压支架或单体液压支柱与铰接顶梁组成的单体支架支护采煤工作面工作空间，用全部垮落法或充填法处理采空区。

4）随着采煤工作面的推进，顶板暴露面积增大，矿山压力的显现较为强烈。

2. 壁式体系采煤法的类型

（1）按煤层倾角大小分类　可分为缓斜煤层采煤法、倾斜煤层采煤法和急斜煤层采煤法。

（2）按开采煤层的厚度分类　可分为薄煤层采煤法、中厚煤层采煤法和厚煤层采煤法。

（3）按工作面布置和推进方向分类　分为走向长壁采煤法和倾斜长壁采煤法。前者的主要特点是采煤工作面煤壁沿煤层倾斜布置、沿走向推进；后者则是采煤工作面煤壁沿煤层大致的走向布置、沿倾斜向上或向下推进。倾斜长壁采煤法又分为俯斜长壁和仰斜长壁两种类型，工作面沿煤层倾斜方向自上而下推进的称为俯斜长壁，工作面沿倾斜方向自下而上推进的称为仰斜长壁。

（4）按工作面采煤工艺分类　分为爆破采煤法、普通机械化采煤法和综合机械化采煤法。

（5）按工作面采空区的处理方法分类　分为全部垮落采煤法、煤柱支撑采煤法（刀柱支撑采煤法）和充填采煤法。

（6）按煤层的开采方式分类　分为整层采煤法和分层采煤法。整层开采可分为单一长壁采煤法、放顶煤采煤法与掩护支架采煤法；分层开采可分为倾斜分层采煤法、水平分层采煤法、斜切分层采煤法和水平分段放顶煤采煤法。

（二）柱式体系采煤法

柱式体系采煤法又称为短壁体系采煤法，它以房、柱间隔采煤为主要特征，常见的有巷柱式、房式和房柱式采煤法。

课题二 采煤方法的选择

【任务描述】

采煤方法的选择是煤矿安全生产的重要内容，它将直接影响矿井安全生产和煤矿企业各项技术经济指标。选择采煤方法应当结合区域经济特点，根据煤层赋存条件、矿井开采技术水平等因素，选用技术先进、经济合理、安全生产条件好、资源回收率高的采煤方法。

【相关知识】

一、选择采煤方法的原则

采煤方法必须满足安全、经济、煤炭采出率高三个基本原则，努力实现安全、高产、高效生产。所谓安全，就是必须贯彻“安全第一”的生产方针，做到采煤工艺先进合理，采煤系统可靠，技术措施完善。所谓经济是指高产、高效、低耗、低成本，煤炭质量好。采出率高就是要求尽量减少煤柱损失，减少采煤工作面留煤损失和泼洒损失，最大限度地提高煤炭资源采出率，以达到国家要求。

二、影响采煤方法选择的因素

为了满足选择采煤方法的原则的要求，在选择和设计采煤方法时，必须充分考虑具体的地质、技术和经济因素等的影响。

1. 地质因素

（1）煤层倾角　煤层倾角是影响采煤方法选择的重要因素。煤层倾角的变化不仅直接影响采煤工作面推进方向、破煤方式、运煤方式、工作面长度、支护方式、采空区处理方法，还直接影响着采区巷道布置、运输方式、通风系统、顶板灾害防治措施及各种参数的选择。一般条件下，对于倾角小于或等于12°的煤层，宜采用巷道系统简单的倾斜长壁采煤法；倾角大于12°的煤层，多数采用走向长壁采煤法。

（2）煤层厚度　煤层厚度及其变化也是影响采煤方法选择的重要因素。根据煤层的厚度，可以选择相应的采煤方法。一般条件下，薄及中厚煤层通常采用一次采全高的采煤方法；厚煤层可采用大采高综合机械化采煤或一次采全高、放顶煤采煤方法，也可以采用分层开采的方法。此外，煤层厚度还会影响采煤工作面的长度，以及采空区处理方法的选择。在开采自然发火期较短的厚煤层时，就必须采取综合预防煤层自然发火的措施，采用全部充填法或局部充填法处理采空区，并配以灌浆等措施。

（3）煤层特征及顶底板稳定性　煤层的硬度、煤层的结构（含夹矸情况）、含煤层数及煤层顶底板岩石的稳定性，都直接影响着采煤机械、采煤工艺及采空区处理方法的选择，也影响着采区巷道布置、巷道维护方法、采区主要参数等的确定。

（4）煤层地质构造　采煤工作面内的断层、褶皱、陷落柱等地质构造，直接影响着采煤方法的选择和应用。由于地质构造的影响，有时不得不放弃技术先进的采煤方法，而采用适应性较强、安全可靠性较高的采煤方法。一般情况下，对于地质构造简单、埋藏条件稳定的煤层，宜选用综合机械化采煤方法；对于地质构造复杂、埋藏条件不稳定的煤层，可选用普通机械化采煤、爆破落煤采煤方法，以及其他适应性较强、安全可靠性较高的采煤方法；存在较多走向断层的煤层宜采用走向长壁采煤法；存在较多倾斜断层的煤层宜采用倾斜长壁采煤法。

（5）煤层含水性　当煤层及其顶底板含水量较大时，需要在采煤工作面开采前采取疏排水措施，或在采煤过程中布置疏排水措施，应在选择采煤方法时充分加以考虑。

（6）煤层瓦斯含量　若煤层瓦斯含量较高，则在选择采煤方法时，应考虑布置预抽瓦斯专用巷道和预抽瓦斯钻孔，并通过瓦斯管网进行瓦斯抽放。还要考虑在开采过程中加强通风和瓦斯管理，防止瓦斯事故的发生。

（7）煤层自然发火倾向　煤层自然发火倾向直接影响着采区巷道布置、工作面参数、巷道维护方法和采煤工作面推进方向等，决定着是否需要采取防火灌浆措施或选用充填采煤法，在选择采煤方法时应考虑上述因素。

2. 技术发展及装备水平

技术发展及装备水平也会影响采煤方法的选择。改革开放以来，我国采煤方法和采煤工艺技术在创新中得到不断的发展，新方法、新工艺、新装备的推广应用为采煤方法的选择提供了更广阔的空间。厚煤层放顶煤采煤法、大采高一次采全厚采煤法、伪斜柔性掩护支架采煤法、伪斜走向长壁采煤法等得到了广泛应用。工作面采煤工艺技术、装备能力不断提高，工作面单产水平和劳动效率迅速增长。因此在选择采煤方法时，应考虑不同装备水平的工艺技术和工作面单产水平等，而且必须同矿井各个生产环节的能力相适应，并留有适当的发展余地。

顶板管理和支护技术也影响着采煤方法的选择。例如，部分矿井采用的高工作阻力液压支架和对顶板岩层进行注水软化技术，在坚硬顶板条件下，成功地采用了垮落法处理采空区，取代了传统的煤柱支撑采煤法（即刀柱式采煤法）。

为了保护地面生态环境，开采建筑物下、铁路下和水体下的煤炭资源时，可根据具体的自然和技术条件，选择相应的“三下”采煤方法。

3. 矿井管理水平

矿井管理水平及员工素质对采煤方法的选择也会产生一定的影响。在选择和应用技术要求高、生产组织复杂、管理比较繁杂的采煤方法（如大采高一次采全高综采、急斜煤层伪斜短壁采煤法等）时，应在加强对员工进行安全技术培训的前提下，按照先易后难的原则，有计划地、循序渐进地逐步试用，在掌握其技术要领并积累一定实践经验后再推广应用。选择采煤方法时，应避免忽视企业管理水平和员工素质的实际情况，在条件尚不具备的情况下，盲目采用新的采煤技术和工艺。

4. 矿井经济效益

矿井的经济效益是选择采煤方法需要考虑的重要因素。在选择采煤方法时，要研究拟采用采煤方法投入和产出的关系，考虑企业的投资能力和采煤方法的经济效益。还要考虑设备供应和配件、消耗材料的供应情况，尽量保证生产消耗材料能就地取材，以降低原煤生产成本。

课题三 采煤方法发展方向

【任务描述】

认识采煤方法发展趋势，探索如何快速、高效地开采煤炭；同时，尽量提高回采率，保护煤炭资源和地面环境。

【相关知识】

选择合适的采煤方法对提高矿井生产管理水平和煤矿企业经济效益，改变矿井技术面貌起着决定性作用。我国采煤方法的发展方向，就是要因地制宜地发展高产、高效、安全的采煤方法。

一、改进采煤工艺，因地制宜地发展先进的机械化采煤技术

综合机械化采煤是我国煤炭工业机械化发展的主要方向，也是我国煤矿高产、高效、安全生产的一项成熟技术，其技术装备水平和工艺技术已达到国际先进水平。因此，对于缓斜、倾斜煤层长壁式开采，今后的主要发展方向就是以提高工作面单产和生产集约化为核心，以提高生产率和经济效益为目标，不断改进采煤工艺，发展各种矿井煤层条件下的采煤机械化，提高综合机械化采煤技术的应用水平，扩大应用范围，提高采煤机械化的程度和水平。

继续研究复杂条件下（三硬、三软、大倾角、大采高）综采新工艺、新方法，寻求快速搬家途径，提高综采设备利用率。

二、扩大走向长壁采煤法和倾斜长壁采煤法的应用范围

走向长壁采煤法技术成熟、应用广泛、适应性强，是当前我国开采缓斜、倾斜煤层时应用最广的方法，今后要继续扩大其应用范围。结合矿井煤层开采条件和采煤工艺的发展，改进巷道布置，优化采区系统，为集中、高效、安全生产创造条件。倾斜长壁采煤法采区生产系统简单、掘进工程量小，在倾角为12°以下的煤层中使用能取得较好的技术经济效果，在条件适宜的矿井应大力推广。伪斜长壁作为倾斜长壁的一种变形，用于斜交断层切割地段是适宜的，其技术经济效果明显。

三、缓斜、倾斜厚煤层推行倾斜分层下行垮落采煤法和放顶煤采煤法

缓斜、倾斜厚煤层的开采，在我国煤矿中占有相当大的比重，可以采用不同技术进行开采。倾斜分层下行垮落采煤法是比较成熟的采煤方法，已在不同矿井分层工作面实现了机械化、综合机械化采煤。在分层采煤工艺、人工假顶铺设和安全生产管理等方面，研究分层采高的控制、假顶材料的选择，改进巷道布置，优化采区生产系统。大采高综采一次采全高采

煤法已取得突破性进展，解决了6.5～7m以下煤层一次采全高的技术难题。大采高综采一次采全高可以简化巷道布置，减少巷道掘进和维护工程量，节约假顶材料。在煤层倾角、顶底板岩性、煤厚适宜的矿井可以推广应用，并逐步探索7～12m煤层放顶煤开采的可行性。缓斜特厚煤层放顶煤采煤法的试验成功是开采技术的新突破。

四、推广无煤柱护巷技术

无煤柱护巷技术在我国日益得到广泛应用。在缓斜薄及中厚煤层中可以推广沿空留巷的应用范围，为采用往复式采煤、Z字形采煤提供有效的技术支持。许多煤矿跨上山（石门）连续开采的生产实践证明，取消上山（石门）煤柱，增加工作面推进长度完全可行，并取得了较好的技术经济效果，在条件适宜的矿井可以广泛应用。

五、“三下一上”采煤技术有一定的发展空间

建筑物下、铁路下、水体下呆滞煤量的开采和承压水上煤层的开采，正日益成为煤矿开采的紧迫问题。我国有长期使用水砂充填的经验和成熟技术，将会在“三下”采煤中有广泛的发展空间。针对“三下”采煤要求，采用煤柱支撑法是可行的。

六、适度发展水力采煤技术

我国水力采煤技术日臻成熟，在倾角为10°以上、顶底板中等稳定或稳定、瓦斯含量低、厚度在中厚及其以上的煤层中使用水力采煤法，能取得良好的技术经济效果。对于旱采机械化开采困难的倾斜、急斜煤层，赋存不稳定、结构复杂煤层，水力采煤法有更好的适应性。条件适宜的矿井，经过经济、技术论证可以择优选用。今后要继续改进水力采煤工艺和设备，改善生产条件，提高煤炭回收率。

七、柱式体系采煤法有所应用

以应用连续采煤机为特征的柱式体系采煤法，可在煤层赋存稳定、倾角平缓、埋藏较浅、不易自然发火的低瓦斯矿井中使用。但须提高操作技能和管理水平，加强设备维护，充分发挥设备效能。

八、煤炭地下气化技术前景光明

煤炭地下气化技术属于一种特殊的采煤方法，它将处于地下的煤炭进行有控制的燃烧，通过对煤的热化学作用而产生可燃性气体，具有投资少、工期短、见效快、用人少、效率高、成本低、效益好等优点，适合地质条件复杂、劣质煤比例高、“三下一上”压煤严重的煤层。今后要继续研究和完善煤炭气化工艺，进行较大规模的煤炭地下气化生产试验，积累经验后逐步推广。

九、采煤方法是一个发展着的系统工程

采煤方法的核心是采煤工艺，改善采煤工艺既依赖于采煤设备的改进，又依赖于作业人员素质和管理水平的提高。应在改进现有综采设备、研制进一步实现高产高效和在困难条件下应用综采设备的同时，加强对作业人员的技术培训，提高作业人员的操作技能和管理水

平。采煤工艺的改进必将促进巷道布置的改革，而合理的巷道布置又能为充分发挥采煤效能创造良好条件。

思考与练习

一、技能练习题

1. 如何针对不同条件的煤层选择采煤方法?

2. 如果煤层的厚度为1.8～2.6m、煤层倾角在18°左右，则适合使用哪种采煤方法?

二、知识练习题

1. 选择题

(1) 倾角大于12°的煤层，多数采用（　　）采煤法。

A. 水力　　B. 走向长壁　　C. 倾斜长壁　　D. 台阶式

(2)“三下”采煤不包括（　　）。

A. 山下　　B. 铁路下　　C. 村庄下　　D. 水体下

2. 判断题

(1) 采煤方法就是把煤炭采下的方式。（　　）

(2) 放顶煤采煤法适用于6～12m厚的缓斜煤层。（　　）

(3) 选择采煤方法要做到安全可靠、技术可行、经济合理。（　　）

3. 什么是采煤方法? 选择采煤方法时应遵循的原则是什么?

4. 解释术语：采煤工作面、采煤工艺、壁式体系采煤方法、柱式体系采煤方法。

5. 壁式体系采煤方法有什么特点?

6. 影响采煤方法选择的因素有哪些?

7. 结合本地区煤炭技术水平和发展实际，讨论本地区采煤方法的改革和发展方向。

单元六　缓斜、倾斜煤层走向长壁采煤法

【学习目标】

📖 知识目标：

1）掌握走向长壁采煤法的巷道布置及生产系统。

2）认识不同采煤方法的运煤、通风、运料等生产过程。

3）比较不同的井底车场形式，为今后进行采区车场设计做准备。

📖 技能目标：

1）通过巷道布置模型实训加强对巷道布置的认识。

2）能够制作井底车场线路模型，认识调车方式等内容。

课题一　概　述

【任务描述】

走向长壁采煤法在煤矿生产中用得较多，而采区式布置方式又是矿井阶段内再划分用得最多的方式。需要区分上山采区与下山采区、单翼采区与双翼采区等的区别。

【相关知识】

采区（或盘区）准备巷道的布置方式称为采区准备方式。采区（盘区）准备方式的种类很多，按照采区开采方式、上（下）山位置和煤层间的联系方式不同，对采区准备方式作如下分类。

一、按采区开采方式分类

按采区开采方式，分为上山采区（盘区）与下山采区（盘区）准备。

在煤层倾角小于16°的情况下，可利用水平大巷分别开采上山采区和下山采区。上山采区是位于开采水平高程以上的采区，上山采区内需要布置采区上山、采区车场、采区煤仓等准备巷道，还要布置区段运输平巷和区段回风平巷等回采巷道。工作面采出来的煤炭是通过运输上山，由上往下运到水平大巷的。下山采区则是位于开采水平高程以下的采区，下山采区内同样要布置采区下山、采区车场、采区煤仓和区段平巷等巷道，此外，还要在下山采区的下部布置水仓和排水泵房。

在煤层倾角大于16°时，下山采区在采煤、掘进、运输、通风、排水等方面会有一定的困难。因此，一个开采水平往往只开采上山采区。

同样，盘区可分为上山盘区和下山盘区。

二、按采区上（下）山的布置位置分类

按采区上（下）山的布置位置，分为双翼采区、单翼采区和跨多上山采区准备。

1. 双翼采区

图6-1a所示为双翼采区准备方式。其特点是采区上山（或下山）布置在采区走向的中央，采区上（下）山的两翼分别布置采煤工作面进行开采。与单翼采区相比，双翼采区减少了采区上山、车场、硐室等巷道的掘进工程量，减少了采区运输等设备的数量，采区生产能力大，生产比较集中，是目前应用最广泛的一种准备方式。

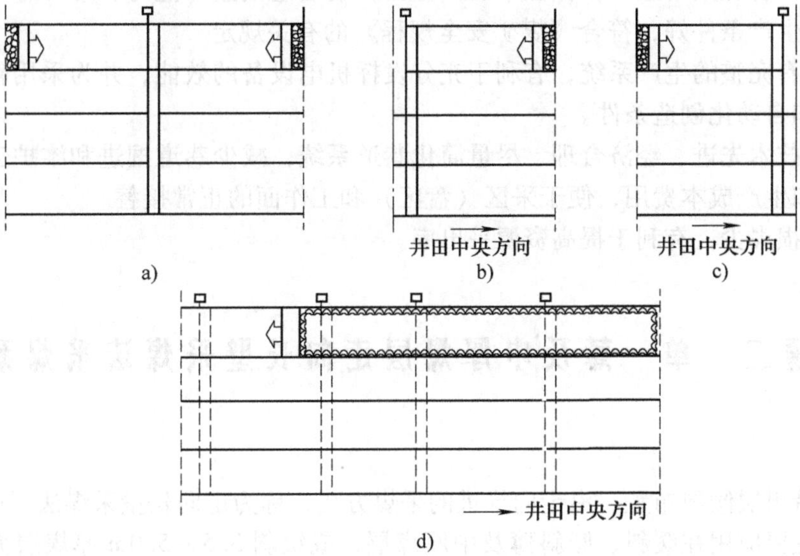

图6-1　采区准备的几种形式

a）双翼采区　b）前上山单翼采区　c）后上山单翼采区　d）跨多上山采区

2. 单翼采区

图6-1b、c所示为单翼采区准备方式。当采区受断层、保护煤柱等自然条件和开采条件的限制，采区走向长度较短时，可将上（下）山布置在采区一侧的边界，形成单翼开采。上（下）山布置在采区靠近井田边界一侧时，称为前上（下）山单翼采区；上（下）山布置在采区靠近井筒一侧时，称为后上（下）山单翼采区。

3. 跨多上山采区

图6-1d所示为跨多上山采区准备方式。其主要特点是：沿煤层走向每隔一段距离（一台带式输送机的长度），在煤层底板岩层中布置一组上（下）山，采煤工作面跨几组上（下）山连续推进，相当于由多个单翼采区组成的大采区的准备方式，减少了工作面的搬迁次数。这种方式一般应用于地质构造简单的综采或综采放顶煤工艺。

同样，盘区的准备方式有双翼盘区准备、单翼盘区准备和跨多石门盘区准备之分。

三、按煤层群开采时的联系方式分类

按煤层群开采时的联系方式，分为单层准备和联合准备。

1. 单层准备

单层准备即在各煤层中分别布置准备巷道，形成各自独立的生产系统。

2. 联合准备

联合准备是在几层煤层中布置一组共用的集中准备巷道，如采区集中上（下）山、区段集中平巷等，形成一套联合开采的采区巷道系统。

采区准备方式的分类，按其不同的组合可有数十种准备方式，如上山双翼采区集中上山联合布置准备方式、上山单翼盘区联合布置准备方式等。应针对不同的煤层赋存条件和开采技术条件，选用合适的采区准备方式，选择时一般应遵循以下原则：

1）有利于合理集中生产，保证采区（盘区）有合理的生产能力和增产潜力。

2）安全生产条件好，符合《煤矿安全规程》的有关规定。

3）保证有完整的生产系统，有利于充分发挥机电设备的效能，并为采用新技术、发展综合机械化和自动化创造条件。

4）力求技术先进、经济合理，尽量简化巷道系统，减少巷道掘进和维护工作量，减少设备占用率和生产成本费用，便于采区（盘区）和工作面的正常接替。

5）煤炭损失少，有利于提高资源采出率。

课题二　单一薄及中厚煤层走向长壁采煤法采煤系统

【任务描述】

工作面沿煤层倾斜布置、沿走向推进的采煤方法，称为走向长壁采煤法。单一煤层走向长壁采煤法主要应用在缓斜、倾斜薄及中厚煤层，或缓斜 3.5 ~ 5.0m 厚煤层大采高一次采全厚的条件下。

【相关知识】

一、采区巷道布置

图 6-2 所示为单一薄及中厚煤层走向长壁采煤法采区上山巷道布置。该采区开采一层中厚煤层，煤层埋藏稳定，顶底板岩层稳定，地质构造简单，瓦斯涌出量小。采区走向长度 2000m，倾斜长度 600m，采区沿倾斜划分为三个区段，工作面的采煤工艺为综合机械化采煤。

由于运输大巷和回风大巷布置在煤层底板岩层中，因此，在采区下部和上部分别掘出采区运输石门和采区回风石门进入该煤层。采区石门位于采区走向长度的中央，是分别与运输大巷和回风大巷相垂直的水平巷道。

采区巷道的掘进顺序是：从运输大巷掘进采区下部的采区运输石门 1，从回风大巷掘进采区上部的采区回风石门 2。在采区运输石门 1 掘到煤层之后，接着掘进采区下部车场 3。由下部车场沿煤层向上掘进轨道上山 4 和运输上山 5，这两条上山的水平间距约为 20m。两条上山掘至采区上部边界后，再掘采区上部车场 6 与采区回风石门 2。然后在第一区段下部，从轨道上山 4、运输上山 5 开掘采区中部车场 7，用双巷掘进的方法分别向两翼掘进第

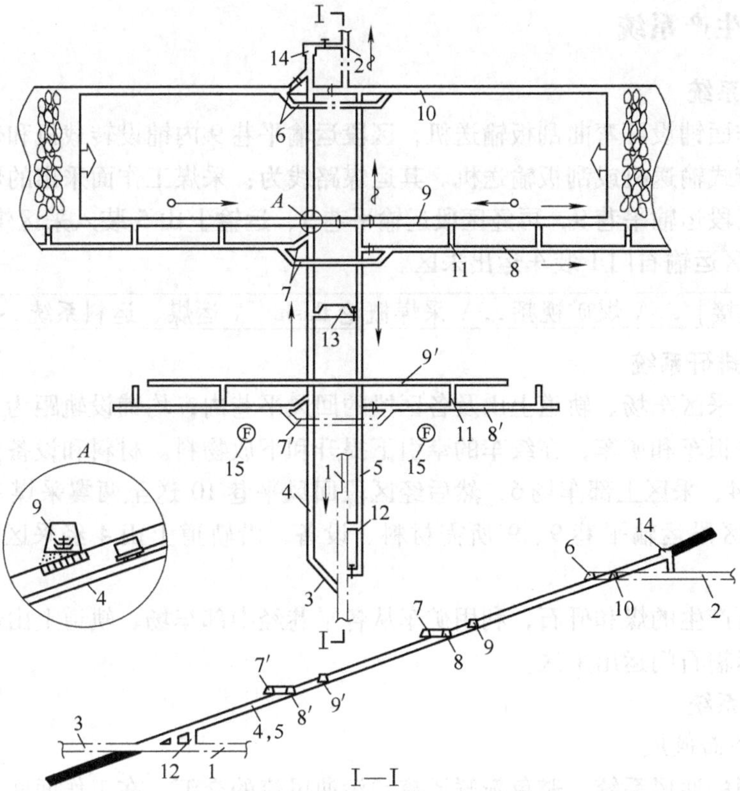

图6-2　单一簿及中厚煤层走向长壁采煤法采区上山巷道布置

1—采区运输石门　2—采区回风石门　3—采区下部车场　4—轨道上山　5—运输上山　6—采区上部车场　7、7′—采区中部车场　8、8′、10—区段回风平巷　9、9′—区段运输平巷　11—联络巷　12—采区煤仓　13—采区变电所　14—绞车房　15—局部通风机

一区段运输平巷9和第二区段回风平巷8。巷道8和9之间的倾斜间距一般为8～15m，即为区段煤柱宽度（上区段采过后，以此煤柱来维护下区段的回风平巷）。区段回风平巷8超前于区段运输平巷9约100～150m掘进，并沿走向每隔80～100m掘一条联络巷11联通巷道8和9。与此同时，在采区上部边界，从采区上部车场6向两翼开掘第一区段的回风平巷10。在采区边界沿煤层倾斜掘进一条巷道，联通第一区段运输平巷9和回风平巷10，这条巷道称为开切眼，形成开采前的采煤工作面。在掘进巷道的同时，还需开掘采区煤仓12、采区变电所13和绞车房14等巷道。

待上述巷道和硐室全部掘完并检查其规格质量合格后，安装机电设备，形成完整的采区生产系统，采区第一个工作面即可投入生产。

随着第一区段采煤的进行，应及时掘出第二区段的中部车场7′、第二区段运输平巷9′、第三区段回风平巷8′及第二区段开切眼，准备出第二区段的采煤工作面，以保证在上区段工作面采完之后及时接替生产。同样，在第二区段生产期间，应准备出第三区段的中部车场和回采巷道。这种从上到下依次开采各区段的开采顺序，称为区段下行式开采顺序。

二、采区生产系统

（一）运煤系统

在采煤工作面铺设可弯曲刮板输送机，区段运输平巷9内铺设转载机和带式输送机，运输上山5铺设带式输送机或刮板输送机。其运煤路线为：采煤工作面采出的煤炭，经工作面输送机运送到区段运输平巷9，再经区段运输平巷9、运输上山5装入采区煤仓12，通过采区煤仓12在采区运输石门1装车运出采区。

［视频链接］..\煤矿视频..\采煤概论 flash..\运煤、运料系统.swf.

（二）运料排矸系统

采区石门、采区车场、轨道上山及各区段的回风平巷内，均铺设轨距为600mm的轨道。运料排矸采用平板车和矿车，在绞车的牵引下提升和下放物料。材料和设备自采区下部车场3，经轨道上山4、采区上部车场6，然后经区段回风平巷10送至两翼采煤工作面。区段回风平巷8、8′和区段运输平巷9、9′所需材料、设备，沿轨道上山4经采区中部车场7、7′运入。

掘进巷道所产生的煤和矸石，利用矿车从各平巷经中部车场、轨道上山运到采区下部车场，通过采区运输石门运出采区。

（三）通风系统

1. 采煤工作面通风

为建立畅通的通风系统，避免新鲜风流和污浊风流的交汇，在工作面回采前，须在有关巷道和硐室中设置必要的通风构筑物。如图6-2所示，在第一区段工作面开采期间，须在区段回风平巷10与采区上部车场6交汇处的左右两侧设置两道风门，在巷道9、8与运输上山5的交汇处设置三道风门。

采煤工作面所需的新鲜风流从采区运输石门1进入，经采区下部车场3、轨道上山4、采区中部车场7，分两翼经区段回风平巷8、联络巷11、区段运输平巷9到达采煤工作面。工作面污浊风流经区段回风平巷10，右翼工作面污风直接进入采区回风石门2，左翼工作面污风则需经采区上部车场6绕道进入采区回风石门2，然后排出采区。

第一区段工作面采完后，将采区上部车场6、第一区段平巷9、10按要求进行采后密闭，保留第二区段回风平巷8。拆除回风平巷8与运输上山连接处的风门，在中部车场7′甩车道，运输平巷9′与运输上山5连接处两侧各设置一道风门，形成第二区段开采期间的通风系统。第二区段采煤工作面的新风，从轨道上山4经采区中部车场7′分两翼进入回风平巷8′，经联络巷11、第二区段运输平巷9′到工作面。工作面污风经区段回风平巷8和采区中部车场7进入运输上山5，由运输上山排至采区回风石门2。

2. 掘进工作面通风

图6-2所示的平巷掘进采用的是双巷掘进法。在巷道8′和运输上山5的连接处设置风门，按要求为每个掘进工作面安装局部通风机，形成掘进通风系统。掘进工作面的新风从轨道上山经采区中部车场7′进入两翼的区段回风平巷8′，再由局部通风机通过风筒送到掘进工作面，冲洗工作面后的污风经联络巷11、区段运输平巷9′、运输上山5进入采区回风石门2。

3. 硐室通风

采区绞车房和变电所所需的新风是由轨道上山直接供给的。绞车房的回风经联络小巷进入采区回风石门；变电所回风经输送机上山进入采区回风石门；带式输送机机头硐室的新风，则由采区运输石门通过行人斜巷供给。

（四）动力供给系统

采区动力供给主要包括电力供给和压缩空气供给。

高压电由井底中央变电所通过高压电缆，经运输大巷、采区运输石门 1、采区下部车场 3、运输上山 5 到采区变电所 13。经采区变电所降压后的电力，通过电缆分别送到采煤、掘进工作面的配电点、上山输送机、绞车房等用电地点。

压缩空气是为岩巷掘进或锚杆支护所使用的凿岩机提供动力的。压缩空气由地面（有的矿井将空压机房设在井底车场附近）压气机房通过专用管道送到各用气地点。

（五）供水系统

采煤工作面、掘进工作面以及平巷、运输上山转载点等所需的防尘喷雾用水，由地面（或井下）储水池通过专用管道送到各用水地点。

三、采煤系统分析

（一）采区上（下）山坡度

1. 运输上（下）山和自溜上山

除个别小型矿井采用上（下）山串车提升运煤之外，一般情况下，采区内煤炭的运输都采用输送机上（下）山运煤或自溜上山溜放。缓斜煤层一般采用输送机上（下）山，倾斜煤层则多采用自溜上山。

坡度小于 15°的上（下）山，可铺设带式输送机或刮板输送机运煤；坡度为 15°~25°的上（下）山，可铺设刮板输送机运煤；坡度超过 25°的上山，则可采用搪瓷或铸石溜槽溜煤；自溜上山的自溜坡度为 30°~35°。

自溜上山的布置形式有直线式和变坡式两种。直线式就是按一定坡度和方向布置在煤层中或煤层底板岩层中的自溜上山。采用直线式自溜上山在溜煤过程中，容易因溜煤距离过长而砸坏溜槽，降低煤炭块率。为减缓溜煤速度，可采用变坡式自溜上山，将上山布置成多段溜槽斜巷，在段与段之间设置输送机斜巷或溜煤眼来过渡。变坡式自溜上山溜槽斜巷，每段斜长一般控制在 60~80m。

2. 轨道上（下）山

轨道上（下）山的提升方式，一般采用绞车牵引的串车方式或循环绞车（无极绳）运输方式。采用串车提升的，要求上山坡度小于 25°；采用循环绞车运输的，要求上山坡度不超过 10°。当煤层倾角小于或等于 25°时，无论是煤层轨道上（下）山，还是岩层轨道上（下）山，其坡度应与煤层倾角一致；当煤层倾角大于 25°时，应将上（下）山坡度控制在 25°以下。上（下）山坡度在 6°~25°之间时，可采用单滚筒绞车辅助提升。

（二）区段参数

区段参数主要是指区段走向长度和区段斜长。

1. 区段走向长度

区段走向长度即采区的走向长度。区段一翼的走向长度减去采区上山一侧保护煤柱宽度和采区边界煤柱宽度，即为该翼采煤工作面的推进长度。采煤工作面的推进长度，在爆破采煤时一般不小于400m，普通机械化采煤时不小于500m，综合机械化采煤时不小于1000m。

2. 区段斜长

区段斜长为采煤工作面长度、区段煤柱宽度和区段上下两条平巷的巷宽之和。综采工作面长度一般为150～250m，有的已经达到360m；普采工作面长度一般为120～150m；炮采工作面长度一般为80～120m。

为了便于区段平巷维护，一般在上、下两个区段平巷之间留设一定宽度的煤柱，使平巷处于工作面上、下方固定支承压力影响较小的区域。对于缓斜、倾斜薄及中厚煤层，区段煤柱宽度一般为8～15m；厚煤层约为30m。

区段平巷的巷宽，普采和炮采为2.5～3.0m，综采为4.0～4.5m。

（三）区段平巷的坡度和方向

实际上，区段运输平巷和回风平巷并不是绝对的水平巷道。在生产实际中，为了便于排水和运送材料设备，区段平巷通常是以0.5%～1.0%的坡度进行掘进。由于坡度很小，一般在巷道布置和分析时都将它们视为水平巷道，只在巷道施工设计上才需加以注明。

区段运输平巷一般采用带式输送机或多台刮板输送机串联运煤。为保证输送机的正常运行和发挥设备效能，运输平巷在布置上可以有一定的坡度变化，但要求在一台输送机长度范围内必须保持直线方向。区段回风平巷中一般铺设轨道，采用矿车或平板车运送材料、设备。轨道平巷在布置上允许有一定的弯曲，但要求巷道按一定的流水坡度施工。同时，为了便于平巷与采煤工作面的连接，要求两条区段平巷都必须布置在所开采煤层的层位上，而且尽量保持相互平行，以便形成等长工作面，为采煤工作面创造优越的开采技术条件。

在生产实际中，由于受到地质条件的影响，煤层往往有较大的起伏变化，运输平巷和回风平巷在布置上往往不容易满足上述要求。此时，应根据煤层走向变化情况和平巷运输设备的特点，采用直线式、折线－弧线式或双弧线式等布置形式。

1. 双直线式布置

两条区段平巷均按中线掘进，在平面上，两条巷道呈平行直线状；在剖面上，则有起伏变化，如图6-3所示。由于区段运输平巷和区段回风平巷均布置成直线巷道，因此能基本上保持采煤工作面的长度不变，便于组织生产和发挥机械效能，有利于综合机械化采煤。区段运输平巷可以铺设长距离带式输送机，减少运输设备占用台数和煤炭转载次数。但由于巷道有一定的起伏，在巷道低洼处需安设小水泵排水，在轨道平巷要设置小绞车解决材料设备的运输问题。因此，双直线式布置只适用于煤层起伏变化不大的稳定煤层。

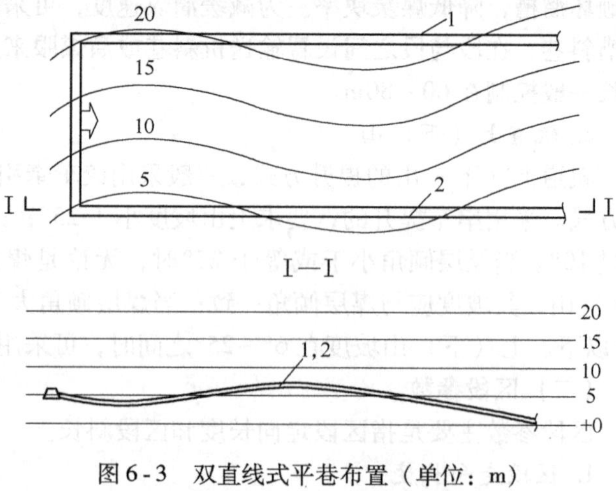

图6-3 双直线式平巷布置（单位：m）

1—区段回风平巷 2—区段运输平巷

2. 折线 - 弧线式布置

当煤层沿走向起伏变化较大时，运输平巷可采用折线式布置，回风平巷则采用弧线式布置。这样既能满足输送机平巷要求直、允许有一定的坡度变化的要求，又能满足轨道平巷要求保持一定坡度、允许有一定弯曲的要求。

以图 6-4 为例，在煤层底板等高线图上，从 A 点向 E 点开掘区段平巷。如果沿煤层底板按腰线掘进平巷，掘成平巷的轴线方向会随煤层走向弯曲变化，则只可铺设轨道使用矿车运输，而不适宜铺设输送机。为了适应输送机铺设对巷道取直的要求，如果从 A 点沿中线在煤层中掘进巷道，即如图中虚线 $ABCDE$ 所示，则掘出的巷道起伏变化将很大，在垂直面上呈弯曲状，也不完全适合于输送机的运转。在煤矿生产实际中，常选取几个主要的转折点，同时考虑每台输送机的适宜长度，取折线式布置，如图中的点画线 $AFGH$ 所示。这就是在矿井巷道实测平面图上经常见到的情况——区段回风平巷呈弧线弯曲状，区段运输平巷呈折线形状，如图 6-5a 所示。对于走向变化较大的区段运输平巷，因铺设带式输送机有困难而采用多台刮板输送机串联运输时，平巷可采用图 6-5b 所示的形式。

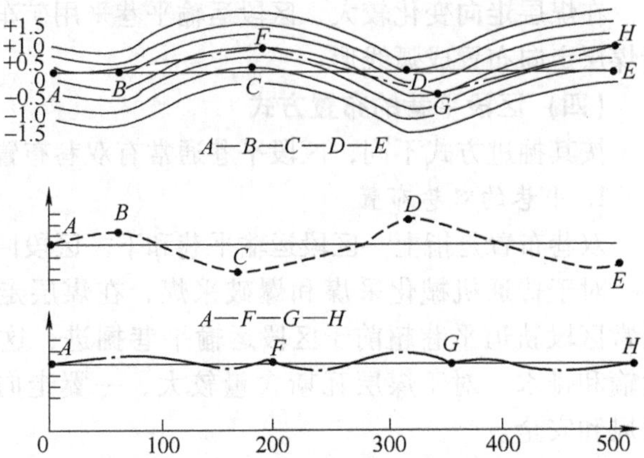

图 6-4 区段平巷坡度变化图（单位：m）

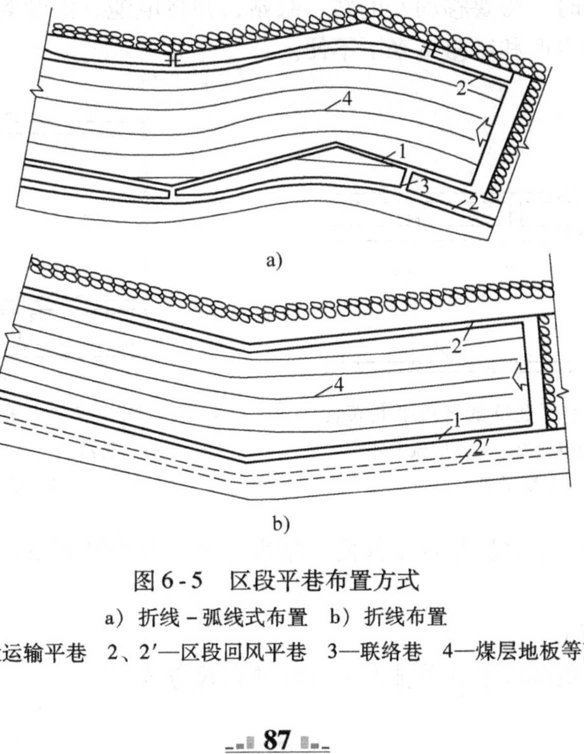

a)

b)

图 6-5 区段平巷布置方式

a）折线 - 弧线式布置 b）折线布置

1—区段运输平巷 2、2′—区段回风平巷 3—联络巷 4—煤层地板等高线

由此可见，轨道平巷沿煤层走向掘进时，只要及时给出腰线，就比较容易掌握巷道的掘进方向和位置。而运输平巷在掘进之前就应及时掌握煤层变化情况，确定巷道的变向转折点，以便按中线掘进。

3. 双弧线式布置

在煤层走向变化较大、区段运输平巷采用矿车运煤时，可将区段运输和回风两条平巷均沿煤层走向布置成弧线形。

（四）区段平巷的布置方式

按其掘进方式不同，区段平巷通常有双巷布置和单巷布置两种方式。

1. 平巷的双巷布置

双巷布置是指上一区段运输平巷和下一区段回风平巷同时掘进成巷的布置方式。

对于普通机械化采煤和爆破采煤，在煤层走向变化较大的情况下，采用双巷布置时通常区段轨道平巷超前于区段运输平巷掘进，这样既可探明煤层变化情况，又便于辅助运输和排水。对于煤层瓦斯含量较大、一翼走向长度较长的采区，双巷掘进有利于掘进通风和安全。

煤层瓦斯含量很大的矿井，在工作面采煤前需要预先抽放瓦斯时，或者工作面后方采空区瓦斯涌出量很大，需要加强通风和排放采空区瓦斯时，可将区段回风平巷布置成双巷。图6-6所示即为将靠近采空区的一条回风平巷作为瓦斯尾巷，专门用作排放采空区瓦斯的形式。

对于综合机械化采煤，当区段平巷采用双巷布置时，可以缩小巷道断面，将输送机与移动变电站、泵站分别布置在两条巷道内，运输平巷随采随弃，而对移动变电站、泵站所在的平巷加以维护，作为下区段的回风平巷，如图6-7所示。这种布置方式的缺点是，配电点到用电设备的输电电缆以及乳化液输送管、水管等需穿过两条平巷之间的联络巷，工作每推进一个联络巷的距离时，需要移动变电站、泵站，并将电缆、油管等管线拆下来在另一条联络巷中重新布置，给生产和维修带来了不便。

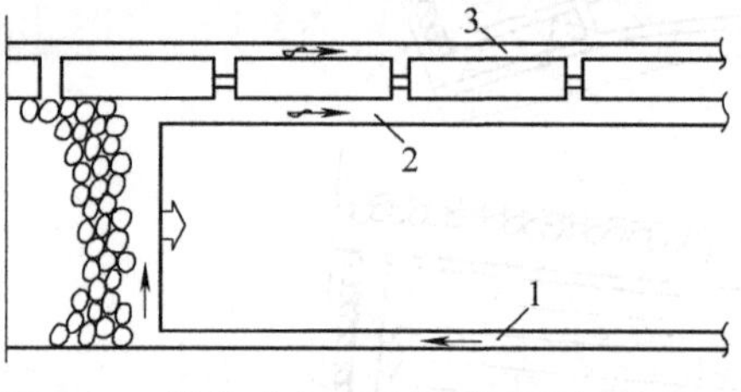

图6-6　排放采空区瓦斯的区段平巷布置
1—区段运输平巷　2—区段回风平巷
3—瓦斯尾巷

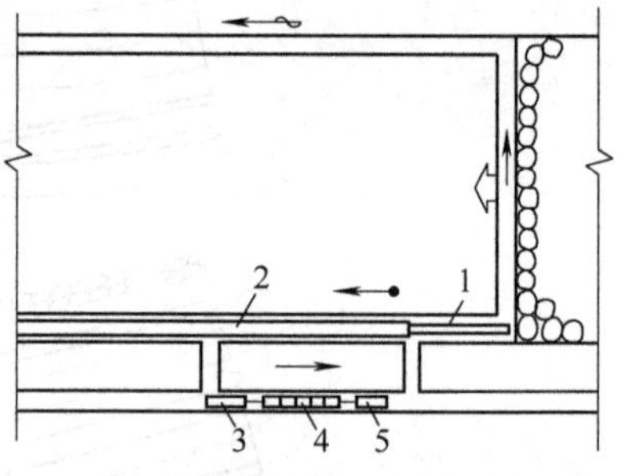

图6-7　综采区段平巷的双巷布置
1—转载点　2—带式输送机　3—变电站
4—泵站　5—配电点

采用双巷布置时，上区段采煤工作面一结束，就应立即转到下区段进行回采，以减少回风平巷的维护时间。

2. 平巷的单巷布置

单巷布置是指一条区段平巷单独掘进成巷的布置方式。

当煤层瓦斯含量不大、煤层埋藏稳定、涌水量不大时，一般采用单巷布置。单巷布置的区段平巷在掘进时，只要加强掘进通风，减少风筒漏风，掘进长度一般可达1000m以上。

综合机械化采煤单巷布置时，区段运输平巷内的一侧需要设置转载机和带式输送机，另一侧则设置泵站及移动变电站等电气设备，因而巷道断面较大，一般达$12m^2$以上；区段回风平巷也因工作面产量大、通风风量大，故断面也较大，与运输平巷断面基本相同或比其略小，如图6-8a所示。由于平巷巷道断面大，不利于掘进和维护，要求采用强度较高的支护材料。根据围岩条件，可采用梯形支架或U形钢拱形可缩型支架，条件适宜的也可采用锚杆支护。

在低瓦斯矿井，煤层倾角小于10°、允许采用下行风的采煤工作面，可将配电点、变电站等布置在区段上部平巷中，区段上部平巷进风、下部平巷回风，如图6-8b所示。这种布置方法可减小平巷断面，但应加强对瓦斯和煤尘的管理，以保证安全生产。

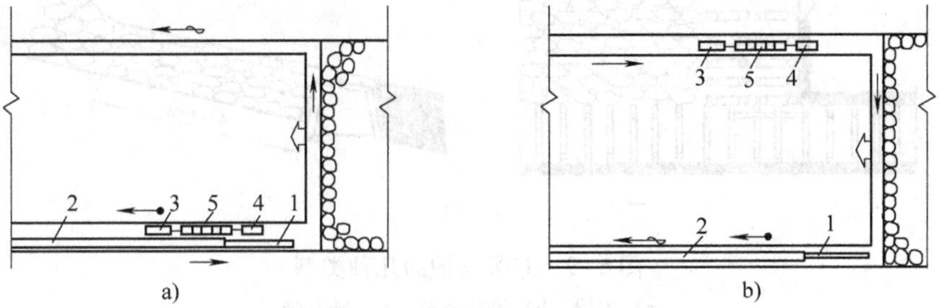

图6-8　综采区段平巷的单巷布置

1—转载机　2—带式输送机　3—变电站　4—泵站　5—配电点

（五）区段无煤柱护巷

用区段与区段之间留设煤柱的方法来维护区段平巷，既使得区段平巷处于固定支承压力影响范围内，又造成煤炭采出率低。为了避开或削弱固定支承压力的影响，改善巷道维护状态，减少煤炭损失，可采用无煤柱护巷的方法，即沿空留巷和沿空掘巷。

1. 沿空留巷

沿空留巷就是在采煤工作面采过之后，将区段平巷用专门的支护材料进行维护，作为下区段的平巷。这种方法与留煤柱护巷法相比较，少掘了一条巷道，减少了煤柱损失，而且巷道处于采空区边缘，避开了固定支承压力的影响，巷道维护条件好。但是巷道要承受上、下工作面开采时的两次采动影响。沿空留巷的巷旁支护方法主要考虑以下几个方面：

1）巷道支架要有足够的支护强度和适当的可缩量。

2）采煤工作面与巷道连接的端头处要加强支护。

3）巷道靠采空区一侧应采取适宜的支护方法。

巷旁支护的种类很多，应用较广的主要有木垛、密集支柱、矸石带、人工砌块和刚性充填带等支护形式。木垛支护如图6-9a所示，在靠采空区一侧支单排或双排木垛，其优点是顶底板接触面积大，比较稳定，挡矸效果好，架设方便灵活；缺点是木材消耗量大，支护刚度低，仅适用于围岩比较松软、煤层倾角较大的情况。密集支柱支护如图6-9b所示，在巷道靠采空区一侧支两排密集支柱，其特点是架设方便，支护强度和刚度高，对采高适应性好，一般用于顶底板较坚硬的中厚煤层。图6-9c所示为矸石带巷旁支护，它是一种经济性支护类型，适合于顶板比较稳定的中厚煤层和厚煤层。人工砌块是用料石、混凝土预制块、轻质砌块等材料代替矸石的支护类型。

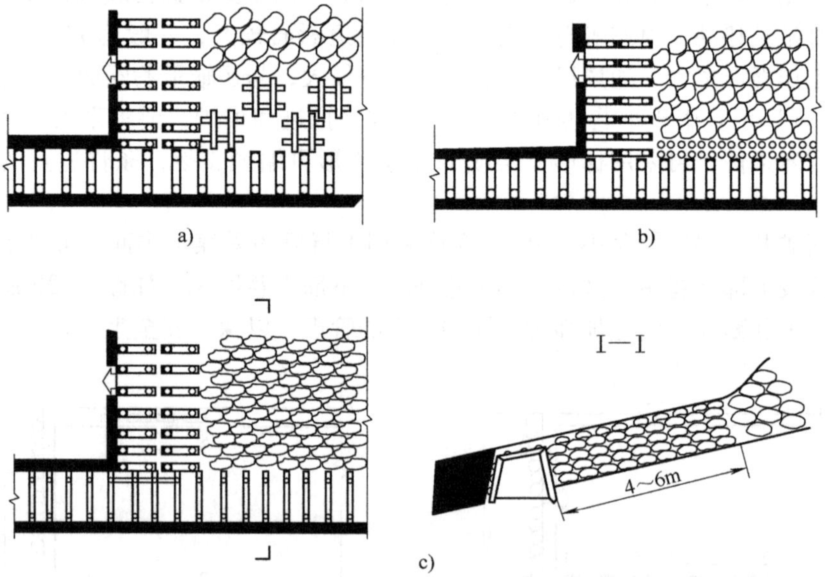

图6-9　巷旁支护的几种类型

a）木垛　b）密集支柱　c）矸石带

为减少沿空留巷的维护时间，在开采顺序上要求上区段采煤结束后立即转入下区段进行回采。沿空留巷适用于厚度为2～4m的薄及中厚煤层、煤层顶板为易冒落或中等冒落、底板不发生严重底鼓的情况。

2. 沿空掘巷

沿空掘巷是在上区段采煤工作面回采结束后，经过一段时间，待采空区上覆岩层移动基本稳定之后，沿上区段运输平巷采空冒落区边缘，掘进下区段工作面的区段回风平巷。根据煤层赋存情况、地质条件及所采取的技术措施不同，沿空掘巷又分为完全沿空掘巷和留窄小煤柱沿空掘巷，如图6-10所示。

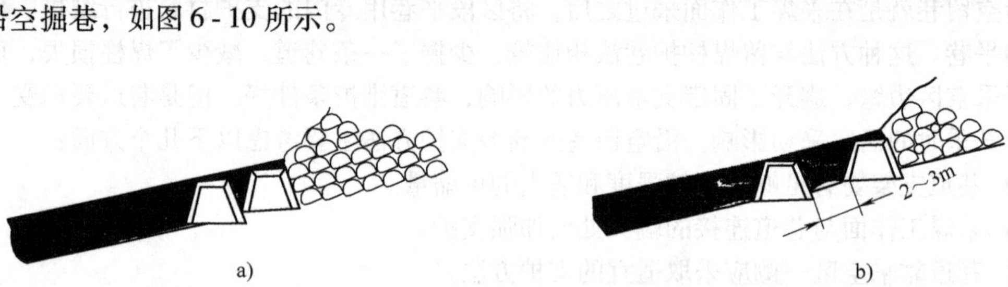

图6-10　沿空掘巷的巷道位置

a）完全沿空掘巷　b）留窄小煤柱沿空掘巷

沿空掘巷的位置应避开固定支承压力影响较大的区域，并且要求在采空区上覆岩层垮落稳定之后才能开始掘进。一般情况下，掘进与上区段采煤工作面之间的间隔时间应不少于3个月，通常为4～6个月，个别情况下要求为8～10个月，坚硬顶板比软顶板所需间隔时间要长一些。

沿采空区掘进巷道时，要尽量减少掘进时的空顶面积，适当缩小放炮进度，减少炮眼个数和装药量，加大巷道支架密度，并用木板或荆条刹好顶帮，以防采空区矸石窜入巷道引起冒顶事故。

沿空掘巷方法多用于开采缓斜、倾斜中厚煤层和厚煤层，目前应用较为广泛。

（六）采煤工作面布置形式

采煤工作面有单工作面和双工作面两种布置形式。

图6-2所示的采煤工作面为单工作面布置形式。在区段上部和下部各布置一条平巷，准备出一个采煤工作面。

图6-11所示的采煤工作面为双工作面布置。双工作面也称对拉工作面，就是利用三条区段平巷准备出两个采煤工作面。采煤过程中，中间的区段平巷1铺设输送机作为区段运输平巷，上工作面煤炭向下运送到中间运输巷，下工作面煤炭向上运送到中间平巷，再集中由中间运输平巷运送到采区运输上山。上、下两条平巷内铺设轨道，分别为两个工作面运送材料及设备。由于下工作面的煤炭是向上运输的，因此下工作面的长度应根据煤层倾角的大小及工作面输送机的能力而定。随着煤层倾角的增大，下工作面的长度应比上工作面的长度短一些。

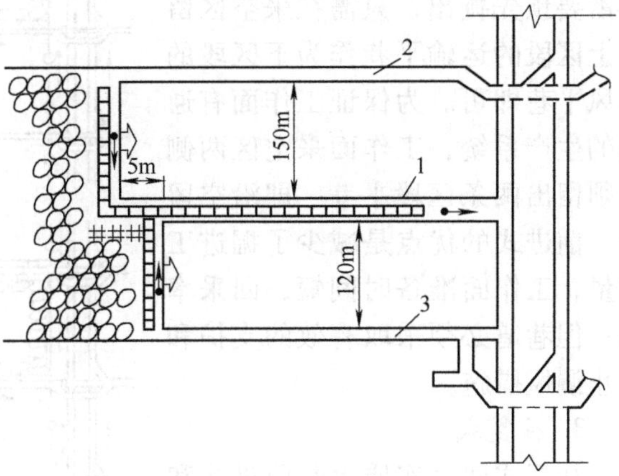

图6-11 双工作面布置

1—中间运输平巷 2—上轨道平巷 3—下轨道平巷

上、下工作面的通风方式主要有两种。一种是由中间运输平巷1进风，分别清洗上、下工作面，由上、下区段轨道平巷回风；或者从上、下平巷进风，由中间运输巷1回风。这种方式存在有一个工作面出现下行风的问题，只适用于煤层倾角不大的情况。第二种是由下轨道平巷3及中间运输巷1进风，由上部轨道平巷2集中回风的串联掺新风的通风方式，这种方式存在上、下区段工作面串联通风及上区段工作面风速可能超限的问题。

在采煤过程中，上、下工作面之间一般要保持一定的错距，错距一般不超过5m，并在上、下工作面与中间巷道交汇处用木垛加强支护，否则会造成靠采空区一侧的一段中间巷道维护困难。当工作面有淋水时，一般采用下部工作面超前的方式。

双工作面的明显优势是可以减少区段平巷的掘进量和相应的维护量，提高采出率。两个工作面同采并共用一条运输平巷，可以减少设备，生产集中，便于管理，提高效率，因而在实际生产中取得了良好效果。双工作面一般用于炮采、普采，煤层倾角小于15°，顶板中等稳定以上，瓦斯含量不大的情况。

（七）采煤工作面回采顺序

采煤工作面回采顺序有后退式、前进式、往复式及旋转式等。

1. *后退式*

工作面由采区边界向采区上山方向推进的回采顺序，称作后退式，如图6-12a所示。

区段上、下平巷和开切眼等回采巷道掘出并安装设备后，工作面才开始回采，采空区后方的区段平巷随工作面的推进而报废垮冒，是最常用的一种回采顺序。

2. 前进式

工作面由采区上山向采区边界方向推进的回采顺序，称为前进式，如图6-12b所示。其区段平巷不需要预先掘出，只需在采空区留下上区段的运输平巷作为下区段的回风平巷即可。为保证工作面有通畅的生产系统，工作面采空区两侧必须留出两条区段平巷，即沿空留巷。前进式的优点是减少了掘进工作量，工作面准备时间短，回采率高；但巷道必须采取有效的支护和防止漏风措施。

3. 往复式

往复式回采实质上是前进式和后退式的混合方式，如图6-12c所示。其主要特点是一个区段采用后退式，另一个区段采用前进式，上区段工作面采煤结束后可直接搬迁到下区段工作面，缩短了设备搬运距离，节省了搬迁时间。

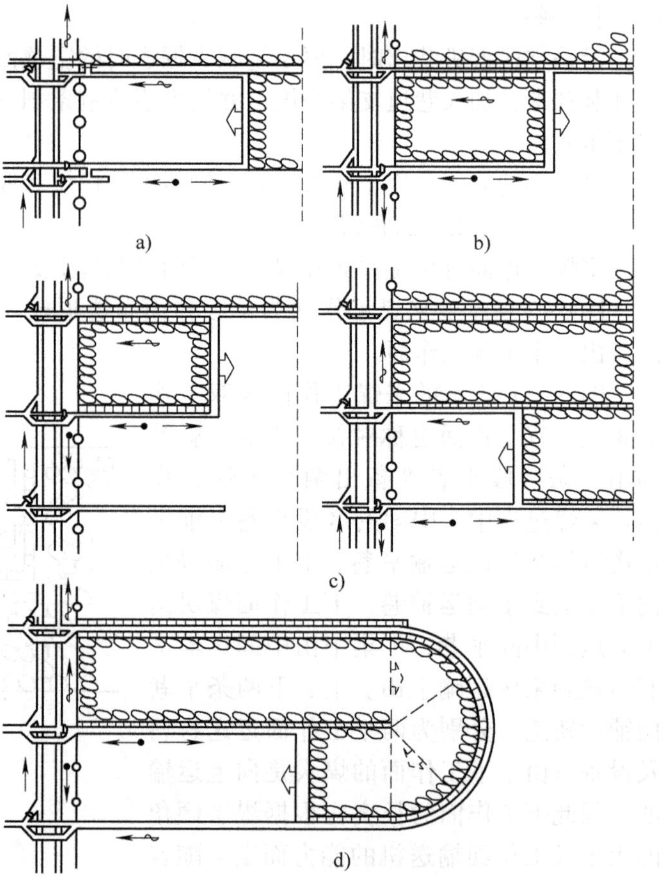

图6-12　采煤工作面回采顺序
a）后退式　b）前进式　c）往复式　d）旋转式

4. 旋转式

旋转式回采是在上区段采煤工作面结束前，逐渐将工作面调斜，最后达到180°旋转状直接推进到下一个区段的工作面，实现工作面不搬迁而连续推进的回采顺序，如图6-12d所示。采用这种顺序，旋转期间工作面调斜的顶板控制和采煤工艺比较复杂，旋转时的产量和效率低，边角煤损失较多。为提高综采设备的可靠性，必须加强设备维护，综采设备上井大修周期一般不超过两年，因此旋转往复式回采一般只宜旋转一次。

课题三　厚煤层倾斜分层走向长壁采煤法采煤系统

【任务描述】

缓斜和倾斜厚煤层，在一般技术条件下通常采用倾斜分层采煤法。厚煤层倾斜分层，是将厚煤层沿倾斜分成几个平行于煤层层面的分层，在各分层分别布置采准巷道进行采煤。其分层厚度是按照煤层埋藏条件和开采技术的要求选取的。

分层开采顺序有下行式和上行式两种。下行式一般采用全部垮落法来处理采空区顶板，上行式则采用充填法处理采空区。目前，我国除了少数矿区采用倾斜分层上行式充填采某法之外，绝大多数缓斜、倾斜厚煤层采用倾斜分层下行垮落采煤法。

【相关知识】

一、分层同采的采区巷道布置

（一）采区巷道布置

图 6-13 所示为倾斜分层走向长壁下行垮落采煤法分层同采时的巷道布置系统。将厚煤层分成 3 个分层，采区沿倾斜划分为 3~5 个区段。在煤层底板岩层中布置采区运输上山和轨道上山。各分层平巷通过最近的溜煤眼、联络巷超前于采煤工作面一定距离保持随采随掘，其超前距离要求始终有两个溜煤眼与分层平巷（也称分层超前平巷）相通。

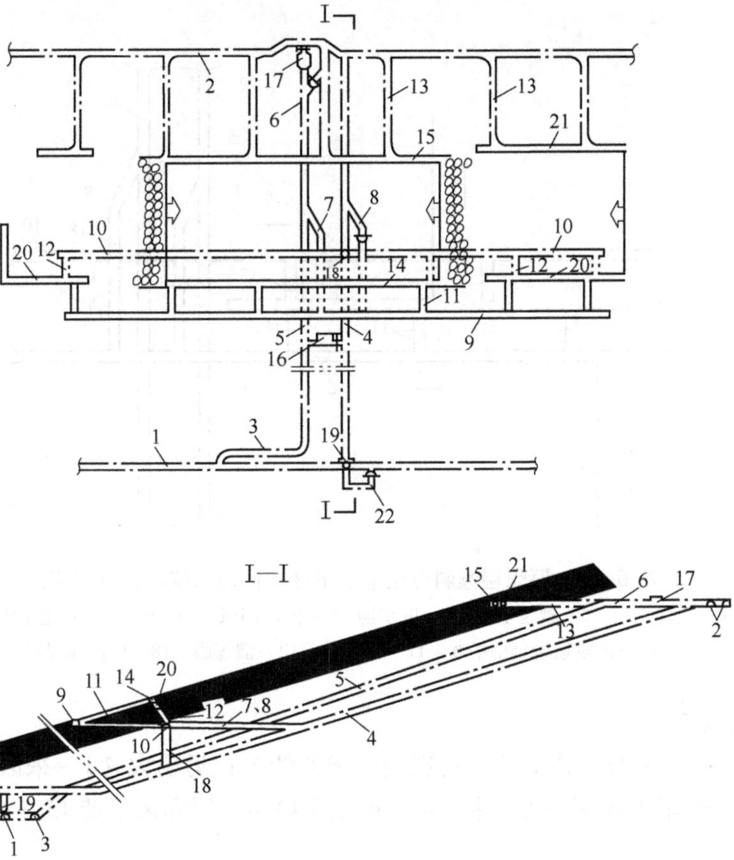

图 6-13 倾斜分层走向长壁下行垮落采煤法分层同采巷道布置

1—运输大巷 2—回风大巷 3—采区下部车场 4—运输上山 5—轨道上山 6—采区上部车场 7—甩车场 8—下区段回风石门 9—区段轨道集中平巷 10—区段运输集中平巷 11—联络巷 12—溜煤眼 13—回风石门 14—上分层运输平巷 15—上分层回风平巷 16—采区变电所 17—绞车房 18—区段溜煤眼 19—采区煤仓 20—中分层运输平巷 21—中分层回风平巷 22—行人联络巷

（二）采区生产系统

1. 运煤系统

在采煤工作面和分层运输平巷内铺设刮板输送机，在区段运输集中平巷和运输上山内铺设带式输送机。工作面的运煤路线是：分层工作面→分层运输平巷 14（或 20）→溜煤眼 12→区段运输集中平巷 10→区段溜煤眼 18→运输上山 4→采区煤仓 19→运输大巷 1→装车运出采区。由于从甩车场 7 进出的矸石、材料、设备车需要横穿巷道 10，因此在区段运输集中平巷 10 与甩车场 7 的交汇处，需将一部分长度的输送机抬高以便矿车通过。

2. 通风系统

采煤工作面的新鲜风流自运输大巷 1→采区下部车场 3→轨道上山 5→甩车场 7→区段运输集中平巷 10 和区段轨道集中平巷 9→联络巷 11 和溜煤眼 12（两个溜煤眼中的一个）→分层运输平巷 14（或 20）至采煤工作面。从工作面出来的污风经分层回风平巷 15（或 21）→回风石门 13→回风大巷 2，排到井外。

当上、下区段分别有工作面同时采煤时，上、下区段必须实行独立通风，如图 6-14 所示。

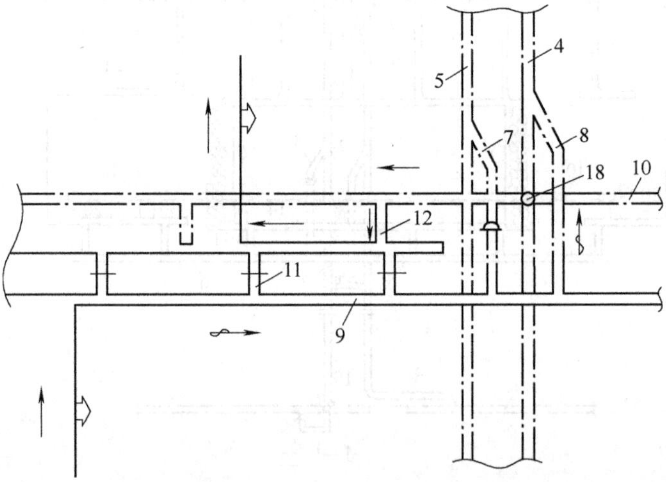

图 6-14　厚煤层倾斜分层上、下区段同时采煤时的通风系统

4—运输上山　5—轨道上山　7—甩车场　8—区段回风石门　9—区段轨道集中平巷　10—区段运输集中平巷　11—联络巷　12—溜煤眼　18—区段溜煤眼

3. 材料运输系统

在图 6-13 中，采煤工作面所需材料的运输路线为：运输大巷 1→采区下部车场 3→轨道上山 5→采区上部车场 6→回风大巷 2→回风石门 13→分层回风平巷 15（或 21）→各分层工作面。

分层运输平巷 14、20 掘进所需材料的运输路线为：轨道上山 5→甩车场 7→区段轨道集中平巷 9→联络巷 11→掘进工作面。

4. 排矸及掘进出煤系统

由于区段集中平巷设在煤层底板岩层中，需要开掘许多岩石溜煤眼和联络石门，因此有较多的矸石需要外运。分层运输平巷 14 和 20（图 6-13）的掘进出煤，经溜煤眼 12 和区段运输集中平巷10运出。分层回风平巷15和21超前掘进出煤，装入矿车经采区上部车场6、轨道上山5到采区下部车场3运出。第二区段工作面准备期间所出的煤、矸石，一律装入矿车经巷道5、3运出。

二、分层分采的采区巷道布置

分层分采的采区巷道布置，没有共用的区段集中平巷，每一分层的区段平巷都是单独准备的。分层平巷不是利用集中平巷随着采煤工作面的推进超前掘进的，而是当上分层采完、采空区垮落基本稳定之后，才能在第二分层层位沿着上分层铺设好的假顶（或再生顶板）下掘出第二分层的区段平巷。厚煤层各分层采用联合开采的方式，其上（下）山一般布置在煤层底板岩层中，上（下）山通过采区车场及石门、斜巷或立眼与各分层平巷联系。

课题四　煤层群走向长壁采煤法采煤系统

【任务描述】

我国多数矿区所开采的煤层为两层及其以上的煤层群。煤层群的开采方式有煤层群单层开采和多煤层联合开采两种方式。

【相关知识】

一、煤层群单层开采

对于煤层间距较大的煤层群，可在各个煤层中单独布置采区，在各层煤的开采上形成独立的采区生产系统，如图6-15所示。单层开采方式的采区巷道布置、生产系统与单一煤层走向长壁采煤法基本相同。

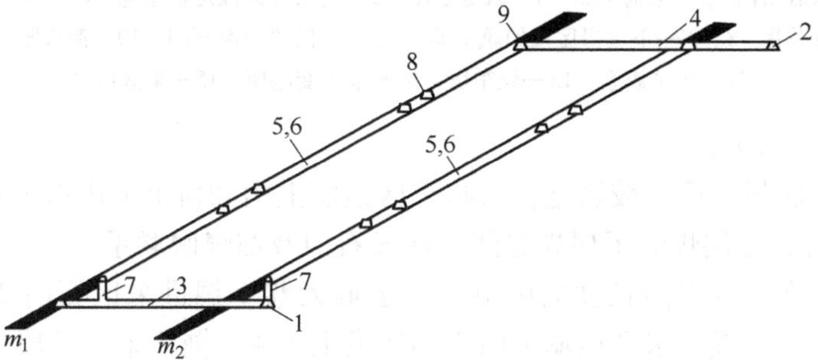

图6-15　煤层群单层开采

1—运输大巷　2—回风大巷　3—采区运输石门　4—采区回风石门　5—运输上山　6—轨道上山　7—采区煤仓　8—区段运输平巷　9—区段回风平巷

二、多煤层联合开采

缓斜、倾斜近距离煤层群的联合开采方式，根据煤层数目、层间距离、地质条件、煤层顶底板岩石性质、煤层厚度及倾角、采区巷道布置的总体合理性等因素，分为采区集中上

（下）山联合布置、采区集中上（下）山区段集中平巷联合布置。

（一）采区集中上（下）山联合布置

如图6-16所示，该采区开采两个煤层，上层煤为中厚煤层，下层煤为薄煤层，两层煤之间相距15m，煤层倾角为15°，煤层顶底板岩层中等稳定，地质构造简单，瓦斯涌出量较小。采区的双翼走向长度为1000m，倾斜长度为600m，划分为三个区段。

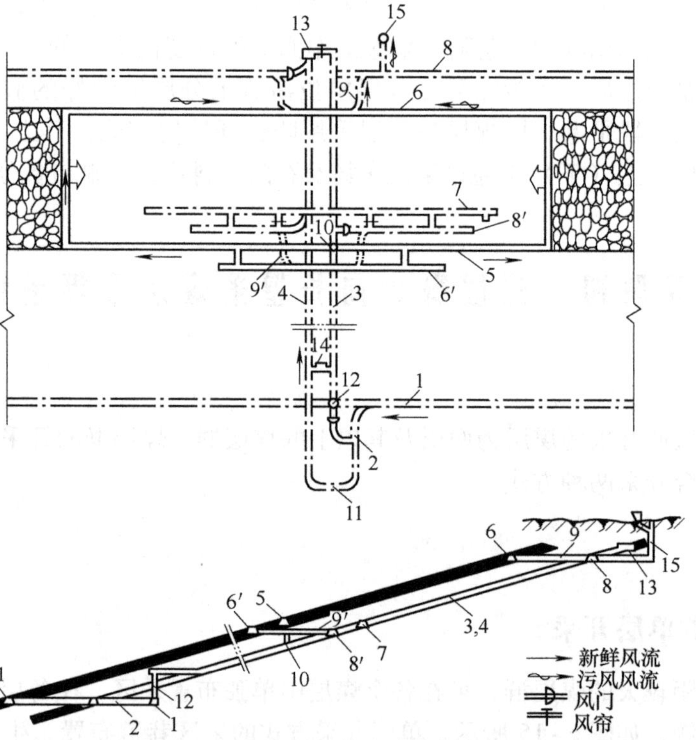

图6-16　采区集中上山联合布置

1—运输大巷　2—采区石门　3—运输上山　4—轨道上山　5—上层煤区段运输平巷　6、6′—上层煤区段回风平巷　7—下层煤区段运输平巷　8、8′—下层煤区段回风平巷　9、9′—区段回风石门　10—溜煤眼　11—采区下部车场　12—采区煤仓　13—绞车房　14—采区变电所　15—采区风井

1. 采区巷道掘进顺序

由于下层煤顶底板岩层比较稳定，可将采区运输上山和轨道上山布置在下层煤中，两条上山相距20m左右，上层煤和下层煤之间用区段石门及溜煤眼联系。

掘进顺序为：在采区走向长度的中央，由运输大巷1掘进采区石门2和采区下部车场11，由此沿下层煤向上掘进采区运输上山3和轨道上山4，掘至第一区段下部边界后，由上山向上层煤开掘第一区段的区段回风石门9′。与此同时，在采区上部边界，自地面向下开掘采区风井15到下层煤第一区段回风平巷高程，并由此开掘采区上部车场和区段回风石门9、绞车房13。同时，要掘出采区煤仓12和采区变电所14。待采区上山3、4掘至采区上部车场后，便可掘进上、下两层煤的回采巷道。上层煤第一区段运输平巷5和第二区段回风平巷6′为双巷掘进。当上层煤第一区段的平巷5和6掘到采区边界后，在上层煤掘进工作面开切眼，形成第一区段上层煤的采煤工作面和生产系统。在第一区段上层煤工作面采煤期间，根据开采顺序的要求，准备下层煤第一区段工作面或上层煤第二区段工作面，以保证采区内采煤工作面的正常接替。

2. 采区生产系统

(1) 运煤系统　上层煤工作面采出的煤炭自运输平巷5，经区段溜煤眼10、运输上山3到采区煤仓12，在运输大巷1中装车运出采区。下层煤工作面采出的煤，经运输平巷7直接运到采区运输上山3，装入采区煤仓12。

(2) 通风系统　工作面所需的新风，由运输大巷1经采区石门2、采区下部车场11、轨道上山4和区段石门9′，经上层煤第二区段回风平巷6′及联络巷分两翼经运输平巷5到达采煤工作面。工作面污风经回风平巷6、区段回风石门9到采区风井15排出。下层煤工作面的新风由采区上山进入工作面平巷，污风由工作面回风平巷到采区风井排出。

掘进工作面通风由布置在轨道上山中的局部通风机供给。采区变电所和采区绞车房所需的新鲜风流由轨道上山供给，利用调节风窗控制风量。

(3) 运料排矸系统　采煤工作面所需材料设备，从采区下部车场11，经轨道上山4，进入下层煤区段回风平巷8，再经区段石门9到上层煤区段回风平巷6，送到上层煤采煤工作面。下层煤工作面所需的材料设备由平道8送到工作面。

掘进工作面所需的材料设备，由轨道上山4经区段石门9′运到上层煤和下层煤掘进工作面。掘进工作面所出的煤和少量的矸石，用矿车从区段石门9或9′经轨道上山4运到采取下部车场11，再从采区石门2经运输大巷1运出。

(4) 供电系统　高压电缆由井底中央变电所经运输大巷1、运输上山3到采区变电所14，降压后通过电缆分送到采煤和掘进工作面的配电点及运输上山、轨道上山、绞车房等用电地点。

(5) 供水系统　采掘工作和巷道运输转载点所需的降尘喷雾洒水用水，是由地面水池通过采区风井专用管道送到用水地点的。也可以从井底的净化水池经过水泵加压后，通过专用管道经运输大巷、采区石门、运输上山送到用水地点。

3. 巷道布置的特点及适用条件

上述的多煤层采区集中上山联合布置方式，其巷道布置简单，生产系统简单，工程量较大。但各煤层的区段平巷需要全长一次掘出，巷道维护时间长，维护费用高，而且各煤层的区段运输平巷都要沿巷道全长铺设输送机，占用设备台数多，设备搬迁频繁，如果煤层走向变化较大，则不利于输送机的铺设和运行。

这种布置方式适用于煤层层数少、煤层层间距较大，且多为薄或中厚煤层的煤层群，或者是厚煤层的分层分采。由于其采煤机械化程度高，工作面单产高，采区内同时开采的工作面数目只有1~2个。

(二) 集中上（下）山，上层煤无区段集中平巷、下层煤有区段集中平巷的联合布置

如图6-17所示，上层煤为中厚煤层，采用单一走向长壁采煤法，利用集中上山通过区段石门8、9、10在本层煤中布置区段平巷。下层煤为厚煤层，采用倾斜分层走向长壁下行垮落采煤法，利用运输集中平巷13和联络斜巷16同下层煤各分层平巷联系。两层煤共用一组上山，但不共用区段集中平巷。

1. 采区巷道的掘进顺序

从运输大巷1开掘采区下部车场3，向上掘进采区运输上山4和轨道上山5，与回风大巷2相通。在第一区段上部开掘采区回风石门8和绞车房等巷道，在第一区段下部掘出区段

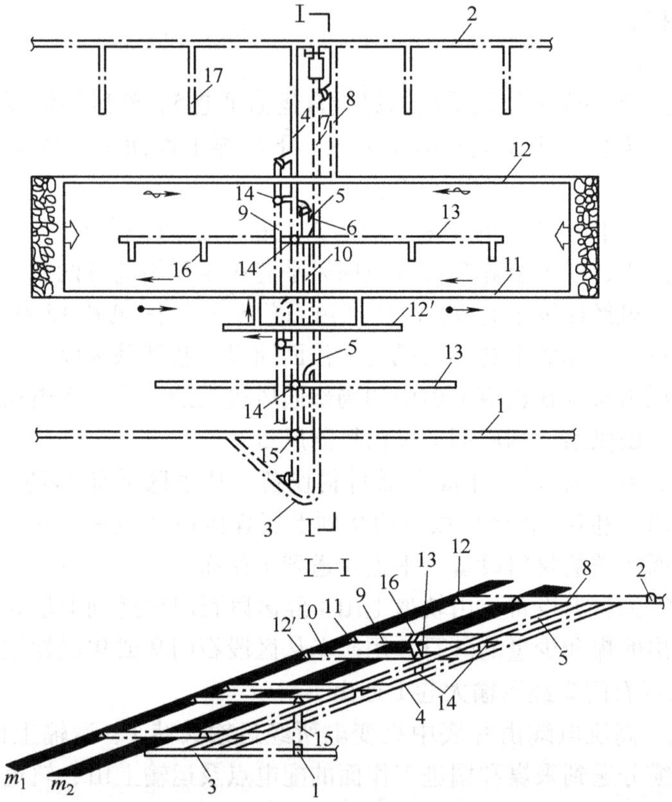

图6-17 采区集中上山、下层煤区段集中平巷联合布置

1—运输大巷 2—回风大巷 3—采区下部车场 4—运输上山 5—轨道上山 6—中部车场 7—上部车场 8—采区回风石门 9—区段运输石门 10—区段轨道石门 11—上层煤区段运输平巷 12、12′—上层煤区段回风平巷 13—下层煤区段运输集中平巷 14—溜煤眼 15—采区煤仓 16—联络斜巷 17—回风石门

运输石门9和区段轨道石门10，分别与上层煤贯通后，在上层煤分别开掘区段运输平巷11和区段回风平巷12，到达采区边界后掘出采煤工作面的开切眼，形成上层煤采煤工作面。同时，在第一区段下部掘采区中部车场6，并由此通过区段轨道石门10，在下层煤的底板岩层中掘进下层煤区段运输集中平巷13，每隔相当于一部输送机长度的距离掘一条联络斜巷16，与下层煤的各分层运输平巷联系。掘下层煤上分层的超前运输平巷和开切眼，同时利用回风大巷2和回风石门17，在下层煤的上分层掘超前回风平巷，超前回风平巷与开切眼贯通后，形成下层煤上分层采煤工作面。

[视频链接] ..\煤矿视频..\煤矿开采方法\采区巷道布置.swf.

2. 采区生产系统

（1）运煤系统　上层煤工作面采出的煤，由区段运输平巷11通过区段运输石门9、溜煤眼14，运到采区运输上山4、采区煤仓15，从运输大巷1运到井底车场。下层煤分层工作面的煤，则由分层超前运输平巷，经联络斜巷16运到区段运输集中平巷13，再经溜煤眼14、运输上山4、采区煤仓15到运输大巷1。

（2）通风系统　新鲜风流从运输大巷1进入，经采区轨道上山5、区段轨道石门10到上层煤区段回风平巷12′，由联络巷到区段运输平巷11；工作面污风由区段回风平巷12到采区回风石门 8，排进回风大巷 2。下层煤采煤工作面的新风，从采区中部车场 6 经区段轨道石门 10、联络斜巷 16 到分层超前运输平巷；工作面污风则从分层超前回风平巷到回风石门 17，排到回风大巷 2。

（3）运料系统 材料和设备由运输大巷 1 经轨道上山 5，到采区上部车场 7 后，从采区回风石门 8 到上层煤区段回风平巷 12，送到上层采煤工作面。下层工作面则是通过采区回风石门 8 进入回风大巷 2，从回风石门 17 到下层煤各分层超前回风平巷，送到下层采煤工作面。

这种联合布置方式，除了采区集中上（下）山为各煤层共用之外，还在下组煤层内布置区段运输集中平巷和区段回风集中平巷。

3. 巷道布置的优缺点

采区集中上（下）山区段集中平巷联合布置，与采区上（下）山联合布置相比，生产更为集中，可布置多个采煤工作面同时生产，采区生产能力大；各煤层平巷超前掘进，随采随掘，缩短了采煤工作面的准备时间，巷道维护工程量小；每个区段只在区段集中平巷布置带式输送机，各煤层或分层超前运输平巷只需铺设一台刮板输送机，占用设备台数少，减少了设备安装、拆卸、搬迁等工作。但这种布置方式的岩巷工程量大，通风、运输、运料、排矸等系统复杂，生产和准备之间相互干扰大，采区上山、区段集中巷和联络巷等要承受多次采动影响，且维护长度大、维护时间长、维护费用高。

三、煤层群分组集中采区联合布置

在煤层层数较多的情况下，可按层间距的大小将煤层群分成若干组，每个组内采用集中联合布置方式。而在组与组之间，由于组间距较大，则不宜联合开采。可从水平大巷通过采区石门贯穿各个煤层组，在各组煤层中分别布置一组采区上山，如图 6-18 所示。这种布置方式实际上是将煤层群分成为若干个采区，每个煤层组的采区都具有独立的生产系统。

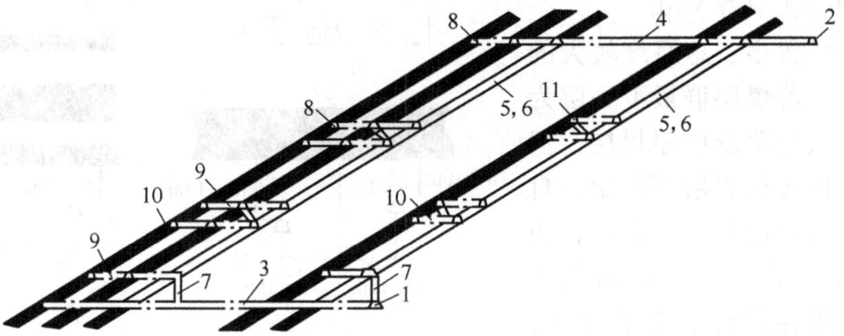

图 6-18 煤层群分组集中采区联合布置

1—运输大巷 2—回风大巷 3—采区运输石门 4—采区回风石门 5—运输上山 6—轨道上山 7—采区煤仓 8—区段平巷 9—区段运输石门 10—区段轨道石门 11—溜煤眼

四、联合布置采区巷道分析

（一）采区上（下）山的数目

联合布置采区的特点主要是各煤层共用一组集中上（下）山。一般情况下，至少需要两条集中上（下）山，其中一条上（下）山铺设输送机，用作运煤、回风（或进风）以及铺设管线；另一条上（下）山铺设轨道，用作运料、排矸及进风（回风）等。但在下列情况下，则需要布置三条上（下）山。

1）煤层层数多，生产能力大的煤层群联合布置采区。

2）生产能力较大，瓦斯涌出量也很大的采区，特别是要有专门排瓦斯的上（下）山。

3）生产能力较大，经常出现上、下区段同时生产，需要简化通风系统的采区。

4）集中运输上山和轨道上山均布置在底板岩层中，需要探清煤层赋存情况或为提前掘进其他采区巷道的采区，或需要专用泄水巷道的采区。

增设的上（下）山一般可专作运煤或通风，也可兼作行人、辅助提升用。增设的上（下）山，特别是服务年限不长的上（下）山，多数可沿煤层布置，以便减少掘进费用，并起到探清煤层变化情况的作用。

（二）采区上（下）山的位置

采区集中上（下）山层位的选择，要根据煤层群联合开采的煤层厚度、采区储量和采区上（下）山服务年限、围岩性质、地质条件和运输设备等因素，综合技术和经济比较分析，确定其合理位置。一般有以下几种布置方式。

1. 一煤一岩上（下）山

当煤层群最下一层煤层为煤质及顶底板岩石坚硬、地质条件好的薄及中厚煤层时，可将轨道上（下）山布置在该煤层中，运输上（下）山布置在底板岩层中，如图6-19a所示。这种布置可减少一些岩石巷道的工程量，适用于产量不大、瓦斯涌出量较小、服务年限不长的采区。

2. 两条岩石上（下）山

对于煤层层数多、总厚度较大的联合布置采区，若煤层群最下一层为厚煤层；或者虽为薄及中厚煤层，但因煤质松软、顶底板岩层不稳定、自然发火期短等因素的影响，而不宜布置煤层上（下）山时，可将两条上（下）山都布置在煤层底板岩层中，如图6-19b所示。

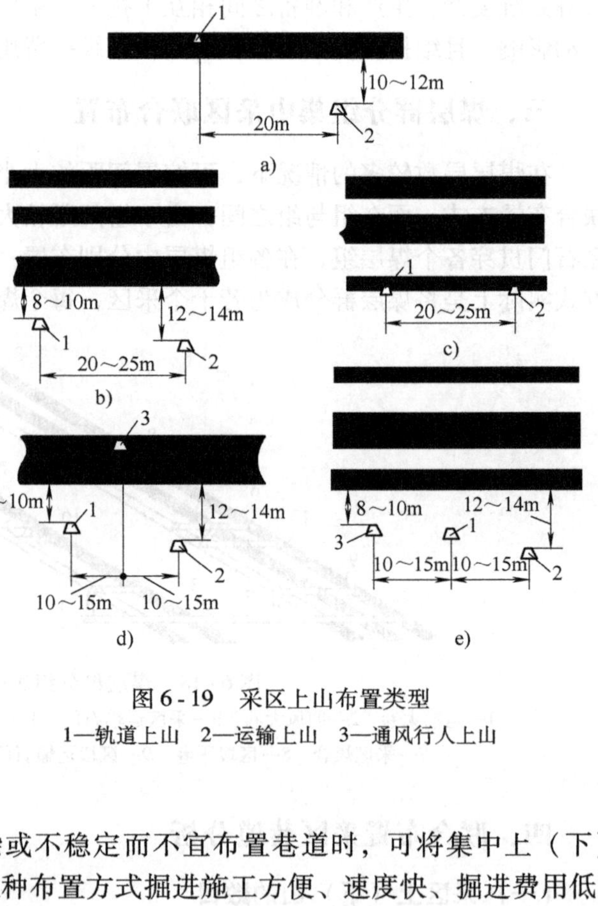

图6-19　采区上山布置类型

1—轨道上山　2—运输上山　3—通风行人上山

3. 两条煤层上（下）山

当煤层群最下一层煤层为煤质及顶底板岩石坚硬、地质条件好的薄及中厚煤层，或者在厚煤层因底板岩层复杂或不稳定而不宜布置巷道时，可将集中上（下）山布置在煤层之中，如图6-19c所示。这种布置方式掘进施工方便、速度快、掘进费用低，但上（下）山维护工作量大，留设的煤柱宽度大。

4. 两岩一煤上（下）山

为了进一步探清煤层情况和地质构造，可在煤层中增设一条通风行人上（下）山，在煤层底板岩层中布置两条岩石上（下）山，如图 6-19d 所示。掘进时，一般先掘煤层上（下）山，为两条岩石上（下）山探清地质变化情况。

5. 三条岩石上（下）山

在煤层底板岩层中布置三条上（下）山，如图 6-19d 所示。适用于开采煤层层数多、厚度大、储量丰富或瓦斯涌出量大、通风系统复杂的采区。

（三）上（下）山间的位置关系

联合布置的采区上（下）山，在层面上需要保持一定的距离。采用两条岩石上（下）山布置时，其水平间距一般取 20~25m；采用三条岩石上（下）山时，其间距可缩小到 10~15m；如果是煤层上（下）山，则间距要增大到 25~30m。

采区上（下）山在垂直方向，可以布置在同一层位上，也可以使两条上（下）山之间在层位上保持一定的高差，如图 6-19 所示。为便于运煤，可将运输上（下）山设在比轨道上（下）山低 3~5m 的层位上。如果采区涌水量较大，为使运输上（下）山中不流水，可将轨道上（下）山布置在低于运输上（下）山的层位上。当两条上（下）山都布置在同一煤层中，且煤层厚度大于上（下）山断面的高度时，一般是将轨道上（下）山沿煤层顶板布置，运输上（下）山则沿煤层底板布置，以便于处理区段平巷与上（下）山之间的交叉关系。

【知识拓展】

🕮 技能训练

模型实训三　采区（盘区）巷道布置模型实训

【实训目标】

通过采区（盘区）巷道布置及生产系统实训课程，使学生掌握不同煤层赋存条件下的采区（盘区）巷道布置方式，以及巷道布置的空间位置关系、层间联系方式等；建立采区（盘区）巷道的空间立体概念，掌握采区（盘区）巷道布置平、剖面图的识读方法，熟悉采区（盘区）主要生产系统的构成。

【任务描述】

1）单一薄及中厚煤层走向长壁采煤法上山采区巷道布置模型。
2）单一厚煤层倾斜分层走向长壁采煤法采区巷道布置模型。
3）近距离煤层群联合布置走向长壁采煤法采区巷道模型。
4）单一薄及中厚煤层倾斜长壁采煤法带区巷道布置模型。
5）近距离煤层群联合布置倾斜长壁采煤法带区巷道布置模型。

【任务实施】

一、实训过程

1）按每小组 10~15 人分组，给每小组安排一组实训模型。

2）指导教师介绍实训目的、方法、要求和注意事项。

3）各组学生在指导教师的指导下，采用观摩、讨论、绘图等方式进行实训。

4）完成一组实训模型之后，小组之间互相交换模型，进行另一组模型实训。

5）指导教师对实训开展情况进行指导和检查。

6）实训教学结束前，指导教师对实训情况进行总结。

二、实训要求

1）实训前，必须复习课程的相关知识，预习实训指导书，做好实训前的准备工作。

2）实训教学的重点和难点是建立采区巷道的空间概念，分析采区（盘区）巷道布置方式及其特点。

为此，要求学生在实训中要认真对照模型，结合教学内容，理解巷道的名称、用途及其空间关系和相互联系方式，分析采区（盘区）巷道布置的特点及采区生产系统。具体要求如下：

1）掌握各类型的采区（盘区）巷道布置，掌握巷道的名称、作用。

2）掌握采区（盘区）巷道的空间位置，准备巷道与开拓巷道、回采巷道与准备巷道的联系方式，主要生产系统的构成。

3）能够对照实训模型，分析采区（盘区）巷道布置的特点。

4）能够对照实训模型，分析采区（盘区）的主要生产系统。

三、实训注意事项

1）指导教师要维护好实训教学秩序，确保每个学生都能认真地进行实训教学。

2）实训过程中要爱护模型设施，以免损坏。

3）分组进行观摩实训，避免各组之间的相互干扰。

4）实验结束后，指导教师要对实训教学进行总结和评价。

【任务考评】

实训考核成绩由两部分组成：一是考核学生在实训教学中的态度和独立完成能力（见表6-1），二是考核学生的实训报告书。

表6-1　采区（盘区）巷道布置模型实训检测表

测评项目	应得分值/分	小组自评	小组互评	教师评价	实际得分
态度	20				
独立完成能力	65				
知识拓展	15				
合　计	100				
说　明	对口述部分，语言表达要求顺畅、清晰；教师结合各项表现进行综合考评。				

注：实际得分用分数标出。得分结果包括优秀（>90分）、良好（80~90分）、中等（70~80分）、合格（60~70分）、不合格（<60分）。

【练习】

按照指导教师的要求，选择一个采区（盘区）巷道布置模型，完成如下要求：

1）绘制其巷道布置平面图和剖面图。

2）标注主要巷道的名称，说明其中的主要设备和设施。

3）指出采区运输系统、通风系统、行人系统、运料系统、排水系统、供电系统。

4）分析该采区（盘区）布置方式的特点，提出技术改进的具体意见。

课题五 采区车场形式

【任务描述】

采区车场是采区上（下）山与运输大巷、回风大巷及区段平巷连接处的一组巷道和硐室的总称，是采区巷道布置系统中的重要组成部分。采区车场的巷道包括甩车道、存车线及一些联络巷道，硐室主要有煤仓、绞车房、变电所和采区水仓等。车场根据所处的位置不同，可分为采区上部车场、采区中部车场和采区下部车场。

【相关知识】

一、采区上部车场

采区上部车场是采区上山与采区上部区段回风平巷之间的一组联络巷道和硐室。它的基本形式有平车场、甩车场和转盘式车场。

（一）采区上部平车场

采区上部平车场是将采区绞车房布置在阶段回风水平，采区轨道上山以一段水平巷道与区段回风平巷（或石门）连接，并在这条水平巷道内布置车场调车线和存车线。上行的矿车由采区绞车沿轨道上山提到平车场调车线后摘钩，然后推矿车经调车线进入区段轨道平巷。根据提升方向与矿车在车场内的运行方向，上部平车场可分为顺向平车场和逆向平车场。矿车经轨道上山提至平车场的平台摘钩后，顺着矿车的运行方向进入区段平巷或回风石门，在运行过程中不改变方向的，为顺向平车场，如图 6 - 20a 所示；反之，矿车进入平台摘钩后反向推入采区回风石门或区段轨道平巷的，为逆向平车场，如图 6 - 20b 所示。

顺向平车场的主要优点是车辆运行顺利、调车方便；其缺点是巷道段面大，易出现跑车事故。逆向平车场的优点是不会跑车，操作安全性好；其缺点是调车时间长，通过能力小。在选择时，主要根据轨道上山绞车房及回风大巷的相对位置和运输量来决定。当运输量较大、绞车房的位置受到限制时，可采用顺向平车场；当绞车房位置与车场变坡点之间的距离较大，另有采区回风石门与煤层阶段回风大巷相联系时，可采用逆向平车场。

（二）采区上部甩车场

采区上部甩车场是将采区绞车房布置在阶段回风水平以上的位置，绞车将矿车沿轨道上山提至甩车道高程以上，然后经甩车道向下甩入上部区段回风平巷。甩车场可以在平巷中设置存车线和调车线。按甩车方向，甩车场可分为单向甩车场和双向甩车场。如在上山一侧设

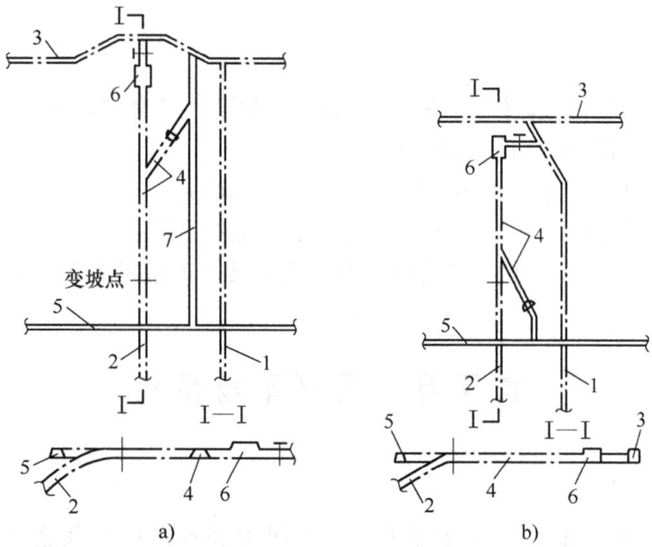

图 6-20　采区上部车场

a）顺向平车场　b）逆向平车场

1—运输上山　2—轨道上山　3—总回风巷　4—平车场　5—区段回风石门　6—绞车房　7—回风石门

置甩车场，即为单向甩车场；如在上山两侧均设置甩车场，则为双向甩车场。图 6-21a 所示为设置在顶板绕道的单向甩车场，图 6-21b 所示为上山两侧分别设置甩车道与区段平巷联系的双向甩车场。

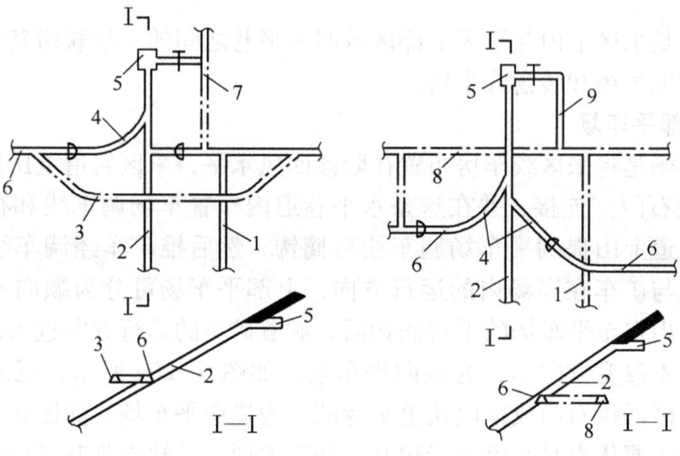

图 6-21　采区上部甩车场

a）单向甩车场　b）双向甩车场

1—运输上山　2—轨道上山　3—绕道　4—甩车场　5—绞车房

6—区段回风石门　7—回风石门　8—总回风道　9—回风通道

上部甩车场使用安全、方便、可靠、效率高，劳动量少，可减少工程量；但绞车房通风不良，有下行风问题。若采区上部是软岩、风化带或采空区，则绞车房维护困难。双向甩车场交岔点断面大，施工困难。一般情况下，对于煤层上山，如果绞车房维护不困难，可以采

用甩车场。为避免交岔点断面大的问题，上山中的两个甩车道口要上下错开一定距离。

［视频链接］..\煤矿视频..\采煤概论 flash\采区车场.swf

（三）采区上部转盘式车场

采区上部转盘式车场就是将上山轨道用一段水平巷道与区段回风平巷（或石门）连接，在水平巷道与区段回风平巷或回风大巷的交叉处设置转盘，将矿车从轨道上山提升到上部平台之后，经转盘将矿车直接转向平巷，如图 6-22 所示。

这种形式的上部车场，其巷道工程量小、调车简单，但体力劳动强度大，车场通过能力小。适合在小型煤矿或生产能力小的采区应用。

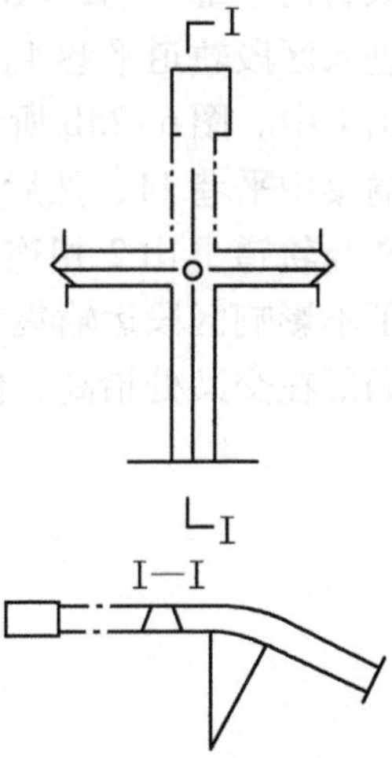

图 6-22　转盘式车场

二、采区中部车场

连接采区上山和区段下部平巷的一组巷道称为采区中部车场。采区中部车场一般为甩车场，无极绳运输时可采用平车场。一个采区由于巷道布置、区段划分的不同，一般要设置多个中部车场。中部车场按甩入地点不同，可分为绕道式、平巷式和石门式三种。

（一）绕道式中部车场

在采区某个区段下部，甩车道线路由上山斜面进入与平巷同一平面后，经顶板绕道到达上山的两翼巷道，即为绕道式中部车场，如图 6-23 所示。

（二）平巷式中部车场

对于薄及中厚煤层采区，一般可将轨道上山布置在煤层中。这时可在采区各区段下部，利用甩车道将由轨道上山提上来的矿车直接甩入区段平巷，并在平巷中设置存车线，这就是甩入平巷式中部车场。同上部甩车场一样，这种甩入平巷式中部车场也有双向甩车场和单向甩车场之分。一般单翼采区宜选择单向甩入平巷式车场；而对于双翼采区，宜选用双向甩入平巷式车场。图 6-24 所示为双向甩入平巷式中部车场。

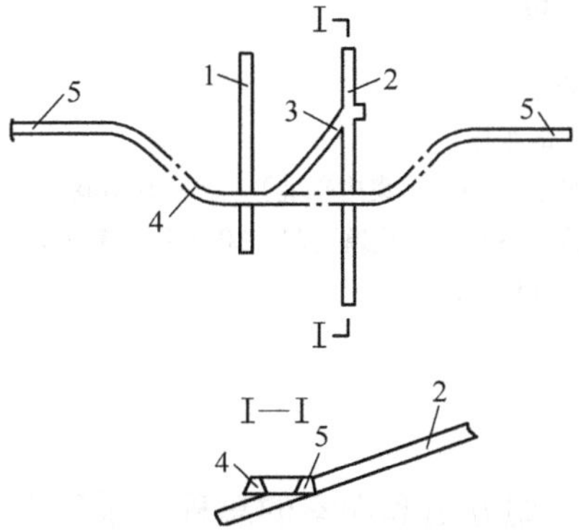

图 6-23　绕道式中部车场

1—运输上山　2—轨道上山　3—甩车道

4—绕道　5—区段轨道平巷

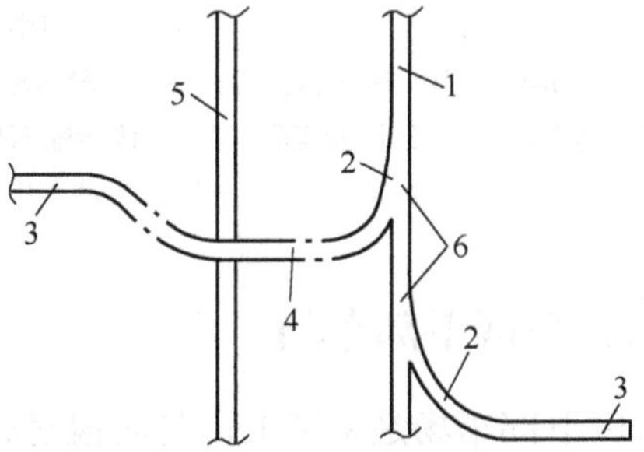

图 6-24　双向甩入平巷式中部车场

1—轨输上山　2—甩车道　3—区段轨道平巷

4—绕道　5—运输上山　6—交叉点

（三）石门式中部车场

煤层群联合布置采区，由于区段石门较长，若在其中能布置车场的存车线和调车线，则可从采区轨道上山利用甩车道直接将矿车甩入石门，即为石门式中部车场。图 6-25a 所示为双石门中部车场，从轨道上山 2 提升上来的矿车，通过甩车道 6 甩入区段轨道石门 9 中，再进入区段轨道平巷 4。各区段运输平巷 3 的煤经区段运输石门 8 和区段溜煤眼 7 溜入运输上山 1 中。图 6-25b 所示为单石门中部车场，煤炭由区段运输平巷 3 经溜煤斜巷 8 进入区段运输集中平巷 11，然后运至区段溜煤眼 7 进入运输上山 1。区段集中平巷 4 通过区段轨道石门 9 与轨道上山 2 相连，区段轨道石门车场 9 和 6 与区段运输集中平巷 11 同高程相连接，为了不影响区段运输集中平巷 11 中带式输送机的运输与从石门 9 来车的通过，可将输送机的局部在交叉处抬高，使矿车从其下方穿过。

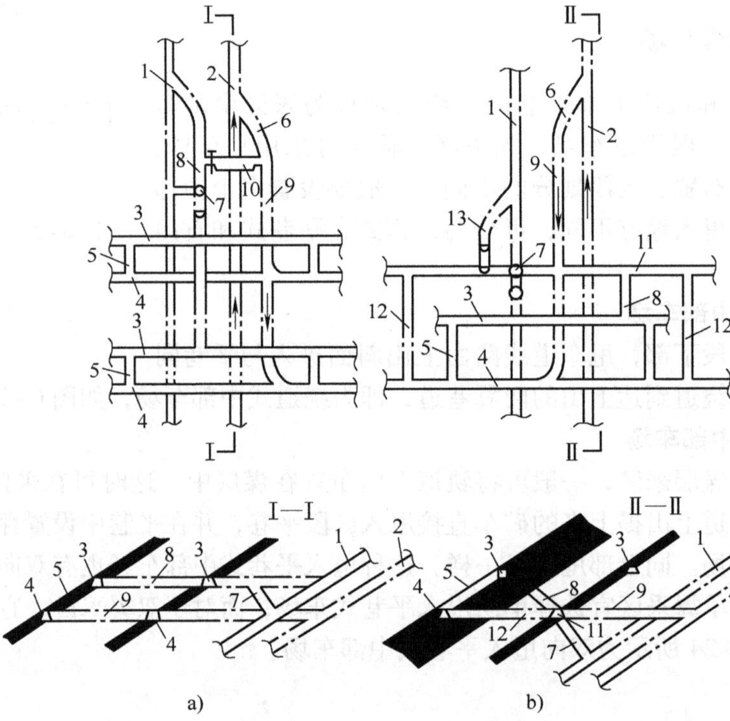

图 6-25　石门式中部车场

a）双石门中部车场　b）单石门中部车场

1—运输上山　2—轨道上山　3—区段运输平巷　4—区段轨道平巷（图 b 为集中平巷）　5—联络巷　6—甩车道　7—区段溜煤眼　8—区段运输石门（图 b 为溜煤斜巷）　9—区段轨道石门　10—采区变电所　11—区段运输集中平巷　12—联络石门　13—人行道

三、采区下部车场

采区下部车场是采区上山与阶段运输大巷相连接的一组巷道和硐室的总称。采区下部车场通常设有装车站、绕道、辅助提升车场和煤仓等。根据装车站的地点不同，可分为大巷装车式、石门装车式和绕道装车式三种形式；按轨道上山的绕道位置不同，又可分为顶板绕道式和底板绕道式两种。

（一）大巷装车式下部车场

采区煤仓的煤炭直接在大巷从采区煤仓装入矿车或输送机。辅助运输由轨道上山，通过顶板绕道或底板绕道与大巷连接。图 6-26a 所示为大巷装车顶板绕道式下部车场。当上山坡坡度大于 12°，上山起坡点落在大巷顶板，且顶板围岩条件较好时，可采用顶板绕道式下部车场。图 6-26b 所示为大巷装车底板绕道式下部车场。当上山坡坡度小于 12°时，上山通常提前下扎，并在大巷底板逐步变平，围岩条件较好，可采用底板绕道式下部车场。

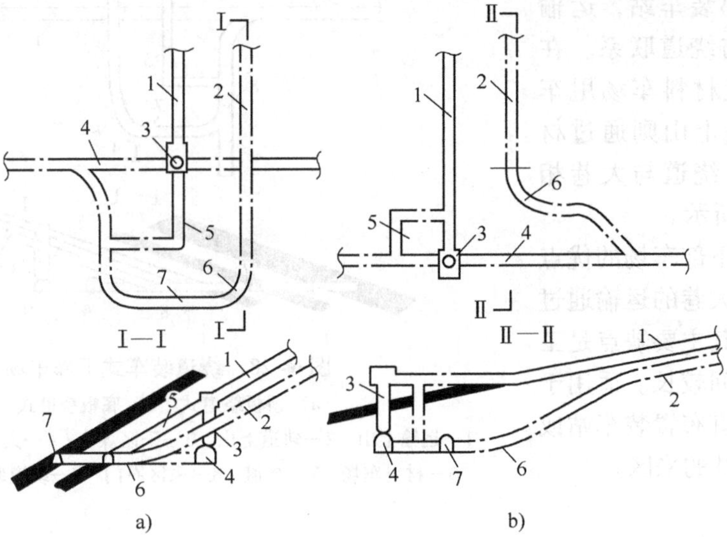

图 6-26　大巷装车式下部车场

a）顶板绕道式　b）底板绕道式

1—运输上山　2—轨道上山　3—采区煤仓　4—大巷　5—人行道　6—材料车场　7—绕道

大巷装车式下部车场的优点是调车方便，线道布置紧凑，工程量少；但巷道维护量大，影响大巷通过能力。

（二）石门装车式下部车场

煤层群联合布置的采区通常具有较长的采区石门。布置下部车场时，通常在下部采区石门内布置装车站，利用绕道将轨道上山与采取石门相连接，如图 6-27 所示。

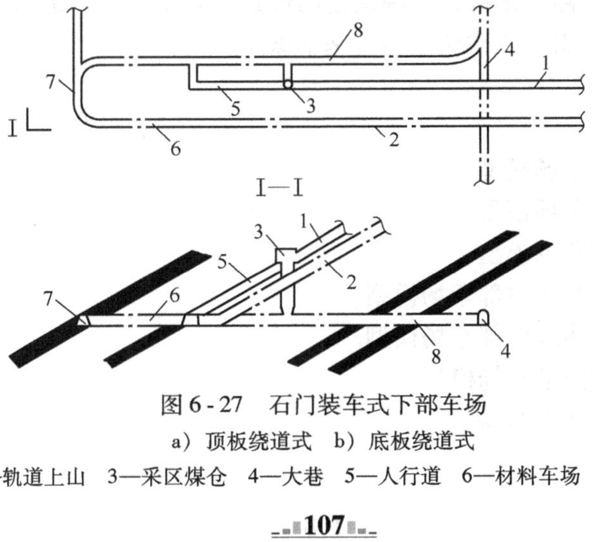

图 6-27　石门装车式下部车场

a）顶板绕道式　b）底板绕道式

1—运输上山　2—轨道上山　3—采区煤仓　4—大巷　5—人行道　6—材料车场　7—绕道　8—采区石门

采区石门装车站下部车场的优点是车场工程量较小，调车方便，通过能力大，装车站和轨道上山下部车场都远离运输大巷，不影响大巷的正常运输。通常应用在煤层群联合布置的采区中。

（三）绕道装车式下部车场

这种形式是在运输大巷的一侧，开掘与大巷相平行的绕道作为采区下部装车站，运输上山通过煤仓与绕道联系。在大巷另一侧布置材料车场甩车道和绕道，轨道上山则通过材料车场甩车道、绕道与大巷相连，如图6-28所示。

绕道装车式下部车场的优点是装车站装煤对大巷的运输通过能力没有影响；其主要缺点是工程量大，调车时间较长。适用于采区石门短，不宜布置装车站或产量高的大型矿井的采区。

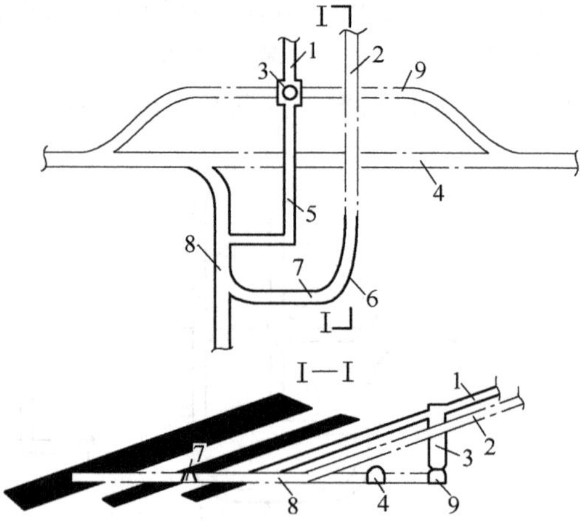

图6-28 绕道装车式下部车场
a）顶板绕道式 b）底板绕道式
1—运输上山 2—轨道上山 3—采区煤仓 4—大巷 5—人行道
6—材料车场 7—绕道 8—采区石门 9—绕道装车站储车线

【知识拓展】

📖 技能训练

模型实训四 采区车场线路模型实训

【实训目标】

通过采区车场布置、车场轨道线路布置实训，掌握采区车场的主要形式、采区车场线路的基本组成、矿井轨道线路的组成；掌握道岔的形式、表示方法，道岔参数等内容；掌握竖曲线、起坡点、一次伪倾斜、二次伪倾斜等基本概念。

【任务描述】

1）大巷装车式下部车场模型。
2）石门装车式下部车场模型。
3）绕道装车式下部车场模型。
4）单道起坡甩入平巷式中部车场模型。
5）双道起坡甩入平巷式中部车场模型。
6）单道变坡上部顺向平车场模型。
7）单道变坡上部逆向平车场。

【任务实施】

一、实训教学过程

1）按轨道线路基础模型（采区下部车场、中部车场、上部车场），将学生分成3~4组。
2）指导教师介绍模型实训的目的、方法、要求和注意事项。
3）各组学生在指导教师的指导下，采用观摩、讨论、绘图等方式进行实训。
4）完成一组实训模型后，小组之间互相交换模型，进行另一组模型实训。
5）指导教师对实训开展情况进行指导和检查。
6）实训结束前，指导教师对实训情况进行总结。

二、实训要求

1）掌握采区上部、中部、下部车场的主要形式及选择方法。
2）掌握采区上部、中部、下部车场的线路组成和参数的确定方法。
3）掌握车场线路布置中，道岔的形式选择和道岔与线路的连接方式。
4）掌握采区车场的调车过程。
5）掌握竖曲线、高低道、自动滚行、一次回转方式、二次回转方式、变坡点等概念。

三、实训注意事项

1）指导教师要维护好实训教学秩序，确保每个学生都能认真地进行实训。
2）实训过程中要爱护模型设施，以免损坏。
3）分组进行观摩时，要避免各组之间的相互干扰。
4）实验结束后，指导教师要对实训教学进行总结和评价。

【任务考评】

实训考核成绩由两部分组成：一是考核学生在实训教学中的态度和独立完成能力（见表6-2），二是考核学生的实训报告书。

表6-2　采区车场线路模型实训检测表

测评项目	应得分值/分	小组自评	小组互评	教师评价	实际得分
态度	20				
独立完成能力	65				
知识拓展	15				
合　计	100				
说　明	对口述部分，语言表达要求顺畅、清晰；教师结合各项表现进行综合考评。				

注：实际得分用分数标出。得分结果包括优秀（>90分）、良好（80~90分）、中等（70~80分）、合格（60~70分）、不合格（<60分）。

【练习】

1）每位学生选择一种形式的采区下部车场、采区中部车场和采区上部车场，对照模型分别画出线路布置图。

2）以大巷装车式底板绕道采区下部车场线路为例，指明线路的组成部分，以及所有道岔连接点及道岔的形式和作用。

3）归纳采区车场的形式分类及各种类型车场的适用条件。

思考与练习

1. 选择题

（1）皮带机适合的角度为（　　）。

A. 小于10°　　B. 小于15°

C. 小于25°　　D. 25°~35°

（2）以下没有绕道的采区车场是（　　）。

A. 采区上部单向甩车场　　B. 转盘式车场

C. 双向甩入平巷式中部车场　　D. 石门装车式下部车场

2. 判断题

（1）在井底车场附近，避难硐室不是巷道。（　　）

（2）沿空留巷就是不需要支护。（　　）

（3）对拉工作面中两个工作面错开的距离不能任意确定。（　　）

（4）采区上部车场、中部车场、下部车场一般各有一个。（　　）

3. 采区准备方式有哪几类？确定采区准备方式时应遵循哪些基本原则？

4. 对照图6-3，分析采区巷道由哪几类巷道组成。简述各巷道的名称、用途、主要技术装备及巷道形式，分析采区运煤、通风、运料等生产系统。

5. 分析区段运输平巷和区段回风平巷在布置上有哪些特点。

6. 比较区段平巷中单巷布置和双巷布置特点。

7. 无煤柱护巷的原理是什么？无煤柱护巷的方法有哪几种？试分析各种方法的特点和适用条件。

8. 什么是对拉工作面？布置对拉工作面时应注意哪些问题？

9. 厚煤层倾斜分层采煤的分层同采和分层分采各有什么特点？

10. 绘图说明厚煤层倾斜分层采煤时，分层平巷的布置方式及适用条件。

11. 试分析区段集中平巷与上山、分层平巷之间的几种联系方式及其适用条件。

12. 采区上部车场有哪几种基本形式？

13. 按甩车地点不同，采区中部车场有哪几种形式？

14. 按装车站地点不同，采区下部车场有哪几种形式？

单元七　近水平煤层长壁采煤法

【学习目标】

📖 知识目标：

1）了解走向长壁与倾斜长壁采煤法的区别。

2）理解采区巷道布置、采煤生产系统等内容。

📖 技能目标：

1）会读不同采煤方法的采区巷道布置图。

2）能够比较不同采煤方法的适用条件。

课题一　近水平煤层走向长壁采煤法采煤系统

【任务描述】

通常把倾角在8°以下的煤层称作近水平煤层。由于煤层倾角小，井田内再划分时就不能再按阶段垂高将其分成阶段，一般是把运输大巷、回风大巷布置在井田倾斜的中央，利用大巷将井田划分成上、下两部分，再在每一部分内划分出若干个盘区（或带区）进行开采。目前，我国开采近水平煤层的主要方法有走向长壁采煤法和倾斜长壁采煤法。

采用走向长壁采煤法开采近水平煤层时，通常采用盘区式开采。

【相关知识】

按照盘区运输上（下）山的布置形式，盘区布置的类型有上（下）山盘区和石门盘区。按照盘区内开采煤层层数的多少和层间距大小，又有单层布置盘区和联合布置盘区等形式。

一、上（下）山盘区

1. 上（下）山盘区单层布置

开采近水平薄及中厚煤层时，可采用上（下）山盘区走向长壁采煤法。一般情况下，将盘区上（下）山布置在围岩条件好的稳定煤层中，两条上（下）山之间相距15～20m，两侧各留20～30m宽的煤柱。由于上（下）山坡度小，故运输上（下）山铺设带式输送机或刮板输送机；轨道上（下）山一般采用绞车牵引的轨道运输，也可采用无极绳轨道运输。轨道上山与大巷之间通常采用材料斜巷联系，材料斜巷一般与大巷平行布置，也可以与大巷垂直布置。

由于煤层倾角小，一般不按煤层底板等高线划分区段，而是将区段布置成规则的矩形。区段平巷均沿中线掘进，两条平巷相互平行，使采煤工作面保持固定长度。盘区内各区段的开采顺序不受限制，可以采用上行或下行开采，也可以实行跳采。

开采单一厚煤层时，盘区上（下）山一般布置在煤层底板岩层中，用溜煤眼和斜巷将区段平巷与盘区上（下）山联系。厚煤层盘区开采，同样有分层分采和分层同采两种方式。

2. 盘区集中上（下）山联合布置

图 7 - 1 所示为煤层群联合布置的上山盘区。盘区内开采两层煤，均为中厚煤层，层间距 10～15m，煤层之间为砂质页岩和砂岩互层，煤层倾角在 5°左右，地质构造简单，瓦斯涌出量不大。

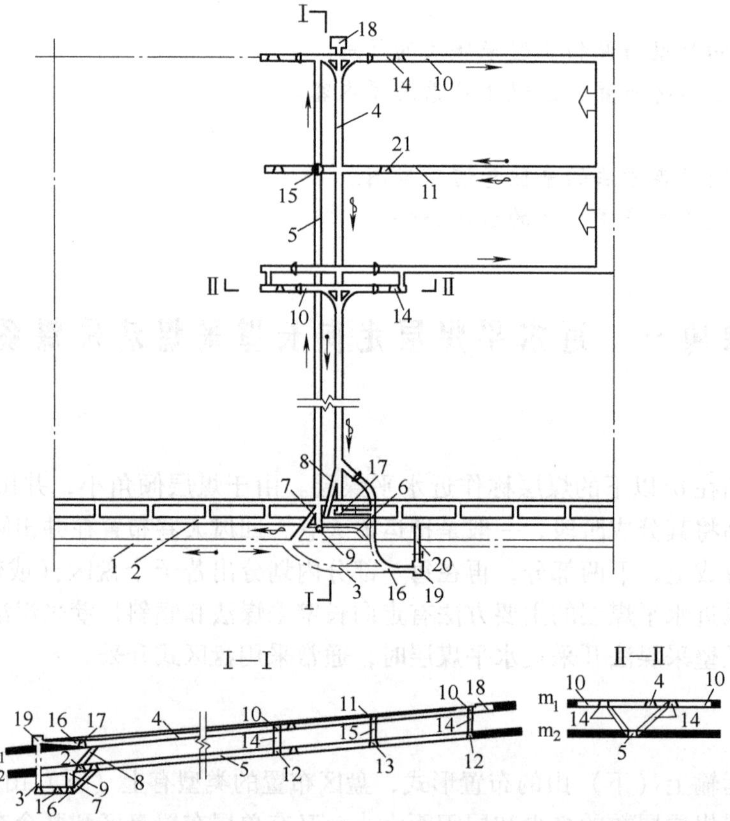

图 7 - 1　盘区集中上山联合布置

1—运输大巷　2—总回风巷　3—盘区材料斜巷　4—盘区轨道上山　5—盘区运输上山　6—下部车场　7—进风斜巷　8—回风斜巷　9—盘区煤仓　10—m_1 煤层区段进风平巷　11—m_1 煤层区段运输平巷　12—m_2 煤层区段进风平巷　13—m_2 煤层区段运输平巷　14—区段材料进风斜巷　15—区段溜煤眼　16—甩车道　17—无极绳绞车房　18—无极绳尾轮硐室　19—盘区材料斜巷绞车房　20—绞车房回风巷　21—下层煤回风眼

（1）盘区巷道布置及掘进顺序　运输大巷 1 布置在 m_2 煤层底板岩层中，在 m_2 煤层中布置总回风巷 2，并布置盘区下部车场 6。自运输大巷 1 开掘与其平行的盘区材料斜巷 3 和甩车道 16，进入 m_1 煤层后，掘进盘区轨道上山 4；同时，从下部车场 6 开掘进风斜巷 7 和盘区煤仓 9，到达 m_2 煤层；再沿 m_2 煤层掘进盘区运输上山 5，开掘回风斜巷 8 连通盘区轨道上山 4 和总回风巷 2。在 m_1 煤层中，从盘区轨道上山 4 分别开掘 m_1 煤层第一、第二区段的进风平巷 10 和运输平巷 11。从盘区运输上山 5 开掘 m_2 煤层区段进风平巷 12 和运输平巷

13，并从平巷12向上掘区段材料斜巷14与m_1煤层区段进风平巷10连通；同时，开掘区段溜煤眼15，将m_1煤层区段运输平巷11与盘区运输上山5连通。当区段平巷掘至盘区边界后即可掘进开切眼，待安装设备之后，工作面即可投入生产。

（2）盘区生产系统

1）运煤系统　m_1煤层工作面采出来的煤炭，经m_1煤层区段运输平巷11运到区段溜煤眼15，然后经m_2煤层中的共用运输上山5，运到盘区煤仓9，在盘区下部车场6装车运出盘区。

2）运料系统　工作面所需的材料和设备，由运输大巷1经盘区材料斜巷3、甩车道16转运到m_1煤层中的盘区轨道上山4；再运到m_1煤层区段进风平巷10，送到m_1煤层采煤工作面。m_2煤层采煤工作面所需材料，则直接由轨道上山4至区段进风平巷到工作面。

3）通风系统　从运输大巷1来的新鲜风流，经进风斜巷7、盘区运输上山5、m_2煤层区段进风平巷12，然后通过两对材料进风斜巷14进入m_1煤层区段进风平巷10，冲洗工作面。污风则经m_1煤层区段运输平巷11、轨道上山4、回风斜巷8进入总回风巷，由风井排至地面。

当开采的近距离煤层群煤层层数较多或为厚煤层时，根据条件可将盘区上（下）山布置在煤层底板岩层中，采用盘区集中上（下）山和区段集中平巷联合布置方式。

二、石门盘区

目前，近水平煤层走向长壁采煤法较广泛地采用盘区石门布置方式，即用盘区石门来代替盘区运输上山，这样布置的盘区称为石门盘区。石门盘区的区段平巷、层间联系方式等与集中上（下）山盘区的布置方式基本相同。下面以近距离煤层群联合布置为例，说明石门盘区的巷道布置方式及其生产系统，如图7-2所示。

（一）盘区巷道布置及掘进顺序

在盘区走向的中部，自运输大巷1开掘盘区石门3（+3‰的坡度）；在煤层群底板岩层中开掘盘区下部车场绕道19；由此沿倾斜向上，在距煤层约10m左右的底板岩层中掘进盘区轨道上山4。在区段上、下边界距m_3煤层底板约8m的岩层中，分别开掘区段运输集中平巷6和区段轨道集中平巷7，区段集中运输平巷6与盘区轨道上山4由材料绕道17连通。从区段集中平巷每隔一定距离（100~150m），分别掘进风行人斜巷10、回风运料斜巷11和区段溜煤眼12，这三种巷道均从集中平巷穿过三个煤层。与此同时，开掘区段煤仓8、变电所21和绞车房20等硐室。然后从距盘区边界最近的进风行人斜巷和回风运料斜巷分别开掘m_1煤层超前运输平巷13、m_1煤层超前回风平巷14及开切眼，待盘区构成完整的巷道系统并安装好设备后，即可在m_1煤层工作面采煤。

当m_1煤层工作面采过靠近盘区的第一个进风行人斜巷和回风运料斜巷之后，即可准备m_2煤层上分层的超前运输平巷15、超前回风平巷16和开切眼，随后在m_2煤层上分层工作面进行采煤。同样，可依次准备出m_2煤层下分层及m_3煤层各分层的采煤工作面。

待第一区段采完之后，及时拆除区段运输集中平巷6内的输送机等设备，铺设轨道作为第二区段的集中回风平巷。

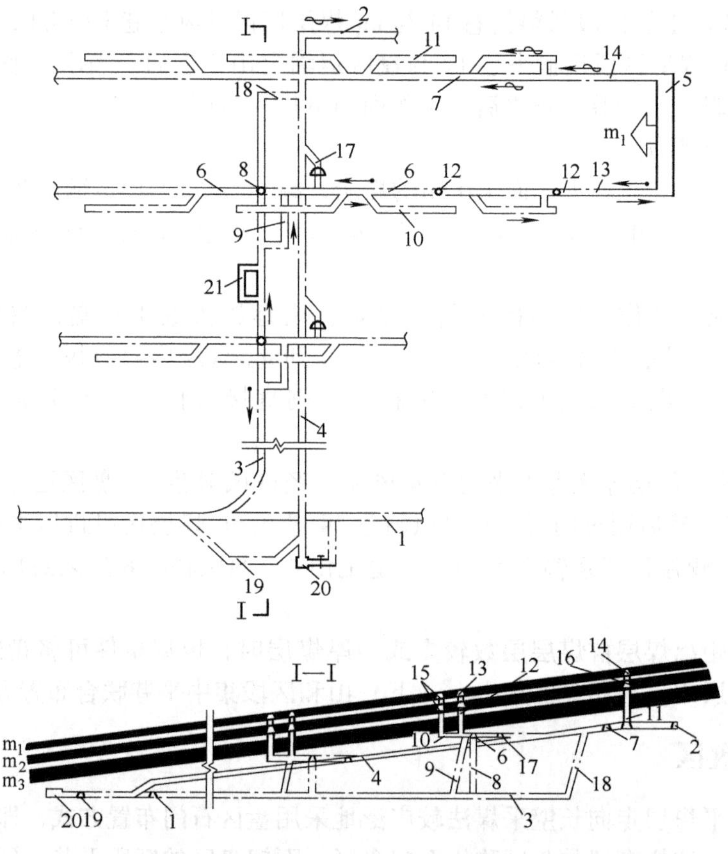

图 7-2　近距离煤层群石门盘区联合布置

1—运输大巷　2—盘区回风大巷　3—盘区石门　4—盘区轨道上山　5—m_1 煤层采煤工作面　6—区段运输集中平巷　7—区段轨道集中平巷　8—区段煤仓　9—进风斜巷　10—进风行人斜巷　11—回风运料斜巷　12—区段溜煤眼　13—m_1 煤层超前运输平巷　14—m_1 煤层超前回风平巷　15—m_2 煤层上分层超前运输平巷　16—m_2 煤层上分层超前回风平巷　17—材料绕道　18—盘区石门尽头回风斜巷　19—车场绕道　20—绞车房　21—变电所

（二）盘区生产系统

1. 运煤系统

各煤层采煤工作面采出的煤炭，由煤层或分层工作面超前运输平巷 13（或 15），经区段溜煤眼 12 到集中运输平巷运至区段煤仓 8，在盘区石门 3 中装车运出盘区。

2. 运料系统

工作面所需的材料和设备，由运输大巷 1 经车场绕道 19、盘区轨道上山 4 运到区段轨道集中平巷 7，然后由回风运料斜巷 11 提升到各煤层（或分层）工作面超前回风平巷 14（或16）再到采煤工作面。

3. 通风系统

新鲜风流从岩石运输大巷 1，经盘区石门 3、进风斜巷 9 进入区段运输集中平巷 6，再经进风行人斜巷 10、各煤层（或分层）超前运输平巷 13（或 15），送到采煤工作面。工作面污风则由煤层（或分层）超前回风平巷 14（或 16），经回风运料斜巷 11 到轨道集中平巷 7，再经轨道上山 4 到盘区回风大巷 2，经风井排到地面。

三、石门盘区与上（下）山盘区的比较及选择

石门盘区布置方式与上（下）山盘区布置方式的差别，主要是将盘区运煤上（下）山的倾斜运输变成了盘区石门的水平运输。

由于盘区石门内可采用电机车运输，减少了盘区和大巷之间的运输环节，运输能力大，有利于提高盘区生产能力和合理集中生产。盘区石门位于煤层底板岩层中，巷道维护条件好。此外，各煤层工作面采出的煤炭通过区段煤仓在石门内装车外运，区段煤仓可起到缓冲和调节运输的作用，有利于工作面的连续生产。这种布置方式的缺点是石门和溜煤眼的岩石掘进工程量大，盘区准备时间长。当煤层倾斜长度大、倾角也大时，石门盘区煤仓的垂高随之增大。

在生产实践中，石门盘区和上（下）山盘区均得到了一定的应用。通常在近水平煤层、埋藏稳定、地质构造简单、煤层储量丰富、技术装备水平高、有一定的岩石巷道施工力量、盘区生产能力较大的大中型矿井，适宜采用盘区石门的布置方式。例如，山西各矿区较多地采用这种布置方式。对煤层储量丰富、技术装备水平较高、盘区生产能力较大的矿井，采用石门盘区布置，从技术及经济方面分析均不合理时，可采用盘区岩石上（下）山布置方式。盘区生产能力较低，技术装备水平不高的小型矿井，一般都采用盘区煤层上（下）山的布置方式。

当盘区倾斜长度大、煤层倾角大，或在盘区有落差较大的走向断层，使煤层上升或下降时，若整个盘区均采用石门布置，则会形成部分煤仓垂高过大，造成技术经济上极不合理的现象，此时可采用盘区石门与盘区上山联合布置的方式，如图 7-3 所示。

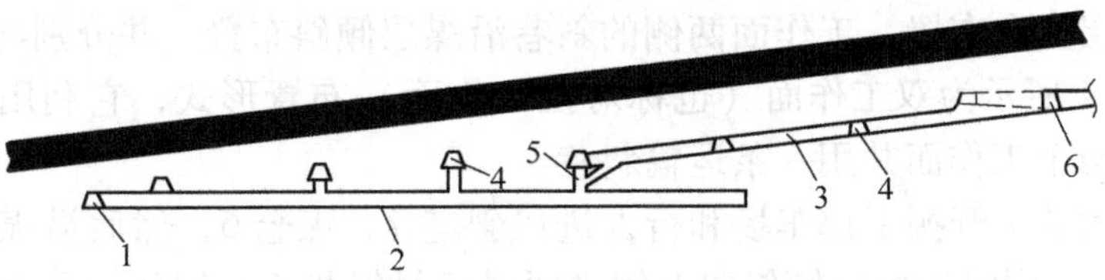

图 7-3　盘区石门与盘区上山联合布置

1—运输大巷　2—盘区石门　3—盘区上山　4—区段集中平巷　5—煤仓　6—回风大巷

与盘区单层布置相比，盘区联合布置具有生产集中、减少巷道掘进工程量、改善巷道维护条件、提高煤炭资源采出率和有利于提高机械化水平等优点。因此在条件适宜时，应优先采用联合布置方式。

课题二　近水平煤层倾斜长壁采煤法采煤系统

【任务描述】

近水平煤层井田内再划分，是将井田按照上、下两部分划分成几个带区，每个带区又分成若干个倾斜分带，每个分带内布置一个采煤工作面进行开采。采煤工作面沿煤层走向布置，沿煤层倾斜向上或向下推进的采煤法称为倾斜长壁采煤法。工作面自下而上推进采煤的为仰斜开采，工作面自上向下推进的为俯斜开采。

【相关知识】

一、单一薄及中厚煤层倾斜长壁采煤法的巷道布置

单一薄及中厚煤层倾斜长壁采煤法的巷道系统比较简单，如图7-4所示。

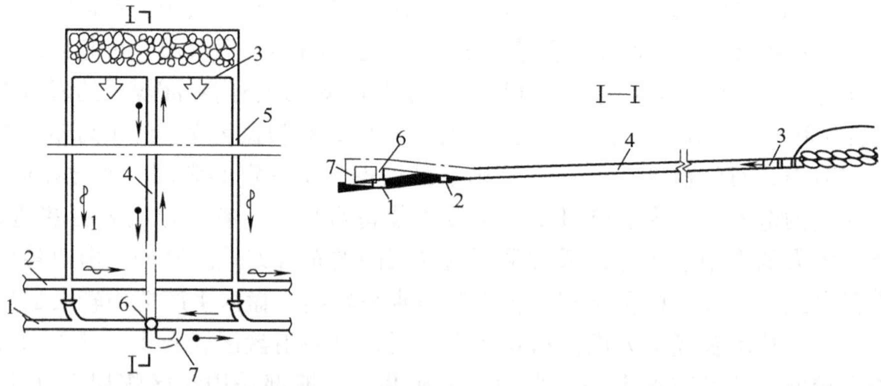

图7-4　单一薄及中厚煤层倾斜长壁采煤法（俯斜推进）巷道布置
1—水平运输大巷　2—水平回风大巷　3—采煤工作面　4—工作面运输斜巷
5—工作面回风斜巷　6—煤仓　7—进风行人斜巷

（一）巷道布置及掘进顺序

工作面沿煤层走向布置，工作面两侧的斜巷沿煤层倾斜布置，并分别与运输大巷和回风大巷连接。图7-4所示为双工作面（也称对拉工作面）布置形式，它利用三条工作面斜巷开采两个分带，两个工作面共用一条运输斜巷。

从水平运输大巷1开掘下部车场和行人进风斜巷7、煤仓6，然后沿煤层倾斜向上掘进工作面运输斜巷4，同时沿煤层倾斜向上掘进回风运料斜巷5与回风大巷2连通，将这些回采巷道掘至井田上部边界后，即可掘进开切眼布置采煤工作面。

倾斜长壁采煤工作面的长度一般为100~150m，最大可达到200m以上，工作面推进距离为1000~1500m。在运输斜巷中通常铺设刮板输送机或可伸缩带式输送机运送煤炭，在回风斜巷内通常铺设轨道，用无极绳绞车运送材料和设备。

（二）生产系统

1. 运煤系统

采煤工作面采出的煤炭，经运输斜巷4运至煤仓6，然后在水平运输大巷1装车运出。

2. 运料系统

工作面所需的材料和设备，从水平运输大巷1运至下部车场，经回风斜巷5运到采煤工作面。

3. 通风系统

采煤工作面所需要的新鲜风流，从水平运输大巷1经进风行人斜巷7，通过运输斜巷4输送到采煤工作面。冲洗工作面后的污风，经回风斜巷5到回风大巷2，从风井排出。

掘进工作面的通风，新风经设置在运输大巷的局部通风机及风筒送到掘进工作面。掘进工作面的污风，直接从巷道排到回风大巷。

二、煤层群倾斜长壁采煤法的巷道布置

倾斜长壁采煤法开采煤层群时，同样有单层布置和联合布置两种方式。对于层间距较大的煤层群，可在各个煤层中布置带区（或分带）独立开采，其巷道布置、生产系统与单一煤层倾斜长壁采煤法基本相同。对于近距离煤层群，一般采用多煤层联合布置的开采方式。图7-5所示为近距离煤层群倾斜长壁采煤法联合布置的巷道系统图。

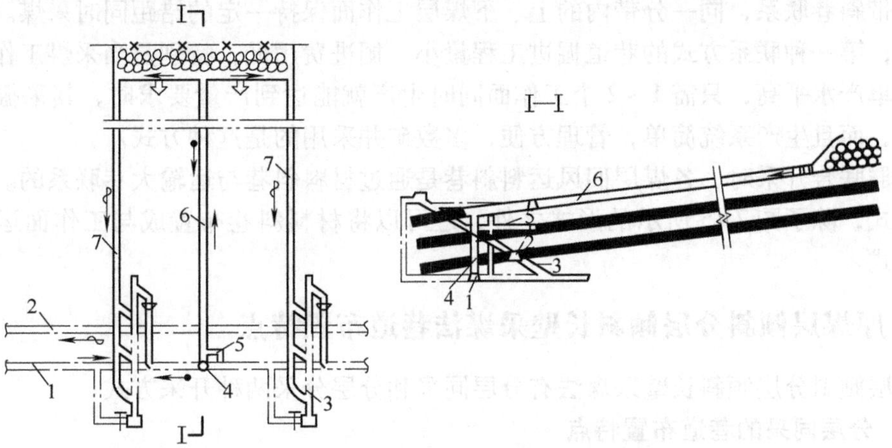

图7-5　近距离煤层群倾斜长壁采煤法联合布置巷道系统图

1—水平运输大巷　2—水平回风大巷　3—运料斜巷　4—煤仓　5—行人进风斜巷　6—分带运输斜巷　7—分带回风斜巷

（一）巷道布置及掘进顺序

运输大巷和回风大巷布置在煤层群最下一层薄及中厚煤层之中，或布置在最下一层煤层底板岩层中。从水平运输大巷1布置一条运料斜巷3与各层煤的分带回风斜巷7联系，并使运料斜巷3与水平回风大巷2连通，各煤层分带运输斜巷6与水平运输大巷1是通过煤仓4和行人进风斜巷5联系的。

掘进顺序是从水平运输大巷1掘进到达各煤层的煤仓4及行人进风斜巷5，同时从水平运输大巷1开掘材料车场和运料斜巷3穿过各煤层，掘出材料斜巷3的绞车房和甩车道。沿倾斜向上开掘第一层煤层的分带运输斜巷6和分带回风斜巷7直至上部边界，掘出开切眼。

在最上层煤工作面生产的同时，应及时准备出下层煤的回采巷道，以保证工作面的正常接替。

（二）生产系统

1. 运煤系统

各层煤采煤工作面采出的煤炭，经分带运输斜巷6运到煤仓4，在运输大巷中装车运出。

2. 运料系统

各层煤工作面所需的材料、设备，从水平运输大巷1到运料斜巷3下部车场，再通过绞车提升到上部甩车场，经分带回风斜巷7送到各层采煤工作面。

［视频链接］..\煤矿视频..\综采视频\长壁采煤法.swf

3. 通风系统

新鲜风流由水平运输大巷1，经行人进风斜巷5、分带运输斜巷6进入各层煤采煤工作面。

冲洗工作面后的污风，则通过分带回风斜巷7到运料斜巷3，经水平回风大巷2由风井排出。

（三）分带平巷与大巷的联系方式

近距离煤层群倾斜长壁采煤法联合布置，各煤层的分带平巷与运输大巷有两种联系形式：一种是在大巷装车站附近掘出一组煤仓和运料斜巷，与各煤层的回采巷道联系，同一分带内采完上层煤之后再掘进准备下层煤的工作面，如图7-5所示；另一种是在煤层底板岩石中掘出共用的分带集中斜巷，再由分带集中斜巷每隔一定距离掘出一条联络斜巷或溜煤眼与各层分带斜巷联系，同一分带内的上、下煤层工作面保持一定的错距同时采煤。

显然，第一种联系方式的巷道掘进工程量小、掘进费用低，特别是当采煤工作面机械化程度高、单产水平高，只需1~2个工作面同时生产就能达到产量要求时，其采掘接替关系比较缓和，而且生产系统简单，管理方便，多数矿井采用的是这种方式。

煤层群联合开采时，各煤层回风运料斜巷是通过材料斜巷与运输大巷联系的。材料斜巷的布置形式，除了图7-5所示的形式之外，还可以将材料斜巷布置成与工作面运料斜巷相平行的形式。

三、厚煤层倾斜分层倾斜长壁采煤法巷道布置特点

厚煤层倾斜分层倾斜长壁采煤法有分层同采和分层分采两种开采方式。

（一）分层同采的巷道布置特点

分层同采时，需要在每一个分带布置运输集中斜巷和回风集中斜巷。分带集中斜巷为该带区范围内的所有分层开采服务。从分带运输集中斜巷，每隔一定的距离向各分层开掘进风行人斜巷、溜煤眼，与分层运输斜巷贯通。同样，从分带回风集中斜巷每隔一定的距离掘进运料斜巷（兼作回风斜巷），同各分层回风斜巷连接。各分层的运输斜巷、回风斜巷，在保持有两条斜巷与集中斜巷连接的前提下，超前于采煤工作面一定距离随采随掘，即采用超前斜巷的方式。

第一分层工作面采过去一定的距离之后，就可以掘进第二分层工作面的超前运输和超前回风斜巷。上、下分层工作面错开一定的距离同采。

厚煤层倾斜长壁分层同采的优点是同时生产的工作面个数多，带区生产能力大，生产集中。但是，分层同采需要掘进大量岩石巷道，巷道工程量大，生产系统复杂，占用的运输设备多。特别是上、下分层同采时相互之间的干扰比较大，分层工作面的采煤与分层平巷的超前掘进相互干扰大。

（二）分层分采的巷道布置特点

厚煤层倾斜长壁分层分采不需要布置分带运输集中斜巷和回风集中斜巷，其巷道布置与单一煤层倾斜长壁采煤法相似。

厚煤层分层分采时，在同一分带内采完上分层后，要等待上分层采空区垮落稳定（3~4个月时间）之后，才能掘进下分层的斜巷和开切眼。这样，在同一分带内的上、下分层不能连续接替开采，采煤工作面只能在上分层采完之后，再搬迁到邻近分带去采煤。为了保证工作面的正常接替，需要安排好分带和分层之间的采掘接替顺序。

四、倾斜长壁采煤法采煤系统分析

（一）采煤工作面布置形式

倾斜长壁采煤法的工作面可以布置成单工作面，也可以布置成双工作面。

单工作面布置的特点是每一个采煤工作面有两条回采巷道，一条为运煤和进风的运输斜巷，另一条为运料和回风的回风斜巷。分带之间可采用留煤柱的方法护巷，也可采用无煤柱护巷法。采用煤柱护巷时，在相邻分带之间留 8～15m 宽的煤柱。采用无煤柱护巷时，一般沿空掘进回风斜巷，或者将相邻分带回采后的回风斜巷保留维护住，作为下一个分带的沿空留巷。

双工作面布置的特点是两个工作面布置三条回采巷道，其中，中间的一条巷道为两个工作面共用的运输斜巷，两侧的巷道为各自工作面的运料和回风斜巷。

倾斜长壁采煤工作面沿煤层大致走向布置，工作面两个端头的高程差较小，工作面不存在向下运输和向上运输问题。因此，倾斜长壁采煤法双工作面布置时，两个工作面的长度可以等长。工作面风流不存在上、下行风问题，工作面的通风状况良好。双工作面布置形式减少了一条分带运煤斜巷及其联络巷道，减少了巷道掘进工程量，节省了一套运输设备，生产比较集中。所以，在顶板条件较好的薄及中厚煤层，特别是采用爆破采煤或普通机械化采煤工艺时，一般都采用双工作面布置形式。

（二）采煤工作面推进方向

如前所述，倾斜长壁采煤法按工作面推进方向不同，有俯斜开采和仰斜开采两种。当煤质坚硬或顶板淋水较大时，宜采用仰斜开采；当煤层厚度较大，煤质松软容易片帮或瓦斯含量较大时，宜采用俯斜开采。对于倾角很小的近水平薄及中厚煤层，在煤层顶板和地质条件较好的情况下，在大巷上方的煤层采用俯斜开采，而在大巷下方的煤层采用仰斜开采。

采煤工作面的开采顺序，按工作面推进方向有前进式、后退式和混合式三种。

1. 前进式

采煤工作面从大巷附近向上（下）部边界推进，其运输巷道和回风巷道随工作面推进而向前掘进且采后沿空留巷，为前进式开采，如图 7-6 所示。这种开采顺序的优点是工作面准备期短，出煤早。其缺点是在采空区维护巷道技术复杂、维护费用高；工作面通风系统漏风多，而且采空区瓦斯涌到工作面风流中，加大了采空区遗煤的自然发火危险；工作面采煤和巷道掘进同时进行，相互干扰大，生产和组织管理工作复杂；此外，也难以掌握前方煤层的变化情况。这种方式在我国应用较少。

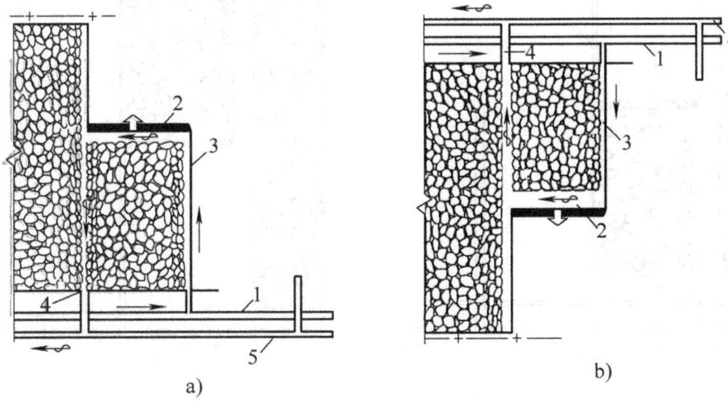

图 7-6　前进式开采

1—水平运输大巷　2—采煤工作面　3—分带运输斜巷　4—分带回风斜巷　5—水平回风大巷

2. 后退式

采煤工作面由上（下）部边界向大巷方向推进，分带运输斜巷和田风斜巷在工作面采煤前就预先掘出，采空区后方的斜巷则垮落报废，这种采煤方式称为后退式开采，如图 7-7 所示。后退式开采的优点和缺点与前进式恰好相反。后退式开采方式在我国应用较为广泛。

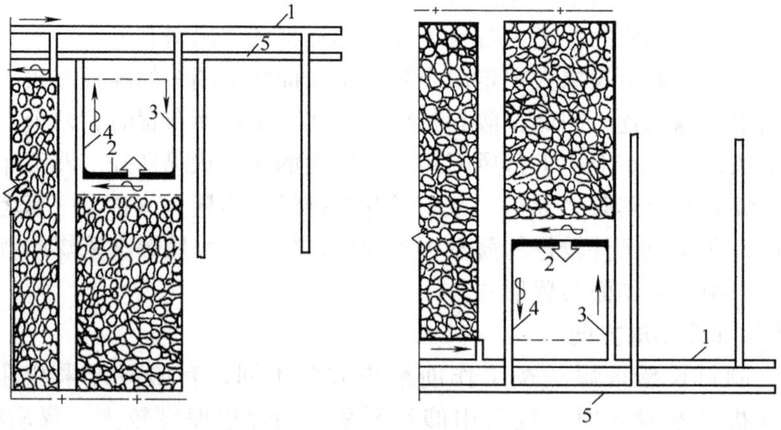

图 7-7　后退式开采

1—水平运输大巷　2—采煤工作面　3—分带运输斜巷　4—分带回风斜巷　5—水平回风大巷

3. 混合式

当运输大巷和回风大巷分别位于分带的上部和下部边界时，两条分带斜巷中的一条需先掘出，另一条则需要随着工作面的推进随采随掘（也可以一次掘出全长），且采后要沿空留巷。这种方式是既有前进式的特点，又有后退式的特点，称为混合式开采煤，如图 7-8 所示。混合式开采可采用一个分带为仰斜采煤，邻近分带则为俯斜采煤的往复式开采，如图 7-9所示。

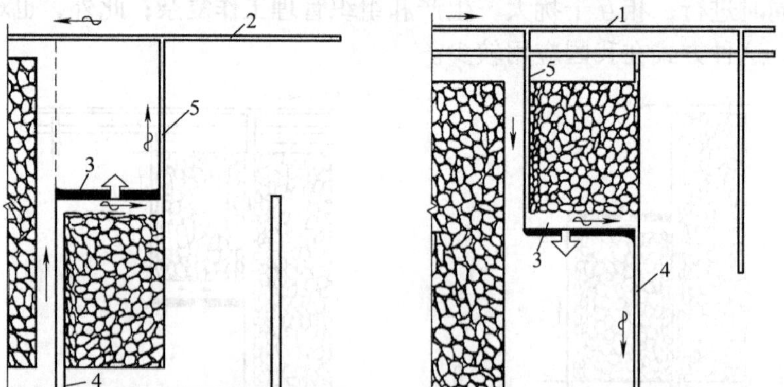

图 7-8　混合式开采

1—运输大巷　2—回风大巷　3—采煤工作面　4—分带运输斜巷　5—分带回风斜巷

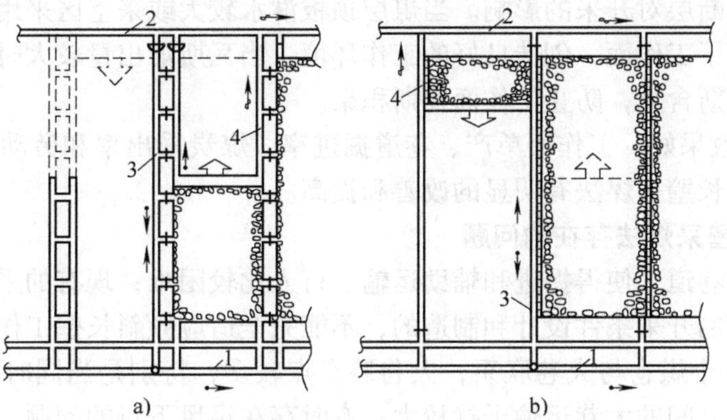

图 7-9 往复式开采

a）分带之间留设煤柱 b）分带之间无煤柱

1—运输大巷 2—回风大巷 3—分带运输斜巷 4—分带回风斜巷

（三）辅助运输方式

倾斜长壁采煤法取消了采区（或盘区）上（下）山（或盘区石门），分带斜巷通过联络巷道直接与运输大巷、回风大巷连接，运输系统少了一个环节，但分带斜巷一般都比较长，辅助运输比较困难。当前，不少矿井按照运输能力和煤层倾角的大小，采用多台小绞车串联运输方式或无极绳运输方式。但这种方式的工人劳动强度大，容易发生脱钩跑车等事故，技术经济效果也比较差。为了发挥倾斜长壁采煤法技术和经济上的优越性，提高生产率，实现安全生产，目前一些矿井采用了单轨吊、卡轨车和齿轨车等运输设备。这些辅助运输设备具有技术先进、运输系统简单、运输能力大、运输距离长和实现安全运输等优点，提高了采煤工作面辅助运输的机械化水平。

五、倾斜长壁采煤法的优、缺点和适用范围

（一）倾斜长壁采煤法的优点

在地质条件适宜的煤层中，采用倾斜长壁采煤法比采用走向长壁采煤法具有以下优点：

1）巷道布置简单，巷道掘进和维护费用低，准备时间短、投产快。由于取消了采区上（下）山等一些准备巷道，使得巷道工程量减少了15%左右。当井底车场和少量水平大巷工程完毕后，就可以很快地准备出采煤工作面投入生产。在生产期间，由于减少了巷道工程量，工作面接续也比较容易掌握。同时，还减少了巷道维护工程量和维护费用。

2）运输系统简单，占用设备少，运输费用低。采煤工作面生产的煤炭，经分带运输斜巷、煤仓直接到达运输大巷，运输环节少、系统简单，运输设备和辅助人员可以减少30% ~40%。

3）由于倾斜长壁采煤法工作面的回采巷道可以沿煤层掘进，且能够保持固定方向，可保持采煤工作面的长度不变，给工作面创造了优良的开采技术条件，有利于实现综合机械化采煤。

4）通风路线短，风流方向转折变化少，减少了风桥、风门等通风构筑物，漏风少、通风效果好。

5）对地质条件的适应性较强。当采煤工作面的倾斜和斜交断层比较发育时，布置倾斜

长壁工作面可减少断层对开采的影响。当煤层顶板淋水较大或采空区采用注浆防火时，采用仰斜开采有利于疏干工作面，创造良好的工作环境。当瓦斯涌出量较大时，采用俯斜开采有利于减少工作面瓦斯含量，防止工作面瓦斯积聚。

6）技术经济效果好，工作面单产、巷道掘进率、煤炭采出率和劳动生产率、吨煤成本等指标，都比走向长壁采煤法有明显的改善和提高。

（二）倾斜长壁采煤法存在的问题

长距离的倾斜巷道，使得掘进和辅助运输、行人比较困难；现有的采煤工作面设备都是按走向长壁工作面的开采条件设计和制造的，不能完全适应倾斜长壁工作面的生产要求；每2~4个分带布置一个煤仓与大巷联系，大巷装车点较多，特别是当同时开采的工作面数目较多时，相邻分带之间的大巷运输干扰较大；有时存在污风下行的问题。

这些问题，在采取相应措施后可逐步得到解决。例如，采用先进的辅助运输设备，改善工作面运料的不便；改进现有工作面设备，以适应工作面倾斜推进和较大倾角的需要；加强通风管理，加强对瓦斯的检查，消除污风下行的不利影响等。

（三）倾斜长壁采煤法的适用条件

1）倾斜长壁采煤法一般应用于煤层倾角小于12°的煤层。煤层倾角越小越有利。

2）当对采煤工作面设备采用有效的技术措施之后，倾斜长壁采煤法可用于倾角为12°~17°的煤层。

3）对于倾斜或斜交断层比较发育的煤层，在能大致划分成比较规则带区的情况下，可采用倾斜长壁采煤法或伪斜长壁采煤法。

4）对于不同开采深度、顶底板岩石性质及其稳定性、矿井瓦斯涌出量和矿井涌水量的条件，均可采用倾斜长壁采煤法。

由于倾斜长壁采煤法具有诸多优点，因此在条件适宜的情况下，应优先考虑采用倾斜长壁采煤法。

思考与练习

一、技能练习题

1. 绘出近水平煤层群上山盘区联合开采巷道布置平面、剖面图，注明巷道名称并分析盘区生产系统。

2. 绘图并分析说明近水平煤层群煤层上山石门盘区联合开采的巷道系统。

3. 某煤层的平均厚度为4.5m，平均倾角为6°，煤层顶板岩石为中等稳定的砂质页岩与页岩互层，底板岩石为砂页岩，煤层瓦斯含量小，自然发火期较长，顶板淋水较大。水平运输大巷和回风大巷均布置在带区上部边界，距煤层底板20m的岩层中。每个分带的走向长度为1350m，倾斜长度为980m，综合机械化采煤（或为普通机械化采煤）。

（1）根据上述地质条件和开采技术条件，分析拟出不少于两套巷道布置方案图，并分别阐述巷道布置方法和生产系统。

（2）对所拟的两套方案进行简要的技术评价。

二、知识练习题

1. 选择题

以下可以布置对拉工作面的是（　　）采煤法。

A. 走向长壁　　B. 放顶煤　　C. 倾斜长壁

2. 判断题

(1) 采用近水平煤层走向长壁采煤法时，可以不用盘区车场。 ( )

(2) 对于倾斜长壁采煤法，当煤质坚硬、顶板淋水较大或采空区采用注浆防火时，宜采用仰斜开采。 ( )

(3) 倾斜长壁采煤法采用双工作面布置时，两个工作面的长度可以等长。 ( )

3. 试述石门盘区与上山盘区在巷道布置上的优、缺点和适用条件。

4. 试述倾斜长壁采煤法的主要特点，分析这种采煤法的优、缺点及适用条件。

5. 倾斜长壁采煤工作面有哪些工艺特点？仰斜开采和俯斜开采时，各应注意哪些问题？

6. 试述采用倾斜长壁采煤法开采厚煤层时，上、下分层的运输和回风斜巷布置形式。

7. 试分析采用倾斜长壁采煤法分煤层依次开采煤层群时，各煤层的行人运料斜巷应如何布置，绘图说明。

单元八 长壁采煤法采煤工艺

【学习目标】

📖 知识目标：

1）明确采煤工艺的工艺过程。

2）明确炮采、普采、综采采煤工艺的区别。

3）认识炮采、普采、综采采煤工艺各工序的操作内容。

📖 技能目标：

1）掌握炮采打眼、装药、连线的方法。

2）能够完成采煤工艺模型实训。

在学习采煤方法的基础上，进一步认识生产煤炭的过程，即采煤工艺。采煤工艺的工序包括破煤、装煤、运煤、支护和处理采空区，涵盖了煤矿生产的主要方面。

目前，我国长壁采煤工作面主要采用爆破采煤、普通机械化采煤和综合机械化采煤三种采煤工艺方式。

1. 爆破采煤

爆破采煤工艺，简称炮采，其特点是爆破落煤、爆破及人工装煤、机械化运煤、用单体支柱支护工作空间顶板。随着技术装备的发展，我国炮采工艺经历了三个主要发展阶段：建国初期，推行长壁采煤工艺，工作面采用拆移式刮板输送机运煤、木支柱支护顶板，生产率很低，工作极为繁重，劳动条件差；20世纪60年代中期开始，采用能力较大、能整体前移的可弯曲刮板输送机运煤，用摩擦式金属支柱和铰接顶梁支护顶板，使工作面单产和效率有较大提高，劳动强度有所降低；进入20世纪80年代，炮采工作面的装备和技术手段更新速度加快，用防止炮崩单体液压支柱代替摩擦式金属支柱，工作空间顶板得到了有效控制，生产更加安全，支护工作效率提高，而且工作面输送机装上铲煤板和可移动挡煤板，使80%～90%的煤在爆破和推移输送机时自行装入输送机。

2. 普通机械化采煤

普通机械化采煤工艺，简称普采，其特点是用采煤机械同时完成落煤和装煤工序，而运煤、顶板支护和采空区处理与炮采工艺基本相同。20世纪50年代，我国曾采用深截式采煤机（截深为1.5～1.6m）落煤和装煤、拆移式刮板输送机运煤、木支柱支护顶板。由于顶板悬露面积大且得不到及时支护，其单产和效率低，安全生产条件差，这种技术装备已被淘汰。20世纪60年代以来，普遍采用了浅截式（截深0.6～1.0m）采煤机械。

3. 综合机械化采煤

综合机械化采煤工艺，简称综采，即破、装、运、支、处五个主要生产工序全部实现机械化，是目前最先进的采煤工艺。世界先进的煤炭生产国，凡以长壁开采为主的都已全部或大部分实现了综合机械化采煤。

我国国有重点煤矿的机械化采煤发展较快，到2002年底，采煤机械化程度已经达到77.78%，其中综采程度达62.98%。地方煤矿的机械化采煤也有了一定发展。

各类采煤工艺类型及其平均指标见表8-1。

表8-1　2000年国有重点煤矿采煤工艺类型及其平均指标

工艺类型	回采产量/t	产量构成比（%）	工作面平均指标					
			个数/（个/月）	总长度/（m/月）	工作面长度/（m/个）	月进度/（m/个）	月产量/（t/月）	回采工效/（t/工）
合　计	408599190	100.00	1299.30	162255	128.84	54.74	27038	11.472
一、机采面合计	304140662	74.43	543.65	78133	143.72	77.21	46621	18.139
1. 综采面小计	231794863	56.73	265.70	42065	158.31	89.43	72699	31.221
2. 普采面小计	67179027	16.44	260.03	35633	137.02	61.14	21529	7.510
（1）液压支柱面	64029239	15.67	233.77	32869	140.60	61.92	22825	7.738
（2）摩擦支柱面	3149788	0.77	26.26	2764	105.29	51.90	9997	4.699
3. 水采面小计	5166772	1.26	17.91	435	24.27	212.72	24035	12.977
二、非机采面合计	104458527	25.57	715.69	84124	117.54	33.87	12163	5.542
1. 炮采机装小计	4887601	1.20	22.60	1733	76.69	44.65	18022	8.499
2. 爆破采煤小计	93757240	22.95	608.10	76494	125.79	33.91	12848	5.432
3. 其他小计	5813686	1.42	84.99	5897	69.38	30.26	5701	5.726

课题一　爆破采煤工艺

【任务描述】

爆破采煤的工艺过程包括打眼、爆破落煤和装煤、人工装煤、刮板输送机运煤、移置输送机、人工支护和回柱放顶等工序。

【相关知识】

一、爆破落煤

爆破落煤包括打眼、装药、填炮泥、联炮线等工序，即用煤电钻向煤壁钻炮眼，然后在炮眼内装炸药、联线，爆破时通过炮眼药包中电雷管的起爆，使炸药爆炸，将煤炭从煤壁崩落下来。

由于钻眼爆破是炮采工艺中的首道工序，钻眼爆破效果的好坏直接影响着后续工序的工作量、工作难度和安全。因此，爆破落煤要求保证规定进度、工作面平直，不留顶煤和底煤，不破坏顶板，不崩倒支柱和不崩翻工作面输送机，而且崩落煤炭高度和块度适中，尽量降低电雷管和炸药消耗。要根据煤层的强度、厚度、节理和裂隙的发育状况及顶板条件，正确选择钻眼爆破参数，包括炮眼排列、角度、深度、装药量、一次起爆的炮眼数量及爆破次序等。根据爆破落煤所用电雷管不同，可分为瞬发雷管爆破和毫秒雷管爆破两种。不同电雷管爆破落煤，所产生的爆破效果和所需的爆破参数也不同，现分别叙述如下。

（一）瞬发电雷管爆破

1. 炮眼布置

一般常用的炮眼布置方法有以下三种。

（1）单排眼　一般用于薄煤层或软质煤、节理发育的中厚煤层，如图 8-1a 所示。

（2）双排眼　双排眼的布置形式有对眼、三花眼和三角眼等，一般适用于采高较小的中厚煤层。煤质中硬时可用对眼，煤质软时可用三花眼，煤层上部煤质软或顶板较破碎时可用三角眼，如图 8-1b 所示。

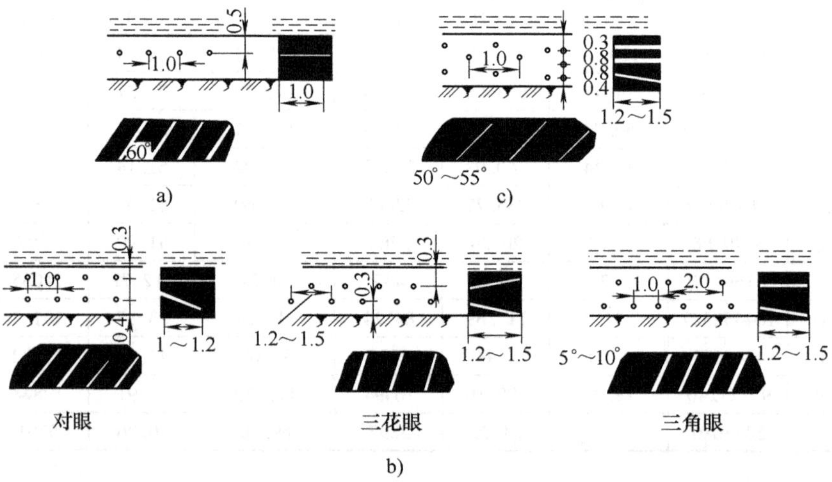

图 8-1　炮眼布置图（单位：m）
a）单排眼　b）双排眼　c）三排眼

（3）三排眼　三排眼也称五花眼，用于煤质坚硬或采高较大的中厚煤层，如图 8-1c 所示。

2. 炮眼角度

炮眼角度应满足下列要求：

1）炮眼与煤壁的水平夹角一般为 50°～80°，软煤取大值，硬煤取小值。为了不崩倒支架，应使水平方向的最小抵抗线朝向两柱之间的空档。

2）顶眼在垂直面上向顶板方向仰起 5°～10°，要视煤质软硬和煤层粘顶情况而定，应保证不破坏顶板的完整性。

3）底眼在垂直面上向底板方向保持 10°～20°的俯角，眼底接近底板，以不丢底煤和不崩翻输送机为原则。

3. 炮眼深度

炮眼深度根据每次进度而定。一般每次进度有 0.8m、1.0m 和 1.2m 三种，与单体支架顶梁的长度相适应。每个炮眼的装药量根据煤质软硬、炮眼位置和深度以及爆破次序而定，通常为 150～600g。

4. 联线方法

爆破采用串联法联线，一般将可弯曲刮板输送机移近煤壁。每次起爆的炮眼数目，应根据顶板稳定性、输送机起动及运输能力、工作面安全情况而定。条件好时，可同时起爆数十个炮眼；如果条件差，顶板不稳定，则每次只能爆破几个眼，甚至需要采用留煤垛间隔爆破的办法。

（二）毫秒电雷管爆破

近年来推广毫秒电雷管爆破技术，使炮采工艺发生了重大变化，从使用瞬发电雷管分段

（次）爆破，发展到使用毫秒爆破一次多发炮，顶板振动次数减少，在极短时间内爆破产生的振波因互相干扰而消减，从而减轻了对顶板的振动，有利于顶板的管理；同时，毫秒爆破有利于提高爆破装煤量，缩短爆破时间，提高炮采工作面的单产和效率。在炮采工作面应用毫秒爆破技术时，使用的爆破器材、炮眼布置、爆破技术参数、安全技术措施等均与瞬发雷管不同。

1. 爆破器材

（1）炸药　根据矿井的瓦斯等级而定：低瓦斯矿井选用二级煤矿许用炸药；高瓦斯矿井选用三级煤矿许用炸药；有煤与瓦斯突出危险工作面选用三级煤矿含水炸药。

（2）毫秒雷管　选用1~5段合格的煤矿许用毫秒雷管，桥丝为镍铬丝、铁脚线，电阻一般为5.5~6.0Ω。

［视频链接］..\煤矿视频..\采煤方法\掘进\煤矿安全.swf

（3）其他器材　发爆器采用最大起爆能力为50~100发的MFB-50A或MFB-100A型。

2. 炮眼间距、深度与角度

炮眼布置原则一般是根据采高、推进度、煤的硬度、裂隙节理与顶底板岩石性质及有无夹矸等而定。采高小于1.6m时，采用三花眼布置；采高超过2m时，采用五花眼布置；采高在1.6~2m之间时，视煤质软硬而定。煤质较软，$f=1\sim1.5$，按三花眼布置；煤质较硬，$f\geqslant1.5$，按五花眼布置。

炮眼深度视推进度而定，一般为0.8~1.25m；炮眼角度在垂直煤壁的立面上，一般仰角为2°~3°，最大为5°~8°（顶板破碎时打平眼），俯角一般为5°~10°，最大不超过15°，如图8-2所示。炮眼与煤层的水平夹角一般为55°~80°（煤质软取大值）。

炮眼间距与角度合理与否，直接关系到爆破效果的好坏。炮眼间距过大，爆破后煤的块度大，有时需要再次破碎，增加了工人的劳动强度和出煤时间；炮眼间距过小，则会增加炸药和雷管的消耗量，增加了钻眼工作量。据一些矿井试验得知，煤质中等硬

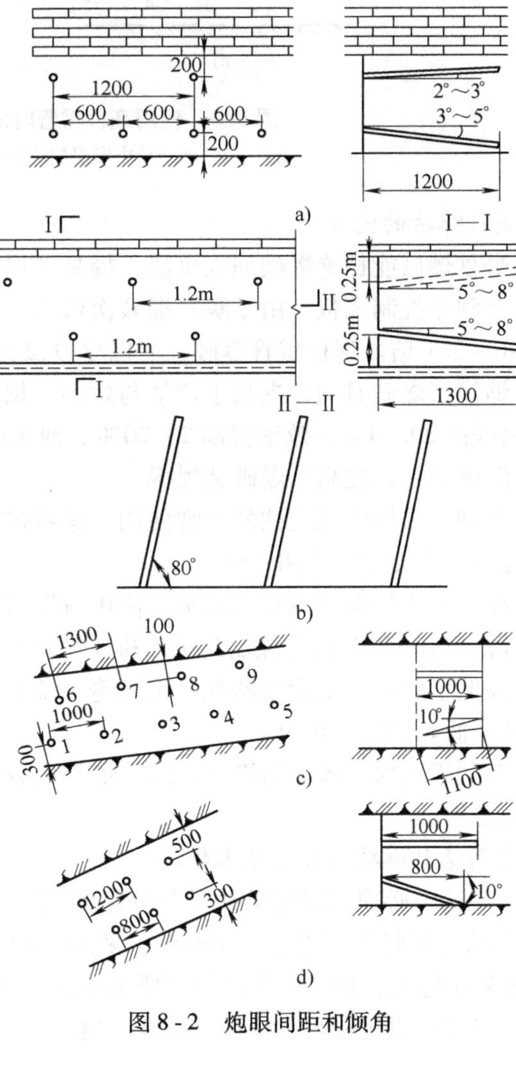

图8-2　炮眼间距和倾角

度时，顶眼间距为1.1～1.0m，底眼间距为0.9～1.0m，装药量为300～500g，可取得较好的爆破效果。

3．确定合理的间隔时间与起爆顺序

合理的间隔时间，应大于弹性振动延续时间（一般为4～6ms），并大于煤（岩）开始移动到形成裂隙的时间（一般为4.3～5.8ms）。确定合理间隔时间的办法是通过现场试验，当炸药消耗量低、炮眼利用率高、振动小时所用时间，即为合理的间隔时间。

起爆顺序合理与否，是决定毫秒爆破效果好坏的关键。据一些矿井试验得知，底眼应依1～5段的顺序起爆，顶眼依2～5段的顺序起爆。前段炮眼爆破后，对后段爆破来说，相当于增加了一个自由面，爆破效果好、装煤率高，且不崩倒支柱。据测试，用瞬发雷管崩动支柱的占50%～70%，而毫秒雷管仅占3.5%，爆破顺序合理时可降至0.5%。

具体炮眼起爆顺序如图8-3所示。

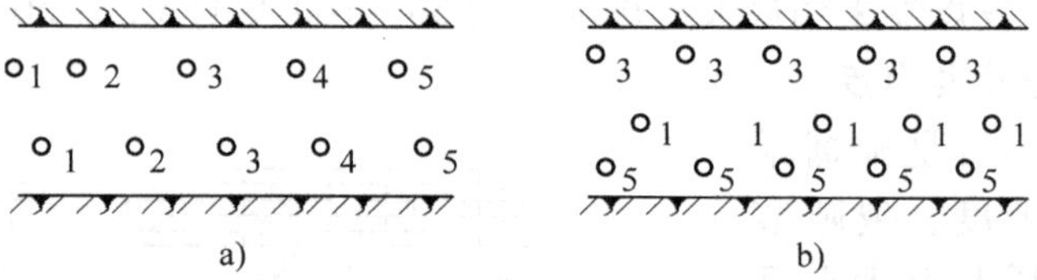

图8-3　使用毫秒雷管时的起爆顺序示意图
a）中厚煤层　b）厚煤层

4．毫秒爆破的优点

1）毫秒爆破能杜绝爆破崩人事故，提高了爆破的安全性。

2）有利于控制顶板。由于瞬发爆破次数多，对顶板振动频繁，顶板下沉速度比毫秒爆破大0.46～2.1倍。毫秒雷管爆破，可以尽量保证顶板的安全。

3）缩短了爆破时间，提高了产量与效率。据徐州义安矿试验得知，用毫秒爆破较瞬发爆破产量提高30.93%，效率提高23.20%，成本降低14.20%。

4）爆堆集中，提高了爆破装煤率。

5）有利于单体液压支柱的正常使用。据各矿试验得知，基本未发生过崩坏崩倒支柱现象，可延长单体支柱的使用寿命。

6）提高了工作面的煤炭采出率。使用瞬发雷管，采空区丢煤约为10%左右；而使用毫秒雷管时，只有3%左右的煤崩到第二排支柱以外。

7）降低了炸药、雷管的消耗。采用毫秒爆破，炸药消耗量可降低5%～25.4%，雷管消耗量可降低6.7%～16.3%。

8）有利于瓦斯、煤尘的管理。由于爆破次数少，有充足的时间进行洒水降尘和一炮三检的辅助工作。

5．应用毫秒爆破的安全技术措施

（1）装药　必须使用与矿井瓦斯等级相适应的矿井许用炸药、合格的煤矿许用毫秒雷管，1～5段总延期量不得超过130ms。采用正向装药，并要连续装药，药卷间不得留有间隙。必须装水炮泥，炮孔剩余部分还要用炮泥封满。每装好一个炮眼，其雷管脚线须及时短路拧好。按设计的起爆顺序装药，不准装错。

（2）爆破　炮眼间必须采用串联，不允许用并联或串并联。爆破前，要采用数字欧姆表或光电导通表检查爆破网路的导通情况，确定无误后方可起爆。工作面爆破时，必须使用一台发爆器，发爆器要保证起爆电流为1.5～2.0A，并要定期检查发爆器的参数和更换电池，保证有足够的起爆能力。

（3）通风和瓦斯管理　工作面要有足够的风量，设好防尘水管，放炮前后都必须洒水降尘。对于高瓦斯矿井，应设专职瓦斯检查员，坚持装药前、爆破前、爆破后进行瓦斯检查，发现瓦斯含量超过1%（体积分数）时，不允许装药爆破。

（4）顶板控制　工作面爆破前，支柱必须保质保量支设完好，爆破后必须及时挂梁、支柱，减少空顶时间；如有崩翻棚柱，必须先扶棚，后出煤。过断层、破碎带时，断层、破碎带上下2m内应减少一次爆破装药量。

（5）其他　不同厂家，不同发火参数的毫秒雷管不允许混合使用。一次起爆长度应根据顶板条件、瓦斯含量、运输能力、发爆器能力和劳动力配合等因素来确定。工作面分茬爆破时，一次放炮长度为5～30m。在顶板破碎地段，可根据具体情况，采用每隔5～15m留3～5m煤垛的方法来减少控顶面积。打眼必须按设计的炮眼间距、角度、深度等参数执行，应先开动输送机再放炮。

二、装煤与运煤

1. 爆破装煤

炮采工作面大多采用SGW-40（或SGW-44）型可弯曲刮板输送机运煤，在由摩擦式金属支柱或单体液压支柱及铰接顶梁构成的悬臂支架的掩护下，输送机贴近煤壁，有利于爆破装煤，爆破装煤率可达31%～37%，如图8-4所示。

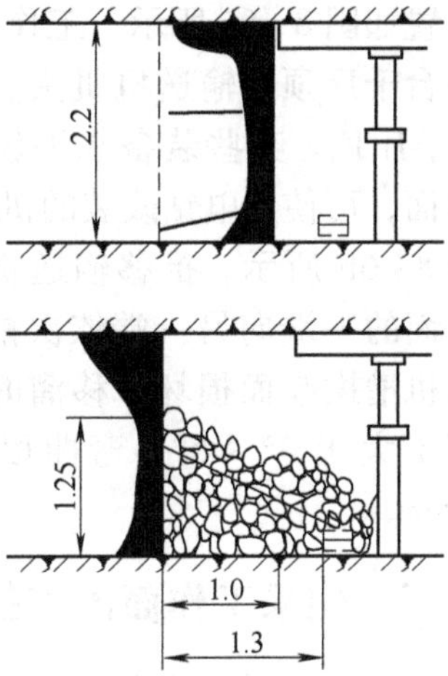

图8-4　爆破装煤（单位：m）

2. 人工装煤

炮采工作面人工装煤量主要由两部分构成：输送机与新煤壁之间松散煤安息角线以下的煤（图8-4）；崩落或撒落到输送机采空侧的煤。因此，浅进度可减少煤壁处的人工装煤量；提高爆破技术水平，减少人工装煤量。

3. 机械装煤

人工装煤是炮采工作面各工序中的薄弱环节，为此，我国各矿区研制了多种装煤机械。目前使用最多的是在输送机煤壁侧装上铲煤板，爆破后，部分煤自行装入输送机，然后由工人用锹将部分煤扒入输送机，余下的部分底部松散煤靠大推力千斤顶的推移用铲煤板将其装入刮板输送机。

图8-5所示为兖州北宿矿炮采工作面爆破落煤机械装煤作业布置图。在输送机的煤壁侧装上铲煤板5，在采空侧装上挡煤板4。挡煤板4由其底座6上的支撑杆7支撑，通过操纵手柄可使支撑杆7带动挡煤板竖起或向采空侧放倒。工作面装备SQD型双伸缩切顶墩柱1，它通过大推力千斤顶3的收缩实现自行前移，并可在推移输送机时铲装煤。打眼和装药时将挡煤板4放倒，放炮时挡煤板4立起，防止煤撒落到采空侧，可使60%以上的煤自行

装入输送机，余下的煤在大推力千斤顶3的推动下被铲煤板5铲入输送机。

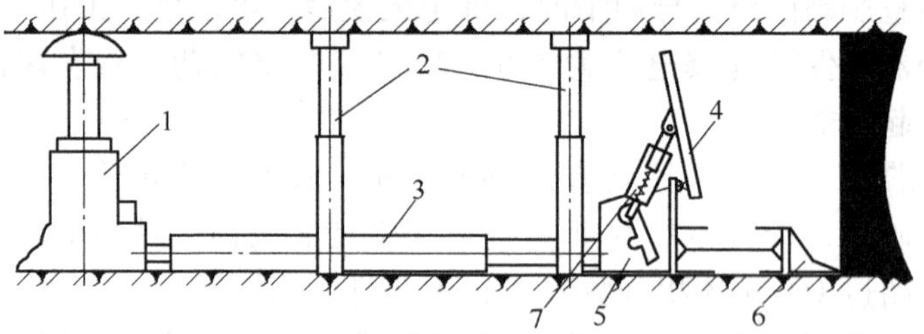

图8-5　兖州北宿矿炮采工作面爆破落煤机械装煤作业布置图

1—SQD型双伸缩切顶墩柱　2—单体液压支柱　3—大推力千斤顶　4—挡煤板　5—铲煤板　6—挡煤板底座　7—支撑杆

4. 运煤及移溜

炮采工作面运煤方式，取决于工作面的坡度与煤的湿度及块度。对于煤层倾角在25°以下的湿煤，一般可采用普通刮板输送机或可弯曲刮板输运机；当倾角为25°～30°时，采用搪瓷溜槽；当倾角大于30°时，宜采用铸石溜槽自溜运煤，一般情况下，多用刮板输送机运煤。推移输送机简称移溜，输送机推移器多为液压式推移千斤顶，其布置如图8-6a所示。工作面内每6m设一台千斤顶，输送机机头、机尾各设3台千斤顶。某些装备水平较低的炮采工作面，可使用电钻改装的机械推移器，如图8-6b所示。推移输送机时，应从工作面的一端向另一端依次推移，以防输送机槽拱起而损坏。移溜时，溜槽间弯度不大于3°～5°，弯曲段长度不小于15m。

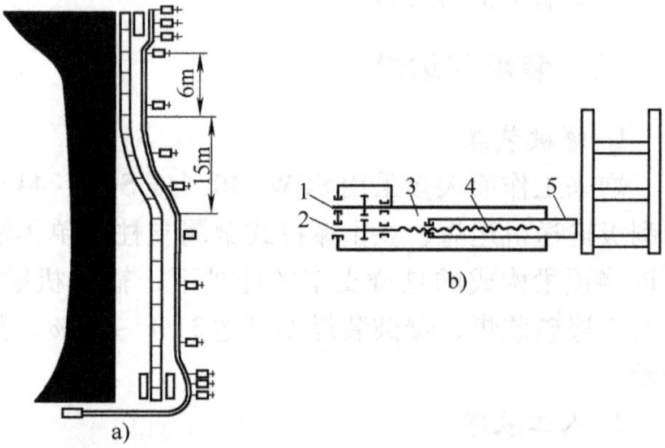

图8-6　移置输送机示意图

1、2—轴　3—螺母　4—丝杠　5—套筒

三、炮采工作面的支护和采空区处理

1. 炮采工作面支护

目前，我国部分炮采工作面仍有采用金属摩擦支柱和铰接顶梁支护的，但国有重点煤矿及部分地方煤矿已采用单体液压支柱，其布置形式主要有两种：正悬臂齐梁直线柱（图8-7a）和正悬臂错梁三角柱（图8-7b），后者现在应用较少。落煤时，爆破深度应与铰接顶梁的长度相等。最小控顶距时应有三排支柱，以保证有足够的工作空间；最大控顶距时，一般不宜超过五排支柱。通常推进一排或两排支柱放一次顶，即三、四排或三、五排控顶。在有周期承压的工作面中，当工作空间达到最大控顶距时，为了加强对放顶处顶板的支承作用，回柱之前常在放顶处另外架设一些加强支架，称为工作面的特种支架。特种支护的形式很多，有丛柱、密集支柱、木垛、斜撑支架（图8-8）及切顶墩柱（图8-5）等。

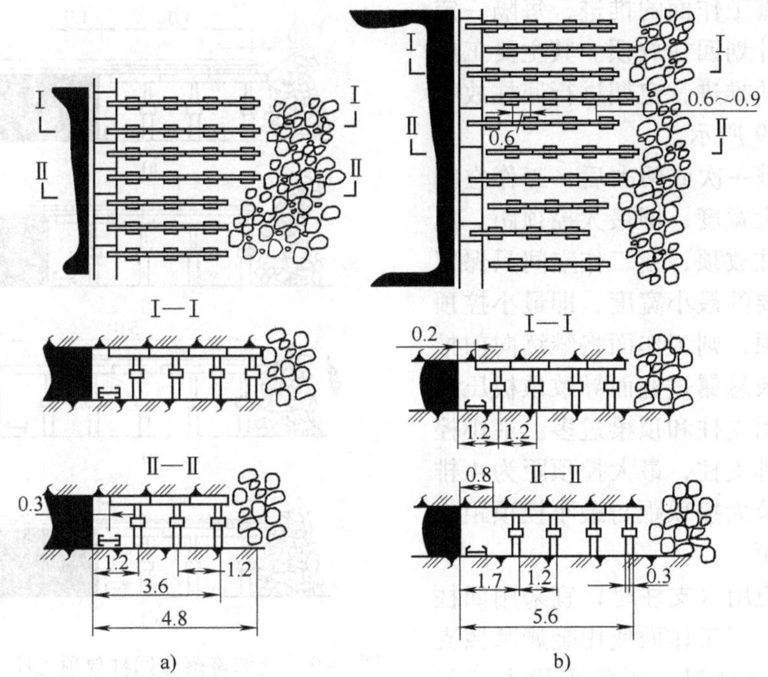

图 8-7　炮采工作面单体液压支柱和铰接顶梁的支架布置形式（单位：m）

a）正悬臂齐梁直线柱布置　b）正悬臂错梁三角柱布置

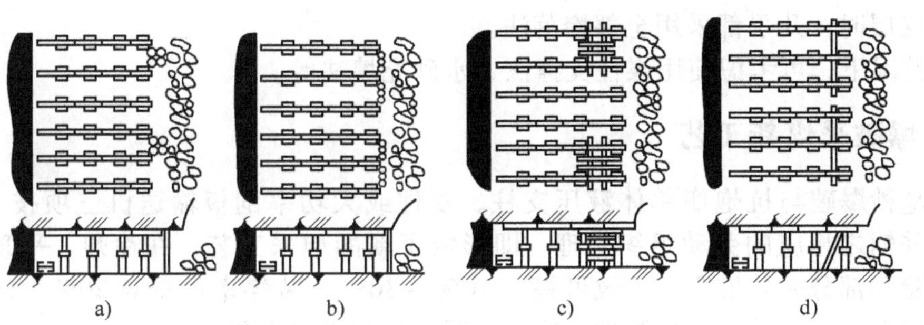

图 8-8　炮采工作面的各种特殊支护形式

a）丛柱　b）密集支柱　c）木垛　d）斜撑支架

2. 采空区处理

随着采煤工作面不断向前推进，顶板悬露面积越来越大，为了保证工作面的安全和正常生产，应及时对采空区进行处理。由于顶板特征、煤层厚度和保护地表的特殊要求等条件不同，采空区有多种处理方法，包括全部垮落法、充填法、煤柱支承法、缓慢下沉法等，其中最常用的是全部垮落法。

全部垮落法通常适用于直接顶易垮落的情况或具有中等稳定性的顶板。其方法是，当工作面从开切眼推进一定距离后，主动撤除采煤工作空间以外的支架，使直接顶自然垮落。以后随着工作面的推进，每隔一定距离就按预定计划回柱放顶。其主要工序是配合工作面的推进，定期进行回柱放顶工作，如图 8-9 所示。

工作面推进一次或两次后，工作空间达到允许的最大宽度，即最大控顶距。此时，应及时回柱放顶，使工作空间只保留回采工作所需要的最小宽度，即最小控顶距。如果不放顶，则工作面将继续向前推进，就会使顶板悬露过宽而导致顶板压力过大，造成占用支柱和顶梁过多。最小控顶距一般为 3 排支柱，最大控顶距为 4 排或 5 排支柱。最大控顶距与最小控顶距之差即为放顶步距。

当工作面使用木支柱时，宜采用回柱绞车回撤支柱。当工作面使用金属摩擦支柱或单体液压支柱时，通常采用人工回柱，有时支柱钻底或被垮落碎矸埋住，则需辅以拔柱器、绞车等设备。

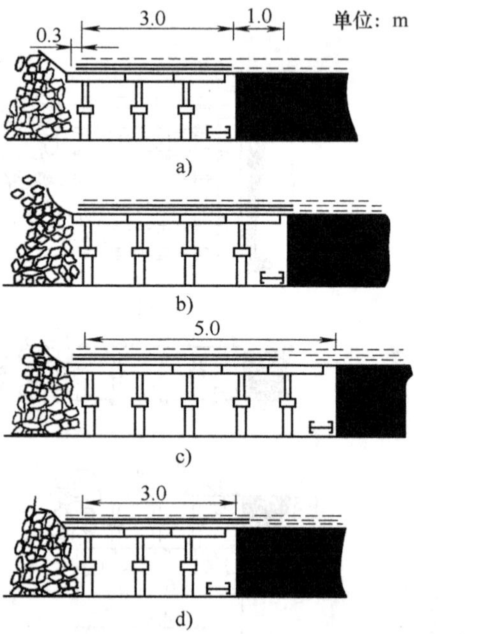

图 8-9　全部垮落法回柱放顶工序（单位：m）
a）最小控顶距时的支架形式　b）第一次推进后的支架形式
c）放顶前（最大控顶距）的支架形式
d）放顶后恢复到最小空顶状态

采用全部垮落法处理采空区简单可靠、费用少，所以在条件合适时，应尽可能地采用这种方法。我国开采薄及中厚煤层和大部分厚煤层时，几乎都采用全部垮落法。

特殊情况下，可考虑使用煤柱支撑法、水砂充填法等。

四、爆破采煤新工艺

采用毫秒爆破与抗炮崩单体液压支柱、双柱或大功率刮板输送机三项技术（设备）的配套，并辅之相应的劳动组织管理，即形成了新的炮采工艺。在徐州、平顶山、峰峰等矿区试验和部分矿井推广，工效可提高 10% ~30%，装煤率可提高 20% ~30%，并提高了爆破安全性，改善了顶板管理，取得了明显的技术经济效益。

课题二　普通机械化采煤工艺

【任务描述】

普通机械化采煤（简称普采）工作面一般采用单滚筒采煤机（少数情况下使用双滚筒采煤机或刨煤机）落煤和装煤、可弯曲大型刮板输运机运煤、金属摩擦支柱或单体液压支柱加铰接梁（个别用Π字形钢顶梁或不用顶梁）支护、液压推移器或其他方式移溜。液压推移器可利用设置在平巷内的乳化液泵集中供液控制，也可使用手动液压推移器。

普采工作面上、下区段平巷断面不大，刮板输送机的机头、机尾通常都设在工作面内，故工作面上、下两端需要用人工打眼爆破开切口（又称机窝），上切口长 6 ~ 10m，下切口长 3 ~ 4m。

【相关知识】

普采工作面采煤工艺中的落煤和装煤与炮采时完全不同，其运煤、支护和采空区处理等则基本上与炮采相同。

一、普通机械化采煤工艺过程

现以某矿单滚筒采煤机采煤来介绍其工艺过程。图 8 - 10 所示为某矿单滚筒采煤机普采工作面布置图，其工作面长度为 140m，煤层厚度为 2.1m，煤层倾角为 6° ~ 8°，煤层普氏系数 $f=1.5$，顶板中等稳定，采用全部垮落法处理采空区，工作面主要设备见表 8 - 2。

表 8 - 2　某矿普采工作面主要设备

序　号	设备名称	型　号	数量
1	采煤机	AMD - 150	1
2	输送机	SGB - 630/150	1
3	乳化液泵	XRB - 2B	1
4	输送机推移器	YQ - 1000C/1000	25
5	煤电钻	MZ - 1.2	2
6	水泵	PB - 120/45	1
7	绞车	JD - 11.4	2
8	支柱	DZ - 22	1000
9	铰接顶梁	HDJK - 1000	1000

每班开始生产时，MDY – 150 型采煤机自工作面下切口开始割煤，滚筒截深为 1m，滚筒直径为 1.25m。采煤机向上运行时升起摇臂，滚筒沿顶板割煤，并利用滚筒螺旋及弧形挡煤板装煤。工人随机挂梁，托住刚暴露的顶板，梁距为 0.6m，如图 8 - 10 所示。

采煤机运行至工作面上切口后，翻转弧形挡煤板，将摇臂降下，开始自上而下运行，滚筒割底煤并装余煤。采煤机下行时负荷较小，牵引速度较快。滞后采煤机 10 ~ 15m，依次开动千斤顶推移输送机，与此同时，输送机槽上的铲煤板清理机道上的浮煤。推移完输送机后，开始支设单体液压支柱。支柱间的柱距，即支柱与支柱沿煤壁方向的距离为 0.6m；支柱间的排距，即支柱与支柱在垂直于煤壁方向的距离等于滚筒截深（1.0m）。

当采煤机割底煤至工作面下切口时，支设好下端头处的支架，推移输送机，采用直接推入法进刀，使采煤机滚筒进入新的位置，以便重新割煤，如图 8 - 11 所示。

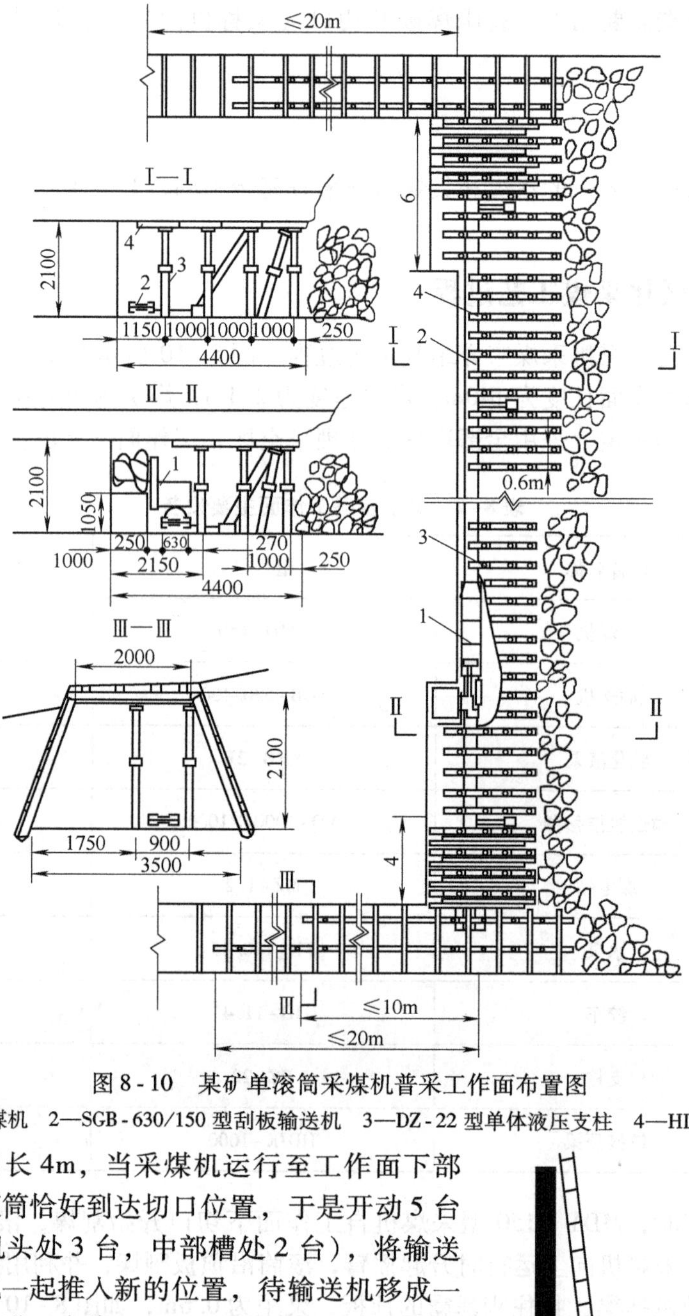

图 8-10　某矿单滚筒采煤机普采工作面布置图

1—MDY-150 型采煤机　2—SGB-630/150 型刮板输送机　3—DZ-22 型单体液压支柱　4—HDJA-1000 铰接顶梁

工作面下切口长 4m，当采煤机运行至工作面下部终点位置时，其滚筒恰好到达切口位置，于是开动 5 台千斤顶（输送机机头处 3 台，中部槽处 2 台），将输送机机头连同采煤机一起推入新的位置，待输送机移成一条直线时，采煤机进刀完毕。

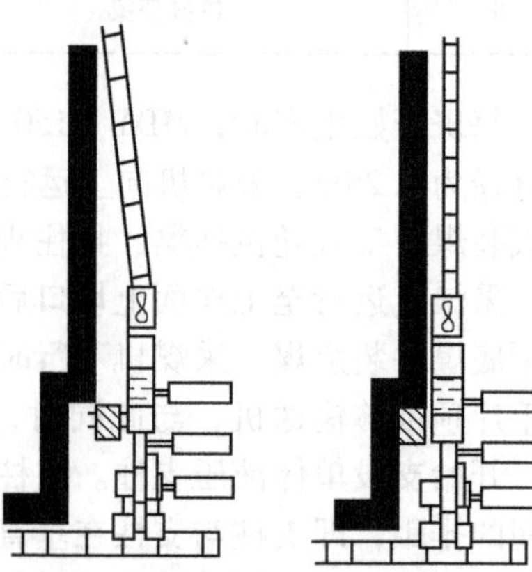

图 8-11　直接推入法进刀方式

a）推入切口前　b）推入切口后

采煤机完整地割完一刀煤，并且相应完成推移输送机、支架和进刀工序后，工作面由原来的 3 排柱控顶变为 4 排柱控顶。为了有效控制顶板，要回掉 1 排支柱，让采空区顶板自行垮落，重新恢复工作面 3 排柱控顶，同时检修有关设备。

割煤和回柱期间，乳化液泵站始终向工作面供液，以保证推移输送机和支设、回撤液压支柱工作的正常进行。

普采工作面的采煤工艺全过程称为一个循环。该实例完成一个循环需要8h。

二、普采工作面单滚筒采煤机的工作方式

（一）滚筒的位置和旋转方向

普采工作面单滚筒采煤机的滚筒一般位于机体靠近输送机平巷一端，如图8-10所示。这样可缩短工作面下切口的长度，使煤流尽量不通过机体下方，有利于工作面的技术管理。

滚筒的旋转方向对采煤机运行中的稳定性、装煤效果、煤尘产生量及安全生产的影响都很大，其旋转方向与工作面方向有关。面向回风平巷站在工作面前时，若煤壁在右手方向，则为右工作面；反之，则为左工作面。右工作面的单滚筒采煤机应安装左螺旋滚筒，割煤时滚筒逆时针旋转；左工作面安装右螺旋滚筒，割煤时顺时针旋转，如图8-12所示。这样的滚筒旋转方向，有利于采煤机的稳定运行。当采煤机上行割顶煤时，其滚筒截齿自上而下运行，煤体对截齿的反力是向上的，但因滚筒的上方是顶板，无自由面，故煤体反力不会引起机器的振动。当机器下行割底煤时，煤体反力向下，不会引起振动，且下行时负荷小，不容易产生“啃底”现象。这样的转向还有利于装煤，产生的煤尘少，煤块不抛向操作者位置。

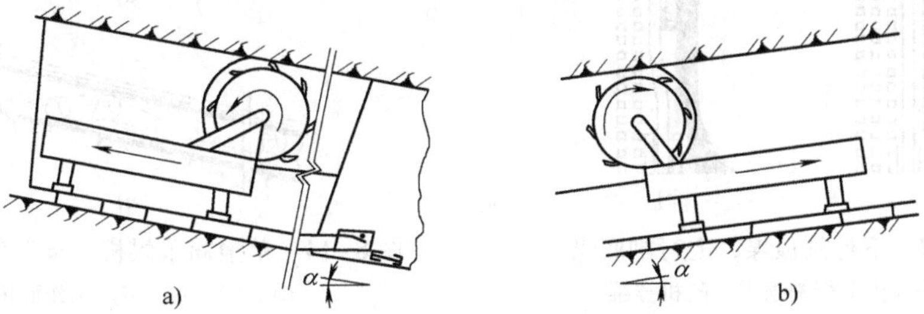

图8-12　单滚筒采煤机的滚筒旋转方向

a）右工作面，使用左螺旋滚筒，逆时针旋转　b）左工作面，使用右螺旋滚筒，顺时针旋转

（二）采煤机的割煤方式

普采工作面的生产是以采煤机为中心的。采煤机割煤及其与其他工序的合理配合，称为采煤机割煤方式。采煤机割煤方式选择得是否合理，直接关系到工作面的产量和效率的提高。

1. 双向割煤、往返一刀

采煤机沿工作面倾斜由下而上割顶煤，随机挂梁，到工作面一端后，采煤机翻转弧形挡煤板，下放滚筒由上而下割底煤，清理浮煤，滞后10～15m推移输送机，支单体支柱，直至下部切口，采煤机往返一次，煤壁推进一个截深，挂一排顶梁，打一排支柱。

由下向上割顶煤方式的工艺过程如本节实例（图8-10）所述，一般中厚煤层单滚筒采煤机普采工作面采用这种割煤方式。当煤层倾角较大时，为了补偿输送机下滑量，推移输送机必须从工作面下端开始，为此可采用下行割顶煤、随机挂梁，上行割底煤、清浮煤、推移输送机和支柱的工艺顺序，如图8-13所示。

双向割煤、往返一刀割煤方式的适应性强，在煤层粘顶、厚度变化较大的工作面均可采用，无需人工清浮煤。但割顶煤时无立柱控顶（即只挂上顶梁而无立柱支撑）时间长，不利于控顶；实行分段作业时，工人的工作量不均衡，工时不能得到充分利用。

2. "∞"字形割煤、往返一刀

将工作面分为两段，中部斜切进刀，采煤机在上半段割煤时，下半段推移输送机；采煤机在下半段割煤时，上半段推移输送机（也称半工作面采煤方式）。如图 8-14 所示，此方式的特点是在工作面中部输送机设弯曲段，其过程为：在图 8-14a 所示状态下，采煤机从工作面中部向上牵引，滚筒逐步升高，其割煤轨迹为 $A \to B \to C$；在图 8-14b 所示状态下，采煤机割至上平巷后，滚筒割煤轨迹为 $C \to D \to E \to A$，同时全工作面输送机移直；在图 8-14c 所示状态下，滚筒割煤轨迹为 $A \to E \to B \to F$，工作面上端开始移输送机；在图 8-14d 所示状态下，滚筒割煤轨迹为 $F \to G \to A$，全工作面煤壁割直，而输送机机槽在工作面中部出现弯曲段，恢复图 8-14a 所示状态。

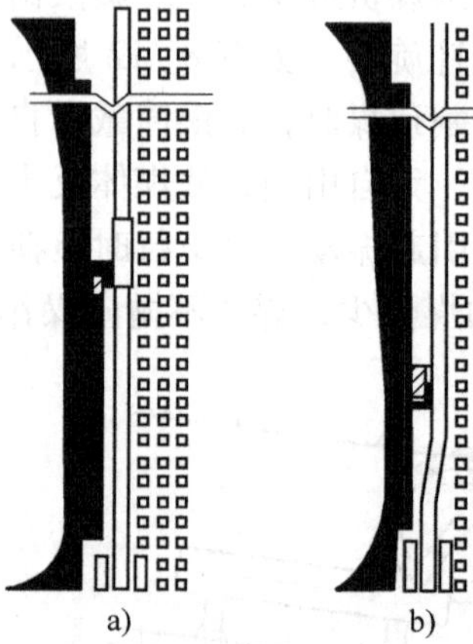

图 8-13　下行割顶煤，上行割底煤

a）采煤机下行割顶煤、随机挂梁

b）采煤机上行割底煤、清浮煤、推移输送机、支柱

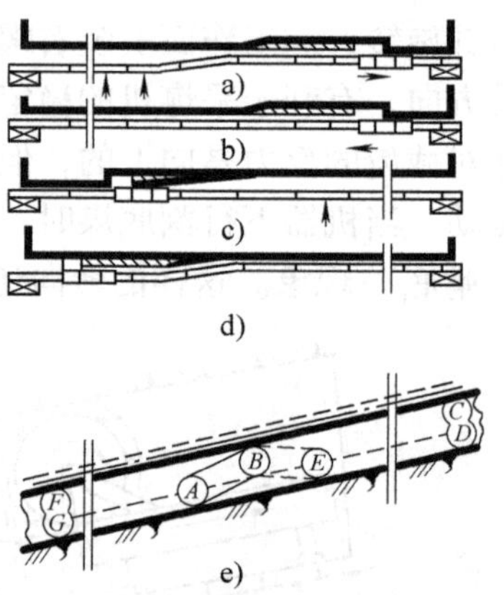

图 8-14　单滚筒采煤机"∞"字形割煤方式

a）、b）、c）、d）工作面俯视图

e）工作面正视图

这种割煤方式可以克服工作面一端无立柱控顶时间过长、工人的工作量不均衡等缺点，并且割煤过程中采煤机自行进刀，无需另外安排进刀时间，在中厚煤层单滚筒采煤机普采工作面中经常被采用。

3. 单向割煤、往返一刀

单向割煤、往返一刀的割煤方式如图 8-15 所示。其工艺过程为：采煤机自工作面下切口（或上切口）向上（或向下）沿底割煤，随机清理顶煤、挂梁，必要时可打临时支柱。采煤机割至上（或向下）切口后，翻转弧形挡煤板，快速下（或上）行装煤及清理机道丢失的底煤，并随机推移输送机、支设单体支柱，直至工作面下切口（或上切口）。

这种割煤方式适用于采高在 1.5m 以下的较薄煤层、滚筒直径接近采高、顶板较稳定、煤层粘顶性强、割煤后顶煤不能及时垮落等情况。

4. 双向割煤、往返两刀

双向割煤、往返进两刀的割煤方式又称穿梭割煤，如图 8-16 所示。首先，采煤机自下切口沿底上行割煤，随机挂梁和推移输送机，并同时铲装浮煤、支柱，待采煤机割至上切口后，翻转弧形挡煤板，下行重复同样的工艺过程。当煤层厚度大于滚筒直径时，挂梁前要处理顶煤。该方式主要用于煤层较薄，并且煤层厚度和滚筒直径相近的普采工作面。

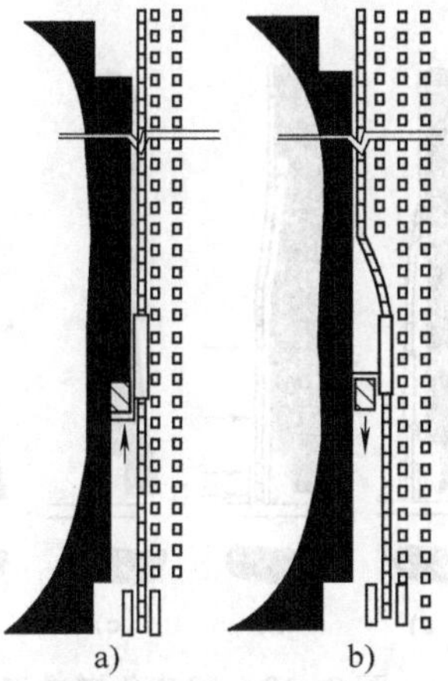

图 8-15　单向割煤、往返一刀的割煤方式

a）上行割煤、挂梁

b）下行装煤、推移输送机、支柱

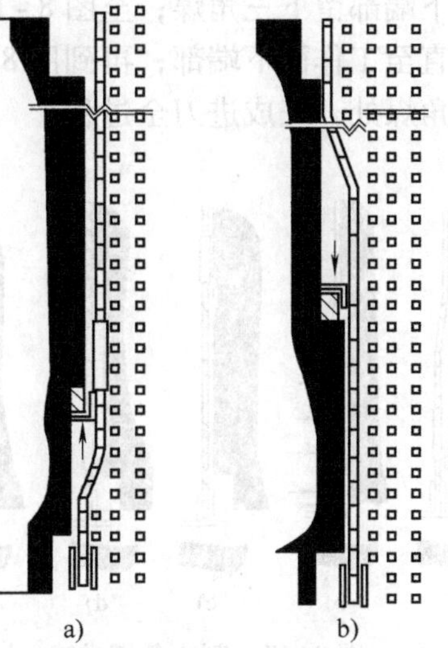

图 8-16　双向割煤、往返进两刀

a）上行割煤、挂梁、推移输送机、支柱

b）下行重复上行时的工序

普采工作面使用双滚筒采煤机时，一般也采用双向割煤、往返两刀的割煤方式。这种方式在综采工作面中普遍采用，在下节将详细叙述。

（三）单滚筒采煤机的进刀方式

滚筒采煤机在每割一刀煤之前，必须使其滚筒进入煤体，这一过程称为进刀。滚筒采煤机以输送机机槽为轨道，沿工作面运行割煤，其自身无进刀能力，只有与推移输送机工序相结合才能进刀。因此，进刀方式的实质是采煤机运行与推移输送机的配合。单滚筒采煤机的进刀方式主要有三种：直接推入（图 8-11），其过程如本节实例所述；“∞”字形割煤时（图 8-14），采煤机沿工作面中部输送机弯曲段运行自行进刀，没有单独进刀过程，有利于端头作业和顶板支护；斜切进刀，可分为割三角煤和留三角煤两种方式。

1. 割三角煤进刀

现以采煤机上行割顶煤、下行割底煤的割煤方式为例，说明斜切进刀割三角煤进刀的具体过程。在图 8-17a 所示状态下，采煤机割底煤至工作面下端部；在图 8-17b 所示状态下，采煤机沿输送机弯曲段反向运行，当其滚筒沿顶板斜切进入煤壁，达到规定截深时便停止运行；从图 8-17c 所示状态开始，推移输送机机头及弯曲段，使其成一直线；至图 8-17d 所示状态时，采煤机反向沿顶板割三角煤直至工作面下端部；到图 8-17e 所示状态，采煤机又上行至刚才的进刀处，进刀完毕，上行正式割煤。开始时滚筒沿底板割煤，割至终点位置时，改为滚筒沿顶板割煤。这种进刀方式有利于工作面的端部管理，输送机保持一条直线，但比较费时，采煤机要在工作面端部 20～25m 的行程内往返一次，并要等待推移机头和重新支护端头支架。

2. 留三角煤进刀

斜切进刀留三角煤进刀的过程为：在图 8-18a 所示的状态下，采煤机割煤至工作面下端头后，反向上行沿输送机弯曲段割三角底煤（上刀留下的），割至输送机直线段时改为割顶煤直至工作面上切口；到图 8-18b 所示状态时，推移机头和弯曲段，将输送机移直，在工作面下端部留下三角煤；至图 8 - 18c 所示状态时，采煤机下行割底煤至三角煤处，改为割顶煤直至工作面下端部；再到图 8 - 18d 所示状态，随机自上而下推移输送机至工作面下端部三角煤处，完成进刀全过程。

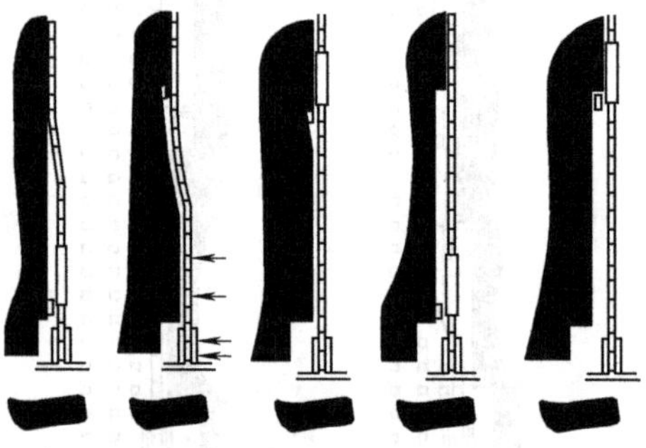

a)　b)　c)　d)　e)

图 8 - 17　割三角煤进刀

a）割至下端部　b）上行斜切　c）移直输送机

d）下行沿顶割三角煤　e）上行正式割煤

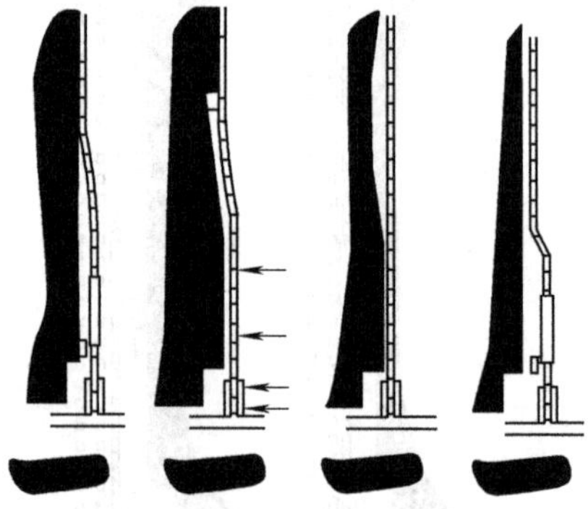

a)　b)　c)　d)

图 8 - 18　留三角煤进刀

a）进刀初始状态　b）上行割煤　c）推移输送机

d）下行割煤，随机推移输送机

这种进刀方式与割三角煤方式相比，采煤机无需在工作面端部往返斜切，进刀过程简单，移机头和端头支护与进刀互不干扰。但由于工作面端部煤壁不直，因此不易保障工程质量。

三、普采工作面单体支架

普采工作面单体支架布置应与煤层赋存条件、顶底板性质相适应，并符合采煤机割煤特点，除确保回采空间作业安全外，还要力求减少支护工作量。

（一）支架布置方式

除少数顶板完整的普采工作面可使用带帽点柱外，一般均采用由单体液压支柱或摩擦式金属支柱与铰接顶梁组成的悬臂支架。按悬臂顶梁与支柱的关系，可分为正悬臂与倒悬臂两种，如图 8 - 19 所示。正悬臂支架悬臂的长段处于立柱的煤壁侧，有利于支护机道上方的顶板，其短段在立柱的采空区侧，故顶梁不易被折损；倒悬臂支架则相反，由于其长段伸向采空区，因此立柱不易被碎矸石埋住，但顶梁易损坏。

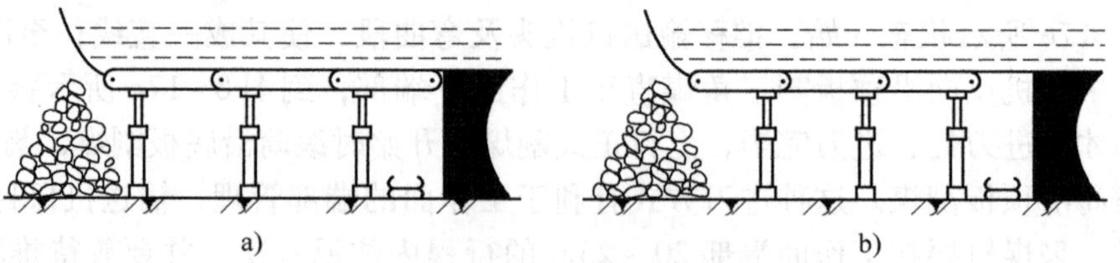

a)　b)

图 8 - 19　单体支架正悬臂和倒悬臂布置

a）正悬臂布置　b）倒悬臂布置

普采工作面支架布置，按顶梁的排列特点分为齐梁式和错梁式两种，如图 8 - 20 所示。为了行人和作业方便，工作面支柱一般排成直线状，三角形排列已很少使用。因此，目前普采工作面支架布置方式主要有齐梁直线柱式和错梁直线柱式两种。

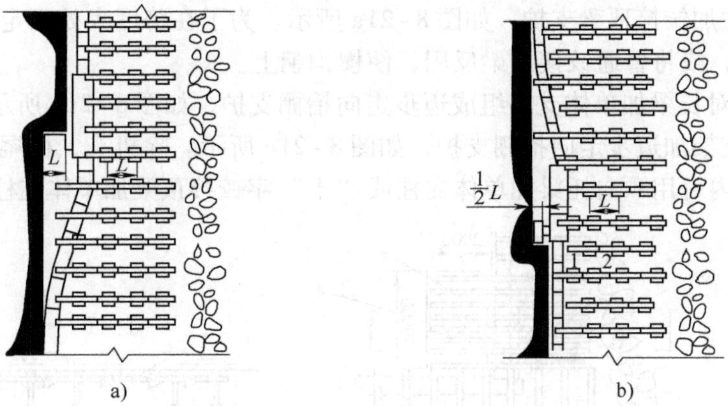

图 8-20　支架齐梁式和错梁式布置

a）齐梁直线柱式布置　b）错梁直线柱式布置

1—临时柱　2—永久柱

1. 齐梁直线柱式布置

齐梁直线柱式布置特点是：梁端沿煤壁方向对齐，支柱排成直线。

梁长等于截深时，每割一刀煤要沿工作面全部挂梁，立支柱，一般全部为正悬臂支架。这种支架形式简单，规格、质量容易掌握，放顶线整齐，工序较简单，便于组织和管理。当截深为 0.8m 和 1.0m 时，一般都采用这种布置方式。但这种布置方式由于截深大，每架支架都要挂梁和支柱，故割一刀煤用时较长。因此，在煤层松软、顶板稳定性差的条件下不宜使用。

2. 错梁直线柱式布置

当顶梁长度是截深的 2 倍时，若全部采用正悬臂支架，则割两刀煤挂一次梁。割第一刀时，每架支架立临时支柱；割第二刀时，挂梁并将临时支柱改为永久支柱。因为割第一刀时挂不上梁，机道控顶距太大，顶板易垮落，加上工人的工作量不均衡，故不适合采用正悬臂支架。

错梁直线柱式布置特点是：顶梁长度是截深的 2 倍，正、倒悬臂支架相间布置；每割一刀煤就间隔挂梁，顶梁向前交错；割第一刀煤时，立临时支柱，割第二刀煤时，将临时支柱改为永久支柱，每割两刀煤，工作面增加一排控顶距。该布置方式机道上方顶板悬露窄，支护及时；每割一刀煤挂梁、支柱数量少，工作量均衡。支柱成直线，行人、运料方便；在切顶线处支柱不易被埋住，因此现场使用较多；但是，对切顶不利，倒悬臂梁易损坏。

普采工作面采空区处理方法的选择、使用的特种支架与炮采面相同。当顶板较稳定、有利于切顶时，也可采用墩柱。

（二）普采工作面端头支护

工作面上、下端头是工作面和平巷的交汇处，此处控顶面积大，设备、人员集中，又是设备、人员和材料出入工作面的交通口。因此，做好工作面端头支护极为重要。

端头支护应满足以下要求：有足够的支护强度，保证工作面端部出口的安全；支架跨度大，不影响输送机机头、机尾的正常运转，并要为维护和操纵设备的人员留出足够的活动空间；能够保证机头、机尾的快速移置，缩短端头作业时间，提高开机率。

端头支护主要有下述几种：

1）单体支柱加铰接顶梁支护，如图 8-21a 所示。为了在跨度大处固定顶梁铰接点，可采用双钩双楔梁，或将普通铰接顶梁反用，使楔钩朝上。

2）用 4～5 对长梁加单体支柱组成迈步走向抬棚支护，如图 8-21b 所示。

3）用基本支架加迈步走向抬棚支护，如图 8-21c 所示。除机头、机尾处支护外，在工作面端部原平巷内可用顺向托梁加单体支柱或“十”字铰接顶梁加单体支柱支护。

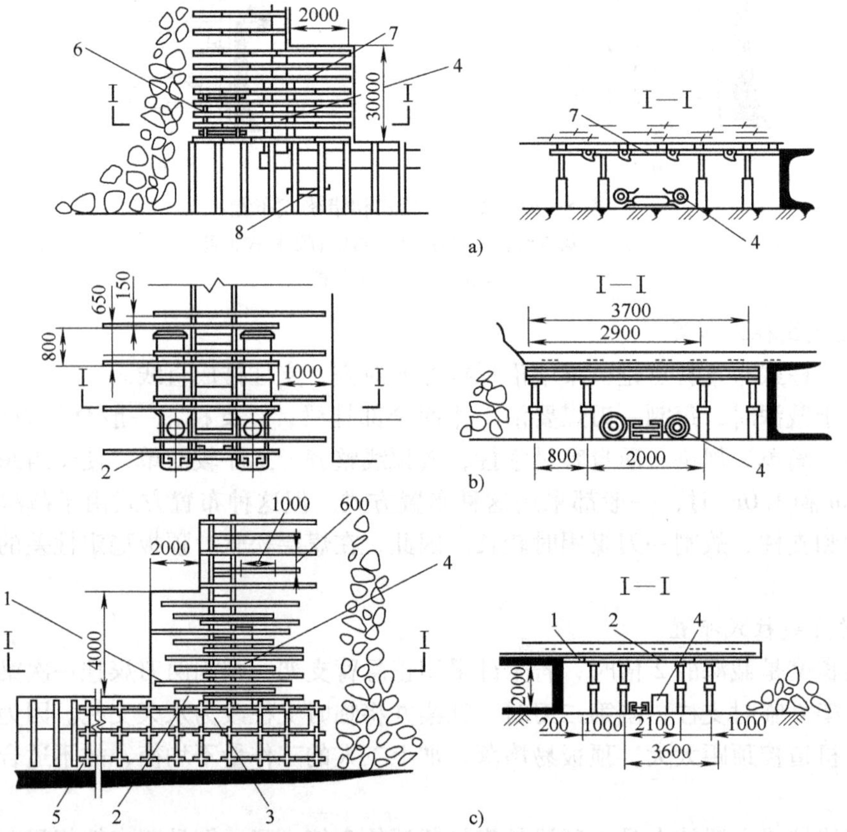

图 8-21 普采工作面端头支护

a）双钩双楔铰接梁支护 b）迈步走向抬棚支护 c）基本支架加迈步走向抬棚支护

1—基本架 2—抬棚长梁 3—转载机 4—输送机 5—十字铰链顶梁 6—木垛 7—双钩双楔梁 8—绞车

（三）普采工作面支护应掌握的基本要点

1. 加强机道支护

机道是工作面支护的薄弱点，这里往往由于片帮和不能及时支护而发生局部冒顶。加强机道支护的主要方法有：向煤壁开梁窝架超前梁，落煤后立即立临时支柱；提高支柱支撑力和支护刚度。近年来，采用 Π 形钢顶梁加强破碎顶板和对分层网下顶板的机道支护是十分有效的，所谓 Π 形钢顶梁就是用 Π 形钢对焊成的 2.6m 长的钢梁，Π 形钢顶梁在工作面上是成对布置的，随采煤机割煤，Π 形钢顶梁交替前移，能及时支护顶板。

2. 加强放顶线支护的稳定性

无论是有排柱还是无排柱，由于直接顶垮落或基本顶来压，往往会因水平推力而推倒末排支柱。为此，末排支柱不仅支撑力要强，而且支护状态要稳定。一般采用斜撑将排柱联锁起来，形成一个防护整体，必要时可加打木垛，遇到硬顶板时打双排柱或打对柱、丛柱等增加切顶力量。

3. 加强工作面端头支护

工作面端头支护形式一般采用四对八梁走向大抬棚。“十”字梁是工作面端头的一种有效支护形式，选用时根据顶板条件、输送机传动装置以及人行道的要求可进行灵活调整。

4. 加强工作面“三度”（支护强度、支柱密度和支护刚度）管理

支护强度是指工作面单位顶板面积上的支护阻力。支护强度应以在工作面最困难状态下满足支架-围岩岩体体系的平衡，不发生重大顶板事故为准则。支护密度是指控顶范围内单位面积顶板所支设的支柱数量。设计支柱密度时，必须掌握工作面所用支柱的实际阻力情况，加强金属支柱抽样试验和失效检查。支护刚度是指支护物产生单位压缩量所需要的力，提高支护刚度的主要措施如下：

1）清除浮煤浮矸，保证支柱立在实顶、实底上。

2）顶底板松软时支柱要“穿鞋戴帽”；柱帽规格不应过大，更不允许“戴双帽、穿双鞋”。

3）严格支柱操作，坚持使用液压升柱器升柱，保持支柱有足够的初撑力。

四、普采工作面工艺参数分析

在普采工作面工艺设计中，除了要合理选择支架布置方式外，还要正确确定工作面支护密度、排距、柱距。支护密度既是支护参数，又是确定生产组织管理方式和经济技术指标的重要数据。支护密度 n（根/m^2）可用下式表示

$$n = \frac{p_t}{\eta R_t} \tag{8-1}$$

式中　p_t——工作面支护强度（kPa）；

R_t——支柱额定工作阻力（kN/根）；

η——支柱额定工作阻力实际利用系数，一般摩擦式金属支柱为0.4~0.5，单体液压支柱为0.85左右。

对于普采和炮采工作面，当排距小于0.8m时，行人困难，会降低工人的生产率。因此根据采煤机截深的不同，排距主要有三种规格：0.8m、1.0m 和 1.2m。按照采煤作业的需要，最少需要3排柱，在工作面形成三条道：机道、人行道和堆放支柱、顶梁及其他材料的材料道。当排距小或工作面所需支护材料较多时，一条材料道不能满足需要，工作面最少需要4排支柱，即最小控顶距为4排。

工作面柱距 a(m)，可根据所需支护密度 n 和排距 b 确定

$$a = \frac{NS}{Nb + F} \tag{8-2}$$

式中　N——工作面支柱排数；

b——排距（m）；

F——机道上方梁端与煤壁的距离（m）；

S——每根支柱的支护面积（m^2）。

由于 S 是支护密度 n 的倒数，因此式（8-2）可改写为

$$a = \frac{NS}{Nb + F} = \frac{N}{Nb + F}\frac{1}{n} = \frac{N\eta R_t}{(Nb + F)p_t} \tag{8-3}$$

普采工作面端部切口对采煤机进刀、架设端头支架、操纵和维修设备，以及出入人员、运送材料和设备等均有影响，也是工作面的安全出口。

通常，普采工作面下切口的长度为3~4m。若使用单滚筒采煤机，则上切口长度视机身长度和采煤机牵引的终点位置而定，一般为6~10m；采用双滚筒采煤机、大宽度平巷时，可以不开切口，切口被大宽度平巷所代替。普采工作面端部切口的深度一般为截深的2~3倍；截深为0.8m或1.0m时，切口深度应不小于2倍截深；截深为0.5m或0.6m时，切口深度应大于3倍截深，以确保迈步式端头抬棚的顺利前移。

采煤机采用工作面端部斜切方式进刀时，斜切段长度与输送机机头（尾）布置的位置和长度、采煤机机身长度、输送机弯曲段长度等因素有关。当输送机机头（尾）完全布置在平巷时，斜切段长度等于采煤机机身长度加输送机弯曲段长度。输送机弯曲段长度与机槽尺寸、机槽间水平可转角度、每次推移步距（即采煤机滚筒截深）等参数有关。几种国产输送机弯曲段的长度见表8-3。

表8-3 几种国产输送机弯曲段的长度

输送机型号	机槽尺寸(长×宽)/mm×mm	槽间水平可转角/(°)	输送机弯曲段长度/m			
			B=500mm	B=600mm	B=800mm	B=1000mm
SGB-764/264	1500×767	2	13.5	15.0	15.0	16.5
SGB-630/150	1500×630	3	10.5	10.5	12.0	13.5
SGD-630/180	1500×630	2	13.5	15.0	15.0	16.5
SGB-630/80	1500×630	3	10.5	10.5	12.0	13.5

五、普采工作面的设备配套

（一）中厚煤层普采设备

我国已能制造系列普采工作面设备，可根据不同地质条件和不同生产能力要求，对设备进行选型。中厚煤层采煤机有十几个机型可供选择，与之配套的普采工作面输送机也有五六种型号。常用的中厚煤层普采工作面采煤机主要有1MG170型（双滚筒）和MDY-150型（单滚筒），其与采煤工艺关系密切的参数见表8-4。中厚煤层普采工作面刮板输送机使用较多的有SGB-630/150型和SGD-630/180型，见表8-5。

表8-4 普采工作面采煤机参数

技术特征 机型	尺寸(长×宽×高)/mm×mm×mm	生产率/(t/h)	采高/m	滚筒直径/m	滚筒调速/(r/min)	截深/m
1MG170	6905×1841×1186	670	1.4~2.6	1.35	64~50	0.6
			1.6~3.0	1.6		
MDY-150	4046×1572×1070	585	1.3~2.5	1.25~1.4	63	0.6

技术特征 机型	最大牵引力/kN	牵引速度/(m/min)	功率/kW	质量/t	最小控顶距/mm	使用倾角/(°)	适用煤层普氏系数f
1MG170	206	0~9.33	170	28	1915	0~30	2~3
MDY-150	120	0~6	150	12.5	1866	0~25	2~3

表 8-5 普采工作面刮板输送机参数

技术特征 \ 机型	SGB-630/150	SGB-630/180	SGB-630/150	SGD-630/180
输送能力	250	350	0.868	0.92
中部槽尺寸(长×宽×高)/m×m×m	1500×630×190	1500×630×220		
电动机功率/kW	2×75	2×90		
出厂长度/m	200	150		
刮板链	规格/mm×mm	$\phi18\times64$	破断拉力/kN	≥410
		$\phi26\times92$		850
总质量/t	85.8	88.7		

（二）普采工作面设备横向配套尺寸

如图 8-22 所示的普采工作面，通常把割一刀煤的全部工序完成以后，前排柱中心线至煤壁的距离称为机道宽度（D）；机道宽度加上截深称为无立柱空间宽度（R）。很显然，机道宽度（D）取决于输送机机槽总宽度（W），即图 8-22 中铲煤板宽度（F）、中部槽宽度（G）、导轨宽度（J）与电缆槽宽度（V）之和。

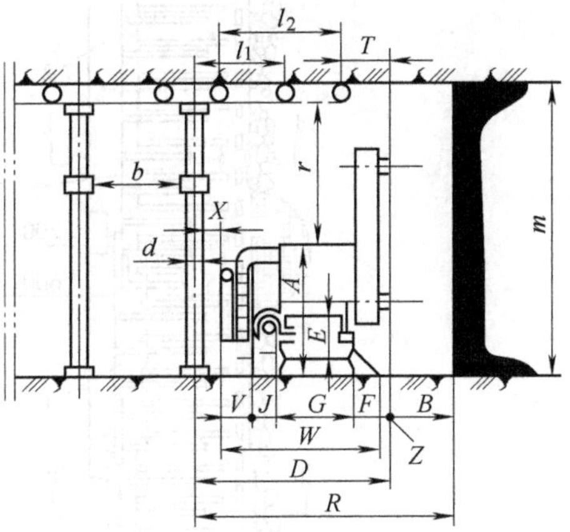

图 8-22 普采面设备横向配套尺寸

当煤壁不直或采煤机进入输送机弯曲段时，为避免滚筒截割铲煤板，应在煤壁和输送机铲煤板之间留有一个间隙 Z，一般 $Z=50\sim150$mm。此外，机道宽度还应包括输送机电缆槽与前排支柱之间的空距（X），以保证在支柱向煤壁方向偏斜或输送机移设不直时，电缆及水管等不被挤坏，一般 $X=50\sim100$mm。从前排柱中心线算起，还应包括支柱半径 $d/2$。这样，无立柱空间宽度 R 为

$$R = B + D = F + G + J + V + Z + X + \frac{d}{2} + B \tag{8-4}$$

式中 B——采煤机滚筒截深（mm）；

d——单体液压支柱缸体直径（mm）。

影响无立柱空间宽度 R 的主要尺寸是机道宽度（D）和截深（B）。而机道宽度（D）主要是由输送机机槽总宽度（W）决定的，而 W 值则取决于配套采煤机底托架的导向与支承部分的宽度和生产率。可见，采煤机和输送机的生产率必须相匹配，并受机槽宽度的制约。

从控顶角度考虑，无立柱空间宽度 R 越小越好，但设备型号确定后，机道宽度已定，只能改变截深（B）。因此，在普采设备选型中，应根据煤层地质条件，特别是顶板稳定性选择不同型号的设备和采煤机截深。

（三）普采设备的最新发展

为了进一步提高普采工作面的单产、效率和效益，改善劳动条件，自20世纪80年代中期以来，又一次对普采设备进行了更新换代。主要内容是：

1）采用双滚筒无链牵引采煤机，取消牵引锚链，使工人能更方便和安全地工作；一次采全高，随机挂梁、推移输送机和支架，以缩短作业循环时间，提高单产和效率；同时，缩短机道上方顶板无立柱支护时间，改善顶板管理。

2）采用封底式双速侧卸刮板输送机，使起动转矩增大、运行阻力减小，提高了运输能力。机槽封底、机头侧卸，可使机头处刮板链不带回头煤，加之底链与底板不接触，大大减小了输送机下滑的可能性。侧卸式机头布置在运输巷内，使采煤机滚筒能充分割至工作面端部，可以不开或开很小的切口。

3）采用Π形长钢梁对梁布置或与铰接顶梁混合支护，改善了机道顶板的支护条件，大大减少了端面距，进而减少了顶板事故，提高了开机率，如图8-23所示。

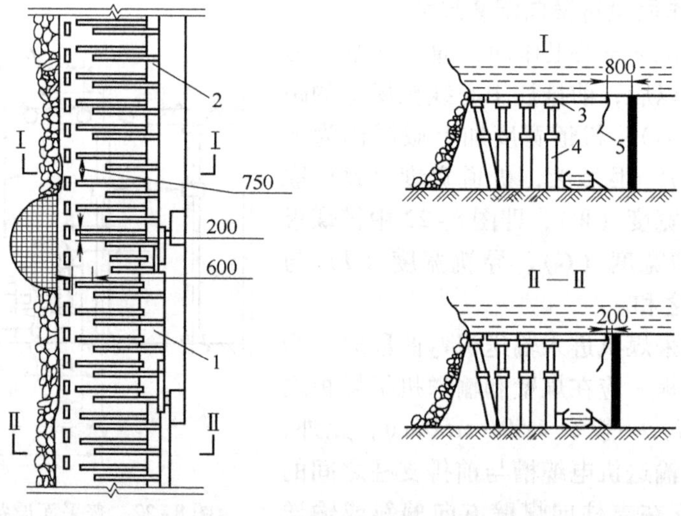

图8-23　第三代普采设备（用Π形长钢梁交替迈步对棚支护顶板）

1—双滚筒无链牵引采煤机　2—封底式双速侧卸刮板输送机　3—Π形长钢梁对棚　4—单体液压支柱　5—金属网

4）运输平巷布置转载机和可伸缩带式输送机并随工作面的推进而前移，减少了生产准备时间。

肥城查庄矿的实践证明，新的第三代普采设备与第二代普采设备相比，在条件相同的情况下，煤炭产量可提高46%，生产率可提高26%。

课题三　综合机械化采煤工艺

【任务描述】

综合机械化采煤是指回采工作面的破煤、装煤、运煤、支护及采空区处理等基本工序都实现机械化作业。这样的工作面称为综合机械化采煤工作面，简称综采工作面。

综合机械化采煤是在机采的基础上发展起来的，是采煤技术上的重大革新，有力地促进了煤炭生产。

1953 年，英国首先用自移式液压支架装备了第一个综采工作面，此后，德国、前苏联、法国、日本等国也陆续引进、研制了各种液压支架装备综采工作面。

我国自 20 世纪 60 年代初期开始研制液压支架，1974 年以后，又陆续引进了综采的成套设备，装备了一些综采工作面，已显示出综采的巨大优越性，并积累了宝贵的经验。

综合机械化采煤，可进一步实现回采工作面集中化；减少辅助人员和设备；大大减轻工人的体力劳动；减少和避免冒顶事故，有利于安全生产；工作面产量和劳动生产率均有大幅度提高；材料消耗和生产成本大大降低。从全国平均单产来看，综采工作面的产量比机采工作面的产量几乎高一倍。

【相关知识】

综采工作面设备布置通常如图 8 - 24 所示。

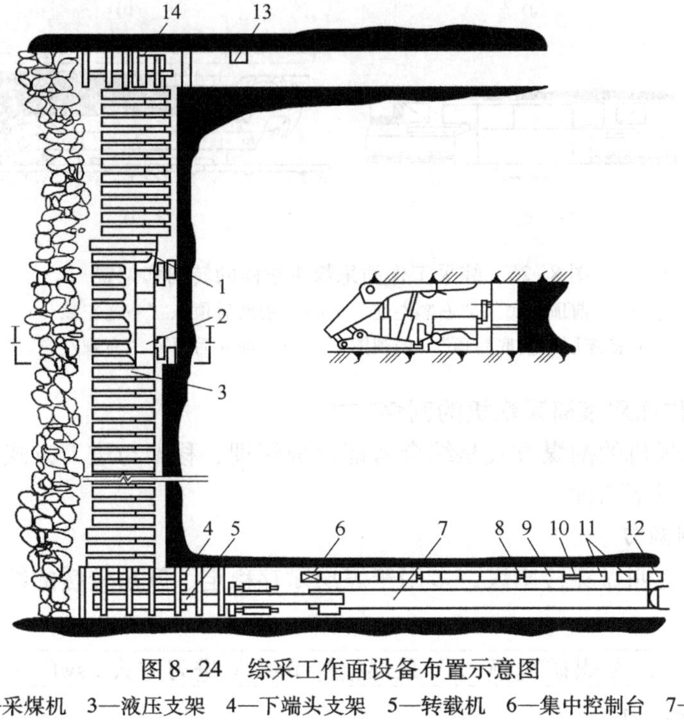

图 8 - 24　综采工作面设备布置示意图

1—刮板输送机　2—采煤机　3—液压支架　4—下端头支架　5—转载机　6—集中控制台　7—可伸缩带式输送机　8—配电箱　9—乳化液站　10—设备列车　11—移动变电站　12—喷雾泵站　13—液压安全绞车　14—上端头支架

综合机械化采煤与普通机械化采煤工艺的区别在于其回采工作面支护实现了机械化。总体来看，这种方式使工作面破煤、装煤、运煤、推移输送机、支移液压支架等主要作业全部实现了机械化，大幅度降低了劳动强度，提高了单产及安全性。

一、综采工作面双滚筒采煤机工作方式

（一）滚筒的转向和位置

综合机械化采煤工艺一般采用双滚筒采煤机，不开切口进刀。面向煤壁站在综采工作面

前方时，通常采煤机的右滚筒应为右螺旋，割煤时顺时针旋转；左滚筒应为左螺旋，割煤时逆时针旋转。采煤机正常工作时，一般其前端的滚筒沿顶板割煤，后端的滚筒沿底板割煤。这种布置方式操作安全、煤尘少、装煤效果好，如图 8 - 25a 所示。在某些特殊条件下，如煤层中部含硬夹矸时，也可使用采煤机的右滚筒为左螺旋，逆时针旋转；左滚筒为右螺旋，顺时针旋转的形式，如图 8 - 25b 所示。在运行中，前滚筒割底煤，后滚筒割顶煤，在下部采空的情况下，中部硬夹矸易被后滚筒破落下来。

一些型号的薄煤层采煤机滚筒与机体在一条轴线上，前滚筒割出底煤以便机体通过，因此也采用“前底后顶”式布置，如图 8 - 25c 所示。有时，过地质构造也需要采用“前底后顶”式布置，后滚筒割顶煤后立即移支架，以防顶煤或碎矸垮落，如图 8 - 25d 所示。

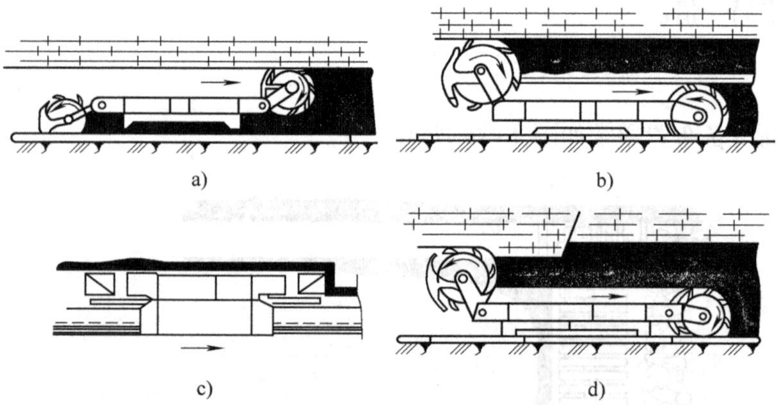

图 8 - 25　综采工作面采煤机滚筒的转向和位置

a）“前顶后底”、“右顺左逆”　b）“前底后顶”、“右逆左顺”

c）薄煤层“前底后顶”（俯视图）　d）“前底后顶”、“右顺左逆”

（二）综采工作面双滚筒采煤机的割煤方式

综采工作面采煤机的割煤方式是综合考虑顶板管理、移架与进刀方式、端头支护等因素而确定的，主要有以下两种。

1. *往返一次割两刀*

这种割煤方式也叫做穿梭割煤，多用于煤层赋存稳定、倾角较缓的综采工作面，工作面为端部进刀。

［视频链接］..\煤矿视频..\采煤概论 flash\进刀方式.swf

2. *往返一次割一刀*

即单向割煤，工作面中间或端部进刀。此方式适用于顶板稳定性差的综采工作面；煤层倾角大，不能自上而下移架，或输送机易下滑，只能自下而上推移的综采工作面；采高大而滚筒直径小，采煤机不能一次采全高的综采工作面；采煤机装煤效果差，需要单独牵引装煤行程的综采工作面；割煤时产生煤尘多、降尘效果差，移架工不能在采煤机的回风平巷一端工作的综采工作面。

（三）综采工作面采煤机的进刀方式

1. *直接推入法进刀*

直接推入法进刀的过程与单滚筒采煤机直接推入法进刀相同。因该方式需要提前开出工作面端部切口，而且大功率采煤机和重型输送机机头（机尾）叠加在一起，推移困难，所以很少采用。

2. 工作面端部斜切进刀

工作面端部斜切进刀方式又分为割三角煤进刀（图 8 - 26）和留三角煤进刀两种。

（1）割三角煤进刀　割三角煤进刀过程如下：

1）当采煤机割至工作面端头时，其后的输送机槽已移近煤壁，采煤机机身处尚留有一段下部煤，如图 8 - 26a 所示。

2）调换滚筒位置，前滚筒降下、后滚筒升起，并沿输送机弯曲段反向割入煤壁，直至输送机直线段为止，然后将输送机移直，如图 8 - 26b 所示。

3）再次调换两个滚筒的上、下位置，重新返回割煤至输送机机头处，如图 8 - 26c 所示。

4）将三角煤割掉，煤壁割直后，调换上、下滚筒位置，返程正常割煤，如图 8 - 26d 所示。

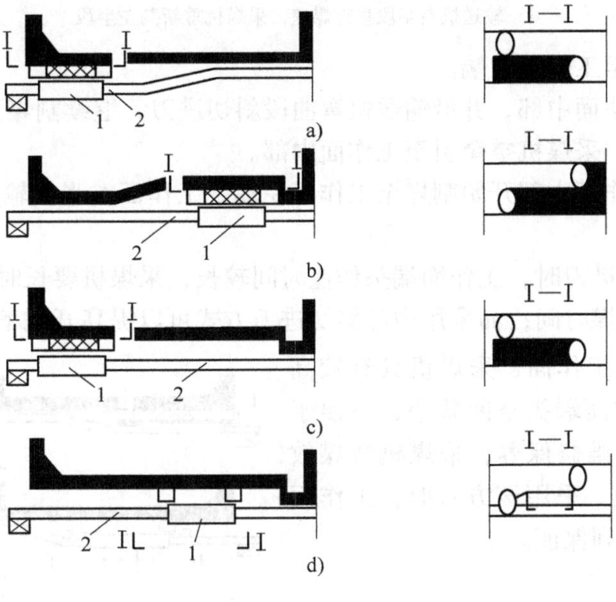

图 8 - 26　工作面端部割三角煤斜切进刀

a）起始　b）斜切并移直采煤机　c）割三角煤　d）开始正常割煤

1—综采工作面双滚筒采煤机　2—刮板输送机

（2）留三角煤进刀　留三角煤进刀法与单滚筒采煤机留三角煤进刀法（图 8 - 18）相似，此处不再赘述。

综采工作面斜切进刀要求运输及回风平巷有足够的宽度，工作面输送机机头（尾）尽量伸向平巷内，以保证采煤机滚筒能割至平巷的内侧帮，并尽量采用侧卸式机头。若平巷过窄，则需辅以人工开切口才能进刀，这就难以发挥综采的生产潜力。

3. 综采工作面中部斜切进刀

图 8 - 27 所示是综采工作面中部斜切进刀过程，其特点是输送机弯曲段在工作面中部。操作过程为：

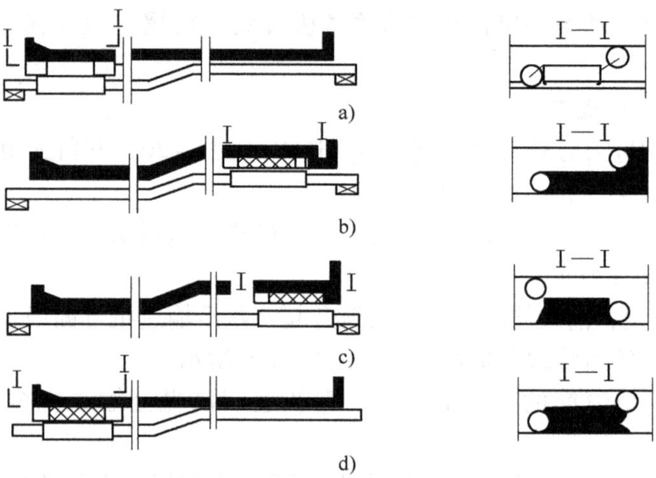

图 8-27　综采工作面中部斜切进刀

a）采煤机割煤至工作面左端部　b）返回中部斜切　c）移直输送机，采煤机割右半段

d）输送机右半段移近煤壁，采煤机重新割左半段

1）采煤机割煤至工作面左端。

2）空牵引至工作面中部，并沿输送机弯曲段斜切进刀，继续割煤至工作面右端。

3）移直输送机，采煤机空牵引至工作面中部。

4）采煤机自工作面中部开始割煤至工作面左端，工作面右半段输送机移近煤壁，恢复初始状态。

采煤机端部斜切进刀时，工作面端头作业时间较长，采煤机要长时间等待推移机头、端头支架，影响有效割煤时间；而采用中部斜切进刀方式可以提高开机率。工作面中部斜切进刀适用于较短的综采工作面，采煤机具有较高的空牵引速度；工作面端头空间狭小，不便于采煤机在端头停留并维修保养，采煤机装煤效果较差的综采工作面。采用该方式时，工作面工程规格质量不易得到保证。

4. 滚筒钻入法进刀

图 8-28 所示为滚筒钻入法进刀的过程。

1）采煤机割煤至工作面端部距终点位置 3～5m 时停止牵引，但滚筒继续旋转。

2）开动千斤顶推移支承采煤机的输送机槽。

3）滚筒边钻进煤壁，边上下或左右摇动，直至达到额定截深并移直输送机。

4）采煤机割煤至工作面端头，可以正常割煤。

钻入法进刀要求采煤机滚筒端面必须布置截齿和排煤口，滚筒不用挡煤板。若用门式挡

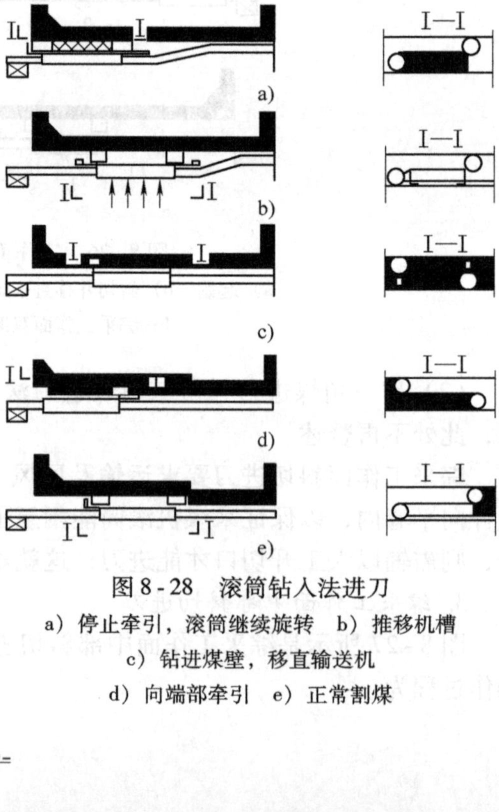

图 8-28　滚筒钻入法进刀

a）停止牵引，滚筒继续旋转　b）推移机槽

c）钻进煤壁，移直输送机

d）向端部牵引　e）正常割煤

煤板，则钻入前须将其打开，并对输送机机槽、推移千斤顶、采煤机强度和稳定性都有特殊要求，采高较大时不宜采用。

二、综采工作面液压支架的移架方式

（一）移架方式

我国采用较多的移架方式有以下三种。

（1）单架依次顺序式　又称单架连续式，如图 8-29a 所示。支架沿采煤机牵引方向依次前移，移动步距等于截深，支架移成一条直线。该方式操作简单，容易保证规格质量，能适应不稳定顶板，应用比较多。

（2）分组间隔交错式　如图 8-29b、c 所示，该方式移架速度快，适用于顶板较稳定的高产综采工作面。

（3）成组整体依次顺序式　如图 8-29d、e 所示，该方式按顺序每次移一组，每组 2～3 架，一般由大流量电液阀成组控制。适用于煤层地质条件好、采煤机快速牵引割煤的日产万吨综采工作面。我国采用较多的分段式移架属于依次顺序式。

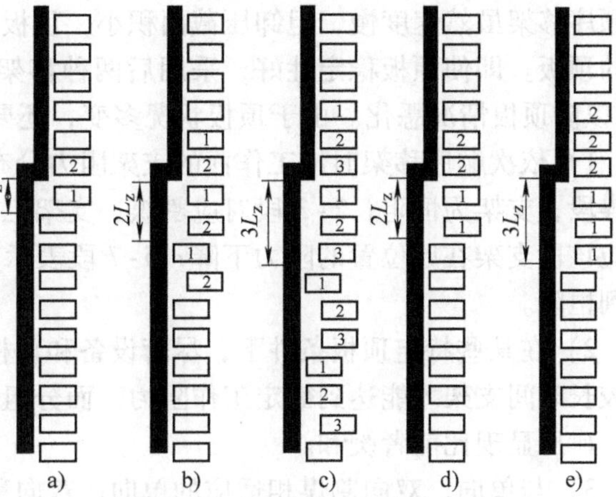

图 8-29　液压支架的移架方式
a）单架依次顺序式　b）、c）分组间隔交错式
d）、e）成组整体依次顺序式

（二）移架方式对移架速度的影响

移架速度取决于泵站流量及阀组和管路的乳化液通过能力、支架所处状态及操作方便程度、人员操作技术水平等因素。而当这些因素相同时，决定移架速度的关键因素则是移架方式。支架的移架速度可用下式表示

$$v_z = \frac{NL_z}{t_z} = \frac{NL_z}{t_e + Nt_d} \tag{8-5}$$

式中　v_z——移架速度（m/min）；

L_z——单个支架的宽度（m）；

t_z——移设一架支架或一组支架的总时间（min），$t_z = t_e + Nt_d$；

t_e——移设一架支架的操作调整时间（min）；

t_d——移设一架支架的供液时间（min）；

N——采用分组间隔交错式和成组整体依次顺序式移架方式时，表示同时移动的架数；采用分段依次顺序移架时，表示所分段数。

实测表明，移架中的操作调整时间约占移架总时间的 60%～70%。当泵站流量不变时，同时前移的支架数增加到 N，供液时间也相应增加，但调整操作时间 t_e 仍等于单架的调整操作时间，由于 $t_e \gg t_d$，故移架速度可加快。

若同时前移的支架数增加到 N，泵站流量也增加到 N 倍，多架支架同时前移时的供液

时间也不会增加，故可使移架速度进一步提高。兖州矿业集团南屯矿综采工作面采用成组整体依次顺序方式，同时移架的段数与乳化液泵站开动的台数相一致，大大加快了移架速度，并保证了支架移架后的额定初撑力，这是该矿综采工作面单产实现高产的关键技术措施之一。

（三）移架方式对顶板管理的影响

选择移架方式不仅要考虑移架速度，还要考虑其对顶板管理的影响。一般来说，单架依次顺序移架虽然速度慢，但卸压截面积小，顶板下沉量比其他两种方式小得多，适于稳定性差的顶板。即使顶板稳定性好，采用后两种移架方式时，同时前移的支架数 N 也不宜大于3，以防顶板情况恶化。由于顶板状况多变，还要依照下列情况考虑移架方式：

1）依次顺序移架时沿工作面的支架阻力分布情况如图 8-30 所示。图中 1-2 段对应未采煤段，支架为恒阻；2-3 段对应割煤，支架工作阻力稍有下降；5 表示支架卸载；4-5 段对应该段支架在原位置的阻力下降；5-7 段表示支架移架后工作阻力逐渐上升；至7-8 段又达到恒阻。

2）在某些特定顶板条件下，尽管设备和顶板条件完全相同，依次顺序式移架仍需要经过较长时间支架才能达到额定工作阻力，而分组间隔交错式移架则能较快地达到额定工作阻力，矿压显现比前者缓和。

3）与单向、双向割煤相适应的单向、双向移架，对顶板管理效果的影响很大。单向移架时，先移的支架先达到额定工作阻力，支架阻力沿煤壁方向分布大致相同，有利于顶板管理；双向移架时，工作面端部支架短时间内移动两次，长时间处于初撑状态，不利于顶板管理。

4）卸载与不卸载移架对顶板管理的影响较大，如图 8-31 所示。不卸载或部分卸载移架时，有利于控制顶板，应尽量采用。

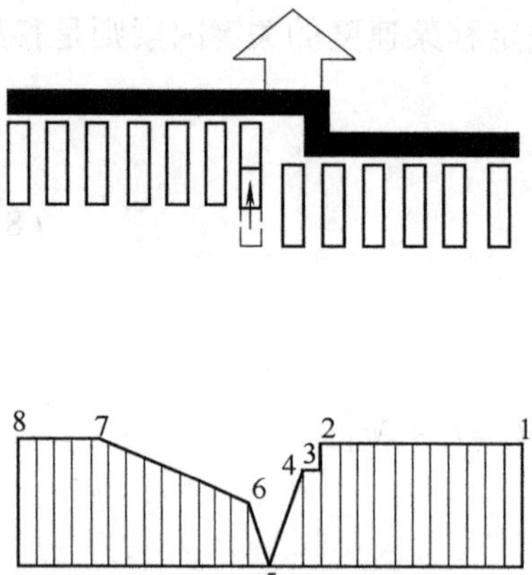

图 8-30　依次顺序移架时沿工作面的支架阻力分布

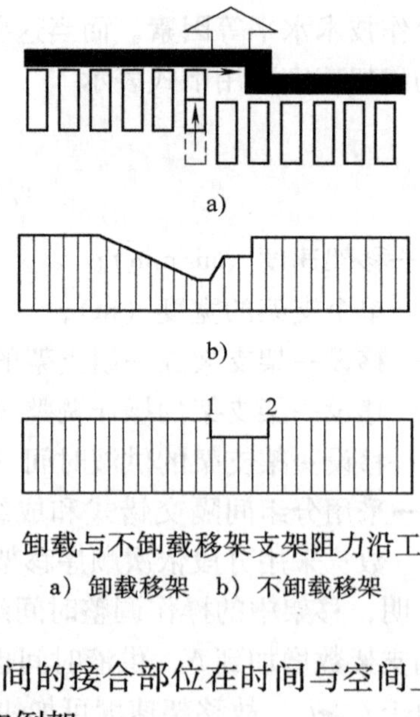

图 8-31　卸载与不卸载移架支架阻力沿工作面分布
a）卸载移架　b）不卸载移架

5）采用分段依次顺序式移架时，由于段与段之间的接合部位在时间与空间上交叉，导致顶板下沉量叠加，容易造成顶板破碎、煤壁片帮和倒架。

三、液压支架支护方式

综采工作面割煤、移架和推移输送机三个主要工序，按照不同顺序有两种配合方式：及时支护方式（图 8-32）和滞后支护方式。

1. *及时支护方式*

采煤机割煤后，支架依次或分组随机立即前移，支护顶板，输送机随移架逐段移向煤壁，推移步距等于采煤机截深。采用这种支护方式，推移输送机后，在支架底座前端与输送机之间有一个截深的宽度，工作空间大，有利于行人、运料和通风。当煤壁容易片帮时，可先于割煤进行移架，以支护新暴露出来的顶板。但这种支护方式增大了工作面控顶宽度，不利于控制顶板。为此，有些综采设备的支架和输送机采用全插底式支架和半插底式支架配合方式，如图 8-33 所示。

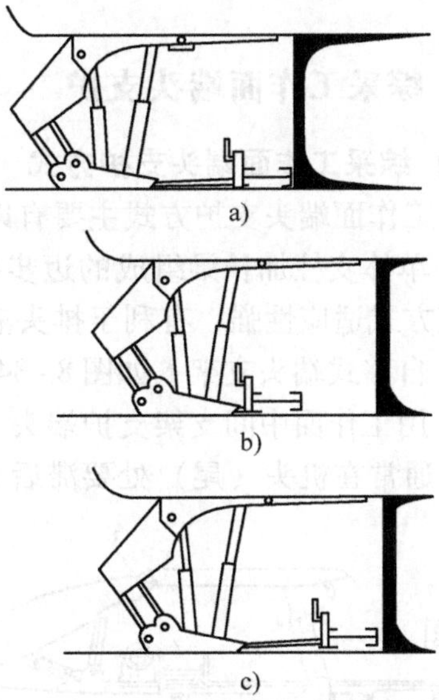

图 8-32　及时支护方式

a）割煤　b）移架　c）推移输送机

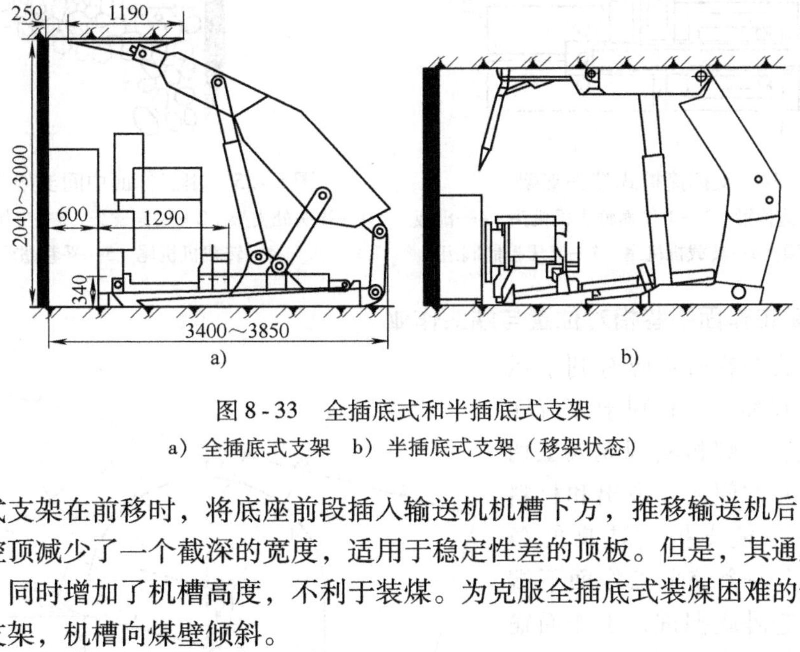

图 8-33　全插底式和半插底式支架

a）全插底式支架　b）半插底式支架（移架状态）

全插底式支架在前移时，将底座前段插入输送机机槽下方，推移输送机后，底座前端与机槽相接，控顶减少了一个截深的宽度，适用于稳定性差的顶板。但是，其通风断面小，行人运料不便，同时增加了机槽高度，不利于装煤。为克服全插底式装煤困难的缺点，又研制了半插底式支架，机槽向煤壁倾斜。

［视频链接］..\ 采煤视频 ..\ 采煤概论 flash\ 整组依次移架 . swf

2. *滞后支护式*

割煤后，输送机首先逐段移向煤壁，支架随输送机前移，两者移动的步距相同。这种配合方式在底座前端和机槽之间设有一个截深富裕量，比较能适应周期压力大及直接顶稳定性好的顶板，但对直接顶稳定性差的顶板的适应性差。为了克服该缺点，某些综采工作面支架装有护帮板，前滚筒割过后将护帮板伸平，护住直接顶，随后推移输送机、移架。

无论是采用及时支护式或滞后支护式，均由设备的结构尺寸决定，使用中不能随意改动。

四、综采工作面端头支护

（一）综采工作面端头支护方式

综采工作面端头支护方式主要有以下三种。

（1）单体支柱加长梁组成的迈步抬棚　与普采工作面中该方式端头支护（图 8 - 21b）相同。该方式适应性强，有利于排头液压支架的稳定，但支设麻烦、费工费时。

（2）自移式端头支架　如图 8 - 34 所示，此方式移动速度快，但对平巷条件适应性差。

（3）用工作面中间支架支护端头　如图 8 - 35 所示，此方式适用于煤层倾角较小的综采工作面，通常在机头（尾）处要滞后于工作面中间支架一个截深。

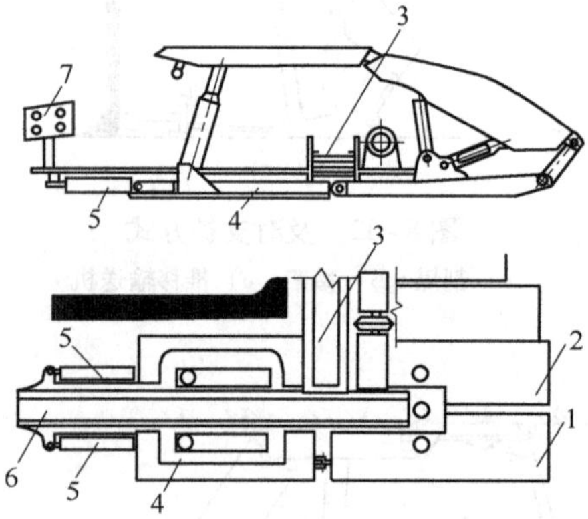

图 8 - 34　支撑掩护式端头支架

1、2—端头支架掩护梁　3—工作面输送机机头　4—滑板　5—推移千斤顶　6—转载机机尾　7—液压控制阀组

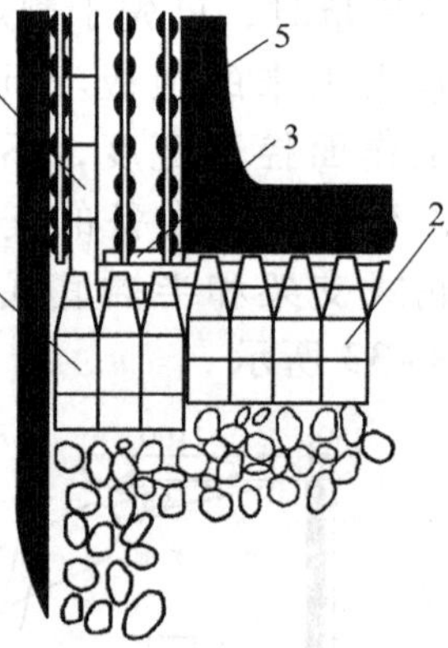

图 8 - 35　用工作面中间支架支护端头

1—端头处支架　2—中间支架　3—工作面输送机机头　4—转载机机尾　5—平巷超前支护

（二）综采工作面平巷相对位置与端头作业

综采工作面平巷布置应有利于运输设备的运转和维护，有利于煤流在端头处的转载和采煤机实现无人工切口端部进刀，并方便人员进出和材料运送，为端头顶板支护创造良好条件。图 8 - 36 为一个综采工作面下端头剖面图。平巷卧底掘进，工作面输送机机头与机槽坡度一致，机头与转载机机尾有合理搭接高度，为输送机提供了良好的运转条件。当采煤机牵引至终点位置时，其滚筒正好割至 D_m 点和 A_m 点，端部无须开人工切口，

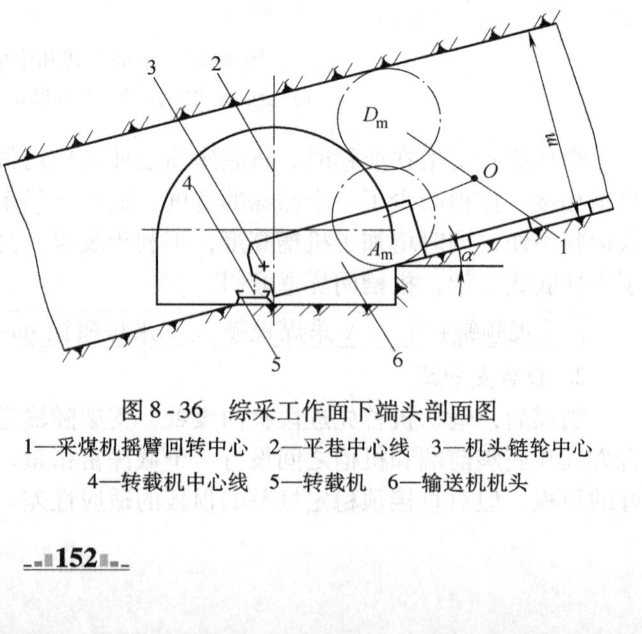

图 8 - 36　综采工作面下端头剖面图

1—采煤机摇臂回转中心　2—平巷中心线　3—机头链轮中心　4—转载机中心线　5—转载机　6—输送机机头

平巷下帮有足够的宽度供人员通过。可见，综采工作面平巷卧底掘进有利于端头管理。根据不同的设备结构尺寸和矿山压力作用，运输平巷净宽为4～5m时，可满足端头管理的要求，回风平巷宽度则可适当窄些。

为避免卧底掘进时破岩及留顶煤的困难，某些综采工作面平巷沿煤层顶板掘进，当煤层厚度大于平巷高度时，在综采工作面端部一定长度内留有三角形底煤，如图8-37所示。为保证搭接高度，需要抬高输送机机头和机尾，这对端头支护和输送机运行十分不利。此时，可采取以下补救措施：下卧转载机机尾，减少机头抬高量；随工作面推进，超前下卧平巷底煤。但是这些措施都比较费工、费时。

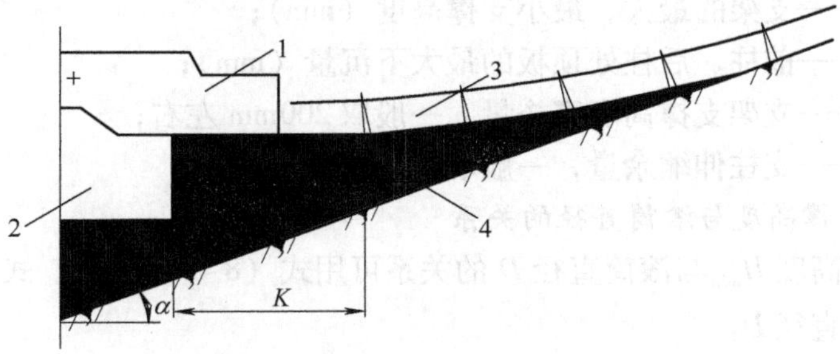

图8-37 综采工作面端部底煤留设方法

1—输送机机头 2—运输平巷 3—机槽 4—底煤

五、综采设备的配套参数

（一）综采设备的尺寸配套关系

1. 采高

采煤机的几何尺寸如图8-38所示。采用不同高度的底托架，采煤机可以获得不同的机面高度，以适应不同的采高范围。采煤机的采高可用式（8-6）计算，式中各参数均可在产品说明书中查到。

$$M_{max} = A - \frac{C}{2} + L\sin\alpha_{max} + \frac{D}{2} \quad (8-6)$$

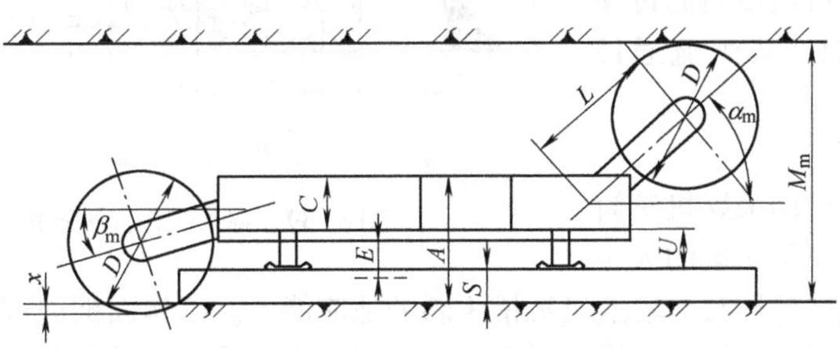

图8-38 采煤机的几何尺寸

A—机面高度 *C*—机身厚度 *D*—滚筒直径 *E*—过煤高度 *S*—机槽高度 *L*—摇臂长度

U—底托架高度 *x*—最大下切量 α_m、β_m—摇臂向上、向下的最大摆角

式中 M_{max}——采煤机最大采高（m）；

α_{max}——摇臂向上的最大摆角（°）；

A——机面高度（m）；

C——机身厚度（m）；

L——摇臂长度（m）；

D——滚筒直径（m）。

为适应煤层厚度的变化，采煤机最大采高与最小采高之比应为1.6～2.0。

2. 采高与支架支撑高度的关系

采高与支架支撑高度的关系可按下式计算

$$H_{max}=M_{max}-s_1+h,\ H_{min}=M_{min}-s_2-a \tag{8-7}$$

式中　H_{max}、H_{min}——支架的最大、最小支撑高度（mm）；

s_1、s_2——前柱、后柱处顶板的最大下沉量（mm）；

h——支架支撑高度富裕量，一般取200mm左右；

a——支柱伸缩余量，一般取$a=50$mm。

3. 支架最小支撑高度与滚筒直径的关系

支架最小支撑高度H_{min}与滚筒直径D的关系可用式（8-8）表示。式中，滚筒采煤机最小采高就等于滚筒直径D。

$$H_{min}=D-s_2-a \tag{8-8}$$

4. 支架支撑高度与机面高度的关系

支架支撑高度H与采煤机机面高度A的关系如图8-39所示。在采煤机处于支架最小支撑高度H_{min}的情况下，其机面至支架顶梁底面仍要保持一个过煤富裕高度Y值，通常$Y\geqslant$200mm，Y可用下式表示

$$Y=H_{min}-(A+\delta) \tag{8-9}$$

式中　δ——顶梁厚度（mm）。

若机面高度A过大，超过了支架最小支撑高度，则煤层变薄时支架可能降不下来，采煤机就必须截割岩石；若A值过小，则会导致采煤机底托架与输送机机槽间的过煤高度E值过小，而造成煤流通过困难。

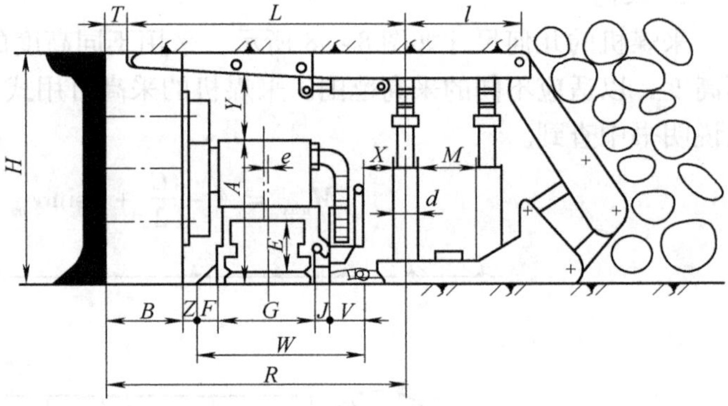

图8-39　综采工作面设备配套尺寸

5. 最大下切量

采煤机的下切量即采煤机滚筒能割入底板的深度。下切量的大小表示采煤机对底板平整性及对输送机机槽歪斜的适应能力。工作面推进过程中，当遇到底板鼓起或浮煤垫起而使输送机的机槽向采空侧倾斜时，由于采煤机具有下切能力，而仍能割至底板。同时，下切能力也是采煤机通过地质构造、仰斜或俯斜开采，以及将底板割成平缓平面所必需的。采煤机的最大下切量可按下式计算

$$x=A-\frac{C}{2}-L\sin\beta_{max}-\frac{D}{2} \tag{8-10}$$

式中　β_{max}——摇臂向下的最大摆角。

用式（8-10）计算出的值应为负数，表示割至机槽底面以下的深度；若是正值，则表示机器不能下切。通常，$x=-300\sim-150\text{mm}$。

6. *底托架高度*

采煤机底托架高度 U 影响着最大采高 M_{max}、机面高度 A、过煤高度 E 和下切深度。U 可用下式表示

$$U=M_{max}-\left(\frac{C}{2}+L\sin\alpha_{max}+\frac{D}{2}+s\right) \tag{8-11}$$

式中　s——输送机槽高度。

通常，采煤机说明书中列有几种机面高度或底托架高度，以供用户选择。

7. *摇臂升角*

摇臂升角 α 是影响采高的重要参数之一，升角增大，则采高增大。但升角 α 过大时，会使滚筒中心至机身端部的水平距离过小，从而使较多被割落的煤在机身煤壁侧装入机槽，导致装煤效果差，还会使较多的煤落在机面上，造成操作不安全。

（二）综采工作面设备横向配套尺寸

综采工作面的机道宽度就是割煤并移架后，从支架前柱中心线至煤壁的距离，因此，综采工作面机道宽度就是无立柱控顶宽度 R。及时支护式综采工作面机道宽度应包括一个截深的宽度，如图 8-39 所示。为了减小机道宽度，以利于顶板管理，同时保证铲煤板与煤壁间的间隙 Z，以及采煤机电缆拖移装置能对准输送机电缆槽，采煤机机身中心线应相对输送机机槽中心线向煤壁偏移距离 e，其值随机而定。

《煤矿安全规程》规定，人行道宽度 $M\geqslant 700\text{mm}$，人行道的位置可在前、后柱之间，如图 8-39 所示，也可在前柱与输送机之间，因设备而异。

支架顶梁的梁端与煤壁之间必须保留一定的端面距，以防机槽不平直或斜切进刀时滚筒割梁端。端面距 T 值与采高有关，一般 $T=150\sim300\text{mm}$，采高小时取下限，采高大时取上限。

移架千斤顶的行程应比采煤机截深大 100～200mm，以保证在支架与输送机不垂直时也能移机、拉架。

【知识拓展】

📖 技能训练

模型实训五　采煤工艺模型实训

【实训目标】

通过采煤工艺模型实训，掌握采煤工作面布置及其主要技术装备、采煤工艺过程、各道工序的工作方式及其在时间与空间上的配合关系等内容。

【任务描述】

采煤工艺模型实训配备的实训教学模型如下：

1）普通机械化采煤工作面布置模型。
2）综合机械化采煤工作面布置模型。
3）综合机械化放顶煤采煤工作面布置模型。
4）爆破采煤工作面布置模型。
5）滚筒采煤机工作方式模型。
6）可弯曲刮板输送机运行方式模型。
7）各种类型的整体液压支架（包括放顶煤液压支架）工作原理模型。
8）单体液压支柱、滑移顶梁液压支架工作原理模型。
9）采煤工作面单体支架布置方式模型。
10）采煤工作面采空区处理方式模型等。

【任务实施】

一、实训教学过程

1）按每小组10～15人分组，给每小组安排一组实训模型。
2）指导教师介绍模型实训的目的、方法、要求和注意事项。
3）各组学生在指导教师的指导下，采用观摩、讨论、绘图等方式进行实训。
4）完成一组实训模型后，小组之间互相交换模型，进行另一组模型实训。
5）指导教师对实训开展情况进行指导和检查。
6）实训结束前，指导教师对实训情况进行总结。

二、实训要求

1）实训前，学生必须复习课程相关知识，预习实训指导书，做好实训前的准备工作。
2）实训教学的重点是熟悉采煤工艺过程及主要设备的工作方式，具体要求如下：
① 掌握炮采、普采、综采的主要工序、进行方式及其相互配合关系。
② 掌握采煤工作面主要机电设备的工作方式。
③ 能分析并合理地布置采煤工作面支护方式。
④ 了解工作面端头、切顶线、机道等位置的特殊支护方式。
⑤ 能合理确定采煤工作面工作空间的横向尺寸（最大、最小控顶距）。

三、实训注意事项

1）指导教师要维护好实训秩序，确保每位学生都能认真地进行实训。
2）实训过程中要爱护模型设施，以免损坏。
3）分组进行观摩时，要避免各组之间的相互干扰。
4）实训结束后，指导教师要对实训进行总结和评价。

【任务考评】

实训考核成绩由两部分组成：一是学生在实训教学中的态度和独立完成能力（见表8-6），二是学生的实训报告书。

表 8-6 采煤工艺模型实训检测表

测评项目	应得分值/分	小组自评	小组互评	教师评价	实际得分
态度	20				
独立完成能力	65				
知识拓展	15				
合　计	100				
说　明	对口述部分，语言表达要求顺畅、清晰；教师结合各项表现进行综合考评。				

注：实际得分用分数标出。得分结果包括优秀（>90 分）、良好（80~90 分）、中等（70~80 分）、合格（60~70 分）、不合格（<60 分）。

【练习】

画出普采或综采工作面的平面布置示意图。用文字描述炮采、普采或综采工作面主要机电设备的型号、数量及位置；各种采煤工艺的工作面工艺过程、运煤系统、通风系统和喷雾降尘系统等；采煤工作面支护方式和端头支护方式、平巷超前支护方式。

课题四 其他条件下机采的工艺特点

【任务描述】

薄煤层（采高小于 1.3m）、大采高煤层（煤厚 3.5~6.5m）、大倾角煤层（倾斜煤层）及赋存不太规则的煤层，由于开采条件特殊，其机采工艺各有特点。

【相关知识】

一、薄煤层机采工艺特点

我国国有重点煤矿薄煤层可采储量占煤炭可采储量的比重为 18.88%，其产量则只占 6.13%，而薄煤层的机采产量所占比重更低。因此，应特别重视薄煤层的机采。

（一）薄煤层滚筒采煤机采煤的特点

薄煤层工作面采高低，要求采煤机的机身应当矮一些；要有足够的功率，通常为 100~200kW；机身应尽可能短，以适应煤层的波状起伏；要有足够的过煤和过机空间高度；尽可能实现工作面不用人工切口进刀；有较强的破岩、过地质构造的能力；结构简单、可靠，便于维护和安装。根据这些要求，薄煤层采煤机分为骑输送机式和爬底板式两类，如图8-40所示。骑输送机式采煤机由输送机机槽支承和导向，它只能用于开采厚度大于 0.8m 的煤层。因为当电动机功率为 100kW 时，其高度 $h=350$mm，过煤空间高度 $E>160\sim200$mm，过机空间富裕高度为 $Y>90\sim200$mm，输送机中部槽高度为 180~200mm，因此最小高度为 0.8m。爬底板式采煤机机身位于滚筒开出的机道内，其机面高度低，当采高相同时，与骑输送机式相比过煤空间大，电动机功率可以增大，具有较大的生产能力，并且其工作面过风断面大，工作安全，可用于开采厚度为 0.6~0.8m 的薄煤层。但是，爬底式采煤机的装煤效果差，结构较复杂，在输送机导向管及铲煤板上均需设支承点和导向点，采煤机在煤壁侧也要设支承点。

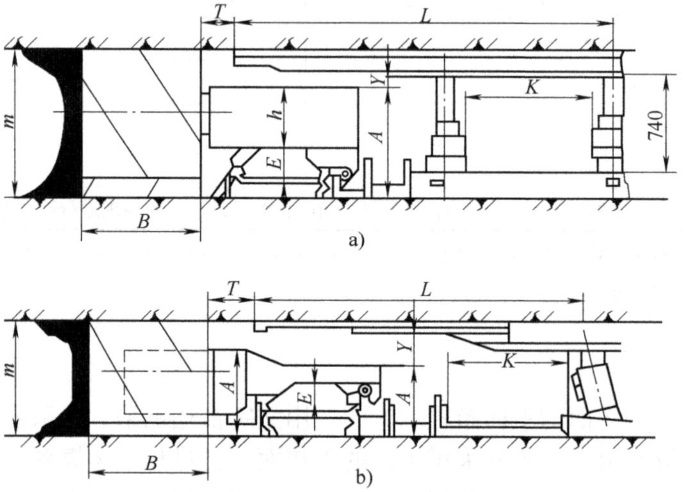

图 8-40　薄煤层采煤机

a）骑输送机式　b）爬底板式

薄煤层采煤机的滚筒转向是正向对滚的，即左滚筒用右螺旋叶片并顺时针旋转，右滚筒则相反（图 8-41），这样可以防止摇臂挡煤，从而改善装煤效果。爬底板式采煤机由前滚筒割底煤，以便于机身通过；后滚筒割顶煤，因煤量少，可用输送机铲煤板装煤。

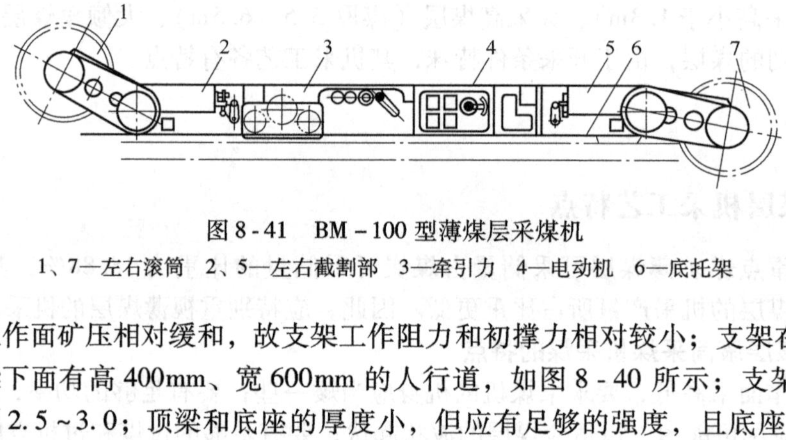

图 8-41　BM－100 型薄煤层采煤机

1、7—左右滚筒　2、5—左右截割部　3—牵引力　4—电动机　6—底托架

薄煤层工作面矿压相对缓和，故支架工作阻力和初撑力相对较小；支架在最低状态时，必须保证顶梁下面有高 400mm、宽 600mm 的人行道，如图 8-40 所示；支架调高范围大，伸缩比应达到 2.5～3.0；顶梁和底座的厚度小，但应有足够的强度，且底座一般为分体式结构，以便于排矸；为减小控顶距，一般为滞后支护式；通常为单向或双向邻架控制，以保证安全生产和减小劳动强度。

薄煤层机采面一般使用轻型、边双链、矮机身可弯曲刮板输送机。

无论是骑输送机式还是爬底板式采煤机，均要保持机采面“三股道”，即材料道、人行道和输送机道的控顶距，以最大限度地缩小控顶距。

（二）刨煤机采煤工艺的特点

刨煤机采煤是利用带刨刀的煤刨沿工作面往复落煤和装煤，煤刨靠工作面输送机导向。刨煤机结构简单、可靠，便于维修；截深小（一般为 5～10cm），只刨落煤壁压酥区表层，故刨落单位煤量能耗少；刨落煤的块度大，煤粉及煤尘量少，劳动条件好；司机不必跟机作业，可在平巷内操作，移架工和移输送机工的工作位置相对固定，劳动强度小。因此，开采薄煤层时，刨煤机是一种有效的落煤和装煤机械，如图 8-42 所示。

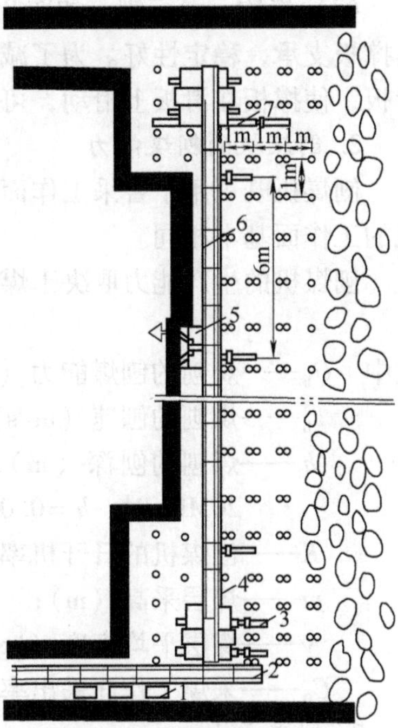

图 8-42　刨煤机普采工作面布置
1—电拉设备　2—平巷输送机　3—千斤顶　4—刨链　5—煤刨　6—工作面输送机　7—防滑梁

1. 刨煤机种类

刨煤机的类型很多，目前国内外使用的主要是静力刨，即刨刀靠锚链的拉力对煤体施以静压力破煤。静力刨按其结构特点主要分为以下三类，如图 8-43 所示。

（1）拖钩刨　如图 8-43a、b 所示，煤刨 1 与撑板 3 连在一起，以保持刨煤时的稳定性。撑板压在输送机机槽下方，由牵引链 2 带动往复运行落煤和装煤。煤刨通过后，靠千斤顶4 将输送机推进一个刨深 h。

拖钩刨的刨体宽度 c 大于刨深 h，因而煤刨经过处，输送机机槽被推向采空侧一个宽度 c，煤刨过后机槽在千斤顶的作用下又重新移向煤壁。另外，煤刨经过处机槽被撑板抬起，煤刨过后又落下。

（2）滑行刨（图 8-43c、d）　滑行刨是为克服拖钩刨的缺点而发展起来的。其特点是取消了撑板，用滑架 5 来支承煤刨并导向，机槽不再后让和上下游动，运行阻力大为减小，机械效率得到提高。滑行刨的主要缺点是结构较为复杂，机道需要加宽，稳定性不如拖钩刨。

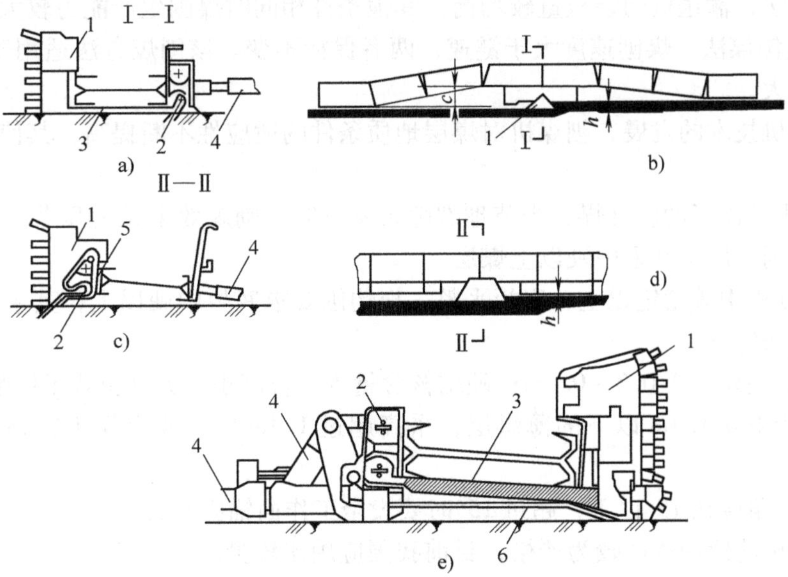

图 8-43　刨煤机类型
a)、b) 拖钩刨　c)、d) 滑行刨　e) 拖钩-滑行刨
1—煤刨　2—牵引链　3—撑板　4—千斤顶　5—滑架　6—滑板

（3）拖钩－滑行刨　如图8－43e所示，拖钩－滑行刨的结构特点与拖钩刨相似，煤刨由撑板支承，稳定性好。为了减小摩擦阻力，在输送机机槽下面装有与每节机槽长度相同的滑板，使撑板在滑板上滑动，可降低能耗，扩大使用范围。

2. 刨煤机的刨煤能力

刨煤机既可用于普采工作面，也可以用于综采工作面，其工作面的布置方式和滚筒采煤机的工作面基本相同。

刨煤机的生产能力取决于煤刨的刨煤能力和刨煤方法，煤刨的刨煤能力可用下式表示

$$Q_b = 3600 m v_b h \gamma C_0 K \tag{8-12}$$

式中　Q_b——煤刨的刨煤能力（t/h）；

v_b——煤刨的刨速（m/s）；

h——煤刨的刨深（m），煤体抗压强度 $\sigma_y \geqslant 20\text{MPa}$ 时，$h = 0.04 \sim 0.06\text{m}$；$\sigma_y < 20\text{MPa}$ 时，$h = 0.05 \sim 0.15\text{m}$；

K——刨煤机的日开机率；

m——煤层采高（m）；

γ——煤层平均密度（kg/m^3）；

C_0——采煤工作面采出率（%）。

3. 刨煤方法

刨煤机的刨煤方法是指煤刨的运行速度和输送机刮板链链速之间的相对关系。按照煤刨和刮板链的速度关系，目前有三种刨煤方法。

（1）普通刨煤法　即煤刨的速度 v_b 小于输送机的链速 v_1，两者的速度不变。该刨煤方法在煤刨下行时需要较大的装载截面，输送机能力相同时煤刨生产能力最低。

（2）组合刨煤法　链速不变，煤刨上行速度大于或等于链速，下行时则小于链速。采用这种刨煤方法，输送机的装载量较均衡，其他条件相同时煤刨生产能力较大。

（3）超速刨煤法　煤刨速度大于链速，两者保持不变。该刨煤方法适用于高速刨煤机，其生产能力最大。

随着刨煤机技术的发展，刨煤机对煤层地质条件的适应性不断提高。其使用效果较好的地质条件是：

1）软及中硬以下的脆性煤，当节理裂隙较发育时，刨煤效果尤为显著。大功率滑行刨和拖钩－滑行刨可用于开采中硬以上煤层。

2）要求顶板中等稳定以上，底板平整，拖钩刨要求底板中硬以上，其余两类刨煤机可用于较软底板条件下。

3）断层落差要小于0.3～0.5m；硬结核含量少、块度小，夹矸位置不影响刨煤。

4）适用于采高1.4m以下的薄煤层，采高超过1.4m时，要求煤不粘顶，顶煤可自行垮落。

5）煤层倾角应在15°以下，超过15°时要设全工作面锚固装置。

由于刨煤机的使用条件较为严格，目前我国应用比较少。

二、大采高煤层综采工艺特点

大采高一次采全厚综合机械化采煤法是近年来伴随着大采高液压支架、大功率采煤机和

强力刮板输送机的出现而产生的一种新工艺，适应于我国很多矿区厚度在5~7m的主采煤层。这类煤层若采用分层综采，则采高较小，影响经济效益；若采用放顶煤综采，则煤层又较薄时，也不太适宜。我国从20世纪80年代开始，在引进国外设备的基础上研制出了适应我国煤矿地质条件的一系列产品，并进行了工业性试验和实际生产，获得了一定的经验。

大采高综采工作面一般装备成套设备。此方法于20世纪90年代中期在我国邢台东庞矿试验成功，其典型配套产品经不断改进，技术特征为：MXA-300/4.5型采煤机，功率300kW，牵引速度0~8.6m/min；SGZC-730/400型侧卸式双中链刮板输送机，功率2×160kW，链速1.08m/s；BY3600-25/50型两柱掩护式液压支架，支撑高度为6.5~7.0m，该支架装有可伸缩的前探梁和两段护帮板，能够防止片帮。该套设备的年产能力可以达到575万t。

图8-44 大采高液压支架及配套的刮板输送机

20世纪90年代后期，神华大柳塔矿全部引进国外大功率大采高综采装备。采煤机为美国久益公司生产的6LS-03型双滚筒电牵引采煤机，其主要特点是多电动机驱动，遥控操作，保护装置先进，总功率为1500kW，设备的生产能力达2000~2800t/h。液压支架（图8-44）由德国DBT公司生产，采用电液控制系统，完成全部移架动作仅需8s，可实现单架和成组移架及采煤机-支架联动，具有阻力大、动作快、操作方便等优点。支架设有位移和压力传感器。

刮板输送机由久益公司生产，功率为1400kW，主要特点是溜槽为铸钢封底式，与采煤机辅助牵引装置一体化；机头、机尾均有液压马达，机尾设有刮板链自动张紧装置。2000年，其产量达到800万t。

大采高综采工作面的采煤工艺与一般综采相比有以下特点。

1）由于支架的支撑高度大，支架各部件的连接销轴与孔之间存在轴向和径向间隙，即使在水平煤层的工作条件下，支架也会产生歪斜、扭转甚至倒架。经计算和实际测量，当支架高度为4.5m水平放置时，立柱横向偏斜角可达3.4°，顶梁横向偏移距离为300~400mm；当支架向前或向后倾斜±1°时，梁端距变化±70mm；若采煤机向煤壁侧倾斜6°，端面距将增加到800mm，容易发生冒顶事故；若采煤机向采空侧倾斜6°，则滚筒将要割支架顶梁。如果煤层倾角大且底板不平，则支架更容易歪斜、倾倒，从而导致顶梁相互挤压，支架难以前移，或顶梁间距过大而发生漏矸现象。为防止以上现象发生，除在设备结构上进一步完善外，在采煤工艺上也应采取以下措施：

① 支架的工作状态是否正常，主要是由采煤机司机操作割煤质量决定的，因此应加强采煤机司机的训练和检查指导，将底板割平。

② 把煤壁采直，并防止输送机下滑，使支架垂直煤壁前移，架间保持平衡，防止邻架间前梁和尾端相互推挤，并严格控制支架高度和采高，使之不超高。

③ 移架时，顶梁不脱离顶板，但又要防止过分带压移架，以防碎矸冒落和支架后倾；

发现小的歪斜时应立即调整，以防进一步恶化。

2）大采高综采工作面容易出现煤壁大面积片帮现象，片帮后端面距加大，顶板失去煤壁支撑，常常造成冒顶事故。大采高综采工作面的片帮程度是不同的，有的基本不片帮；有的虽片帮，但靠支架的护帮板和伸缩梁就可以解决问题；也有的片帮严重，特别是周期来压时，靠支架自身机构护不住煤帮，需采取下列特殊措施：

① 改变工作面推进方向。由于煤层节理面方向的原因，有的综采工作面在同一煤层中采煤，当推进方向不同时，片帮程度不同，月产量可相差30%以上。

② 用木锚杆或薄壁钢管锚杆加固煤帮，煤帮上锚杆布置的密度、深度依据煤层特点和片帮严重程度而定。

③ 用聚氨酯或其他化学树脂固结煤壁，增加煤体强度。目前，主要使用的方法有药包法和注入法两种：

药包法：将两种体积成一定比例的液体树脂成分，分别装在互相套在一起的塑料袋中，药卷外径为43mm、长300mm、重500g。施工时，将药卷装入直径为50mm的钻孔中，每米钻孔长度装1.5～2个药卷，然后用锚杆将药卷弄破，使两种液体树脂混合，用木塞将孔口封住。两种树脂混合后，迅速发生化学反应并发泡，充满钻孔，不仅可将锚杆与煤体固结在一起，还可将周围煤岩的层理、裂隙粘固。该法也可以用于在巷道掘进中加固围岩。

注入法：所用设备主要是两台齿轮泵，分别吸入两种树脂浆液（一般是多异氰酸酯及多元醇聚醚），通过三通接头注入注浆管混合器中混合，然后经封孔器输入孔中。可将泵站放在工作面，也可放在平巷内利用长距离高压软管输入。聚氨酯压注系统原理如图8-45所示。

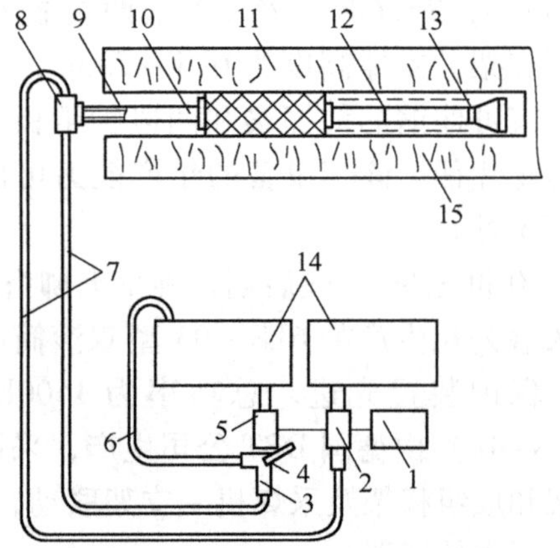

图8-45 聚氨酯压注系统原理
1—动力设备 2、5—压注泵 3、13—单向阀 4—三通阀 6—循环软管 7—高压软管 8—三通接头 9—搅拌器 10—钢管 11—密封器 12—辅助器 14—多异氰酸酯和多元醇聚醚容器 15—煤体

3）大采高综采工作面端头管理困难，因此运输及回风巷最好沿底留顶掘进，这样有利于端头管理。但有些厚煤层顶煤留不住，因此常常采用沿顶留底的方法掘进平巷，在工作面端部留下较厚的底煤，给端头管理造成困难。加强支护的具体方法如下：

① 上、下端头的巷道末端采用丛柱切顶、挡矸。

② 排头、排尾各设三架支架，可用伸缩梁或护帮板作临时支护，其移架落后于中间支架一个步距，待移机头、机尾后再移架，使工作面梁端保持一致。

③ 工作面回风平巷和运输平巷采用单体液压支柱配铰板顶梁超前支护20m，平行于巷道架设，一般回风巷两排，运输平巷三排，均为一梁二柱。

三、大倾角煤层机采工艺特点

在干燥条件下，金属对金属的摩擦因数为0.23～0.30，其相应的摩擦角为13°～17°；在潮湿条件下，摩擦因数要降低，因此以输送机为导向和支承的采煤机，在煤层倾角大于

12°时必须设防滑装置。

煤层底板对金属的摩擦因数一般为0.35~0.40，对应的摩擦角为18°~20°。由于工作面常有淋水及降尘洒水，可使摩擦因数进一步降低，致使煤层倾角在12°时就有可能由于输送机和支架的自重而下滑。

综上所述，12°以下煤层是机采的最有利条件，此时设备不会因自重而下滑。生产中出现的倒架、歪架及输送机上下窜动等问题，可以通过工艺措施加以解决。当煤层倾角大于12°时，工作面设备一般应加防滑装置，并采取相应的工艺措施。

（一）防止输送机下滑

输送机下滑是机采工作面最常见的影响生产的严重问题。输送机下滑往往会牵动支架下滑，损坏拉架和输送机千斤顶，使输送机机头与转载机机尾不能正常搭接，煤炭滞留于工作面端头，导致工作面条件恶化。输送机下滑的主要原因如下：

1）重力原因引起下滑。当煤层倾角达到12°~18°时，就有可能因自重而下滑。

2）推移不当、次数过多地从工作面某端开始推移。

3）输送机机头与转载机机尾搭接不当，导致输送机底链反向带煤，或者底板没割平甚至推移输送机时过多的浮煤及硬矸进入底槽，导致底链与底板摩擦阻力过大，均能引起输送机下滑。

4）多数情况下，则是这几种因素综合作用的结果。

根据现场观测，煤层倾角在5°~8°时也有下滑现象。

为防止输送机下滑，应采取以下措施：

1）防止煤、矸等进入底槽，以减小底链运行阻力。

2）工作面适当伪斜，伪斜角随煤层倾角的增加而增加。当煤层倾角为8°~10°时，工作面与平巷成92°~93°的角度，即当工作面长150m时，以下平巷比上平巷超前5~8m左右为宜。调整合适时，输送机推移的上移量和下滑量可相抵消。

3）严格把握推移输送机的顺序。下滑严重时，可采取双向割煤、单向推移输送机，或单向割煤、从工作面下端开始推移输送机。

4）用单体液压支柱顶住机头（尾），推移时，将先移完的机头（尾）锚固后，将单体支柱斜支在底座下侧，然后继续推移。

5）推移输送机时，不能同时松开机头和机尾的锚固装置，移完后应立即锚固，必要时在机头（尾）架底梁上用单体液压支柱加强锚固。

6）当煤层倾角大于18°时，应安装防滑千斤顶。防滑千斤顶的安装形式有很多种，图8-46所示为其中一种。每隔6m在支架底座安装一个拉拽锚固千斤顶，用来锚固机槽。推移输送机时，千斤顶处于拉紧状态，但由于推移千斤顶的推力大，仍能使输送机前移而不下滑；移架时将防滑千斤顶松开，移架后仍处于拉紧状态。但安装专门的防滑千斤顶，会增加操作工序，降低移架速度，因此应尽量不用。

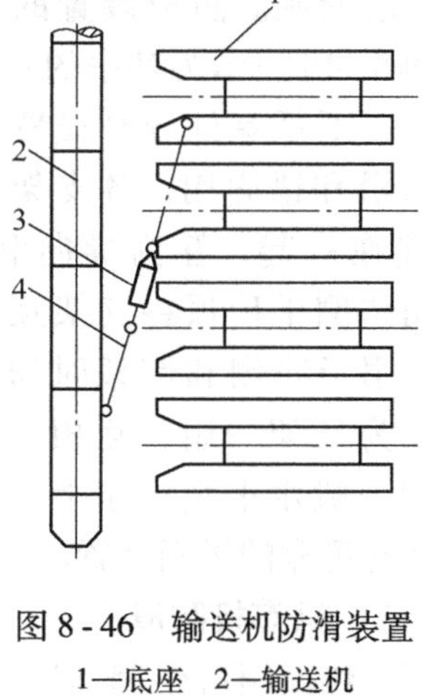

图8-46　输送机防滑装置

1—底座　2—输送机

3—防滑千斤顶　4—链条

（二）液压支架防倒防滑

当煤层倾角较大时，液压支架的稳定性问题通常表现为以下情况：

1）由于煤层倾角较大，支架重力沿煤层倾向的分力大于支架底座和底板间的摩擦力，便会产生侧向移动，如图 8-47 所示。

2）随煤层倾角增大，支架重力的作用线超出支架底座宽度边缘时便会倾倒。此外，当煤层倾角较大时，若顶板移动方向偏离煤层顶底板的法线方向，也会使支架倾倒。

3）支架前、后端的下滑特性不同，以及垮落矸石沿底板的下冲作用，也会使支架在煤层平面内移动。

4）支架顶底部所受力的合力偏心，会产生一个力矩而使支架倾倒。

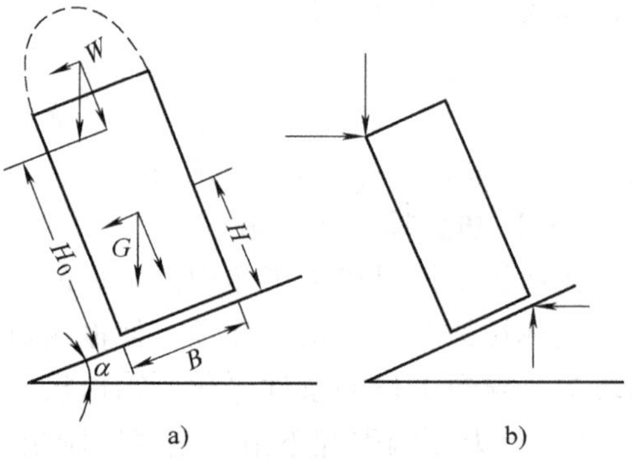

图 8-47　支架侧向稳定性

a）支架侧向倾倒　b）支架偏心受载

为防止支架失稳，应采取以下措施：

1）始终从工作面下部向上移架，以防采空区滚动矸石冲击支架尾部。

2）为防止新移设支架处于初撑力阶段，与顶底板的摩擦力小而产生下滑，应采用间隔移架方式，并使支架保持适当的迎山角，以抵消顶板下沉时的水平位移量。

3）严防输送机下滑牵动支架下滑。工作面下端头排头支架的稳定性是稳定中间支架的关键因素之一，应采取特殊的支护措施，以确保排头支架的稳定。

《煤矿安全规程》规定，当倾角大于 15°时，液压支架必须采取防倒、防滑措施。防滑装置的形式较多，图 8-48 所示为其中的一种。在靠近上、下平巷处分别设置标准支架作防滑和锚固用，各支架用导轨滑槽连在一起，互为导向和防滑，同时用防倒千斤顶将支架互相拉在一起，用于防倒和倒架时扶架。一般支架为三架一组，互相导向。端头支架一般水平装设于上、下平巷内，并有可靠的锚固装置。

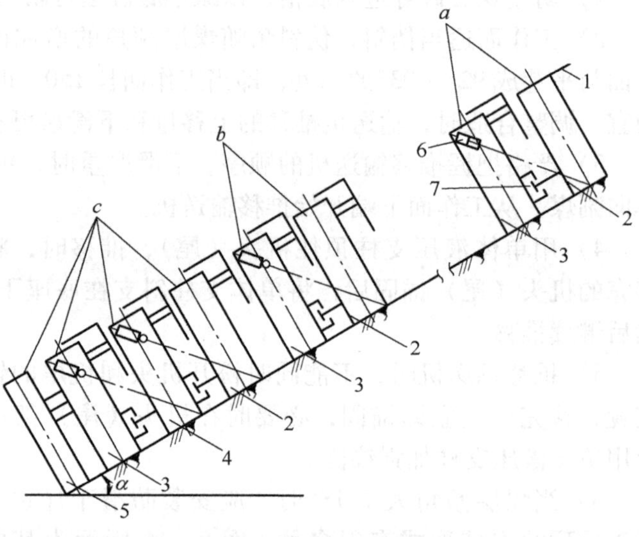

图 8-48　大倾角防倒防滑装置

a—上平巷处的一组防滑千斤顶　b、c—下平巷处的两组锚固支架

1—侧顶梁　2—高基准架　3—低基准架　4—中间支架

5—两柱支架　6—防倒千斤顶　7—导向装置

（三）采煤机防滑

当工作面倾角在 15°以上时，滚筒采煤机必须有可靠的防滑装置。对于有链牵引的采煤机，防滑装置除可防止断链和下滑外，还可为采煤机上行割煤提供缠绕力，增加割煤的牵引

力。无链牵引采煤机安装了可靠的制动器，可在40°～54°以上煤层独立地起到防滑作用。有的轻型采煤机装有简易防滑杆，如图8-49所示。当煤层倾角较小时，虽不会出现由自重引起的下滑现象，但可能出现大块煤矸或物料在输送机刮板链的带动下推动采煤机下滑的现象，因此，新型采煤机牵引部都具有下滑闭锁性能。

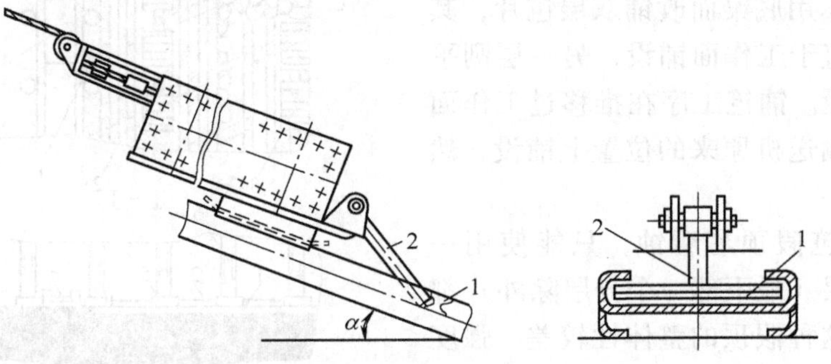

图8-49　采煤机防滑杆

1—输送机刮板　2—防滑杆

课题五　倾斜分层走向长壁采煤法工艺特点

【任务描述】

由于采用分层开采，厚煤层倾斜分层走向长壁采煤法的采煤工艺与单一的薄及中厚煤层走向长壁采煤法相比有其自身的特点。

【相关知识】

一、顶分层采煤工艺

顶分层采煤工作面的顶板是煤层的原生顶板，其采煤工艺与单一的薄及中厚煤层长壁采煤法基本相同，只是增加了为下部分层铺设假顶或形成再生顶板的工作。

（一）人工假顶

我国煤矿中采用的人工假顶主要有以下三种。

1. 竹笆（或荆笆）假顶

我国有些矿区就地取材，采用竹笆或荆芭等作为人工假顶的材料，取得了较好的控顶效果和技术经济效果。

竹笆是用竹片或细竹竿经铁丝编织而成的笆片，宽0.7～1.0m，长2.2～2.4m。荆笆是用荆条编织成的笆片。竹笆或荆笆的铺设如图8-50所示。在铺设笆片之前，应在工作面底板的煤体中先挖底梁槽，放入底梁，然后将笆片铺在底梁上。底梁的方向与工作面的交角应大于45°～60°（也可垂直摆放），以便在回采下分层时能及时用顶梁托住从煤壁暴露出来的底梁，保持假顶的完整性。底梁材料有圆木、半圆木和厚木板，也可用笆棍、粗荆条、细竹竿来代替。

笆片一般沿工作面倾斜由下而上地铺设，笆片之间相互搭接，搭接处用铁丝连接，接头要固定在底梁上以防笆片滑落。

当垮落在采空区中的矸石具有较好的胶接性能时，可不用底梁而改铺双层笆片，其中一层笆片垂直于工作面铺设，另一层则平行于工作面铺设。铺笆工序在推移过工作面输送机后，在输送机原来的位置上铺设，然后回柱放顶。

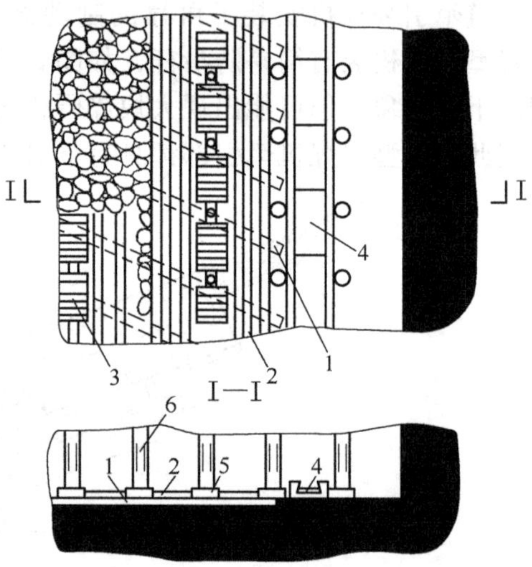

图 8-50　竹（荆）笆假顶的铺设

1—底梁　2—笆片　3—小笆片　4—输送机　5—柱鞋　6—支柱

竹笆或荆笆假顶易腐蚀，只能使用一次，故每一分层（最下部一个分层除外）都需铺设假顶。这种假顶的整体性较差、强度较低，假顶下允许的悬顶面积较小，故不适用于综采工作面，通常只在少数炮采或普采工作面中使用。

2. 金属网假顶

金属网假顶一般用 12 ~ 14 号的镀锌钢丝编织而成，为加强网边的抗拉强度，常用 8 ~ 10 号的钢丝织成网边。常见的网孔形状有正方形、菱形及蜂窝形等，如图 8-51 所示。网孔尺寸一般为 20mm × 20mm 或 25mm × 25mm。生产实践表明，菱形网在承力性能、延展性等方面的指标，均比用相同直径的钢丝编织而成的正方形网优越，目前得到了广泛的应用。

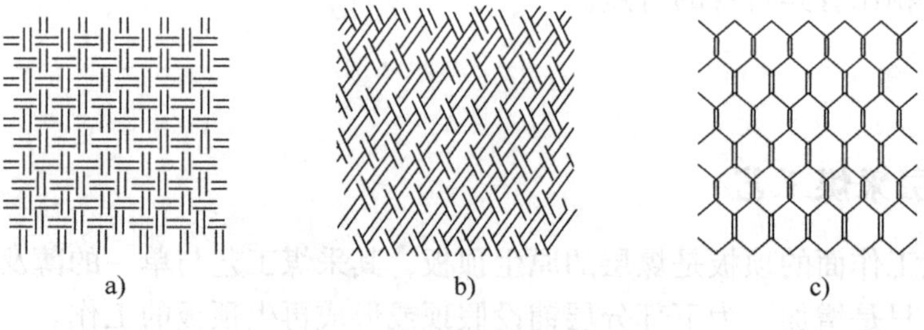

图 8-51　金属网网孔形状

a）正方形　b）菱形　c）蜂窝形

由于金属网具有较高的强度，因此，只要保证联网不出现网兜，即可不铺设底梁。金属网假顶的柔性大、体积小、重量轻，便于运输及在工作面铺设，且其强度高、耐腐蚀、使用寿命长、铺设一次可服务几个分层。因此，金属网假顶目前在分层工作面得到了广泛应用。

过去在炮采及普采工作面都是采用铺底网的方式，即在落煤、移设工作面输送机后，架设支柱之前，在原输送机道上铺金属网，金属网长边平行于工作面，网片长边间的搭接宽度为 200 ~ 300mm，网片短边对接。搭接处用 14 号和 16 号的钢丝联网，每隔一孔联一扣，联好网后再打柱及回柱放顶。这种铺网方式的缺点是：由于支柱支设在金属网上，尽管在支柱下垫上了木墩，在回柱时仍常常把金属网拉坏，破坏了假顶的完整性，给下分层回采带来了困难。

20世纪60年代中期，我国一些煤矿试验了铺顶网（图8-52）方法，即在上分层回采时将金属网铺设在工作面支架的顶部，然后在放顶线处随回柱放顶将金属网放落在底板上，成为下分层的假顶。与铺底网方式相比，铺顶网具有以下突出优点：

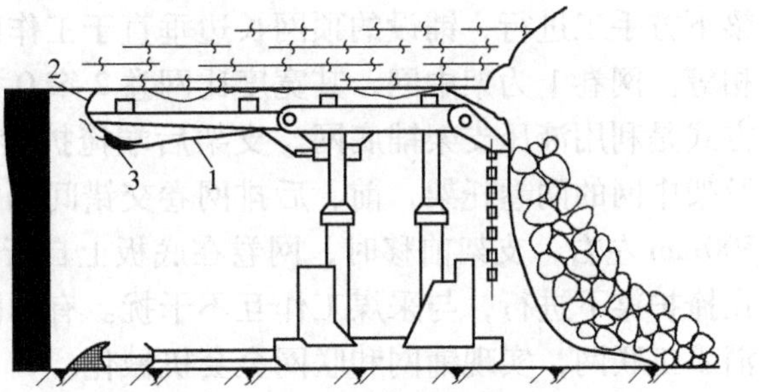

图8-52　工作面铺顶网示意图
1—新挂网　2—原挂网　3—网接头

（1）有利于改善工作面顶板管理　铺底网时，必须把采落的煤全部装净后才能在底板上铺网，而铺顶网时只需在装出一部分煤后就可挂网，并及时支护，缩短了顶板悬露时间，减少了冒顶事故。同时在顶板较破碎的情况下，顶网可有效地防止局部漏顶。这样，铺一次网可同时为上、下分层的顶板管理服务。

（2）可提高原煤质量和支柱回收率　工作面放顶时，由于有整体性金属网的掩护，将采空区与工作空间隔开，阻挡采空区的矸石窜入工作面。既保证了回柱工作的安全，又可使支柱不致被垮落的矸石压埋，提高了支柱回收率，并减少了混入原煤的矸石，提高了原煤质量。

（3）可提高煤炭采出率　铺顶网后，工作面的浮煤均位于金属网下，不会与顶板矸石混杂。开采下分层时，这些浮煤可一并采出。

在综采和普采工作面，铺网经常用挂顶网方式，即在割煤后紧接着将金属网卷沿平行于工作面的方向展开，用钢丝与原来的金属网联成一体，如图8-52所示。金属网网长10m、宽1.0~1.2m，其长边搭接，短边对接。长边用12号或14号钢丝的单丝或双丝每隔0.08m或0.1m联一扣，联好网后，移液压支架或挂梁打柱。有时工作面采用较大的搭接宽度，使搭接宽度为网卷宽度的一半，形成鱼鳞状双层顶网，取得了较好的顶板管理效果。

目前，许多矿区用菱形金属网代替正方形金属网，取得了很好的技术经济效果。菱形金属网的尺寸根据综采支架而定，开滦唐山矿采用长度为3m、宽为1.6m的菱形金属网。网的布置有齐头式和交错式两种。网与网纵向联接要求搭接50~150mm，采用8号钢丝卷成螺旋套旋扣联网，螺旋套长300mm，要求各螺旋套之间搭接半卷，至少对接无间隙。这样，联接处的强度基本与网片近似。菱形金属网的横向联网采用5mm盘条冷拔成的穿条，其长度为网宽的1/2或等宽，为防止穿条窜动要在一端弯成钩。

近年来，综采工作面利用液压支架机械化铺设金属网工艺有了很大发展。机械化铺网主要有两种方式。一种是机械化铺设顶网，一般是在液压支架的前探梁或顶梁下装有安装金属网卷的托架，如图8-53所示。将网卷装在托架上，金属网从托梁前端绕过后被紧压在顶板上，当支架前移时，网卷自行展开，一个网卷铺完后再换装上新网卷，并将新网卷的网边与旧网卷的网边联结。联网工作在支架托

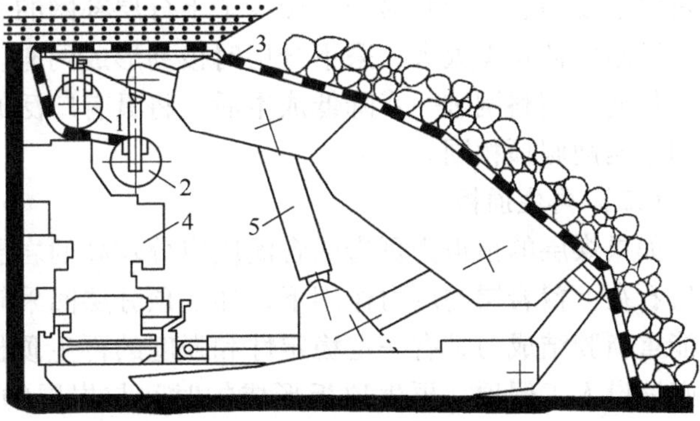

图8-53　液压支架机械化铺顶网示意图
1、2—网卷　3—金属网　4—采煤机　5—支架

梁下方手工进行，铺设的顶网长边垂直于工作面方向。网卷2为架间网，其宽度与支架宽度相等。网卷1为架中网，其宽度比网卷2窄0.5m左右，两网互相搭接。另一种机械化铺网方式是利用液压支架铺底网。支架后端掩护梁下（有的是在支架底座前端）安设有架间网及架中网的网卷托架，前、后排网卷交错间隔安放，网片长边搭接150~200mm，短边搭接500mm左右，支架前移时，网卷在底板上自行展开，如图8-54及图8-55所示。联网工作在掩护梁下进行，与采煤工作互不干扰。有的国产支架上设计了机械压扣式联网机构，可取消手工联网，实现铺网和联网全套机械化。

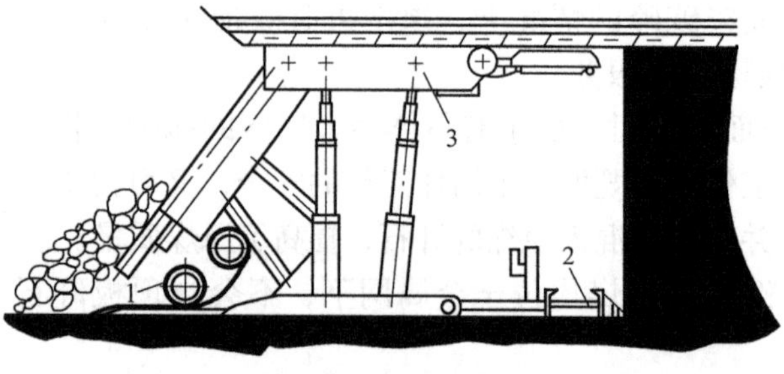

图8-54 液压支架机械化铺底网
1—网卷 2—输送机 3—支架

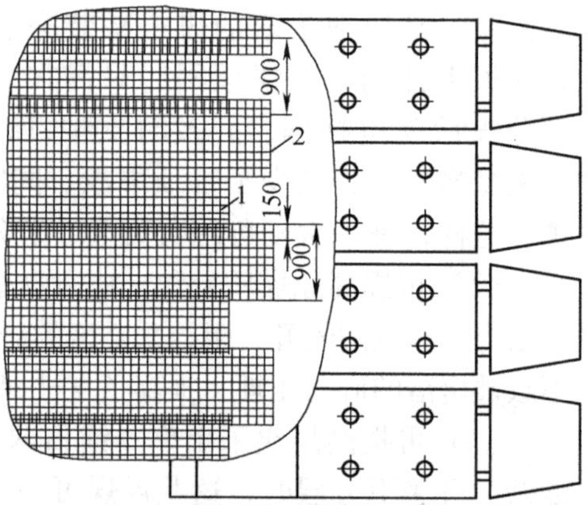

图8-55 铺底网示意图
1—架中网 2—架间网

3. 塑料网假顶

煤矿使用的塑料网假顶是用聚丙烯树脂制成的塑料带编织而成的。我国生产的塑料带宽度为13~16mm，厚度为0.8~0.9mm，每根网带的拉断力为2990kN，断后伸长率小于25%。塑料网网片尺寸通常为5.6m×0.9m或2.0m×0.9m，网孔为15mm左右的井字孔或25mm×50mm的六角形孔，后者网孔不易变形。塑料网具有无味、无毒、阻燃、抗静电、重量轻、体积小、柔性大、耐腐蚀等优良性能，在100°C内可保持稳定的物理力学特性，是一种理想的人工假顶材料。我国一些煤矿使用塑料网假顶的实践表明，塑料网的重量只有相同面积的金属网的1/5左右，且具有良好的工艺性能，使用塑料网后可显著降低铺联网工作的劳动强度，提高效率，可避免铺设金属网时金属丝扎、挂工人手脚等事故。另外，塑料网的抗拉强度高、使用寿命长，减少了下分层补网的工作量。塑料网的缺点是抗剪能力差，同时由于断后伸长率太大，采下分层时极易形成网兜。

目前，塑料网进一步降低成本后，将具有广泛的应用价值。塑料网假顶的铺设方法基本上与金属网假顶相同。

（二）再生顶板

如果煤层的顶板为页岩或含泥质成分较高的岩层，则顶分层开采后，采空区中垮落的破碎岩石在上覆岩层的压力作用下，加上顶分层回采时向采空区内注水或灌浆，经过一段时间后能重新胶结成为具有一定稳定性和强度的再生顶板。下分层即可在再生顶板下直接回采，不必铺设人工假顶。再生顶板形成的时间与岩层的特征、含水性、顶板压力大小等因素有关，一般至少需要4~6个月，有的甚至需要一年。上、下分层采煤工作面的滞后时间应大于上述时间。

再生顶板下的分层工作面采煤工艺与中厚煤层走向长壁采煤法相同，只是增加了向采空区注水或灌黄泥的工作。再生顶板取消了铺设假顶的工作，提高了劳动生产率，降低了采煤成本，改善了下分层的安全条件。国外有些矿井采用向采空区浇灌化学胶结剂的方法形成再生顶板。

在使用假顶的工作面，为了改善下分层的开采条件，有时也在开采顶分层时采取注水等措施，以促使顶板尽可能胶结。

如果煤层中含有厚度大于0.5m的夹矸层，且分布较稳定、位置对分层较合适，则可利用它作为分层假顶，称为天然假顶。

二、假顶下采煤工艺

（一）假顶下的支护及顶网管理

在假顶或再生顶板下回采时，其顶板是已垮落的岩石，故基本顶的周期来压不明显，顶板压力较顶分层小。其顶板管理的关键在于如何管好破碎顶板及防止漏矸。所以，应采用浅截式采煤机并做到及时支护。对于单体支架工作面，一般采用正、倒悬臂错梁齐柱方式，割煤后及时挂梁进行支护。当工作面片帮严重时，为防止顶网下沉冒顶，可提前在煤壁预掏梁窝，挂上铰接顶梁、打贴帮柱进行超前支护。

我国有些煤矿采用由Π形钢焊成的箱形长梁做顶梁，配合DZ-22型单体液压支柱架设的对棚，取得了较好的支护效果。Π形钢已成为制造顶梁的专用型钢，用Π形钢焊制而成的Π形钢梁只有两条焊缝，易于焊接及保证加工质量，顶梁成形较好，焊缝分布在梁体中性面上，受力小，结构合理，梁体截面惯性矩比原有的箱形顶梁小，受力时不易开裂、变形及损坏。采用由Π形长钢梁组成的对棚在工作面交替迈步前移护顶，对金属网假顶有较好的整体支护性能，能及时支护裸露后的顶板，有时甚至可不设贴帮柱，也不至于发生漏顶。移梁时有相邻顶梁支护顶板，较好地解决了中、下分层顶网下沉及出现网兜等问题。由于顶梁可无级迈步，解决了双滚筒采煤机斜切进刀时的顶板支护问题，并能适应片帮空顶时的支护需要，从而有效地控制了顶板。

对于综采工作面，要选用合适的架型和作业方式。假顶下宜选用掩护式或支撑掩护式支架。采煤机采过后，应追机擦顶带压移架，以免在煤壁处出现网兜。若出现煤壁片帮严重或假顶破损严重且再生顶板胶结不好的情况，应采用超前移架方式，即先超前移架，再割煤、推移输送机，以便及时支护。发现金属网有破损时要及时补网。采煤机割煤时，滚筒距顶网不应小于100mm，以免割破顶网。

（二）假顶下的放顶工艺

人工假顶或再生顶板易于下沉，放顶时通常采用无密集支柱放顶。由于金属网假顶被连成整体，假顶在工作面放顶线处下落时对工作面支架的牵动力较大，往往会造成支架倾斜、歪扭，甚至会造成支架被大面积推倒的冒顶事故。因此，对于单体支架工作面，应注意加强支架的稳定性，一般可沿放顶线在最后一排支架下支设单排或双排抬棚，或打斜撑柱，以抵抗金属网下落时对支架产生的水平推力。另外，放顶时也可用木料斜撑顶网，使其缓慢下沉到底板。沿放顶线倒悬臂铰接顶梁的梁头容易刮破顶网，在放顶前应先用带帽顶柱将其替换。

初次放顶时应特别注意加强对顶网的管理，开帮进度不宜太大，工作面可架设适量的木垛、抬棚、斜撑柱等以增大支架的稳定性。为防止金属网对支架产生过大的牵制力，可先在底板上加铺一层底网，然后沿放顶线将顶网剪断，使顶网沿放顶线呈自然下垂状态。

（三）分层采高的控制

由于煤层厚度经常发生变化，而人工假顶或再生顶板的下沉量较大，对于机采分层工作面，应特别重视采高控制，主要是要保证底分层有足够的采高，以免给底分层的开采造成困难。一些矿井控制分层采高的做法是在开采第一分层时，在开切眼、工作面及上下平巷中每隔 30 ~ 50m 向底煤中打钻孔探煤厚，然后根据探明的煤层全厚决定分层层数和分层采高。以后在每一分层回采时，都要如顶分层回采时那样探清余煤厚度，以便随时调整和控制分层采高。

根据我国目前的技术条件，较合适的分层厚度为：普采工作面在 2m 左右，最大不超过 2.4m；综采工作面在 3m 左右，一般不超过 3.2m。

三、适用条件及评价

一些矿井应用倾斜分层走向长壁采煤法成功地开采了厚度达 15m 的煤层；有的矿井采用倾斜分层金属网假顶下行垮落采煤法连续开采了 12 ~ 15 个分层，开采总厚度达 25 ~ 30m。这种采煤方法主要适用于煤层顶板不是十分坚硬、顶板易垮落、直接顶具有一定厚度的缓斜及倾斜厚煤层。其主要缺点是铺设假顶工作量大，巷道维护较困难，生产组织管理工作较复杂，开采易自燃煤层时需采取特殊措施等。

课题六　采煤工艺的特殊技术措施

【任务描述】

当采煤工作面遇到地质构造、旧巷道时，为了保证矿井生产安全，应采取严密的技术安全措施。

【相关知识】

一、采煤工作面过地质构造的技术措施

当地质构造复杂时，应采取综合治理的方法：

1）对于地质构造过分发育的块段，宜采用炮采工艺，因为炮采对地质变化的适应能力较强。

2）布置工作面时将断层留在区段煤柱内，或虽然工作面内有断层，但与工作面交角不宜太小，以减小对工作面的影响范围。

3）采用调斜的方法，改变工作面的推进方向，躲开地质变化带。

4）工作面推进过程中，发现了未知的、工作面难以通过的地质构造时，可将工作面甩掉一部分，其余部分继续推进，过后再对接为整面。

5）遇到较大地质构造时，需要进行各种比较，以权衡利弊。若强行通过地质构造代价太大，则应搬迁工作面。

(一) 采煤工作面过断层

采煤工作面遇到各种地质构造时将会影响生产，对综采产生严重的影响。综采工作面过断层的方法取决于断层的落差、煤层厚度、支架的最大和最小高度、采煤机破岩能力等因素。主要有以下几种方法：

1）若落差小于煤层厚度和支架最小支撑高度之差，则综采工作面过断层时不必挑顶或下切，可直接通过断层。

2）若断层落差大于煤层厚度和支架最小支撑高度之差，可用采煤机截割顶底板岩石通过断层；当顶底板岩层坚硬，采煤机截割不动时，则可采用爆破法挑顶或下切穿过断层。

根据我国的技术水平和生产实践，当断层落差相当于煤层厚度时，工作面是可以通过的。图 8-56 所示为综采工作面顺利通过与工作面斜交20°、断层落差为 3.0m 断层的情况，其仰斜角不超过 15°。但是，当落差过大时，割岩量太大，容易损坏设备，使煤质变差，不能维持正常生产，应另搬新面。今后，随着采煤机功率的加大、破岩能力的增强，当断层落差超过煤层厚度时，也可以采用强行通过的方式。

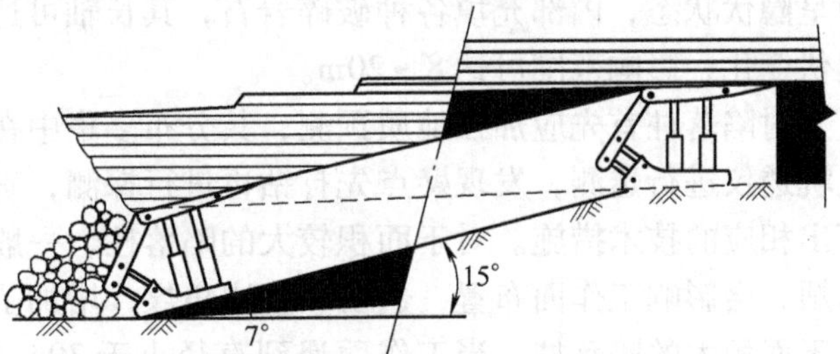

图 8-56　综采工作面仰斜通过断层

综采工作面过断层时，应采取以下技术措施：

1）为了减少断层在工作面内的暴露范围，遇断层时应适当调整工作面方向。当围岩为中等稳定以上时，工作面与断层走向的夹角应为 20°~30°；当围岩不稳定时，此夹角应增至 30°~45°。但调整工作面方向会引起工作面长度的变化，需要增减工作面支架数。

2）应按断层性质、落差及顶底板岩层硬度等因素确定采用挑顶还是下切或同时挑顶及下切，做到既有利于维护顶板，又减少破岩量。

3）当岩石普氏系数 $f<4$ 时，可用采煤机直接割岩，牵引速度应减小；对于滚筒能变速的采煤机，滚筒应以低速旋转。若用爆破法处理岩石，则对附近的液压支柱要加以保护。

4）过断层时要预先逐步减小采高，以减小破岩量和增加支架的稳定性，但是支柱要留有足够的伸缩余量，以防压死支架。

5）当断层地段需要下切或留底进行侧斜回采时，应使顶底板形成平缓的侧斜变化，以使支架和输送机槽处于良好工作状态。

断层附近可采取以下支护措施：

1）断层处先架设倾斜梁、倾斜棚或斜交梁，采用间隔移架的方法，先移的支架顶梁托住倾斜梁后再移邻架。

2）可在煤壁上预先掏梁窝架设超前梁或超前走向棚，如图 8-57 所示。

3）尽量采用带压移架方式，以防顶板松动，并缩小割煤和移架间距，片帮较深时应采用超前支护，以减少控顶面积。

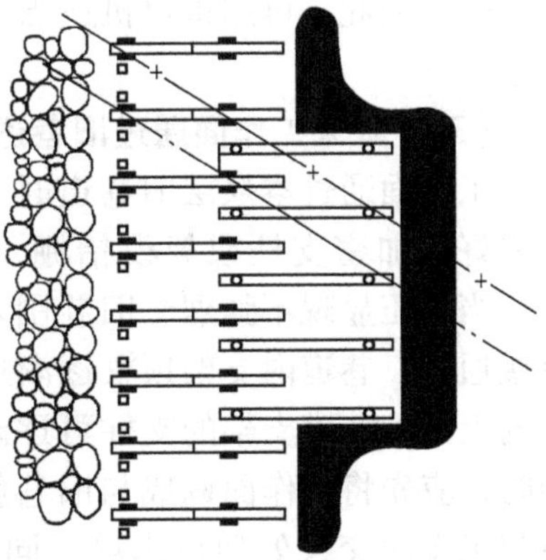
图 8-57　超前走向棚支护过断层

4）顶板冒空处应架设木垛或用其他材料进行充填，对破碎地带的顶板可用锚杆或向钻孔内注入化学胶结性溶液，以固结顶板。

5）沿断层开掘岩巷、巷道顶板用普通锚杆支护，两帮用木锚杆支护。沿断层开巷时，巷道的宽度与高度必须与综采工作面的尺寸相适应，以利于工作面从断层的一盘逐步过渡到另一盘，尽快恢复正常开采。

（二）综采工作面过其他地质构造

1. *陷落柱*

陷落柱在某些矿区十分发育，是由含煤地层深部石灰岩溶洞塌陷形成的。陷落柱在煤层中呈隐伏状态，内部充填各种破碎岩石，其长轴可达 8～200m，周围伴生小断层，并使地层起伏变化，影响范围可达 8～20m。

对陷落柱首先应加强地质预测，其分布多集中在背斜轴附近。区段巷掘出后，安设无线电坑透仪进行透测，发现疑点先打钻再进行探测，确定尺寸大小、方位及影响范围，进而制订出相应的技术措施。对于面积较大的陷落柱，一般采用绕过的方法。但是，这种方法比较麻烦，会影响工作面布置，遗留大量边角煤，增加了综采工作面设备的拆迁次数，因此只适用于面积大的陷落柱。当工作面遇到直径小于 30m 的陷落柱时，视陷落柱的岩性，一般可以采用强行通过的方法。其步骤如下：

1）采用控制爆破、采煤机清矸的方法。

2）在工作面陷落柱范围内降低采高，所降低的高度以工作面能通过的最小高度为限，做到既减少采矸量又使支架不会被压死。

3）陷落柱地段与工作面正常地段之间应保持一段采高逐渐变化的长度，以使支架和输送机能够适应。

4）陷落柱两侧的工作面正常地段可提前移架；陷落柱范围内适当滞后移架，采用将铁管或木板梁一端插入岩壁，另一端搭在支架前梁上的方法进行特殊支护；采煤机清矸后要立即移架，以防漏矸。

2. *过褶曲带*

机采工作面过褶曲带的方法比较简单。当采区内有大褶曲带时，应使工作面的推进方向垂直于背、向斜轴，使工作面内沿煤壁方向没有大的起伏，以利于液压支架处于良好工作条件。通常，小的褶曲带主要表现为煤层局部变薄、变厚、变倾角等，但煤层及顶底板并不十分破碎。因此，可用采煤机适当下切或留底、割顶，使顶底板形成缓和的曲面，以便于设备通过。

（三）综采工作面通过旧巷道

工作面通过本煤层旧巷道时，首先应将旧巷内的支架修好，加密支柱或架设抬棚，最好采用单体液压支柱。当矿压显现不强烈、旧巷围岩较稳定时，工作面可直接通过，巷道内支架顶梁逐渐进入工作面液压支架顶梁的上方，巷道支架的支柱可逐渐回出。当矿压显现强烈时，应先将工作面调成与旧巷斜交，逐渐通过，在巷道与工作面交叉处架设木垛，同时加强工作面内支护，如图 8-58 所示。

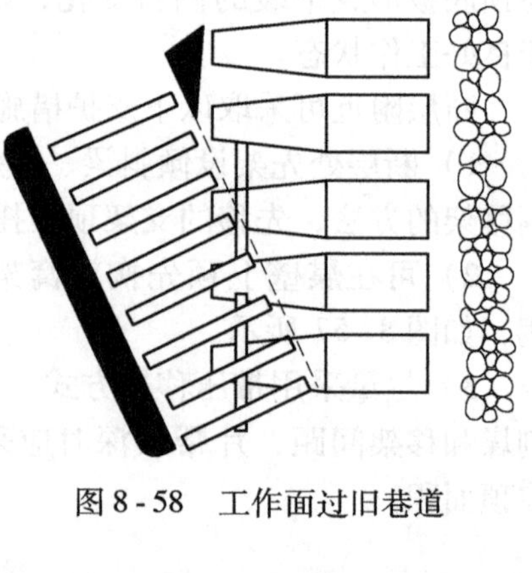

图 8-58　工作面过旧巷道

工作面过石门时，要在石门口处填满矸石，或加木垛支护并铺上木板，使液压支架能顺利通过。

二、综采工作面的拆迁和安装

综采工作面收尾时的拆迁和开始时的安装，都是工作量很大的工作。综采工作面的拆迁和安装，应尽量做到时间短、省工时、省材料、费用低、不损坏设备、作业安全。

（一）综采工作面设备的拆除

1. 拆除期间的顶板控制

国内外综采设备拆除期间的顶板控制主要有三种方法：金属网加木板梁、金属网加钢丝绳、金属网加钢丝绳和锚杆，分别如图 8 - 59a、b、c 所示。三种方法的操作过程大致相同。

在综采工作面距停采线 10 ~ 15m 处，随工作面的推进铺设双层金属顶网，直到停采线为止，并将金属网连成互相搭接 0.3m 的鱼鳞状。当顶板稳定性差时，要用锚杆将金属网锚固在顶板上，如图 8 - 59c 所示。若用木板控顶，则在距停采线 6 ~ 8m 时，沿工作面煤壁方向在金属网和支架顶梁之间铺设木板梁，其间距与截深相同，其长度为支架宽度的 2 倍，并相互交错放置，如图 8 - 59a 所示。若用钢丝绳，则在支架前梁端双层网下沿煤壁方向铺设钢丝绳，沿工作面推进方向每割一刀煤铺一条钢丝绳，钢丝绳的两端固定在工作面两端的木板梁或锚杆上，若固定在木板梁上则应打好锚固柱，如图 8 - 59b、c 所示。

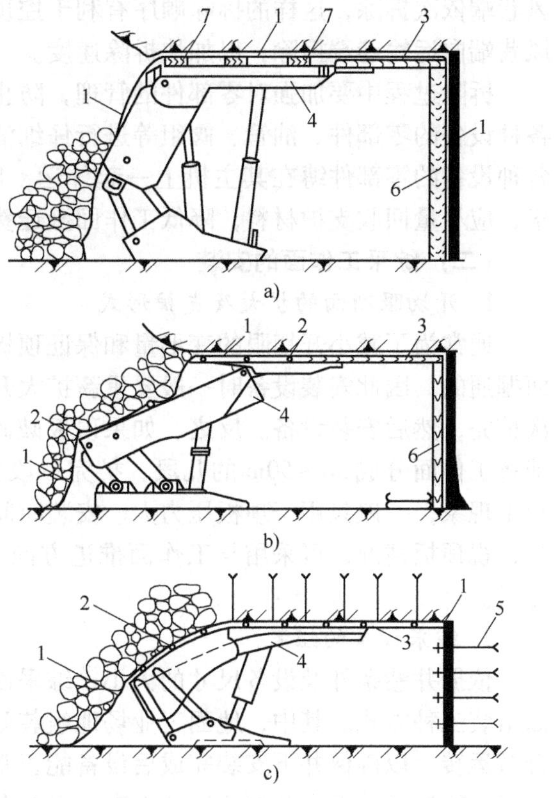

图 8 - 59 综采工作面设备拆除期间的顶板控制

a）金属网加木板梁 b）金属网加钢丝绳

c）金属网加钢丝绳和锚杆

1—金属网 2—钢丝网 3—棚梁 4—自移支架

5—锚杆 6—贴帮柱 7—木板梁

如果用木板控顶，则放置木板梁时需要降架，其操作不方便，安全性差，并且采煤机要停止割煤，木材消耗量大，因此一般只用于顶板较稳定、支架尺寸小、重量轻的综采工作面；用废旧钢丝绳管理顶板节省材料，劳动强度小，操作安全，煤产量降低较少，适用于顶板稳定性较差、吨位较大的重型综采设备工作面。当顶板稳定性差、拆迁时矿压显现强烈时，可辅以锚杆加固顶板和煤壁。

2. 综采设备的拆除方法

综采设备的拆除顺序，一般是先拆输送机的机头和机尾，然后拆采煤机和输送机机槽。这些工作在支架掩护下进行，设备的尺寸和重量相对较小，拆除容易。

拆除支架时，首先应在风巷与工作面交接出口处进行刷大和挑高，并牢固支护好端头，架设好提吊架，以便将提吊拆除的设备装入平板车外运；也可以在回风巷与工作面交接处挖掘装卸地槽，这样设备无需提吊就可直接拖入平板车外运。若用提吊法装车，可用绞车－滑轮、电葫芦、悬挂液压千斤顶或液压支架自身提吊等多种方法。拆除支架时，一般先将前探梁降下或拆除，然后用绞车拉支架向前移，调转90°方向，由回风巷绞车沿底板拖至出口处吊装到平板车外运。当底板较软时，也可将输送机的机头、机尾和挡煤板等侧边附件拆掉，在机槽上设置滑板、支架，用绞车拉上滑板，调转90°，然后连同滑板一起用绞车拉至出口处，最后装平板车外运。

支架的拆除顺序依据顶板和运输条件而定，多为后退式，即从工作面的运输巷端退向回风巷端依次拆除，这样的拆除顺序有利于控顶。若运输巷设有轨道，且顶板条件好，则从回风巷端向运输巷端拆除，以加快拆除速度。

拆除过程中要加强对零部件的管理，防止损坏和丢失零部件，严格按操作规程作业，对各种设备的零部件、油管、阀组等进行仔细清点、记录和包装，防止沾上煤粉、灰尘，并将各种设备的零部件缚在其主机上一起外运，以便在新工作面重新安装使用。工作面拆除完毕，应尽量回收支护材料，降低工作面搬迁费用。

（二）综采工作面的安装

1. 开切眼断面的扩大及支护形式

通常为了减小开切眼的变形量和保证顶板的完整性，在设备安装之前，开切眼是以小断面掘通的，因此安装设备时一般要重新扩大开切眼断面。如果顶板稳定、压力较小，则可一次扩完，然后安装设备。反之，如果顶板破碎、压力较大，则可分段扩面，边扩面边安装，即将工作面分成30～50m的几段，扩完一段安装一段。但是这样做会降低安装速度和出现窝工现象，一般只用于顶板压力大、安装时间较长的重型综采设备工作面。对于开切眼的支护，视顶板情况，可采用与工作面推进方向一致的棚子加铺顶网支护和锚杆加顶网支护等方式。

2. 综采设备的组装

依据井巷条件及设备尺寸的大小，综采设备可以分为在地面工业场地、井下巷道和工作面组装三种方式。其中，地面工业场地组装效率高、质量好，组装后可以进行整套设备的联合试运转，以确保井下安装完成后设备能正常运转，并可按照井下安装顺序在地面将设备排列好，能提高井下安装的速度和效率。老矿井巷道系统复杂、断面小，运输系统不能满足整体运输综采设备的要求，只能将设备解体后下井，在工作面与回风平巷交接处设临时组装硐室，将设备组装好后再运入工作面安装。

3. 综采设备运进工作面的方法

可用绞车将综采设备拖入工作面，即在工作面的两端头出口处各设置一台小绞车，首先用绞车将支架沿底板拖至安装地点，再用两台绞车转向、对位和调正。该方法简单易行，在国内较常用。在底板松软时，应铺设轨道，在轨道上设置导向滑板，将支架放在滑板上用绞车拖运，进入工作面后再入位，其布置如图8-60所示。也可以用工作面输送机将支架运入工作面，方法是先安装输送机，但不安装采空侧的附件和机尾传动装置，在机槽上设滑板，把支架放置在滑板上，由刮板链带动滑板运至工作面安装处对位调正。这种方法所需设备少、导向可靠、转向容易、安装速度快。

我国某些矿区采用单轨起重机将综采设备运入工作面，等开切眼扩大断面后，将轨道用锚杆固定在顶板上，也可把轨道架在棚梁上，安装单轨起重机，如图 8-61 所示。该方法速度快、效率高，但装设顶板轨道比较麻烦，国外使用较多。

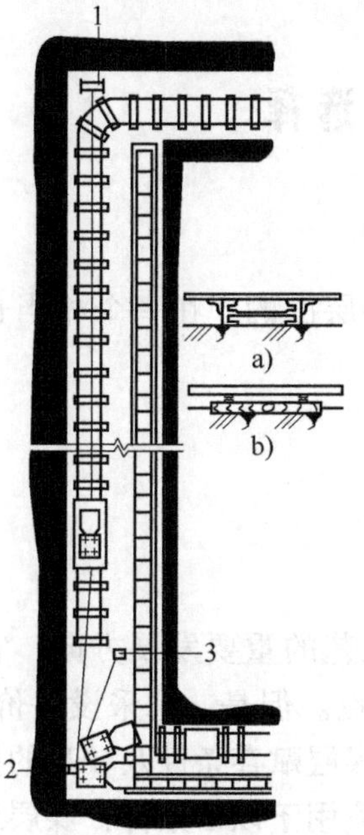

图 8-60　用绞车拖运支架

a）输送机滑板　b）轨道滑板

1、2、3—小绞车

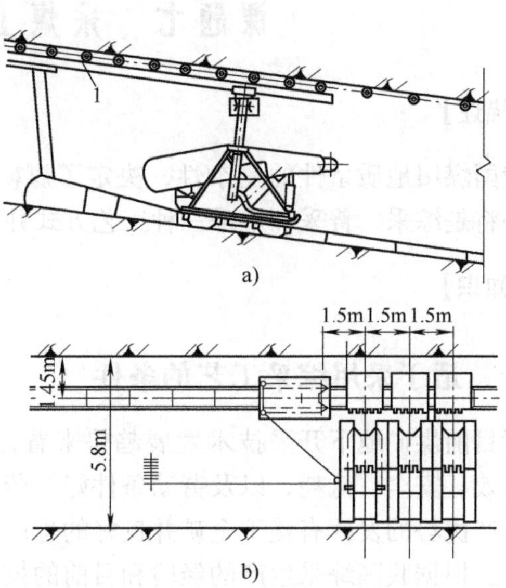

图 8-61　用单轨起重机向工作面运输支架

a）吊运支架　b）安装支架

4. *综采工作面设备的安装顺序*

综采工作面设备的安装顺序可分为前进式和后退式两种。

前进式安装是指支架的安装顺序与运送方向一致，支架的运输路线始终在已安装好支架的掩护下，支架运进时要将架尾朝前，以便于调向入位。前进式安装可采用分段扩面铺设轨道、分段安装的方式，也可采用边扩面、边铺轨、边安装的方式，如图 8-62a 所示。采用后退式安装时，开切眼一般一次扩好，并铺好轨道，或直接在底板上拖运，然后由里往外倒退着安装支架，支架安装完毕再铺设工作面输送机，最后安装采煤机，如图 8-62b 所示。该方式适用于顶板条件好、安装时间短的轻型支架。

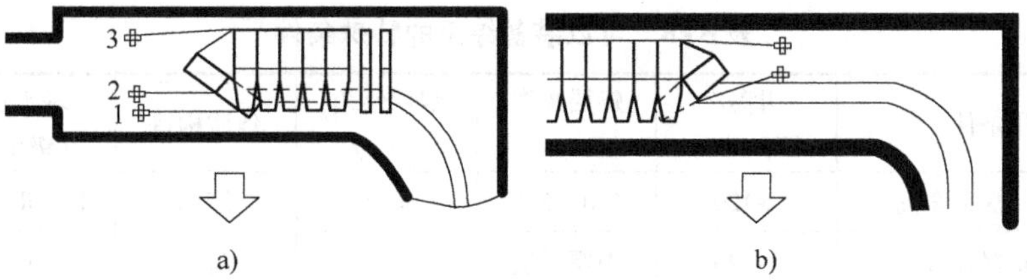

图 8-62　综采工作面设备的安装顺序

a）前进式安装　b）后退式安装

1、2、3—小绞车

无论是采用前进式安装还是后退式安装都应注意：首先根据转载机与带式输送机的中心线位置确定出工作面输送机的机头位置；然后根据机头位置确定排头支架的中心位置，进而预先测量出每架支架的精确中心点，以保证支架定位准确，便于支架与输送机机槽的准确连接；支架入位后，要立即装好前探梁和各阀组、管路，并与乳化液泵站接通，开始升柱支护顶板。

课题七　采煤工艺方式的选择

【任务描述】

我国煤田地质条件的复杂性，决定了煤矿技术装备是多层次的，在一个相当长的时期内，必将是综采、普采和炮采三种工艺方式并存。

【相关知识】

一、适于采用综采工艺的条件

就目前煤矿地下开采技术发展趋势来看，综采是采煤工艺的重要发展方向，它具有高产、高效、安全、低耗，以及劳动条件好、劳动强度小的优点。但是，综采设备价格昂贵，综采生产优势的发挥有赖于全矿井良好的生产系统、较好的煤层赋存条件及较高的操作和管理水平。根据我国综采生产的经验和目前的技术水平，综采适用于以下条件：煤层地质条件较好、构造少，上综采后能很快获得高产、高效，见表8-7；某些地质条件特殊，但上综采后仍有把握取得好的经济效益，见表8-8。

表8-7　优先装备综采的条件

序号	使用条件	井型/（万t/年）	煤层厚度/m	煤层倾角/（°）	地质构造	基本顶（级别）	直接顶（类型）	备注
1	中厚煤层	>120	1.3~3.5	<15	比较简单	Ⅰ、Ⅱ、Ⅲ	1、2、3	大型矿井
2	厚煤层	>120	>5	<15	比较简单	Ⅰ、Ⅱ、Ⅲ	1、2、3	大型矿井
3	厚煤层一次采全高	>120	1.3~3.5	<15	比较简单	Ⅰ、Ⅱ、Ⅲ	1、2、3	大型矿井
4	经济型综采	>60	<3.0	<25	比较简单	Ⅰ、Ⅱ、Ⅲ	1、2、3	大型矿井

表8-8　可以装备综采的特殊条件

序号	使用条件	井型/（万t/年）	煤层厚度/m	煤层倾角/（°）	地质构造	基本顶（级别）	直接顶（类型）
1	厚煤层一次采全高	>120	6.0、6.5	<15	简单	Ⅰ、Ⅱ、Ⅲ	1、2、3
2	坚硬难冒顶板	>120	中厚煤层	<15	简单	Ⅰ、Ⅱ、Ⅲ	3、4
3	薄煤层	>60	>1.1、1.3	<15	简单	Ⅲ、Ⅳ	1、2、3
4	急倾斜特厚煤层放顶煤	>45	>15	>45	简单	Ⅰ、Ⅱ、Ⅲ	1、2、3

综采工艺方式包括缓斜中厚、薄煤层单一长壁综采，缓斜厚煤层倾斜分层综采，缓斜厚煤层一次采全高综采和缓斜厚煤层放顶煤综采，应根据不同的条件和其他因素合理地进行选择。

二、适合采用普采工艺的条件

普采设备价格便宜，一套普采设备的投资只相当一套综采设备的1/4，而产量可达到综采产量的1/3～1/2，如汾西矿务局普采队年产量最高达67万t。普采对地质变化的适应性比综采强，工作面搬迁容易；对于推进距离短、形状不规则、小断层和褶曲较发育的工作面，综采的优势难以发挥，而采用普采则可取得较好的效果。

与综采相比，普采操作技术较易掌握，组织生产比较容易。因此，普采是我国中小型矿井发展采煤机械化的重点。

三、炮采工艺的主要优点

炮采工艺技术装备投资少、适应性强、操作技术容易掌握、生产技术管理比较简单，是我国目前采用较多的一种采煤工艺。但是，由于炮采单产和效率低、劳动条件差，根据我国的技术政策，凡条件适于机采的炮采面，特别是在国有重点煤矿都要逐步改造成为普采面。在炮采工艺方式上，应积极推广使用新技术、新设备、新材料，尽量提高装煤机械化水平，降低工人劳动强度。

📖 思考与练习

一、技能练习题

1. 分组制作采煤工艺模型。
2. 编写采煤工艺模型的实训报告书。

二、知识练习题

1. 简述我国采煤工艺的发展过程。
2. 长壁采煤法有哪几种主要采煤工艺？说明它们的主要特点及相互关系。
3. 爆破采煤工艺由哪些主要采煤工序组成？
4. 简述爆破落煤的主要操作过程，炮眼布置形式及其适用条件。
5. 绘图说明炮采面单体支架布置形式，并解释以下名词：正悬臂支架、排距、柱距、最大和最小控顶距、放顶步距。
6. 说明近年来炮采工艺技术发展的新成果及提高炮采工艺单产和效率的途径。
7. 简述普通机械化采煤的工艺过程及其适用条件。
8. 使用单滚筒采煤机割煤时怎样确定滚筒的转向？怎样选择割煤的方式？
9. 普采工作面单滚筒采煤机割煤、推移输送机、进刀三个工序之间有什么联系？怎样确定三者的最优配合形式？
10. 普采工作面单体支架有哪几种布置方式？怎样进行选择？
11. 普采工作面端头支架的特点是什么？有哪几种形式？
12. 怎样确定普采工作面支柱密度、排距、柱距、采煤机滚筒截深、工作面两端切口长度和深度？
13. 试分析普采工作面使用单、双滚筒采煤机对产量、效率和顶板管理的影响。
14. 综采采用双滚筒采煤机割煤时，怎样确定滚筒的位置和转向？
15. 说明综采双滚筒采煤机的割煤、进刀方式及其适用条件。
16. 综采工作面有哪几种移架方式？不同移架方式对工作面整体移架速度和顶板管理有什么影响？
17. 移架与推移输送机顺序不同对综采生产和顶板管理有什么影响？

18. 综采工作面端头支护方式有哪几种？各适用于什么条件？
19. 综采工作面设备之间有哪些主要配套几何尺寸？它们对综采生产及顶板管理有何影响？
20. 薄煤层机采面设备有哪些特点？
21. 简述刨煤机采煤的特点及刨煤机的类型。
22. 简述大采高、大倾角综采的工艺特点及煤壁防片帮、设备防止下滑的措施。
23. 简述炮采、普采、综采工艺的选择依据。
24. 简述采煤工作面过断层的技术措施。
25. 简述综采工作面设备拆除、安装时期的顶板控制方法，以及安装、拆除工艺过程。
26. 说明倾斜分层走向长壁下行垮落采煤法的工艺特点。

单元九　采煤工作面生产技术管理

【学习目标】

📖 **知识目标：**

1）掌握采煤工作面的作业循环形式。

2）正确理解循环作业、作业形式、循环作业图表等概念。

📖 **技能目标：**

1）能够编制采煤工作面作业循环图表。

2）能够组织管理采煤工作面的生产。

课题一　采煤工作面生产组织管理

【任务描述】

为使采煤工作面各道工序在空间上和时间上相互协调，人力、物力和机械设备均得到合理利用，保证采煤工作面获得最佳的技术经济效果，必须对采煤工作面的生产过程进行科学、合理的组织。

【相关知识】

一、采煤工作面的循环作业

采煤工作面的“循环”就是完成工作面落煤、装煤、运煤、支护和处理采空区（放顶）等工序的全过程，并且周而复始地进行下去。炮采、普采工作面多以工作面放顶工序作为完成一个循环的标志，综采工作面一般是以进刀或移架工序为完成一个循环的标志，放顶煤采煤工作面则将完成一次放煤工序过程作为循环的标志。

采煤工作面循环作业的主要内容包括循环方式、作业形式、工序安排及劳动组织等。

（一）循环方式

循环方式是循环进度和昼夜循环次数的组合。采煤工作面的循环方式主要分为单循环与多循环。

1. 循环进度

采煤工作面每完成一个循环向前推进的距离，是每次的落煤深度（截深）和循环落煤次数的乘积。炮采工作面的落煤进度，是根据工作面顶板的稳定状况和所选顶梁的长度确定的，一般取值为0.8~1.0m。综采、普采工作面的采煤机截深，应根据工作面顶板岩石性质、煤层特征、采煤机械设备性能，以及支架结构、参数和工作面生产工序等因素合理确定，一般取值为0.5~0.8m，最大取值可达1.0m。

2. 昼夜循环次数

昼夜循环次数主要根据采煤工作面的顶板条件、采煤工艺方式、操作管理水平、工作面的基本参数和作业方式等合理确定。高产、高效工作面的昼夜循环次数可达10次以上。

3. 正规循环作业

按照作业规程中循环作业图表安排的工序和劳动定员，在规定的时间内保质、保量、安全地完成循环作业的全部工作量，并周而复始地进行采煤工作的作业方法称为正规循环作用。符合规定的循环时间、循环进度、工作质量和劳动定员是正规循环作业的四项基本要求，按照循环图表作业是正规循环作业的基本特点。因此，根据工作面的地质条件和生产技术设备制订切实可行的正规循环作业图表，是工作面组织正规循环作业的前提。

4. 正规循环率

为了加强采煤工作面现场的规范化、科学化和标准化管理，生产现场多采用月正规循环率来评价工作面生产组织管理水平，其表达式为

$$\text{月正规循环率}=\frac{\text{月实际完成循环数}}{\text{月工作日数}\times\text{日计划循环数}}\times 100\% \tag{9-1}$$

一般情况下，日进单循环和双循环作业，采煤工作面的月正规循环率不能低于80%；日完成三个以上循环时，月正规循环率不能低于75%。例如，平顶山煤业集团公司规定综采工作面月正规循环率不低于80%，普采工作面月正规循环率不低于85%，炮采工作面月正规循环率不低于90%；对加班加点，挤占和取消设备检修及生产准备时间进行的循环作业，一律视为无效循环。

（二）作业形式

作业形式是采煤工作面在一昼夜内生产班与准备班的相互配合关系。工作面的作业形式应与矿井的工作制度相适应。

生产班是指在规定工作时间内从事采煤工作面各道工序作业的班组，又称采煤班。准备班则是在工作时间内主要进行支护、运输、机电等设备的日常维护和检修、巷道维护、工作面安全措施施工等准备工作的班组，又称检修班。

我国大多数矿井的工作制度采用“三八”工作制，即每天分成3个作业班，每班工作8h。有的采煤工作面采用“四六”工作制或“四八”交叉工作制。“四六”工作制就是每天分4个作业班，每班工作6h；“四八”交叉工作制即每天分4个班，每班工作8h，班与班之间交叉作业2h。

“三八”工作制的作业形式，有两采一准、边采边准、两班半采煤半班准备等几种。“四六”工作制与“四八”交叉工作制的作业形式，有三采一准和边采边准等形式。

1. 两采一准作业形式

这种作业形式是昼夜3个作业班中2个班生产、1个班准备。有专门的准备检修班，准备时间比较充足，可保证工作面支护、机械和电气等设备的正常检修时间，有利于保障支架和机械、电气设备的完好性。准备班还可进行工作面的安全施工，以确保生产班安全顺利地进行生产。这种形式经常应用于机械化采煤工作面或开采有煤与瓦斯突出危险的工作面。

2. 边采边准作业形式

这种作业形式是昼夜3个作业班中的2个班边生产边准备。其特点是生产时间相对较长，可实现日进多循环；工作面推进速度比较快，有利于顶板控制。但这种作业形式没有专

门的准备检修班，不能保障机械设备的正常维护、保养和检修，对设备的正常使用有一定的影响，必须2~3天安排一班进行设备的集中检修。这种作业形式在机械设备比较简单的炮采工作面中应用较多。

3. 两班半采煤半班准备作业形式

针对边采边准作业形式无法保障每天正常的检修时间的弊端，该作业形式在2个班采煤的基础上，另一班则采用半班准备半班生产。这样既增加了工作面的生产时间，又保证了有固定的机械设备检修时间，可较好地保障工作面开采设备的可靠性和完好性。该作业形式主要用于一些设备比较先进、检修工作量较少的机采和炮采工作面。

4. 三采一准作业形式

三采一准是“四六”工作制经常采用的作业形式。每天3个生产班的总工作时间为18h，和两采一准作业形式相比增加了2h的有效生产时间，可较好地发挥设备效益，保证了设备的检修时间，并有效地改善了井下工人的工作条件，对保障工人身心健康与矿井的安全生产非常有利。工作地点较远的综采工作面多采用该作业形式。

5. 四班交叉三采一准作业形式

四班交叉三采一准作业形式是在“四八”工作制三采一准工作形式的基础上，为使工人每天的有效工作时间达到8h而采用的一种作业形式。该作业形式每次交接班时，两班工人在工作地点相互交叉作业2h，接班人员提前进行生产准备工作。该作业形式能保证工人的有效工作时间和提高设备利用率，可提高工作面的生产能力。但这种作业形式在交接班时的较长时间内两班人员聚集，组织管理比较复杂，不利于工作面的安全管理。因此，该作业形式只在一些中小型矿井中工作地点距离井口较近或在赶任务、抢循环等情况下采用，是一种临时性的作业形式。

此外，还有两采两准作业形式，即2个生产班每班工作8h，2个准备班穿插在两个生产班中间，每班工作4h。生产班主要完成工作面的落煤和支护工作，准备班主要进行放顶作业。目前，炮采、普采工作面基本上采用单体液压支柱支护顶板，工作面支护和放顶工序已成为综合工种作业，工作面不再安排专门作业的放顶工，因此这种作业形式已很少采用。

（三）工序安排

确定工作面的循环方式和作业形式时，应合理安排采煤工作面的生产工序。安排工序的基本要求是：充分利用工作面的空间和作业时间，避免各工序的相互影响，提高工时利用率；保持工作面的均衡生产，最大限度地提高工作面的生产能力。

1. 安排工序时应注意的问题

（1）保证主要工序的顺利进行　工作面的主要工序是落煤、装煤、推移输送机、支设支架和放顶。主要工序的安排，直接影响着采煤工作面的安全生产和效率，因此，在安排工序时，必须保证主要工序在时间和空间上能顺利进行。

（2）处理好主要工序和辅助工序的关系　辅助工序与主要工序的作业关系可采用平行作业或顺序作业。工序的安排一定要符合工艺要求，确保前一工序按时转入后一工序，各工序之间有机配合、互不影响。例如，若工作面的两端头作业，不能按时完成准备工作，则采煤机将无法进刀；单体支护的工作面，若放顶工序不能按时完成，则不能进行下一循环的落煤工序作业。

（3）采用平行作业，提高工作效率　在保证安全的前提下，工作面的工序应尽可能采用平行作业。充分利用工作面的有限空间和工作时间，缩短循环周期。安排平行作业时，各工序在空间上要保持一定的距离：推移输送机要滞后采煤机 10～15m；工作面落煤工序与放顶工序之间的距离要在 15m 以上；单体支护分段作业时，放顶工序的分段距离必须大于 15m。这样可避免因工序间相互干扰而影响安全生产。

2. 工艺流线图

利用统筹法原理，按各工序占用的时间和它们之间的相互关系（如顺序作业、平行作业等关系）确定主要工序线路和辅助工序线路。主要工序线路用粗实线表示，辅助工序线路用细实线表示。顺序作业画在一条线上，用箭头表示先后关系；平行作业的工序，用上、下平行的线段表示；超前或滞后一定时间依次开工的工序，用斜线表示。图 9-1 所示为某矿普采工作面的循环工艺流线图。点画线方框内表示由综合工种完成的工作。该循环工艺流线图的主要工序有割煤准备、采煤机割煤、端头斜切进刀等；辅助工序线有两条，即做切口线和支护线，随采煤机割煤滞后进行挂梁、移输送机、支柱和放顶作业。辅助工序与主要工序平行作业。

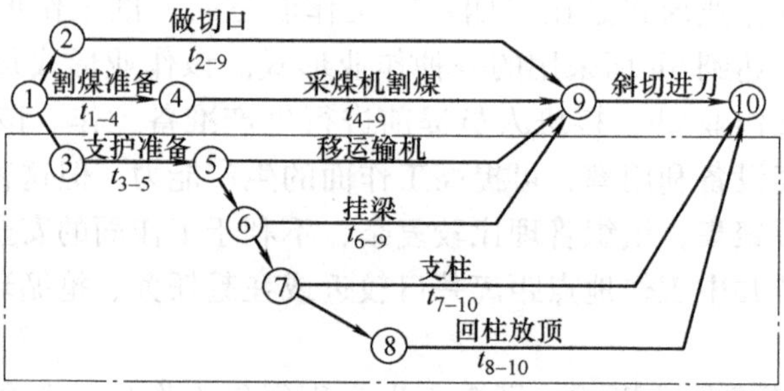

图 9-1　某矿普采工作面的循环工艺流线图

根据循环工艺流线图、各工序间的关系和所占用的时间，结合企业管理网络知识，确定工艺流线图中的关键线路，计算出完成循环作业所需的时间。进而对关键线路进行优化，减少循环作业时间，增加工作面的日循环次数。

（四）劳动组织

劳动组织是各工作班中劳动力定员与各工种的相互配合关系。采煤工作面的劳动组织形式，对提高工作面的产量和劳动效率有很大影响。劳动组织应根据循环方式、作业形式和工序安排合理确定。根据循环方式，确定一昼夜内工作面总的工作量及各工种的工作量定额，计算各工种所需定员；根据作业形式分配生产班与准备班的工作时间，然后按工种确定每个生产班的工作量、劳动定员及占用的时间与空间。

劳动组织包括工作面的劳动力配备和劳动组织形式。其中，劳动力配备的有关内容在企业管理课程中讲述；采煤工作面的劳动组织形式主要有以下几种。

1. 追机作业

追机作业劳动组织形式一般和专业工种相配合。其特点是依照普采工作面的生产过程，组织挂梁、推移输送机、支柱和回柱放顶等专业工作，在采煤机割煤后顺序跟机进行作业。

追机作业的主要优点是各工种之间分工明确，工种单一，便于新工人尽快掌握生产技术；有利于实现工种岗位责任制；适应机采工作的特点，各工种的工作效果与采煤机工作效能一致；人力集中，在正常条件下可较好地发挥机械采煤的优势，加快采煤机割煤速度，提高采煤工效。其缺点是各工种分工过细，追机作业劳动强度较大；由于各工种要顺序作业，因此，一个工种跟不上将影响整个采煤生产过程；在采煤机进刀过程中，会出现部分工种窝工的现象；易出现各工种之间工作量的不平衡，造成忙闲不均的现象。

追机作业劳动组织形式主要应用在工作面长度较长、每生产班进刀数较少、顶板条件较好、采煤队管理水平较高的机采和综采工作面。

2. 分段作业

分段作业劳动组织形式一般和综合工种相配合。在工作面，除采煤机司机、机电工、泵站工、钻眼爆破工、做切口等与工作面长度无关的专职工种外，将工作面的采、支工组成若干个工作小组，每小组 2 ~3 人，按工作面的长度分为几段，各工作小组在本段内完成采煤过程中除落煤外的各项工作。根据工作难易程度和工作量的大小，每段的长度 15 ~20m。

分段作业的主要优点是各段劳动强度比较均衡；能实现“三定”（定地点、定人员、定工作量），容易保证工作面的工程质量；工人每天固定在某段工作，便于掌握该段的顶板变化规律，可进行及时预防处理，有利于工作面的安全生产；能够培养一职多能、整体能力强的职工队伍；如果工作面较短，工作面推进速度快，则组织多循环作业更为有利。其缺点是采煤机进入该段时，工人工作量比较集中，易出现工作时间内的忙闲不均现象；当工作面长度过长时，占用人员较多，会造成窝工现象；当煤层局部发生变化时，该段工作量显著增大，而处理人员较少，将影响整个工作面采煤工作的顺利进行。

分段作业劳动组织形式主要适用于工作面长度较短、顶板条件较差、班进多循环的作业条件，在单体支护的采煤工作面中应用比较广泛。炮采、刨煤机开采的采煤工作面均采用分段作业形式。

3. 分段接力追机作业

分段接力追机作业劳动组织形式在工作面除少数专业工种外，采支工每 2 ~3 人为一小组，工作面共计 6 ~7 小组，每小组一次负责 10 ~15m 范围内的采、支工作。完成一段工作后，再追机进行另一段的采煤工作，形成几个小组轮流接力前进的工作过程。该作业形式避免了在工作时间内出现忙闲不均的现象，可充分利用工时；遇到突发事件时，可集中人员进行处理。其主要不足是工人工作地点不固定，不利于工作面的质量管理；回采准备时间不充足，工作面生产管理难度较大。

分段接力追机作业主要适用于工作面长度较大、顶板条件较好、出勤人员较少的机采和炮采工作面。

4. 分段综合作业

分段综合作业劳动组织形式是将工作面分为 3 ~4 个大段，每段配备 6 ~8 名工人为一个工作小组，负责段内采煤工序的各项工作。各工作组由组长负责进行适当分工，可采用组内追机或分段作业的形式，组内还可进行协调管理、相互帮助，有利于工作面的安全生产管理。其使用条件与分段作业基本相同。

二、采煤工作面循环作业图表的绘制

采煤工作面循环作业图表是工作面作业规程的主要内容。它主要包括工作面的循环作业图、劳动组织表、技术经济指标表和工作面布置图四部分。

［视频链接］..\煤矿视频..\煤矿开采方法\05作业图表绘制方法.swf

（一）循环作业图

循环作业图用来表示采煤工作面各工序在时间和空间上的相互关系。循环作业图以时间为横坐标，单位为h，画出一昼夜内各工作班的工作时间；以工作面的长度为纵坐标，单位为m，下端为工作面机头；按一定比例表示工作面的实际长度。用规定的符号，在循环作业图的坐标系中绘出各工序不同时间在工作面上所处的位置。表9-1所列为采掘工作面循环作业图中常用的规定符号。

表9-1　采掘工作面循环作业图中常用的规定符号

序号	工序名称	符号	备注	序号	工序名称	符号	备注
1	采煤机割煤		标准	8	打煤眼		标准
2	采煤机装煤		标准	9	放炮		标准
3	推移输送机		标准	10	开切口		标准
4	移架		标准	11	铺金属网		标准
5	支柱		标准	12	挂梁		非标准
6	准备及检修		标准	13	临时支柱		非标准
7	回柱放顶		标准	14	煤壁注水		非标准

图9-2所示为某综采工作面循环作业图。该工作面采用双向割煤，端头斜切进刀，作业形式为三采一准，工作面长度为15m，每日循环数为12个。

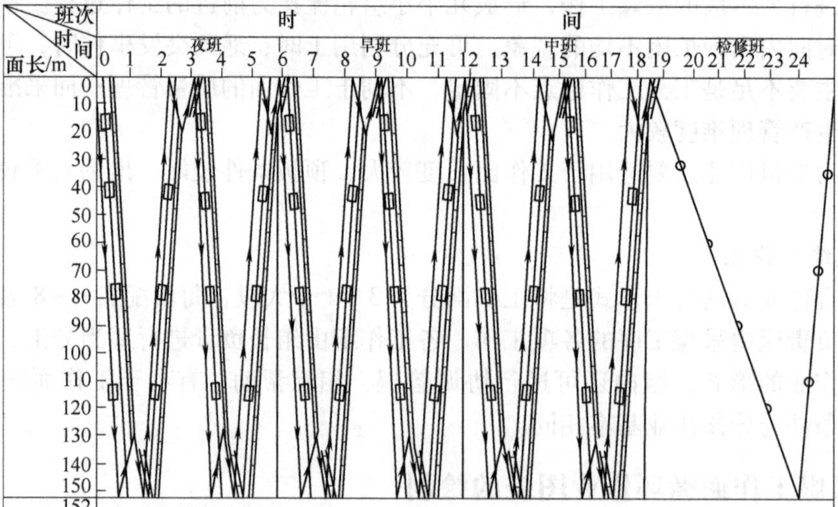

图9-2　某综采工作面循环作业图

1. 编制循环作业图的步骤

1）根据工作面的条件和作业形式，建立循环作业图的时间—面长坐标系。

2）按主要工序运行方向、运行速度与所需时间，在循环作业图的时间—面长坐标系中画出主要工序运行线。

3）根据次要工序与主要工序的距离和滞后时间，画出次要工序线。超前主要工序的画在左侧，滞后主要工序的画在右侧。两工序线的垂直距离表示工序在工作面的滞后距离，两工序线的水平距离表示工序间的滞后时间。

4）画出不与主要工序平行作业的其他工序，如开切口等。

2. 绘制循环作业图的注意事项

1）工序符号要使用规定的标准符号来表示。

2）工序所需时间要以平均速度计算。例如，采煤机的平均运行速度不等于采煤机实际割煤时的速度，要考虑采煤机开机率的影响。

3）分段作业各工序在空间和时间上要相互配合，在空间上不能出现间断和重复。

4）单体支护工作面的支柱和放顶工序，要注意作业方向。放顶作业在倾角大时必须从下向上进行，循环图中要正确绘制。

5）循环图的比例要合适，力求美观，工序关系要表示得清晰、正确。

（二）劳动组织表

劳动组织表是根据工作面的作业形式、循环作业各工种工作量和企业劳动定额的规定，计算确定各工种所需的定员数目，列表表示工作面各工作班不同工种应出勤人员数目、工作时间、各班及工作面需配备的人员总数等。

（三）技术经济指标表

技术经济指标表是利用列表的方式，简明地表示采煤工作面的基本工作条件、主要配置设备的技术特征、工作面应达到的技术经济效果等指标。该表主要指标包括以下内容：

1）采煤工作面技术条件，包括工作面长度、推进长度、开采煤层厚度、倾角等。

2）采煤工作面地质条件，包括煤层的基本特征，煤层顶底板岩石性质、顶底板的类级，主要地质构造的基本特征，瓦斯赋存、涌出特征，煤尘爆炸危险性，煤层自然发火倾向性，涌水影响情况，煤质的主要指标等。

3）循环作业组织概况，包括工作面的循环方式、作业形式、劳动组织等基本状况。

4）主要技术经济指标，包括工作面的各种材料消耗指标和消耗量，工作面采出率、产量、效率、吨煤直接成本等。

（四）工作面布置图

工作面布置图是按一定的比例绘制工作面正常生产时支护设备布置的基本状况，利用断面图反映采煤工作面最大控顶距和最小控顶距断面特征的图件，是进行工作面风量分配、风速计算的基础。

（五）采煤工作面循环作业图表编制示例

以中厚煤层、走向长壁式普采工作面为例，说明循环作业图表的编制过程。

1. 工作面技术条件

工作面长度148m，走向长度1056m，煤层厚度1.8~2.2m，煤层倾角12°。

2. 工作面的地质条件

煤层普氏系数$f=1.2$，工作面顶板Ⅱ类Ⅱ级，底板Ⅱ类，地质构造简单。

3. 工作面主要设备

（1）采煤机　型号为MXP－150，液压无链牵引，采高为1.3～2.7m，截深0.5m、0.6m，滚筒直径$\phi=1.25$m，牵引速度为0～7m/min，采煤机质量13.75t。

（2）运输机　型号为SGW－150B，运输能力$Q_K=320$t/h，链速$v=0.926$m/s，电动机功率为2×15kW，出厂长度200m。

（3）工作面支架　单体液压支柱，型号为DZ－22，额定工作阻力$P_A=300$kN；铰接顶梁，型号为HDJA－1000。

4. 工作面支护设计

工作面采用单体液压支柱配合铰接顶梁支护。

（1）工作面支柱规格的选择

1）支柱最大高度

$$H_{max}=M_{max}-c=(2.2-0.1)\text{m}=2.1\text{m} \tag{9-2}$$

2）支柱最小高度

$$H_{min}=M_{min}-c-\Delta S_x-s=(1.8-0.1-0.2-0.05)\text{m}=1.45\text{m} \tag{9-3}$$

式中　M_{max}——工作面开采范围内的煤层最大采高（m）；

M_{min}——工作面开采范围内的煤层最小采高（m）；

c——顶梁的厚度（m），$c=0.1$m；

s——工作面顶板最大下沉量（m），$s=0.05$m；

ΔS_x——顶板下沉量（m）

$$\Delta S_x=\eta M_{min}L_1=0.025\times1.8\text{m}\times4.4\text{m}=0.198\text{m}\approx0.2\text{m} \tag{9-4}$$

η——顶板下沉系数，取$\eta=0.025$；

L_1——工作面顶板最大控顶距，$L_1=4.4$m；

工作面所选支柱型号为DZ－22，其最大高度为2.2m，大于计算所需高度2.1m；最小高度为1.4m，小于计算最小高度1.45m，符合工作面的使用要求。

（2）工作面支护参数的确定　工作面顶板为Ⅱ类Ⅱ级，利用估算法确定工作面的支护阻力。

1）工作面的支护强度p_t

$$p_t=km\rho=7\times2\text{m}\times25\text{kN/m}^3=350\text{kPa} \tag{9-5}$$

2）支柱的有效支撑能力p_E

$$p_E=k_EP_A=0.8\times300\text{kN}=240\text{kN} \tag{9-6}$$

3）工作面所需支护密度n

$$n=\frac{p_t}{p_E}=\frac{350}{240}=1.45\text{ 根/m}^2 \tag{9-7}$$

4）工作面支柱的柱距a

$$a=\frac{1}{nb}=\frac{1}{1.45\times1}\text{m}=0.689\text{m} \tag{9-8}$$

考虑工作面的支护管理要求，取 $a=0.6\text{m}$。

式中 k——采高厚度系数，工作面基本顶为Ⅱ级，取 $k=7$；

m——工作面的平均采高（m），$m=2\text{m}$；

ρ——工作面顶板岩石的平均重度，这里取 $\rho=25\text{kN/m}^3$；

k_E——支柱有效支撑系数，单体液压支柱取 $k_E=0.8$；

b——工作面支柱排距，和工作面所选顶梁一致，这里 $b=1\text{m}$。

（3）工作面所需支柱、顶梁数量

$$N=L_N\left(\frac{L}{a}+1\right)=4\times\left(\frac{148}{0.6}+1\right)\text{根}=992\text{ 根} \tag{9-9}$$

式中 L_N——最大控顶距时支柱的排数，$L_Z=4$；

L——工作面的长度（m），L=148m；

考虑工作面临时支护、加强支护与各用量的要求，工作面支柱数须增加 10% ~15%，顶梁数须增加 2% ~4%，即工作面须配备支柱 1100 根、顶梁 1030 根。

5. 工作面循环作业组织

（1）采煤机截深确定　根据运输机实际能力公式

$$Q_K\geqslant 60vmB\gamma \tag{9-10}$$

得采煤机截深为

$$B\leqslant\frac{Q_K}{60vm\gamma}=\frac{320}{60\times3.5\times2\times1.45}\text{m}=0.525\text{m} \tag{9-11}$$

式中 Q_K——工作面运输机实际运输能力（t/h），$Q_K=320\text{t/h}$；

v——采煤机实际牵引速度（m/min），$v=3.5\text{m/min}$；

m——工作面平均采高（m），$m=2\text{m}$；

γ——煤的实体密度（t/m³），取 $\gamma=1.45\text{t/m}^3$。

考虑到工作面顶板性质、所选顶梁及支护操作安全性，选取工作面采煤机的截深为 0.5m。

（2）工作面支护方式和循环进度　依据有利于生产工序的合理安排和工作面顶板控制的原则，工作面的支护方式选用错梁直线柱，从工作面中间将工作面分为上、下两段，基本支柱相错半排（采煤机的截深），呈错梁布置方式，如图 9-3 所示。

结合工作面的条件，采煤机采用双向割煤，两刀一循环，循环进度为 1m。

（3）工作面昼夜循环个数计算　采煤机割一刀煤所需的时间为

$$T_1=K_1\frac{L-l}{v}+t_1+t_2=\left(1.4\times\frac{148-15}{3.5}+30+20\right)\text{min}\approx104\text{min（取 1.8h）} \tag{9-12}$$

采煤机日割煤刀数为

$$N=K_N\frac{24-T_Z}{T_1}=0.75\times\frac{24-4}{1.8}=8.3 \tag{9-13}$$

取工作面采煤机日割煤 8 刀，计 4 个循环，日进度为 4m。

式中 K_1——采煤机割煤时间的影响系数，考虑工作面处理大块煤和其他因素的影响，取 $K_1=1.4$；

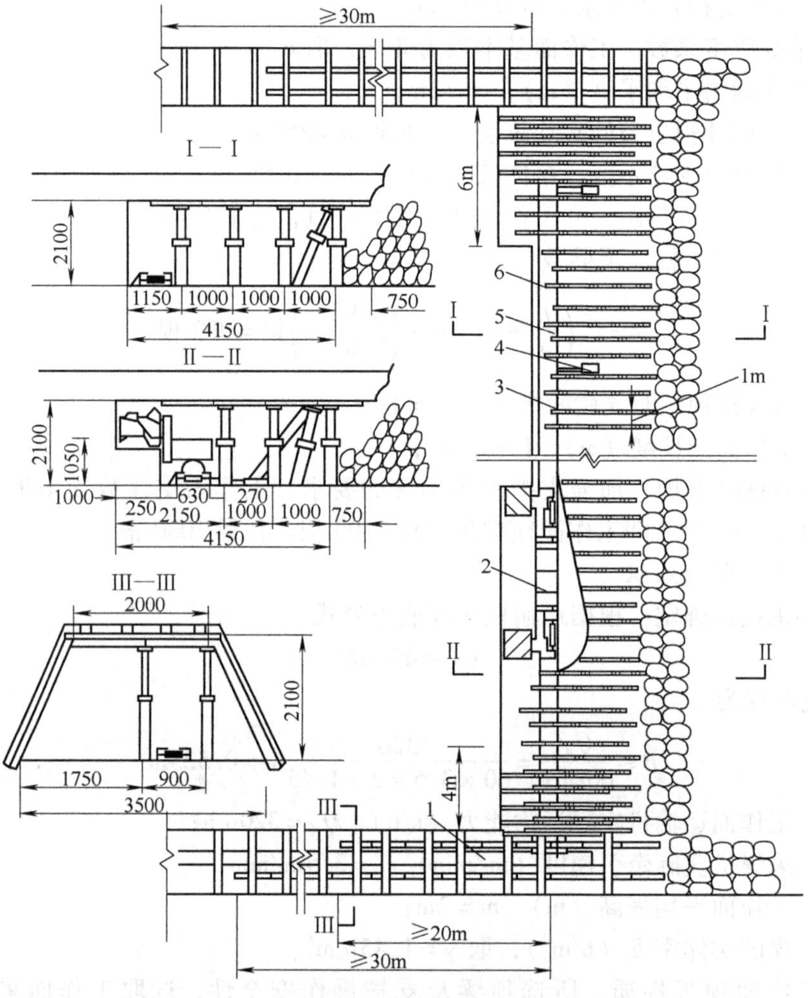

图 9-3　普采工作面布置图

1—平巷输送机　2—采煤机　3—单体液压支柱　4—推移输送机千斤顶
5—可弯曲刮板输送机　6—铰接顶梁

L——工作面的长度（m），该工作面的长度 $L=148\text{m}$；

l——工作面采煤机自开切口长度（m），取 $l=15\text{m}$；

v——采煤机割煤时的运行速度（m/min），取 $v=3.5\text{m/min}$；

t_1——采煤机端部自开切口进刀时间（min），取 $t_1=30\text{min}$；

t_2——工作面顶板支护滞后时间（min），取 $t_2=20\text{min}$；

K_N——工作面生产时间利用系数，考虑交接班和外部对生产的影响，取 0.75。

6. 工作面作业形式及人员配备

根据工作面基本生产条件和设备检修工作量，选用两班半采煤半班准备的作业形式。人员配备以生产班为基准、准备班另增加机电检修人员。在准备班的检修时间内，生产班作业人员可进行工作面支架检修、工作面两巷超前支护作业等准备工作。采煤工作面劳动组织表见表 9-2。

表 9-2　采煤工作面劳动组织表

序号	工种	班次			合计	各工种出勤时间		
		一	二	三		一	二	三
1	班长	2	2	3	7			
2	采煤工	18	18	18	54			
3	采煤机司机	3	3	3	9			
4	运输机司机	1	1	1	3			
5	转载机司机	1	1	1	3			
6	泵站司机	1	1	1	3			
7	维修电工	1	1	1	3			
8	验收员	1	1	1	3			
9	机械检修工			8	8			
10	电气检修工			3	3			
11	材料运输工		6		6			
12	材料员		2		2			
13	管理人员	1	1	2	4			
	合计	29	37	42	108			

7. 工作面循环作业图

依据工作面的作业形式，该工作面采煤作业时间为 20h，准备检修作业时间为 4h。结合工作面设备状况和各工序的相互关系，绘制工作面循环作业图，如图 9-4 所示。

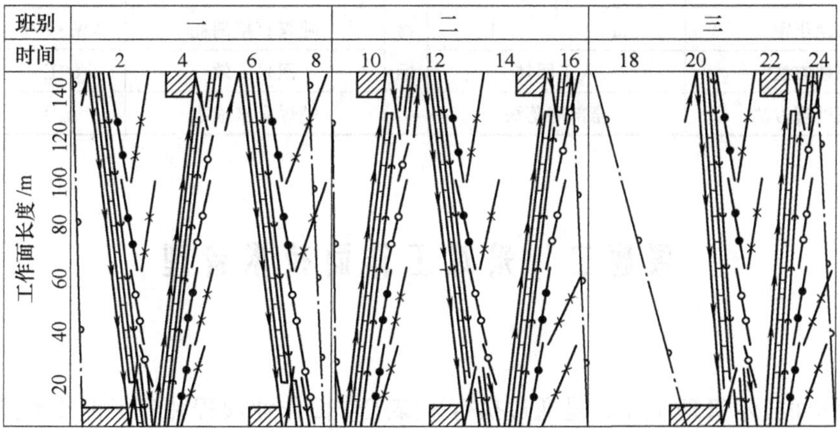

图 9-4　普采工作面循环作业图

8. 工作面技术经济指标表

根据工作面的基本条件、材料消耗定额和工作面的具体参数，计算并编制工作面主要技术经济指标表，见表 9-3。

表9-3 工作面主要技术经济指标表

项目		单位	数量	项目		单位	数量
工作面基本参数	走向长度	m	1056	材料消耗指标	炸药	kg/kt	5.4
	倾斜长度	m	148		雷管	个/kt	20
	煤层厚度	m	1.8～2.2		坑木	m^3/kt	0.35
	平均开采高度	m	2.0		竹笆	块/kt	600
	煤层倾角	(°)	12°		木棍	根/kt	1200
	回采面积	m^2	145288		柱靴	块/kt	400
	工业储量	kt	453		金属网	m^2/kt	
	可采储量	kt	435		水平销	个/kt	2.5
	采出率	%	96		挡矸帘	个/kt	2000
	煤实体密度	t/m^3	1.45		截齿	个/kt	1.2
	顶板类级	2Ⅱ			乳化油	kg/kt	15
	底板分级	Ⅱ			机油	kg/kt	8.5
工作面顶板与管理	支护方式	单体支架支护		循环作业与技术指标	工作制度	三八工作制	
	支柱数量	根	1100		作业形式	两班半采煤半班准备	
	顶梁数量	根	1030		循环进度	m	1
	最大控顶距	m	4.4		循环产量	t	412
	最小控顶距	m	3.4		日循环数	个	4
	支柱排距	m	1		日产量	t	1650
	支柱柱距	m	0.6		正规循环率	%	92
	支护密度	根/m^3	1.67		月进度	m	110
	防顶步距	m	1		吨煤直接消耗	kW·h/t	6.6
	回柱方法	人工回柱			回采工效	t/工	14.2
	顶板处理方法	全部垮落法			吨煤直接成本	元/t	21.4

课题二 采煤工作面技术管理

【任务描述】

采煤工作面技术管理工作，是通过执行采煤工作面作业规程和各工种技术操作规范体现的。其中，采煤作业规程是采煤工作的重要法规之一，它约束上至区队领导、下至一线矿工的行为，内容涉及工作面安全和生产的各方面。

采煤工作面作业规程主要包括工作面工艺过程、劳动组织和生产技术措施。它由专业的技术人员编写，是采区技术工作的基本文件，是区队实际技术管理的有效手段，为采煤工作面生产管理提供了技术方面的指导和保障。

【相关知识】

一、采煤工作面作业规程

采煤工作面作业规程是现场工程技术管理人员根据工作面的具体地质条件、机械电气设备配备和劳动力条件编制的技术性文件，是工作面生产技术管理的依据。制定切实可行的采煤工作面作业规程，是工作面技术管理的关键。《煤矿安全规程》第49条规定：采煤工作面回采前必须编制作业规程；情况发生变化时，必须及时修改作业规程或补充安全措施。

（一）采煤工作面作业规程的主要内容

1. 工作面基本概况

简述采煤工作面在矿井中所处的位置、编号，工作面的长度，沿走向或倾向推进长度，工作面四周开采状况，工作面开采范围及其与地表的相对位置，开采对地表建筑物的影响，地面水体和含水层对工作面开采的影响等。

2. 工作面的地质状况

根据地质勘查部门提供的采煤工作面地质勘查资料，结合已开采揭露和掌握的煤层地质情况，简要描述工作面的地质条件。

（1）煤层性质　包括煤层的产状要素，赋存特征，煤体的普氏系数，煤体实体密度、松散体视密度，煤的内在灰分、挥发分、发热量、硫含量、磷含量，以及煤的工业分类等。

（2）围岩性质　包括工作面顶底板的岩石性质、厚度、基本特征、类级划分等。

（3）地质构造特征　包括开采范围内对开采影响较大的断层位置及产状要素，主要的褶皱构造，火成岩侵入体的位置特征及其对开采的影响程度。

（4）瓦斯、煤尘及煤炭自然发火状况　包括工作面煤层瓦斯的压力、涌出量，煤尘爆炸危险性，煤的自然发火倾向性、自然发火期等。

（5）水文地质状况　包括开采期间工作面正常涌水量和最大涌水量。

（6）工作面煤炭储量　包括工作面开采范围内煤层的工业储量与可采储量、工作面预计开采期限等。

3. 采煤方法

（1）绘制工作面的巷道布置示意图　按一定的比例绘制工作面巷道布置示意图、主要巷道与工作面开切眼的断面图。

（2）采煤工艺设计　根据工作面具体地质条件和设备配备情况确定采煤工作面的回采工艺方式。

1）炮采工作面。包括工作面顶板支护设计、支护参数及支护材料和数量的确定，爆破设计说明书的编制，工作面运输设备选型计算等。

2）普采工作面。包括工作面顶板支护设计、采煤机型号及主要参数的选择、采煤机进刀方式和割煤方式的选择、工作面运输设备选型等。

3）综采工作面。包括工作面支护设备选型与支护能力验算、采煤机选型计算、运输机选型与能力配套验算、乳化液泵站选型等。

4. 工作面主要生产系统（在工作面巷道布置图中标注并简述）

（1）运输系统　包括工作面煤炭运输路线、主要运输设备的性能、运输能力匹配情况。

（2）通风系统　包括工作面的通风系统图、主要通风设施位置、工作面所需风量计算方法、工作面及主要巷道风速的验算、工作面需配备风量的计算。

（3）辅助运输系统　包括工作面所需材料、设备运输路线、运输设备与运输要求、设备回收路线与要求。

（4）供电系统　包括工作面主要电气设备的选型计算，供电电缆的选型计算，控制、检测设备的整定计算与配备、工作面供电系统图的绘制。

（5）供水系统　包括工作面供水管道路线与喷洒水地点的布置、供水管道管径的选择、供水水压和水量的要求。

（6）安全监控系统　包括工作面回采系统中安全监测仪器设置的位置与要求、仪器的性能与整定值的确定。

（7）瓦斯抽放系统　对于有煤与瓦斯突出危险的采煤工作面，要确定煤层瓦斯的抽放方式、主要抽放参数、抽放系统及管道管径的选择、瓦斯抽放系统主要安全设施设置的位置与要求。

5. 工作面的循环图表

根据工作面采煤工艺确定的循环方式、作业形式，编制工作面的劳动组织表和技术经济指标表，绘制工作面的布置图与工作面的循环作业图。

6. 安全管理制度

采煤工作面的安全管理制度主要包括以下方面：

1）采煤工作面的交接班管理制度。

2）主要工种安全操作管理制度。主要工种包括运输机司机、采煤机司机、泵站工、机电检修工、端头工、支架工、巷道维修工、材料运输工等。

3）工作面工程质量管理制度。

4）巷道超前支护与巷道维护管理制度。

5）机械、电气设备安全管理制度。

6）工作面文明生产管理制度。

7. 安全技术措施

采煤工作面的安全技术措施主要包括以下内容：

1）采煤工作面初采、初放和顶板初次来压时的安全技术管理措施。

2）工作面支护设备、液压支架、采煤机安装方法和有关的安全技术措施。

3）采煤工作面周期来压时，防治顶板事故的安全技术措施。

4）工作面遇断层、破碎顶板时的安全管理措施。

5）液压支架防倒、防滑技术措施，工作面倒架、死架处理方法和安全措施。

6）工作面防治瓦斯、煤尘、水、火和顶板事故的安全技术措施等。

8. 灾害事故防治措施

针对工作面可能出现或遇到的重大灾害事故，制定具体的预防对策。确定工作人员在各种灾害事故时的安全避灾路线图，以及常见工伤事故的基本处理方法和伤员运送方法与要求。

9. 煤质管理措施

包括采煤工作面加强煤质管理的基本要求，冒顶、矸石处理方法，煤层夹矸处理要求，工作面通过断层时保障煤质的措施，割煤、爆破时控制煤质的要求，维修巷道时矸石的处理方法，工作面煤质管理奖励、处罚规定。

（二）作业规程编审步骤

1. 收集、整理资料，编制作业规程初稿

采煤（区）队工程技术人员根据地质部门提供的采煤工作面地质说明书，深入现场调查，熟悉工作面的基本情况；收集条件相似工作面的生产技术管理资料；了解机电技术部门可提供的机械设备供应情况；掌握工作面生产技术、安全管理、产量、效率等方面的基本要求；征求有关技术人员和技术工人对生产管理和安全管理的意见，按作业规程编制规范要求，编制采煤工作面作业规程的初稿。

2. 集体研讨定稿

由采煤（区）队主管负责人召集本单位生产管理人员和技术工人代表，对编制的作业规程初稿进行研讨，提出修改意见。工程技术人员根据研讨意见进一步修改完善后，上报矿主管领导、部门审批。

3. 作业规程的审批

采煤队编制的作业规程的审批程序为：由矿总工程师组织地质、设计、机电、运输、通风、安检、计划、物资供应、劳动工资等相关部门，对作业规程进行会审；结合各自管理要求，针对作业规程的有关条款进行审查，签署作业规程执行中的注意事项和审定意见；最后由矿总工程师签字批准，并报上一级主管部门备案。

4. 作业规程的贯彻落实

经矿总工程师签批的作业规程，必须在工作面投产前的10～15天，由主管采煤（区）队长和技术员组织职工学习，确保全体职工熟悉工作面生产的基本条件，了解工作面操作和管理的基本要求，掌握各种灾害事故的发生规律、危害性质及基本防治措施，确保工作面高产、高效、安全生产。学习之后要组织考试，未参加作业规程学习者和考核不合格者，不允许上岗作业。

5. 作业规程的修改与补充措施

作业规程在执行过程中如遇采煤工作面条件发生变化，要及时进行作业规程的修改或编制补充措施，并须另行审批。

（三）编制作业规程时的注意事项

1）所编制作业规程必须符合工作面的基本条件，切实可行，严禁套用、沿用其他工作面的作业规程。

2）作业规程的文字应简明易懂，图表清晰准确，计算规范无误，措施齐全可行。

3）作业规程的编制要严格执行《煤矿安全规程》的有关规定和设计规范的有关要求。

4）作业规程的编制应选择合理的作业形式和劳动组织方式，各项指标要具有一定的先进性，使工作面的生产技术管理达到先进水平。

二、技术操作规程

《技术操作规程》、《煤矿安全规程》和《采煤工作面作业规程》是煤矿的三大规程。《技术操作规程》是行业主管部门负责制定的、工人进行生产活动时的操作规范和行为准则，是实现技术标准化、操作规范化，搞好技术培训和技术练兵，保障安全生产和工程质量，提高生产率，杜绝违章作业，避免人身事故，避免设备、财产损失的规范性条例。

各工种的技术操作规程由四部分内容组成：

（1）一般规定　说明担任该工种上岗作业必须具备的基本条件，本工种操作应达到的质量标准，与其他工种的相互配合关系，以及对操作环境的基本要求。

（2）操作前的准备与检查　包括操作工具、配件、材料准备的基本要求，对操作设备进行检查的程序与要求，以及发现问题时的处理原则与方法。

（3）操作方法及注意事项　说明该工种的操作程序、工作方法与要求，操作时的安全注意事项，遇到意外事故时的基本处理方法。

（4）收尾工作　说明该工种工作结束时需要达到的基本要求，设备应保持的基本状态，交接班的要求及注意事项。

课题三　采煤工作面质量管理

【任务描述】

采煤工作面质量管理主要包括产品质量管理和安全工程质量管理两大部分。

【相关知识】

一、产品质量管理

质量是企业的生命。煤炭产品的质量直接关系着煤矿的经济效益和企业的生存发展。加强煤炭产品质量管理是工作面生产技术管理的主要任务。

煤炭产品质量指标主要是考核煤炭产品的使用价值。采煤工作面煤炭产品质量管理的关键在于控制原煤的灰分、含矸率、水分和块煤率等指标。煤炭产品质量管理措施主要包括以下方面：

1）设计采区及工作面时要有完善的排矸系统，实现煤、矸的分采分运。

2）编制工作面作业规程时，应结合工作面的地质及生产技术条件，制定工作面煤质管理的技术措施。主要内容包括：

① 遇到较大断层时应尽可能改造工作面，避开断层破碎带对煤质的影响。如果不改造，则要利用排矸系统实现分采分运。

② 局部煤层变薄时，要及时更换相应规格的支柱，不得采用破顶或卧底处理。

③ 当煤层夹矸较厚时，可考虑以夹矸为界分层开采，不适合分层开采时要采取措施实现煤与矸石分采分运。

④ 加强工作面顶板管理，放炮、割煤不得破坏顶板，顶板不稳定时须及时支护，防止冒顶漏矸。

⑤ 采用分层开采的工作面，要坚持采取铺网、注浆等措施，确保下分层顶板的整体性，为下分层开采创造条件，防止下分层开采时冒、漏矸石而影响煤质。

⑥ 采用放顶煤开采的工作面，要认真分析和研究顶煤活动规律，合理确定放顶煤工艺参数，在保证煤质的前提下，提高工作面煤炭采出率。

⑦ 维修巷道冒落的矸石，要用矿车运出或填入采空区中，严禁混入原煤中。

⑧ 提高职工对煤炭质量重要性的认识，尽量在工作面或运输巷内拣出煤中的矸石。

⑨ 采区及工作面的排水系统不得流经煤仓和溜煤眼，避免增加煤炭水分。

3）健全煤炭质量管理激励机制，定期对煤炭质量管理工作进行考核，对重视煤质、工作成绩突出者给予表彰奖励，对造成煤炭质量严重下降的则要进行必要的处罚，以确保煤炭产品质量，提高煤矿的经济效益。

二、安全工程质量管理

（一）采煤工作面安全工程质量管理标准

采煤工作面的安全工程质量是工作面安全生产的保障。煤炭行业针对采煤安全工程质量管理制定了《采煤安全质量标准化标准及考核评比办法》，该标准从十个方面对采煤安全工程质量进行量化考核，使工作面安全工程质量管理更加规范化和标准化。

依据标准规定，煤矿安全工程质量主管部门和上级有关部门须定期或不定期地对采煤工作面安全工程质量进行检查评比，并根据考核评比结果将工作面安全质量分为三个等级。

（二）加强工作面安全工程质量管理的措施

1. 提高职工工程质量管理的意识

组织职工学习工作面开采后围岩活动的基本规律，工作面来压时的主要特征及控制措施，工作面工程质量管理的有关规定与工作面工程质量评比标准。使职工了解工作面工程质量管理对安全生产的重要意义，树立生产必须安全、安全必抓质量的意识，在生产过程中自觉地养成注重工作面工程质量的良好习惯。

2. 健全工作面工程质量管理体系

采煤（区）队要建立以（区）队长和主管技术管理人员为主的工程质量管理组织，负责工作面的工程质量管理工作。各生产班配备工程质量验收监督员，建立“QC”小组，严把工作面的工程质量关。

3. 保证工作面的物料储备

工作面工程质量管理必须有充足的物料储备作为保障。工作面的支护设备、机械、电气设备必须保证其完好性，备品、配件要齐全，发现问题应及时维护检修。工作面支护材料须保持不少于3天的日常消耗储备，并备有处理工作面顶板事故所需的物料。单体支护工作面的支柱、顶梁须保证一定的备用量，确保损坏、失效的支柱、顶梁能及时地得到更换。

4. 严格质量事故追究制度

对工作面发生的质量事故和事故隐患，必须采取“四不放过”措施：事故原因不查明不放过，隐患不除不放过，整改措施不落实不放过，责任人未受到教育不放过。通过事故追究制度，使全体职工受到激励和教育，吸取事故的教训，杜绝和避免事故的再次发生。

5. 采取激励机制，搞好工作面的工程质量

搞好工作面的工程质量还须采取必要的激励机制。采煤（区）队应经常对工作面工程质量进行检查，对工程质量好的要给予表彰和奖励；对不重视质量管理、工程质量差造成事故的，则应给予处罚。上级主管部门对工作面进行检查评比，工作面为优良品的给予奖励，不合格品的则给予处罚。

课题四　采煤工作面安全管理

【任务描述】

安全管理是企业管理的一项主要内容，安全管理工作反映了企业的管理水平。企业管理好的单位，重视安全管理工作，企业的生产率高，经济效益增长。反之，若不重视安全管理工作，则可造成事故、伤亡不断发生，经济财产受到严重损失；安全状况恶化，职工无法安心工作，不能保证生产正常进行，企业的生产和效益都将受到严重影响。

采煤工作面安全管理的主要任务是保护职工在生产过程中的安全与健康，防止伤亡事故和职业危害的发生，保障采煤生产过程正常进行，提高工作面的生产能力和效益。历年统计资料显示，煤矿的重大事故中有70%以上发生在采掘工作面。可见，要改善煤矿的安全状况，关键是加强工作面的安全管理工作。

【相关知识】

采煤工作面安全管理包括以下几方面内容。

一、加强职工安全管理意识

安全管理是工业生产对安全提出的特殊需要，是安全技术不断发展和完善的产物。安全生产是一项与广大职工的行为和切身利益紧密相关的工作，依靠少数人是不行的，必须依靠广大职工增强安全意识，积极参与安全管理工作，才能保证生产安全、正常地进行。要经常对职工进行安全技术培训、教育，提高职工安全知识水平和技能，使其自觉遵守安全生产管理的各项制度，形成安全生产自我保护和互保的坚实基础。

二、健全安全管理体制

要搞好安全管理工作，必须健全安全管理体制。采煤工作面要建立采煤（区）队长负责制的安全管理体制。各工作班要配备安全管理员，负责本班安全管理工作与工程质量管理工作，各工作小组要有安全监督员，对工作地点、工作设备、工作过程的不安全行为进行监督，其有权在危及人身安全的状况下停止作业、撤出工作人员，坚决执行不安全决不生产的规定。在工作面形成一个自保、互保的安全管理体系，确保采煤工作面在正常条件下安全生产。

三、加强工作面工程质量管理

工程质量管理是采煤工作面安全管理的主要内容，只有抓好工程质量管理，才能使生产在安全的环境中进行，安全生产才有保证。

工程质量首先是工作面的支护质量，要保证支护设备的有效支撑能力，严格按作业规程规定进行支护。认真进行工作面压力监测工作，支柱损坏、设备失效时，应及时进行维修处理。确保工作面支护设备的可靠性，使工作面有一个良好、安全的工作环境。

其次是机械、电气设备的完好性。要按规定对机械、电气设备进行日常维护检修，保证各类设备的完好性符合规定。工作过程中发现设备问题必须及时进行处理，不能出现带病运转的现象，以确保工作面生产安全、顺利地进行。

工程质量还包括回采巷道的支护安全状况。采煤工作面两个出口的管理对工作面的安全生产影响很大，必须保证两个出口的有效断面和高度，按规定进行两巷的超前支护工作，安排专人对回采巷道的支护状况进行三查和维护，保证回采巷道支护的完好和畅通是工作面安全生产的基本保证。

四、严格执行安全管理制度

安全管理制度是职工生产活动中的行为准则，遵守安全管理制度是工作面安全管理的保障。安全管理制度是工作面作业规程中的主要内容，编制作业规程时，必须结合工作面的具体条件和煤矿安全管理的各项规定，制定完善的、切实可行的安全管理制度。

制定安全管理制度是工作面安全管理的基础，严格地贯彻落实安全管理制度是实现安全管理的关键。规范各工种的岗位技术操作规程，不违章作业，可有效地避免事故发生，彻底改变煤矿的不安全状况。

五、采用先进的安全技术设备

科学技术的进步、先进的技术设备和不断推出的安全管理设备，为工作面的安全生产提供了可靠的技术保障。无链牵引采煤机的应用，使工作面的安全生产进入了一个新的阶段。利用工作面的压力监测系统，可及时掌握顶板的活动规律，从而有效地进行顶板控制；采用安全监测系统，可有效地防治工作面瓦斯、火灾事故；采用先进的降尘系统，可有效地降低工作面煤尘的产生和危害。在条件允许的情况下，要尽量采用先进的技术设备和安全管理设施，提高工作面的安全管理水平，减少和避免各类事故的发生和危害。

六、制定完善的安全技术措施

在复杂的地质条件下从事采掘工作时，煤矿的五大自然灾害时刻危及煤矿职工的安全，生产过程中的各种不安全行为也是造成事故的根源，因此，制定完善的安全技术措施是杜绝煤矿灾害事故的基础。工作面安全技术措施主要包括煤矿各类灾害事故防治措施、工作面生产过程中的各项安全技术措施、机械和电气设备安全使用管理措施及其他安全技术措施。

1. 灾害事故防治措施

（1）瓦斯防治措施　包括工作面防治瓦斯积聚、上隅角瓦斯的处理、工作面瓦斯监测与检查、工作面杜绝火源的措施，机械、电气设备的安全隔爆管理，工作面煤与瓦斯突出的预测预报和局部防突措施、防突效果检验方法和安全防护措施。

（2）煤尘防治措施　包括工作面煤体注水的方法与要求，主要的减尘、降尘措施，洒水与喷雾设施的安设与使用要求，工作面风速控制及浮尘清扫规定，个体防护的具体措施与要求。

（3）火灾防治措施　外因火灾的主要防治措施为：工作面易燃、可燃物的管理，电气设备、供电线路防火安全管理，消防器材配置数量与存放地点；内因火灾的预防方法及措施为：煤层自然发火预测预报管理，预防发生内因火灾的措施与矿井火灾的处置方法。

（4）水灾防治措施　包括工作面水患的主要危险性、水源分布特点、预测工作面涌水量、排水方法与排水设备配备及管理措施、工作面发生突水事故时的主要对策。

（5）顶板事故防治措施　包括工作面顶板管理的基本规定、顶板事故的特点、冒顶事故的处理方法与要求、工作面过断层构造带的技术措施。

2. 工作面生产过程中的各项安全技术措施

（1）工作面初采安全技术措施　包括开切眼支护的方式与要求，工作面支架、输送机、采煤机的安装方法和安装与运输时的安全措施，综采工作面安装硐室的规格与支护要求，初次放顶、初次来压工作面顶板管理措施及加强支护的方法与要求。

（2）工作面周期来压防治措施　包括工作面矿压监测管理要求，工作面矿压的预测预报，来压期间工作面顶板支护、管理的主要措施。

（3）工作面支架移设的安全措施　包括移架前的安全检查和注意事项、移架操作的基本要求、支架推移质量要求、顶板破碎时的控制管理措施，以及工作面支架的维护与检修管理。

（4）采煤机割煤时的安全措施　包括采煤机运行前的安全检查规定、割煤时的基本操作要求、遇到特殊条件时的安全注意事项、结束割煤时采煤机应保持的基本状态、遇到设备故障时的处理方法与要求。

（5）特殊条件开采安全技术措施　主要是结合工作面的具体条件，制定在通过断层、旧巷和其他地质构造破碎带时的顶板控制与安全管理措施。

3. 机械电气设备安全使用管理措施

（1）液压泵站安全操作措施　包括液压泵站起动前的安全检查要求、乳化液配比及检测规定、起动操作的安全注意事项、泵站故障的处理方法与要求、泵站移动时的安全措施。

（2）工作面绞车使用、移设安全管理措施　包括绞车安全设施的配备要求、绞车的固定方法与质量规定、绞车操作的安全注意事项、绞车及牵引钢丝绳的日常检修及管理规定、绞车移动的方法与安全措施。

（3）矿车辅助运输的安全措施　包括运输矿车与轨道的质量要求、装载材料与设备的固定方法与要求、通信信号配备、矿车运行时的安全措施、矿车掉道的处理方法、提运绞车和钢丝绳的日常检查与维护管理。

（4）电气设备检查维修安全管理措施　包括电气设备检修时的停、送电制度，电气设备隔爆管理措施，安全控制设施配备及整定值的规定，电气设备故障处理方法及原则。

4. 其他安全技术措施

（1）严禁五种人下井作业　请假准备回家或刚从家乡回来的人、没有经过专业技术培训的人、身体有病的人、情绪不正常的人和酗酒的人。

（2）严格执行“四不生产”规定　工作地点不安全不生产、事故隐患不排除不生产、整改措施不落实不生产、工程质量不达标不生产。

思考与练习

一、技能练习题

试绘制综采工作面循环作业图。已知工作面长度为160m，采用三采一准作业形式，双向割煤，每班进3个循环。

二、知识练习题

1. 试述采煤工作面技术管理的主要内容及其重要性。
2. 说明采煤工作面循环、正规循环作业和正规循环率的概念。正规循环率如何规定？
3. 何谓采煤工作面的作业形式？其作业形式主要有哪些？说明各作业形式的主要特点。
4. 何谓采煤工作面的劳动组织？说明劳动组织的主要方式和特点。
5. 采煤工作面循环作业图表主要包括哪些内容？
6. 如何绘制采煤工作面循环作业图？绘制时注意的问题有哪些？
7. 采煤工作面技术经济指标表主要包含哪几个方面的内容？
8. 采煤工作面作业规程主要包括哪些内容？
9. 试述采煤工作面作业规程编制的基本原则和编审过程。
10. 采煤各工种技术操作规程主要内容由哪几部分组成？
11. 采煤安全质量标准化标准及考核评级办法主要包括哪几大项？考核等级如何划分？
12. 如何加强采煤工作面的产品质量管理？
13. 采煤工作面安全管理的主要措施有哪些？

单元十　厚煤层放顶煤采煤法

【学习目标】

📖 知识目标：

1）掌握厚煤层放顶煤采煤法的基本特点及类型。

2）掌握厚煤层放顶煤采煤法的主要设备。

3）理解放顶煤法的破煤机理。

📖 技能目标：

1）能够选用放顶采煤法的回采工艺。

2）能够叙述不同支架的适用条件。

课题一　厚煤层放顶煤采煤法的基本特点及类型

【任务描述】

放顶煤采煤法是在综合机械化采煤法的基础上产生的一种高产、高效的采煤方法，其采煤工艺包括割煤、顶前部刮板输送机、移支架、拉后部刮板输送机和放煤五大环节。通过此单元的学习，要掌握放顶煤采煤法的基本特点及类型。

【相关知识】

一、放顶煤采煤法的基本特点

放顶煤采煤法是在开采厚煤层时，沿煤层（或分段）底部布置一个采高为 2 ~ 3m 的长壁工作面，使用综合机械化采煤工艺进行回采，利用矿山压力的作用并辅以人工松动方法使支架上方的顶煤破碎成散体后由支架后方（或上方）放出，并予以回收的一种采煤方法。

二、放顶煤采煤法的基本类型

1. 一次采全厚放顶煤开采

一次采全厚放顶煤开采是指沿煤层底板布置一个放顶煤开采长壁工作面，一次放出顶煤全厚，如图 10 - 1 所示。这种方法一般适用于厚度为 6 ~ 12m 的煤层。其优点是掘进量小、设备少、系统简单、生产集中；其缺点是煤质软时两巷维护困难。

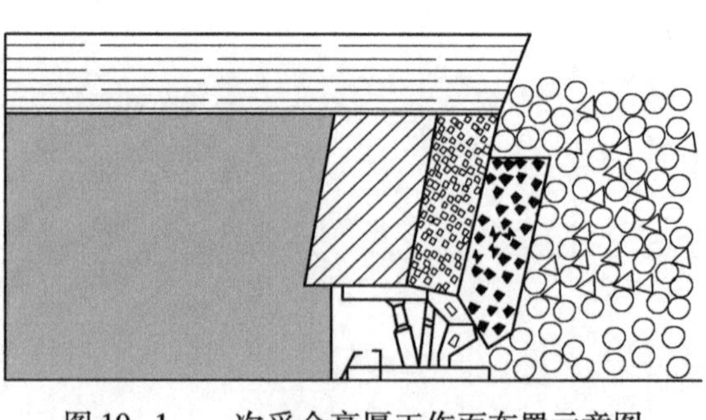

图 10 - 1　一次采全高厚工作面布置示意图

2. 预采顶分层网下放顶煤开采

预采顶分层网下放顶煤开采是指沿煤层顶板布置一个普通长壁工作面，开采顶分层时进行铺网，而后沿煤层底板布置放顶煤工作面，将两个工作面之间的煤在网下放出，如图 10-2 所示。

这种方法一般适用于厚度在 12m 以上、直接顶坚硬、瓦斯大的煤层。其优点是顶层铺设金属网，可以减少放煤的含矸量；其缺点是开采顶分层后一般矿山压力减弱，不利于顶煤的破碎，常有大块煤需要人工预裂。

3. 倾斜分层放顶煤开采

如图 10-3 所示，当煤层厚度在 15m 时，可将煤层自顶板至底板分成8～10m 的分段，然后自上而下依次进行放顶煤开采。

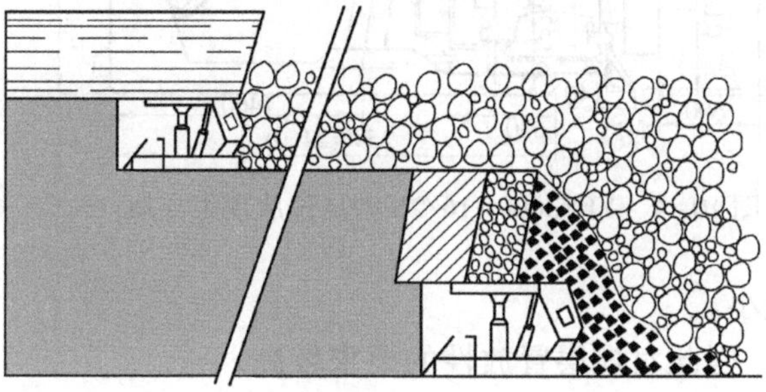

图 10-2 预采顶分层网下放顶煤开采

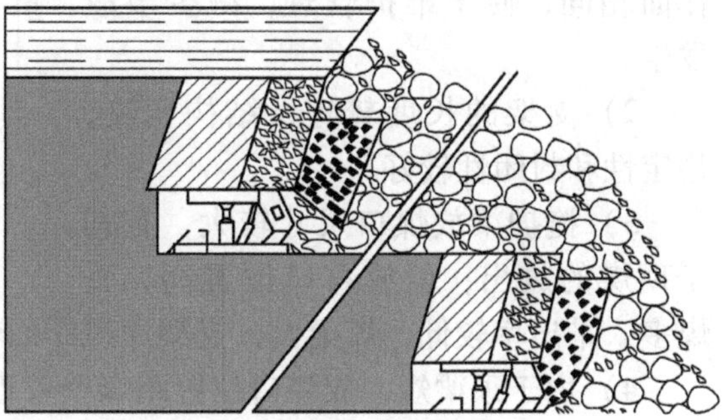

图 10-3 倾斜分层放顶煤开采

课题二 放顶煤开采的支护设备

【任务描述】

放顶煤支架类型的选择是放顶煤采煤法的核心问题。通过本单元的学习，应明确高、中、低位放顶煤时放顶煤支架的适用条件及选择依据。

【相关知识】

一、放顶煤液压支架的特点和性质

1）有液压控制放煤机构。
2）有强力可靠的二次破煤性能。
3）有推移后部溜子、清理后部煤的机构。
4）支架结构必须有较强的抗扭和抗侧向力能力。
5）有较大的空间，控顶距较大、顶梁较长。
6）有可靠的防漏、防冒顶能力。
7）开采高度大体控制在 2.5～3.0m 之间。
8）有较大的拉架力，拉架速度快，带压擦顶移架。

二、放顶煤液压支架分类

放顶煤液压支架按结构不同，分为掩护式、支掩式、支撑式和简易式；按窗口位置不同，分为高、中、低三种放煤支架形式；按输送机位置不同，分为单、双输送机。

1. 单输送机高位放顶煤掩护式支架（图 10-4）

单输送机高位放顶煤掩护式支架的特点如下：

1）支架结构简单，采煤机割煤与放煤由一部输送机运出，端头维护空间小，工作面整体布置与普通长壁工作面相同，便于维护管理，减少事故发生。

2）支架的长度较短，结构紧凑，稳定性和封闭性较好。

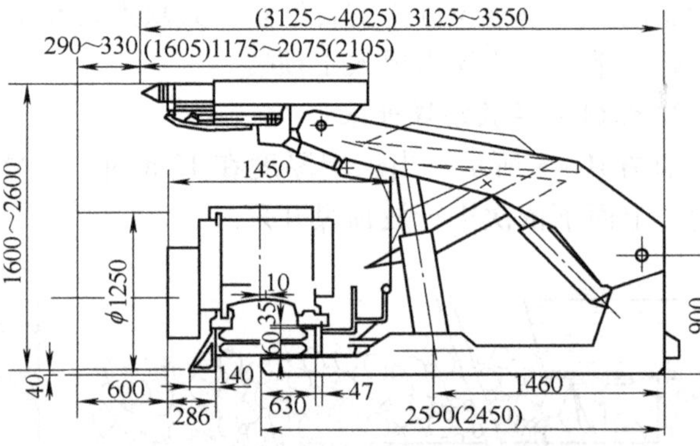

图 10-4　YFY3000-16/26 型高位放顶煤支架

3）掩护梁放煤口尺寸较大，有利于顶煤的放出；但放煤口位置高、丢煤多，采出率较低，煤尘大，支架通风断面较小。

4）由于顶梁短，放煤口位置距煤壁较近，因此对煤层冒放性的要求较高。

5）放煤槽在放煤状态下与底座成 35°的夹角，难以达到 40°。

6）采、放用同一部输送机，不能平行作业，影响产量的提高。

2. 双输送机中位放顶煤支掩式支架（图 10-5）

双输送机中位放顶煤支掩式支架的特点是支架稳定性和密封性好，抗偏载和抗扭能力大，不易损坏。

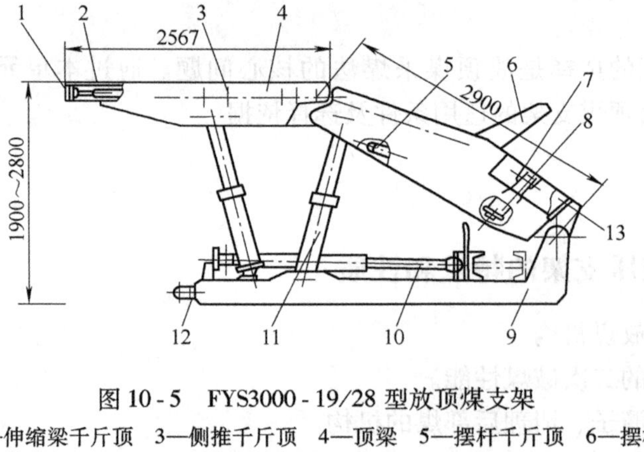

图 10-5　FYS3000-19/28 型放顶煤支架

1—伸缩梁　2—伸缩梁千斤顶　3—侧推千斤顶　4—顶梁　5—摆杆千斤顶　6—摆杆　7—掩护梁　8—放煤千斤顶　9—底座　10—后部输送机千斤顶　11—立柱　12—推移千斤顶及框架　13—放煤板

3. 双输送机低位放顶煤支掩式支架（图 10-6）

双输送机低位放顶煤支掩式支架在掩护梁后部铰接一个带有插板的尾梁，其特点如下：

1）由于具有连续的放煤口，因此放煤效果好、采出率高。

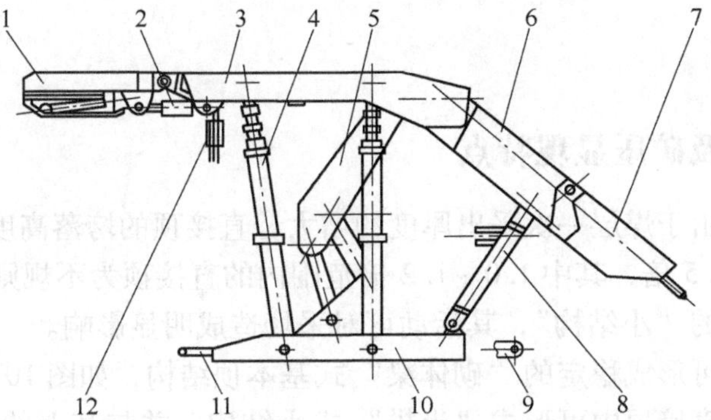

图 10-6　FZ3000-15/30 型放顶煤支架

1—前梁　2—前梁千斤顶　3—顶梁　4—支柱　5—上连杆　6—掩护梁　7—摆动尾梁
8—支撑板　9—后部千斤顶　10—底座　11—推杆　12—操纵阀

2）顶梁长，放煤口距煤壁远，经顶梁反复支撑，使顶煤充分破碎，对放煤极为有利。

3）后输送机沿底板布置，浮煤容易排出，移架轻快，同时尾梁插板可破碎大块煤，放煤口不易堵塞。

4）低位放煤，煤尘小，有利于降尘。

5）稳定性较差。

4. 轻型放顶煤液压支架（图 10-7）

（1）主要特点

1）支架结构简单、紧凑，重量轻，便于拆装和运输。

2）支架空间较大，便于清理浮煤和拆装检修后部输送机。

3）支架稳定性好，造价低。

4）单铰接轻型放顶煤液压支架具有较好的封闭能力和及时支护能力，能较好地解决“三软”煤层和较薄煤层综放开采及端面易冒落的问题。

（2）适用范围　该类支架在下列条件下可取得较好的使用效果：

1）煤层普氏系数 $f<2.5$，来压不明显，厚度为 3 ~ 8m，倾角小于 25°。

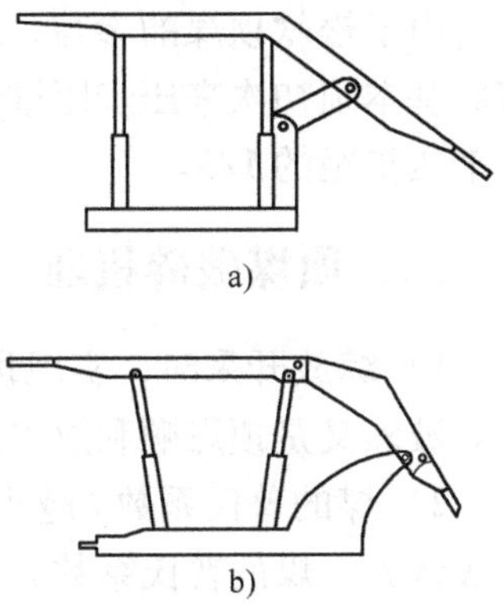

图 10-7　轻型放顶煤支架
a）单摆杆式　b）单铰接式

2）工作面尺寸较小，断层较多，地质条件复杂的工作面。

3）边角煤或煤柱开采，厚度变化较大，较薄的厚煤层（<4.5m）。

课题三　放顶煤工作面矿压显现特点及顶煤破碎机理

【任务描述】

放顶煤法的基本原理是借助矿山矿力和支架的反复支撑使顶煤破碎，从而达到放煤的效果。因此，掌握岩层活动、矿压显现特点及顶煤破碎机理是放顶煤开采的关键问题。通过此单元的学习，掌握岩层活动、矿压显现特点及顶煤破碎机理。

【相关知识】

一、岩层活动及矿压显现特点

放顶煤开采时，由于煤层一次采出厚度的增大，直接顶的垮落高度将成倍增加，可达采出煤层厚度的2.0~2.5倍，其中1.0~1.2倍范围内的直接顶为不规则垮落带，而在上位直接顶中则形成临时性的“小结构”，其活动可对采场造成明显影响。

综放采场上方仍可形成稳定的“砌体梁”式基本顶结构，如图10-8所示，但其形成的位置远离采场。上位直接顶中可形式“半拱”式小结构，并与其上的“砌体梁”结构相结合，共同构成综放开采覆岩结构的基本形式。

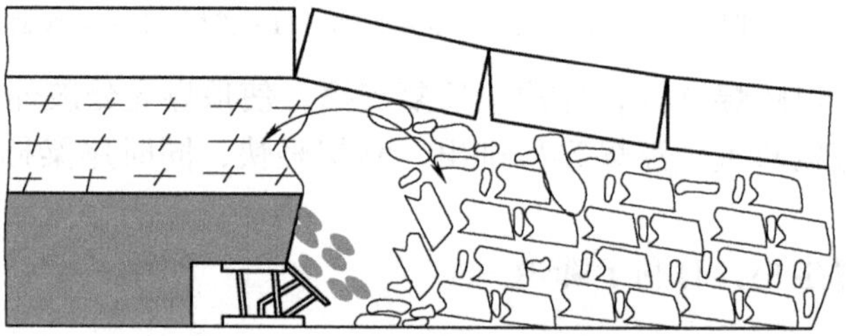

图10-8　综放工作面顶板情况

由于松软顶煤的参与，综放支架阻力通常不大于分层开采支架阻力。与分层开采相比，综放基本顶初次来压步距增大，一般可达到50m以上；周期来压步距相对减小，约为其初次来压步距的1/3。

二、顶煤破碎机理

1）综放开采时，实现顶煤的有效破碎和顺利放出是放顶煤工作的核心问题，而顶煤的有效破碎又是顶煤顺利放出的前提，同时也是支架选型和确定放顶煤工艺的依据。

2）煤的普氏系数f越小，越有利于顶煤的放出；相反，f值越大，放煤效果越不理想。一般认为，煤的普氏系数$f<3$的煤层基本适合放顶煤开采。

3）顶煤的破碎是支承压力与顶板运动及支架反复支撑共同作用的结果。

4）支架对顶煤反复支撑的次数N与顶梁的长度L及采煤机截深B有关，可表示为

$$N=L/B \tag{10-1}$$

5）根据顶煤的变形和破坏发展规律，沿工作面推进方向将煤划分为四个破坏区：完整区、破坏发展区、裂隙发育区和垮落破碎区，如图10-9所示。

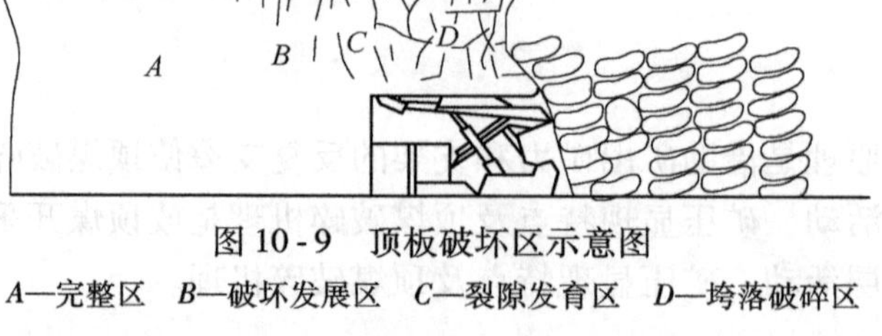

图10-9　顶板破坏区示意图

A—完整区　B—破坏发展区　C—裂隙发育区　D—垮落破碎区

课题四 放顶煤采煤工艺

【任务描述】

通过本单元的学习，要熟知放顶煤开采的采煤工艺流程，并能提出提高放顶煤工作面回采率的措施。

【相关知识】

一、放顶煤综采主要工艺过程

1. 主要工序

采煤机割煤、移架、推移前部输送机、放顶煤、拉后部输送机。

2. 工艺过程

采煤机割煤→移架及时支护→推移前部输送机→拉后部输送机→打开放煤口放顶煤。

二、初采和末采放煤工艺

目前，在大多数综放工作面，推出开切眼后即放煤，根据采煤工作面顶板的结构和顶煤的性质，为减小初次放顶煤步距，提高初采回收率，常采用深孔爆破技术和切顶巷技术实现提前放煤。

在应用放顶煤开采技术的初期，通常在工作面结束前 20m 左右铺设双层金属网停止放煤，或使沿底板布置的工作面向上爬至顶板时结束，这样造成了大量煤炭损失。为此，近年来在综放开采的实践中普遍缩小了不放煤的范围，一般提前 10m 左右停止放顶煤并进行铺顶网工作。

三、放顶煤步距

放顶煤步距是指沿工作面推进方向前后两次放煤的间距。其大小对放煤的影响如图 10-10 所示。

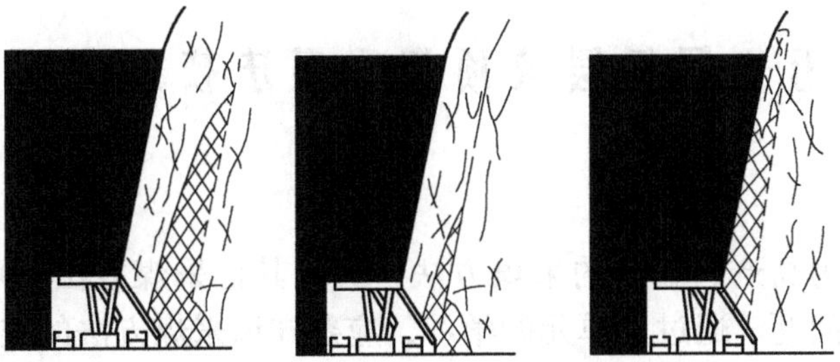

a) b) c)

图 10-10 放煤步距对放煤的影响

a）大放顶煤步距 b）合理放顶煤步距 c）小放顶煤步距

根据我国放煤工作的实际情况，确定放顶煤步距时可借鉴以下经验公式

$$L=(0.15\sim0.21)h \tag{10-2}$$

式中 L——放煤步距（m）；

h——放煤口至煤层顶部的垂高（m）。

四、放煤方式

放煤方式不仅对工作面煤炭采率、含矸率影响较大，还会影响总的放煤速度、正规循环的完成及工作面能否实现高产。放煤方式主要包括放煤顺序和一次放顶煤的放出量，并由此组成不同的放煤方式。

1. 多轮、分段、顺序、等量放煤

将工作面分成 2 ~3 段，段内同时开启相邻两个放煤口，每次放出 1/3 ~1/2 的顶煤，按顺序循环放煤，将该段的顶煤全部放完，然后进行下一段的放煤，或各段同时进行。

2. 单轮、多口、顺序、不等量放煤

从工作面一端开启四个放煤口，开启面积分别为 1、1/2、1/3、1/4。当每一个放煤口放完并关闭后，按顺序向前继续开启放煤口，但仍保持开启面积的顺序和大小不变。由于这种方式的放煤量难以控制，因此在实际中已经很少应用。

3. 多轮、间隔、顺序、等量放煤

放煤顺序按 1、3、5……单号放煤口顺序放煤，一次放出 1/3 ~1/2 的顶煤，然后按 2、4、6……双号放煤口顺序放煤，这样反复多轮，尽量保持均匀下降，以减少混矸，提高采出率。

五、端头放煤

随着工作面输送机和支架的不断改进，端头设备布置也不断更新。目前，解决端头放煤的途径主要有以下三种：

1）加大巷道断面尺寸，取消过渡支架。

2）在工作面使用短机头和短机尾输送机或侧卸式输送机。

3）采用带有高位放煤口端头支架，实现端头及两巷放顶煤。

课题五 厚煤层放顶煤采煤法技术发展展望

【任务描述】

放顶煤采煤法作为高产、高效的采煤方法，有着其他采煤方法不可比拟的技术经济优势，但也存在着一些问题。通过本单元的学习，应熟知该采煤方法的技术经济优势、开采技术条件，并能针对生产过程中存在的问题采取相应措施，完善放顶煤采煤法，大大地发挥其优势。

【相关知识】

一、综放开采的技术经济优势

近年来，综放开采之所以能成为我国高产、高效矿井建设的重要技术途径，是因为这种采煤方法不但符合我国国情（厚煤层产量占煤炭总产量的41%），而且较厚煤层分层开采和单一煤层综采有明显的技术和经济优势。

1）综放开采实现了缓倾斜特厚煤层的一次采全厚开采和急倾斜特厚煤层的水平分段开采，其对地质条件的适应性较分层综采和单一煤层综采更强。适用于煤层厚度变化大、顶底板起伏不平、断层构造多，以及其他地质条件变化的不稳定煤层。

2）综放开采一次开采厚度大幅度增加，煤层开采强度加大，实现了垂直集中生产，而且低位放顶煤支架工作面有两个出煤点，在同样工作面长度和工作面推进速度的情况下，综放开采较分层综采和单一煤层综采工作面的单产可以成倍地增长。

3）综放开采较分层综采的巷道掘进率低，工作面寿命长，搬家次数少，有利于接续，吨煤设备投入费用少；工作面材料、电力消耗少，因而工作面直接成本大大降低。综放开采的吨煤成本可比分层综采的成本降低10元/t以上，因而矿井的经济效益可以得到明显提高。

二、开采技术条件与措施

1. 采煤系统（图10-11）

厚煤层综采放顶煤采煤法工作面巷道布置与普通综采工作面巷道布置差别不大。若顶煤中瓦斯含量较高，可沿工作面顶板布置一条瓦斯排放巷，采用一进二面的E形巷道布置；当顶煤的硬度较大时，顶煤不易放出，可沿原煤层的顶板布置工艺巷。

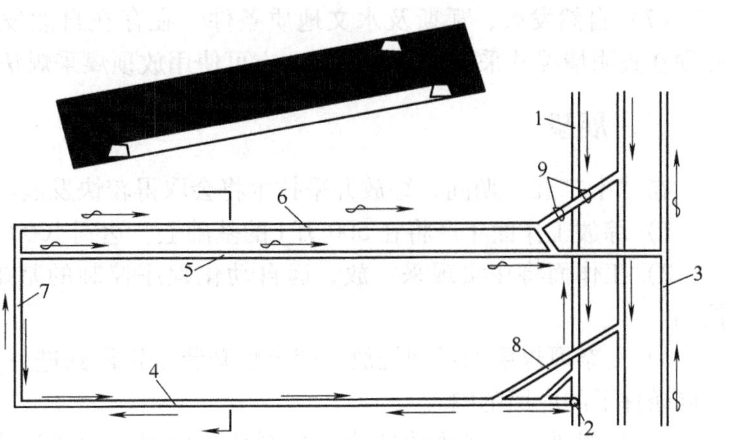

图10-11　综放工作面回采巷道布置及生产系统

2. 工作面长度及推进长度

放顶煤工作面的支承压力和顶板的运动是顶煤破碎的主要力源，工作面长度过短或过长都不利于顶煤的破碎，工作面长度一般在80～200m范围内。工作面长度可由以下公式计算

$$L = n\frac{T}{t}B\eta \tag{10-3}$$

式中　L——放顶煤工作面长度（m）；

n——同时放顶煤的支架数；

T——每班工作时间（min）；

t——每架放顶煤支架放煤所需时间（min）；

B——支架宽度（m）；

η——每班工作时间利用率。

综采顶煤工作面连续推进长度的确定，应考虑地质条件、工作面搬迁、工作面初采和末采的损失、自然发火等因素的影响。根据经验，综采放顶煤工作面的连续推进长度一般为800～1000m，兖州矿区综采放顶煤工作面的连续推进长度多在2000m左右。

3. 适用条件

（1）煤层厚度　一次采出的煤层厚度以6～8m为佳。预采顶分层综采放顶煤开采时，最小厚度为7～8m。

（2）煤层硬度　普氏系数一般为$f \leqslant 3$。

（3）煤层倾角　煤层倾角不宜过大，一般小于25°，石炭井乌兰矿在25°～30°的煤层中试验放顶煤开采已获得成功。

（4）煤层结构　煤层中含有坚硬夹层会影响顶煤的放落或导致放落大块堵塞放煤口，每一夹矸厚度应不大于0.5m，普氏系数一般为$f \leqslant 3$。

（5）顶板条件　直接顶应随采随落，其冒落高度不宜小于煤层厚度的1.2倍，基本顶悬露面积也不宜过大，以防冲击放顶煤支架。

（6）地质构造　地质破坏较严重、构造复杂、断层多时，不宜使用分层综合机械化采煤。

（7）自然发火、瓦斯及水文地质条件　在存在自然发火、瓦斯及水文地质等问题时，必须在查明情况并采取相应措施后，方可使用放顶煤采煤法。

三、展望

在“十二五”期间，综放开采技术将会取得较快发展。

1）综放工作面年产将在500万t的基础上，达到1000万t以上。

2）工作面将在实现采、放、运自动化程序控制的基础上，实现整个工作面的自动化控制。

3）复杂厚煤层的系列轻放支架及配套装备将得到进一步发展，以扩大综放开采技术在不同条件下的应用范围。

4）顶煤破碎、冒放性理论与控制技术研究将取得巨大进展，直接指导和服务于综放开采。

思考与练习

一、技能练习题

1. 综采放顶煤工作面的设备组成有哪些？分别有什么作用？

2. 综放开采工艺中放顶煤过程中的放顶煤步距如何确定？

3. 顶煤破碎的机理。

二、知识练习题

1. 放顶煤开采的特点及基本特征是什么？

2. 简述放顶煤开采液压支架的主要特点和性能。
3. 试述综采放顶煤支架的主要形式和分类依据，以及不同架型的主要优、缺点。
4. 放顶煤采煤工作面矿压显现特点是什么？
5. 简述综采一次采全厚放顶煤的工艺过程。
6. 简述综采放顶煤开采的初采和末采放煤工艺。
7. 什么是放顶煤步距？如何确定合理的放顶煤步距？
8. 我国常用的放煤方式有哪几种？各有何优、缺点？
9. 目前解决端头放煤的途径是什么？
10. 如何确定放顶煤开采工作面长度及推进长度？
11. 简述综采放顶煤开采的优、缺点。
12. 综采放顶煤开采的适用条件是什么？

单元十一　急斜煤层采煤法

【学习目标】

📖 知识目标：

1）掌握急斜煤层开采的特点。

2）掌握急斜煤层采区巷道布置方式。

📖 技能目标：

1）能够运用急斜煤层走向长壁采煤法。

2）能够运用伪斜柔性掩护支架采煤法。

课题一　急斜煤层开采的特点

【任务描述】

急斜煤层开采过程中，由于煤层倾角大，在运料、行人、运输及通风等方面都有其独特的特点，只有了解急斜煤层开采的特点，才能正确进行采区（及区段）设计。通过本单元的学习，熟知急斜煤层开采的特点，为急斜煤层的巷道布置及开采方法的选用打下坚实的基础。

【相关知识】

急斜煤层开采的原则和方法与缓斜、倾斜煤层开采基本一致。由于急斜煤层的倾角大，煤层地质因素和矿山压力显现有较大的差异，在矿井开拓方式、采区巷道布置、采煤方法，以及提升运输、采煤机械化、安全生产等方面具备如下特点：

1）矿井地质构造复杂，开采难度大，影响生产能力。

2）由于煤层倾角已经超过岩石自然安息角，采煤工作面破落的煤块会沿底板自动向下滑滚，简化了采煤工作面的装运工作。

3）采煤工作面的行人、破煤、支护、采空区处理、运料等各项工序操作困难，增加了使用机械化采煤的难度。

4）急斜煤层顶板压力垂直分力小，沿倾斜分力大，工作面顶板压力不大，但支柱稳定性差。

5）煤层倾角超过底板岩层移动角，煤层开采后顶板会发生移动垮落，底板也会发生滑动和垮落，如图 11 - 1 所示。层间距应符合以下要求

$$M_1 > \sin(\alpha-\gamma)\ h/\sin\gamma,\ M_2 > \sin(\alpha+\beta)\ h/\sin\beta$$

式中　M_1、M_2——开采煤层的层间距（m）；

α——煤层倾角；

h——区段垂高（m）；

β、γ——顶、底板岩层移动角。

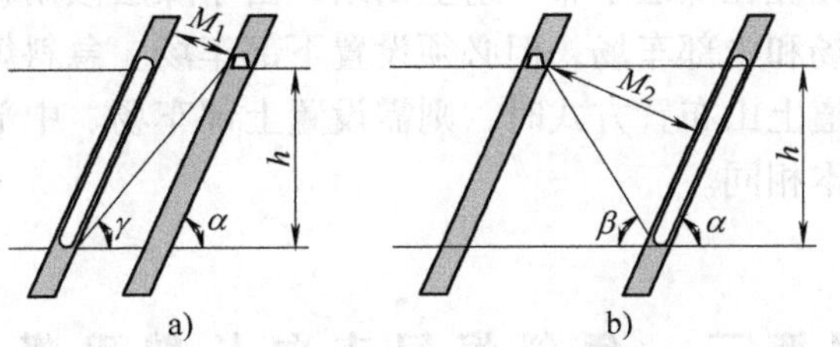

图 11-1　急斜煤层开采对未采煤层的影响

a）上部开采底板移动影响下部煤层　b）上部开采底板移动影响下部煤层

6）由于急斜煤层倾角大于岩石自然安息角，采空区垮落矸石会自动由上部向下部滚落，对下部采空区产生局部填充作用，将造成工作面上、下部压力显现不同。

课题二　急斜煤层采区巷道布置方式

【任务描述】

急斜煤层开采过程中，由于运料、行人、运输及通风等方面都有着自己的特点，采区巷道布置则是开采过程中最基础的部分，为此通过本单元的学习，应掌握急斜煤层开采的巷道布置方式，尤其是上山的布置。

【相关知识】

一、单层布置

如图 11-2 所示，单层布置是在采区中央沿煤层倾斜方向掘进 3 ~5 条上山眼，用于溜煤、运料、行人及溜矸等。当工作面涌水量大时，还需设置放水眼。

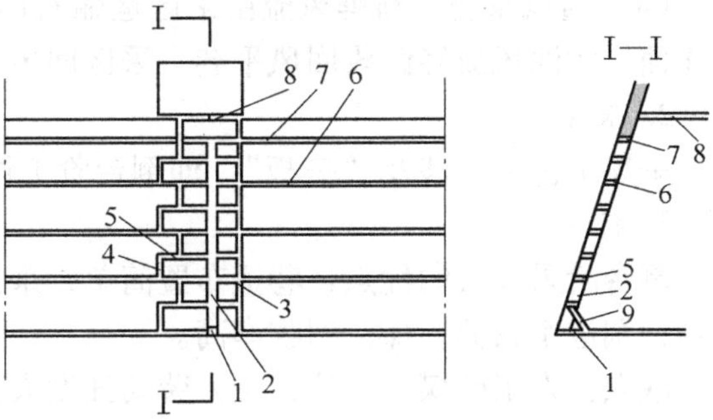

图 11-2　急斜单一薄及中厚煤层采区巷道布置图

二、近距离煤层群联合布置

1. 分组小联合布置形式

当采区内开采煤层数目较多、层间距远近不一时，可根据煤层层间距远近、煤质、自然发火倾向性、采煤方法等因素，将采区内煤层划分为若干开采组。

2. 大联合布置方式

在井田内煤层数目多、间距较大时，可以采用不分组集中大联合或分组大联合布置方式。

三、采区车场布置

开采急斜煤层时，往往在煤层中布一组上山眼，由于煤层倾角较大，一般不使用轨道运输，可以不布置上部车场和中部车场，但必须设置下部车场。急斜煤层采区下部车场多为石门车场。当采用岩石轨道上山布置方式时，则需设置上部车场、中部车场和下部车场，其布置原则与缓倾斜煤层基本相同。

课题三 急斜煤层走向长壁采煤法

【任务描述】

急斜煤层开采过程中，工作面布置方式分为倒台阶采煤法和俯伪斜走向长壁采煤法。通过本单元的学习，熟知几种采煤方法的工作面布置方式及其适用条件。

【相关知识】

急斜单一煤层走向长壁采煤法是指工作面沿走向布置，上部为回风平巷，下部为运输平巷，采区边界布置开切眼，多采用钻眼爆破破煤。为了适应急斜煤层顶板下滑力大的特点，采用平行于采煤工作面的顺山木支柱或单体液压支柱支护，用四、六排距控顶，分段错茬放顶。

一、倒台阶采煤法

1. 倒台阶全部垮落采煤法

（1）运煤系统　工作面破煤自溜到下部储煤台阶，由区段运输平巷中的运输机运至溜煤上山，下放至采区煤仓，由采区运输石门装车运至井底车场。

（2）运料系统　由采区运输石门、回风石门运进，经运料上山提运至区段平巷，经人工转运至工作面运输平巷和回风平巷，再转到各台阶。

（3）通风系统　新鲜风流由采区运输石门进入，经人行上山进入区段运输平巷到采煤工作面，污浊风流经区段回风平巷、采区回风上山到上部回风石门排出。

2. 采煤工艺

采煤工艺主要涉及“三板”，即倒台阶工作面安全脚手板、护身板和溜煤板。

3. 特点

倒台阶采煤法的优点：巷道布置简单，采区生产系统简单可靠；对地质条件变化的适应性强；掘进率较低，煤炭回收率高。

缺点：人工破煤、支柱，工人劳动强度大，劳动生产率低；工作面采用木支柱支护，坑木消耗大；台阶上隅角容易积聚瓦斯，工人高空作业，安全性较差；对支柱操作技术要求高，不利于实现采煤机械化。

二、俯伪斜走向长壁采煤法

俯伪斜走向长壁采煤法适用于倾角为40°～75°、顶板中等稳定、易片帮、采高不超过2.0m的低瓦斯煤层，但不宜适用于伪斜柔性掩护支架采煤法不稳定急斜薄及中厚煤层的开采。

课题四 伪斜柔性掩护支架采煤法

【任务描述】

在急斜煤层开采过程中，伪斜柔性掩护支架采煤法是使用较多的一种采煤方法。通过本课程的学习，应认识采煤系统、采煤工艺流程及此采煤方法的适用范围。掌握伪斜柔性掩护支架采煤法。

【相关知识】

一、采煤系统

1. 通风系统

新鲜风流自采区运输石门进入，经运输平巷到采煤工作面。污浊风流从采煤工作面经回风平巷到回风石门排出。

2. 运料系统

支架等材料由回风石门运进，经回风平巷运到支架安装地点。

3. 运煤系统

工作面破煤自溜到运输平巷，经刮板输送机运到运输石门，到采区溜煤眼，在大巷装车。

二、掩护支架的结构

平板型掩护支架结构简单，由长度比煤层小 0.2～0.4m 的直钢梁及钢丝绳构成。钢丝绳的排列密度应根据煤层厚度灵活掌握，见表 11-1。

表 11-1 钢丝绳的排列密度

煤层厚度/m	钢丝绳排列密度/(根/m)
2.5～4	3～5
4～5	5～6

平板型掩护支架的理想适用条件为：倾角大于 60°，厚度为 2.4～3.6m，赋存稳定的煤层。

三、采煤工艺

1. 准备阶段

扩巷、挖地沟、铺设掩护支架、调架。

2. 正常采煤阶段

在掩护支架下破煤，在回风平巷铺设支架，在工作面下端掩护支架放平位置撤除部分支架。

3. 收尾阶段

当伪斜柔性掩护支架推进至区段停采线前，在停采线靠近工作面一侧掘两条收尾眼。两眼相距 8～10m，由联络巷连通。掩护支架铺设至收尾眼时，应停止铺架，利用收尾眼将支架前端逐渐放回加处的水平位置。

四、支架结构的改进

采用以下经改进的支架，可扩大伪斜柔性掩护支架采煤法的适用范围

1. 八字形掩护支架（图 11-3）

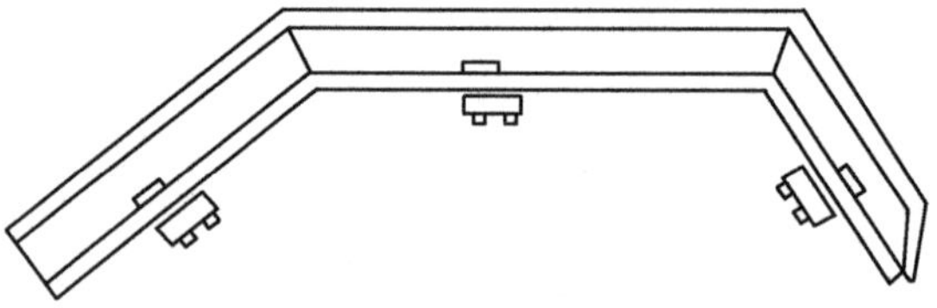

图 11-3　八字形掩护支架

2. "<"形掩护支架（图 11-4）

3. 单腿支撑式掩护支架（图 11-5）

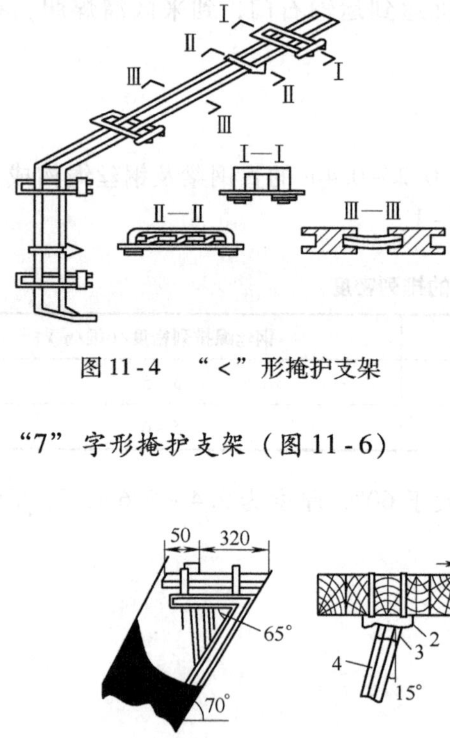

图 11-4　"<"形掩护支架

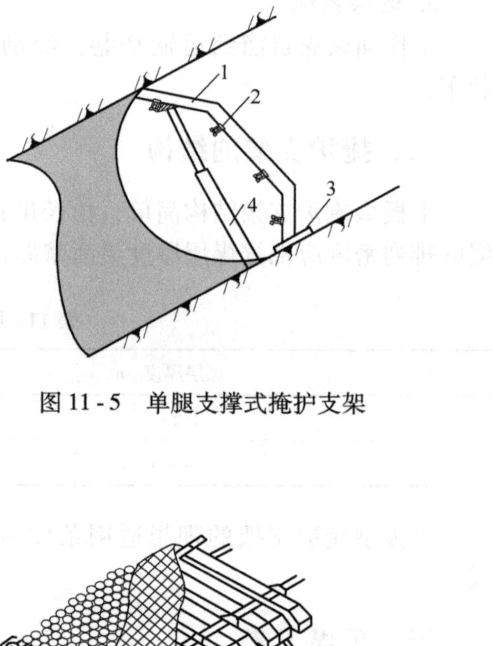

图 11-5　单腿支撑式掩护支架

4. "7"字形掩护支架（图 11-6）

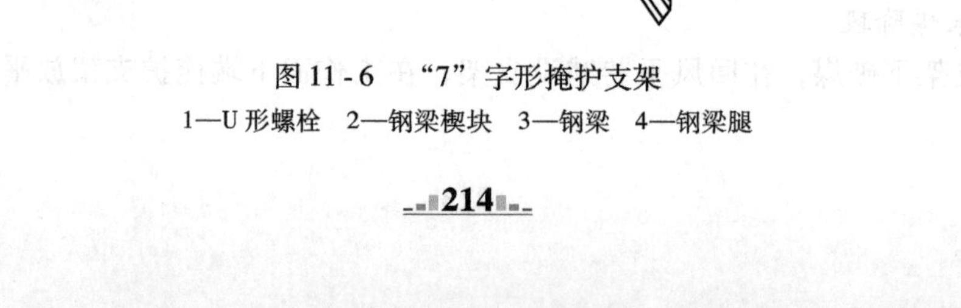

图 11-6　"7"字形掩护支架

1—U 形螺栓　2—钢梁楔块　3—钢梁　4—钢梁腿

五、巷道布置的改进

改进巷道布置，可减少支架安装和拆除次数，具体措施如下：

1）将上、下山区段构成连续工作面。

2）工作面分段连续推进增大区段高度，如大工作面倾斜长度。

3）加掘溜煤眼的分段工作面为加大区段高度。

4）加掘伪倾斜溜煤斜巷的分段工作面。

5）采用真倾斜溜煤直眼与伪倾斜溜煤斜巷相结合的分段工作面。

六、伪斜柔性掩护支架采煤法的优、缺点及适用条件

1. 伪斜柔性掩护支架采煤法的优点

1）这种采煤方法采用伪斜工作面，其倾角不超过35°，所以工人实际上是在倾角不大于35°的工作面中进行操作，相当于使急斜煤层缓斜化，而且工作面的运煤仍能自溜。

2）工作面沿走向推进，与走向长壁采煤方法相似，所以系统简单，工作面连续推进的时间长，搬迁次数少，有利于安排工作面交替及均衡生产，有利于发展机械化，降低掘进率。

3）工人在掩护支架下工作比较安全，特别是简化了支架与顶板管理工序，大大减轻了繁重的劳动，减少了顶板事故，也减少了支护材料的消耗。

4）护架安装和回收工作，在空间上是与工作面的正常回采工作分开的，三者可以平行作业而互不影响，回采工艺简单，可实现三班连续出煤，单产高、效率高。

2. 伪斜柔性掩护支架采煤法的缺点

1）因掩护支架的结构固定，不能调宽，因此对煤层厚度、倾角等产状变化的适应性差。尤其是当煤层中有夹矸时，工作面中无法排除矸石，从而影响煤质。

2）当煤层较薄时，工作面空间小，工作环境较差。

3. 适用条件

这种采煤方法适用于煤层埋藏稳定、倾角及厚度变化很小、没有厚的夹矸、煤层倾角在55°以上、厚度为0.7～6m的煤层，或煤层赋存稳定、倾角和厚度变化较小、夹矸层较薄、煤层厚度在1.1～8m的急斜煤层。

4. 改进方向

1）在倾角大于60°、厚度不同的急斜煤层中应用时，应对掩护支架的结构及下放方式进行进一步的研究和改进。

2）在倾角大于60°、厚度小于1.3m及厚度大于8m的急斜煤层中应用时，应对掩护支架的结构及下放方式进行进一步的研究和改进。

3）伪斜柔性掩护支架采煤法的所有工序均为人工作业，劳动强度大，生产现场迫切需要实现部分工序机械化，以改善作业人员的劳动条件。

思考与练习

知识练习题

1. 解释专业术语：倒到台阶采煤法、伪斜掩护支架采煤法。
2. 急斜煤层开采的主要特点是什么？
3. 试述急斜煤层群采区联合布置形式。
4. 试述倒台阶全部垮落采煤法的适用条件和主要优、缺点。
5. 简述伪斜掩护支架采煤法的适用条件和主要优、缺点。
6. 掩护支架的结构类型有哪些？
7. 简述伪斜掩护支架采煤法生产过程中容易出现的主要故障及其处理措施。

*单元十二　柱式采煤法简介

【学习目标】

知识目标：

1）掌握柱式采煤法的特点。

2）掌握柱式采煤法采区巷道布置方式。

技能目标：

1）掌握柱式采煤法的适用条件。

2）掌握柱式采煤法采煤工艺。

课题一　柱式采煤工艺

【任务描述】

柱式采煤法采煤工艺是柱式开采过程中的重要部分，通过本课题的学习，掌握柱式采煤工艺的分类及每种采煤工艺的操作流程。

【相关知识】

按破煤方式不同，柱式采煤工艺大致可分为两大类：一类为传统的爆破落煤工艺（现仅在少数地方煤矿使用），另一类为连续采煤机采煤工艺（发展方向）。其中，连续采煤机采煤按运煤方式不同，又分为两种工艺系统：一种是连续采煤机→梭车→转载破碎机→带式输送机工艺系统，即连续采煤机－梭车工艺系统；另一种是连续采煤机→桥式转载机→万向接长机→带式输送机工艺系统，即连续采煤机－输送机工艺系统。

一、连续采煤机－梭车工艺系统

连续采煤机－梭车工艺系统主要用于中厚煤层的开采，其开采平巷和联络巷开采顺序如图12-1所示。

（1）机械设备　截割机构、行走机构、装载和转载运输机构及辅助装备等。

（2）运煤设备　梭车。

（3）配套设备　给料破碎机。

（4）搬运物料设备　铲车。

（一）煤房掘进

连续采煤机的掘进过程可分为切槽和采垛两个工序，如图12-2所示。司机根据煤房中通风设施的布置，确定采煤机先沿煤房的哪一侧截割。采煤机设备移动到位后开始切割正面

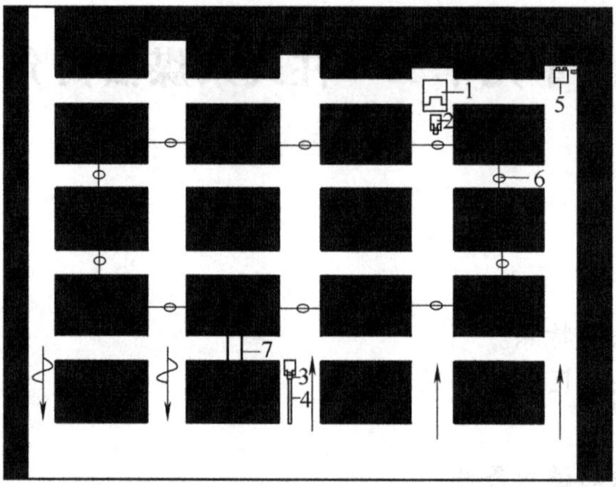

图 12-1　连续采煤机房柱式开采平巷和联络巷开采顺序
1—回风道　2—进风道　3—永久性风墙　4—采区供电中心
5—铲车　6—给料破碎机　7—防火帘　8—风帘

煤壁，达到 5~6m 后停止，这种工序称为切槽工艺。然后采煤机退出调整到巷道另一侧，再切割剩余煤壁，使巷道掘至所要求的宽度，其端部应超前于采煤机，以保证工作面通风良好，此过程为采垛。

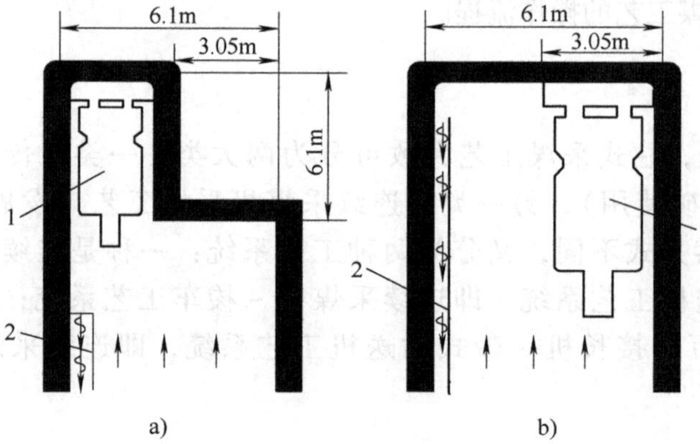

图 12-2　连续采煤机掘进顺序
a）切槽工序　b）采垛工序
1—连续采煤机　2—风障

（二）回收煤柱

1. 袋翼式

在煤柱中开掘一条巷道，用锚杆支护。这条巷道称为煤柱中的通道（或袋），此巷道与采空区之间留下的煤带称为翼。

2. 外进式

当煤柱宽度为 10~12m 时，可直接在房内向两侧煤柱进刀。

二、连续采煤机－输送机工艺系统

连续采煤机－输送机工艺系统是将采煤机采落的煤，通过多台输送机转运至带式输送机上，如图 12-3 所示。这种连续运输系统克服了梭车间断运输产生的影响，主要用于薄煤层，在中厚煤层中的使用也呈上升趋势。

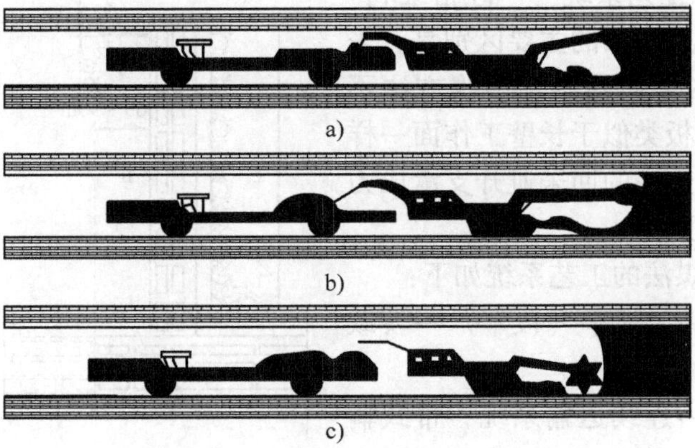

图 12-3 连续采煤机截割方式

a）切入煤壁 b）下行截割 c）平整底板

课题二 柱式采煤法的特点及适用条件

【任务描述】

柱式采煤法与其他采煤方法相比，有其独特的特点和适用条件，只有掌握其特点，才能在合适的条件下正确选择此种方法。通过本课题的学习，掌握柱式采煤法的基本特点和适用条件。

【相关知识】

柱式采煤法分为房式采煤法和房柱式采煤法。其中，柱式采煤法是指留下煤柱支承顶板，不再回采；房柱式采煤法是指先采煤房后采煤柱。

一、柱式采煤法的特点

（一）房式采煤法

房式采煤法的特点是只采煤房不回收煤柱，用煤房之间的煤柱支承上覆岩层，可减少地表的移动下沉。

（二）房柱式采煤法

房柱式采煤法的特点是煤房之间留设不同形状的煤柱，采完煤房后有计划地回收这些煤柱。

1. 切块式房柱式采煤法

通常把4~5个煤房组成一组同时掘进，煤房宽5~6m，煤房中心距为20~30m，每隔一定距离用联络巷贯通，形成方块或矩形煤柱。煤房掘进到预定长度后，即可回收煤柱。

2. “旺格维利”采煤法

（1）基本概念和工艺系统　“旺格维利”采煤法与传统房柱式采煤法的主要区别是：采煤区段划分和区段内煤体切割及回收方法不同，煤柱回收后，顶板类似于长壁工作面一样充分垮落，使煤房、煤柱的回采避开支承压力高峰区，如图12-4所示。

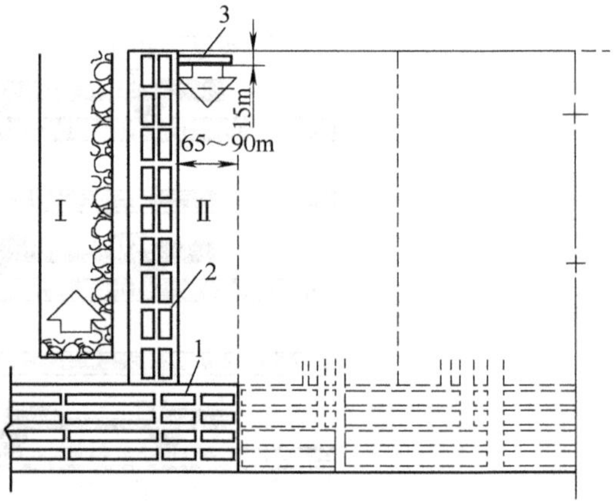

图12-4　“旺格维利”采煤法巷道布置

1—大巷　2—盘区准备巷　3—长条形房柱

“旺格维利”采煤法的工艺系统如下：

1）连续采煤机→运煤车（梭车）→转载破碎机→带式输送机工艺系统。

2）连续采煤机→连续运输系统→带式输送机工艺系统。

（2）采煤工艺

1）煤房掘进。由连续采煤机和锚杆钻机交替进行掘进和支护作业。作业循环进度不大于7m。

2）煤柱回收。分为双翼进刀回收和单翼进刀回收两种方式。

3）顶板管理。使用履带行走液压支架可以带压移架，从而可及时支护顶板，保证工作面的安全工作空间。同时，支架可切顶，可使采空区顶板有规律性地充分冒落。

4）通风方式。“旺格维利”采煤法仅适合开采低瓦斯工作面，而且工作面风流要通过采空区回风。

5）应用特点。可用于开采综采无法回采的煤炭资源，比房柱式采煤法的煤炭回收率高、产量大、掘进率低。

二、优、缺点及适用条件

1. 柱式采煤法的优点

1）设备投资少。

2）采、掘可实现合一，建设期短，出煤快。

3）设备运转灵活，搬迁快。

4）巷道压力小，便于维护，支护简单，可用锚杆支护顶板；由于大部分为煤层巷道，故矸石量很少；矸石可在井下处理不外运，有利于环境保护。

5）当地面要保护农田水利设施和和建筑物时，采用房式采煤法有时可使总的吨煤成本降低。

6）全员效率较高，中小型矿井更为明显。

2. 主要缺点

1）采区采出率低，一般为50%~60%，回收煤柱时可提高到70%~75%。

2）通风条件差，进、回风并列布置，通风构筑物多，漏风大，开采煤房及回收煤柱时，会出现多头串联通风情况。

3. 适用条件

1）开采深度较浅，一般不宜超过300～500m。

2）顶板较稳定的薄及中厚煤层。

3）倾角在10°以下，最好为近水平煤层，煤层赋存稳定，起伏变化小，地质构造简单。

4）底板较平整，不太软，且顶板无淋水。

5）低瓦斯煤层，且不易自然发火。

6）在平峒开拓的中小型矿井中应用较为有利。“三下”开采时，也可以在条件适宜的情况下使用，可减少顶板的下沉量，从而减少对地面构筑物的破坏。

思考与练习

1. 柱式采煤法的特点有哪些？
2. 柱式采煤法的主要类型有哪些？其区别是什么？
3. 简述柱式采煤法的适用条件。
4. 分析我国柱式采煤法的应用前景及存在的问题。

单元十三　其他采煤方法简介

【学习目标】

📖 知识目标：

1）掌握“三下一上”采煤的特点。

2）掌握“三下一上”采煤岩层与地表移动的一般特征。

3）掌握水砂充填采煤法充填材料的选择方法。

4）掌握地下气化采煤法的原理。

📖 技能目标：

1）能够应用“三下一上”采煤法。

2）能够应用水砂充填采煤法。

3）能够应用深井采煤法。

4）能够应用地下气化采煤法。

课题一　“三下一上”采煤法

【任务描述】

“三下一上”采煤是指在建筑物下、铁路下、水体下和承压水体上采煤，简称“三下一上”。“三下一上”既要保证建筑物和铁路不受到开采的影响而破坏，又要保证开采安全，还要尽量多采出煤炭。通过本课题的学习，应掌握开采对地表破坏的形式及“三下一上”开采的处理措施。

【相关知识】

一、岩层与地表移动的一般特征

1. 岩层移动的一般特征

就煤层的开采来说，采空区周围的岩层移动和变形，一般表现为采空区上方顶板的弯曲下沉、断裂、垮落，底板岩层的鼓起、开裂、滑动，以及采空区周围煤壁的压出和片帮等。

2. 地表移动的一般特征

（1）地表移动盆地　一定开采条件下，地下开采将引起地表的位移、变形和破坏，其结果是采空区上方遭到破坏。地表移动过程中出现的移动盆地称为动态移动盆地，移动终止时出现的盆地称为最终盆地。

（2）裂缝　一定开采条件下，地下开采将引起地表的位移、变形和破坏，其结果是采空区上方遭到破坏，地表出现裂缝。

(3) 台阶状塌陷盆地 一定开采条件下，地下开采将引起地表的位移、变形和破坏。由于地下开采过程中采出的采高过大，顶板会出现台阶性的下沉，从而形成台阶状塌陷盆地。

二、建筑物压煤开采技术措施

1. 防止地表下沉的措施

防止地表下沉的措施为：在一定的开采深度下，进行建筑物下采煤；开采急斜煤层时，在煤层露头处应留设足够的煤柱，以防止突然塌陷；在缓斜或倾斜厚煤层浅部开采时，应尽量采用倾斜分层长壁式采煤法，并适当减少第一、第二分层的开采煤厚。

2. 减少地表下沉的措施

1）采用充填采煤法（水砂充填和风力充填）。

2）使用分带采煤法。

3）使用房柱式采煤法。

4）减少一次采出煤厚。

3. 消除或减少开采影响的不利叠加的措施

1）分层间隔开采。

2）合理布置各煤层（分层）的开采边界。

3）尽量使用较长的采煤工作面，实行全柱开采。

4）尽量不残留尺寸不适当的煤柱。

5）采用协调开采，减少下沉对地表建筑物的影响程度。

4. 消除或减少开采边界的影响

三、铁路压煤开采技术措施

1）在采区布置上，应尽量使受采动影响的线路处于盆地主断面附近，避免线路处于移动盆地的边缘。

2）严禁使用非正规的采煤方法。

3）选择合适的采煤方法和顶板管理方法。

4）在浅部开采缓斜和倾斜厚煤层时，应尽量采用倾斜分层采煤法，适当减小分层开采的厚度，禁用一次采全高开采厚煤层与放顶煤开采方式。

5）开采急斜煤层时，应尽量采用沿走向推进的小阶段伪倾斜掩护支架采煤法和水平分层采煤法。

6）煤层顶板坚硬、不易冒落时，应进行人工放顶，以防止空顶面积达到极限时突然冒落而引起地表突然下沉。

7）当铁路位于煤层露头附近，或在其下方浅部有煤层或石灰岩时，须调查铁路下方是否有老空区、废巷道、岩溶等，如果在这些空硐充水，则采前应将水排干，并用注浆法填充空硐。

8）浅部非正规采过的老空区，在开采过程中要划定范围，派专人巡视，监督地表移动情况，做好相应的应急准备。

四、水体压煤开采技术措施

1. 顶水采煤

对水体不作处理，只在水体与煤层之间保留一定厚度（或垂高）的安全煤岩柱进行采煤。

2. 疏干采煤

疏干上覆水体或降低上覆含水层的水位，先疏后采或边采边疏。

3. 顶疏结合开采

若煤层的上覆岩层中有多层含水层，且含水层与隔水层相间排列，则对位于层水断裂带以上的含水层实行顶水开采，而对层水断裂带以内的弱含水层实行疏干开采。

4. 帷幕注浆堵水

利用钻眼将粘土、水泥等材料注入含水层中，开成挡帷幕。

五、石灰岩承压含水层上带压开采技术措施

1）做好矿井水文地质及构造地质工作。

2）加强防、探水工作。

3）设置井上下水文工程设施。

4）对底板进行注浆加固。

5）选择合理的采煤方法。

6）缩短工作面长度。

7）合理确定工作面推进方向。

课题二　水砂充填采煤法

【任务描述】

水砂充填采煤法是与“三下一上”开采相关的一种采法，其目的是减少开采对顶板的破坏，从而减少地表的变形和地面设施的破坏。通过本课题的学习，掌握充填材料的选择，以及充填材料需求量的计算及其适用条件。

【相关知识】

一、概述

水砂充填采煤法是指利用砂子、碎石或炉渣等材料充填采空区，借以支撑围岩，防止或减少围岩垮落和变形。其充填方法包括自溜充填、机械充填、风力充填和水力充填。

二、充填材料的选择

（一）对充填材料的要求

数量足，取材容易，质量好，安全可靠，价格低，易加工。

（二）充填材料的需求量

充填材料的数量均以体积单位（m^3）表示。矿井对充填材料的需求分为总需求量和年消耗量，二者是设计水砂充填矿井与编制生产计划的主要指标。

1. 总需求量 $Q(t)$

$$Q = KZS \tag{13-1}$$

式中 Z——井田内采用水砂充填采煤法的煤层可采储量（t）；

K——富裕系数，$K=1.2\sim1.4$；

S——充采比（m^3/t），一般为 $0.75\sim0.95$。

2. 年消耗量 Q_n(t/年)

$$Q_n = nAS \tag{13-2}$$

式中 A——井田内采用充填法采煤的年产量（t/年）；

n——不均衡系数，$n=1.15\sim1.25$。

三、分类

水砂充填采煤法可分为倾斜分层走向长壁上行充填采煤法及倾斜分层V形倾斜长壁上行充填采煤法。

四、适用条件

倾斜分层走向长壁上行充填采煤法的适用条件为：

1）倾角为5°~35°的特厚煤层。

2）对地表变形要求严格的建（构）筑物、铁路下和水体下开采区域。

3）顶板极破碎，有煤与瓦斯突出及冲击地压的特厚煤层。

*课题三 深井采煤法

【任务描述】

深井采煤的主要特征是地压大、地温高，对生产影响很大。通过本课题的学习，掌握深井采煤过程中控制地压和地温的方法，从而减少以上因素对生产的影响。

【相关知识】

一般把开采深度超过800m的煤层，称为深井开采。

一、深井开采的主要特征

1）地压大，巷道不易维护。

2）地温高，降温难度比较大。

二、深井开采的矿压控制

（一）巷道布置

1）主要巷道应布置在岩石力学性能好的岩（煤）层中。

2）巷道应布置在受采动影响小的位置。

3）缩短巷道服务年限。

（二）巷道支护

1）支护强度大，能抵抗高地压作用。

2）可缩性能好，可缩量大，能适应围岩的变形需求。

3）具有良好的封闭性能，能够有效地防止巷道底鼓。

（三）巷道维护

1. 卸压法

（1）超前导硐　超前导硐是在大断面巷道中先开一个小断面导硐，然后扩大导硐至设计断面，释放围岩的压力。

（2）爆破卸压　爆破卸压是用爆破法松动围岩，实现卸压。

（3）钻眼卸压　钻眼卸压是在围岩中打钻眼，通过钻眼实现卸压。

（4）宽巷卸压　宽巷卸压巷道的掘进宽度大于作用宽度，仅支护使用宽度，宽掘的部分可自由变形。

2. 围岩加固法

围岩加固的目的是提高围岩的自身支撑能力。其方法有两种：

（1）机械加固　利用锚杆对巷道进行支护，借助锚杆的成梁作用和悬吊作用加强围岩的强度，从而达到支护的作用。

（2）化学加固　将化学材料注入围岩裂隙内，其凝固后能在围岩中起到连接做用，从而达到加固的目的。

三、深井开采的地热和瓦斯控制

1. 地热控制

在矿井或采区安装空调机，进行制冷降温，加强通风。

2. 瓦斯控制

一是控制瓦斯涌出量，二是防止煤与瓦斯突出。

* 课题四　煤炭地下气化技术

【任务描述】

随着现代油气产业技术的不断发展，石油企业对矿物能源的勘探开发，开始呈现并逐步向煤炭矿采领域延伸。煤炭地下气化开采技术，作为一种先进的绿色矿采技术，它对现代煤矿资源的科学开发，以及油气产业的资源供应，具有重要的前沿地位和现实意义。通过本课题的学习，掌握煤炭地下气化原理及气化方法。

【相关知识】

一、煤炭地下气化原理

首先从地表沿煤层开掘两条倾斜巷道1和2，然后在煤层中靠下部用一条水平巷道将两条倾斜巷道连接起来，被巷道包围的整个煤体就是将要气化的区域，称为气化盘区或气化发生炉，如图13-1所示。

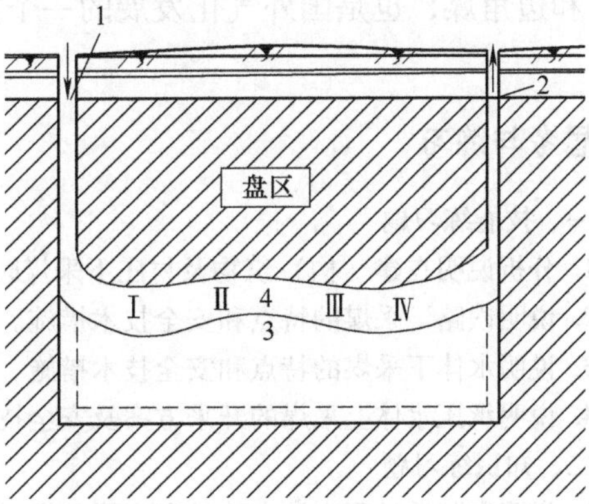

图13-1　煤炭地下气化原理图

Ⅰ—气化带　Ⅱ—还原带　Ⅲ、Ⅳ—干馏-干燥带

1—鼓风巷道　2—排气巷道　3—灰渣　4—燃烧工作面

1. 气化带

$$C + O_2 \rightarrow CO_2 \qquad (13-3)$$

$$2H_2 + O_2 \rightarrow 2H_2O$$

2. 还原带

$$CO_2 + C \rightarrow 2CO \qquad (13-4)$$

$$4C + 3H_2O \rightarrow CH_4 + 3CO + H_2 \qquad (13-5)$$

3. 干馏-干燥带

在此区段进行煤的低温干馏，生成热值越高的干馏煤气（气体组成有H_2、CH_4、C_2H_6、C_3、C_4组分和气态焦油成分）、低温干馏焦油和半焦（半焦中的挥发分为7%～10%），干馏煤气和雾状焦油同气化段产生的可燃煤气一起从排气巷道引出。

二、煤炭地下气化方法

煤炭地下气化通常分为有井式和无井式两种方法。无井式地下气化是应用定向钻进技术，由地面钻出进、排气孔和煤层中的气化通道，构成地下气化发生炉，如图13-2所示。

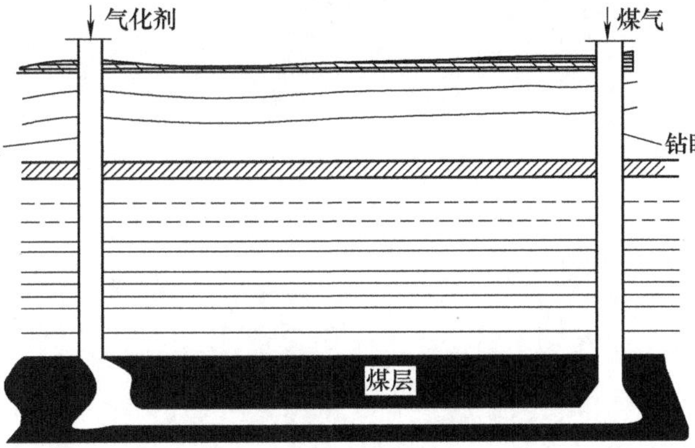

图13-2　无井式地下气化法

无井式气化法是用钻孔代替坑道，以构成气流通道。此方法可避免井下作业和有井式气化的其他问题，使煤炭地下气化技术得到了很大提高，目前已在世界上被广泛采用。

三、适用条件及发展方向

多孔而松软的褐煤及厚煤层的烟煤比较容易气化；稳定且连续的煤层，顶底板的透气性小于煤层的透气性，以及倾角超过35°的中厚煤层都宜采用气化。利用气化法回收报废矿井煤柱和边角煤，也是国外气化发展的一个方向。

思考与练习

一、技能练习题

1. 分析说明在建（构）筑物及村庄下采煤时，地面建（构）筑物的破坏特征及开采技术措施。
2. 说明铁路下采煤的特点和安全技术措施。
3. 说明水体下采煤的特点和安全技术措施。
4. 说明承压水体上采煤的开采方案及安全技术措施。

二、知识练习题

1. 说明在开采过程中地表移动和变形的发展规律。
2. 我国目前常采用哪些水采方法？各适用于什么条件？
3. 说明走向短壁式和倾斜短壁式采煤法的采区生产系统。
4. 在使用水砂充填采煤时，对充填材料有什么要求？
5. 走向长壁水砂充填采煤法采区巷道布置有什么特点？
6. 深井开采中，地压大主要表现在哪些方面？
7. 深井开采中，巷道压力控制方法主要有哪些？
8. 说明煤炭地下气化的原理和过程。

第三篇

开采设计

【学习目标】

📖 知识目标：

1）掌握全矿井及单个采区设计的方法和步骤。

2）掌握井底车场的设计方法，理解采区硐室的设计要点。

📖 技能目标：

1）能在具备相关资料的前提下，进行简单的采区设计。

2）能根据相关资料对几个设计方案进行比较，并能确定最优方案。

【任务描述】

开采设计是整个矿井设计中的重要部分，设计方案的优劣直接关系着生产的安全性和全矿井的经济利益。因此，开采设计必须按《煤炭工业技术政策》、《煤矿安全规程》和《煤炭工业矿井设计规范》等相关规定严格执行。开采设计的重点是采区设计，采区是整个矿区的核心，井下所有设施设备、巷道布置都是为采区服务的。确定了采区设计方案后，再设计车场及相关硐室与之匹配。

单元十四　矿井开采设计

【学习目标】

📖 知识目标：

1）掌握矿井设计的主要步骤。

2）了解编写开采设计方法所需的参考资料。

3）明确开采方法的设计原则。

📖 技能目标：

1）能够对不同方案进行比较。

2）能够进行矿井开采设计。

课题一　矿井开采设计的依据、程序和内容

【任务描述】

矿井开采设计从内容上分为两个部分，按两个阶段进行：首先确定全矿或某一开采部分的开拓部署、井巷布置、生产系统等主要技术原则，如矿井初步设计、扩建设计、生产矿井的新水平延深方案设计、采区方案设计等；其次，根据已批准的初步设计方案进行单位工程施工图设计，如井底车场、采区车场、硐室、巷道交岔点设计等。从设计程序上来看，矿井开采设计按提交项目建议书、可行性研究、初步设计和施工图设计四部分进行。

【相关知识】

一、矿井设计的依据

1. 政策与法规

国家的煤炭工业政策方针，有关法律、法规，煤炭行业的规程、规范，现有的有关行业标准，国家对建设项目明确规定的文件等是进行矿井设计的基本依据，是保障资源合理利用、保持煤炭工业健康发展的基础。

2. 设计任务书

设计任务书是进行矿井设计的指导性文件。设计任务书是煤矿企业向设计部门委托设计任务的文件，是确定基本建设项目和编制设计文件的主要依据。设计任务书一般包括资源利用，“三废处理”和抗震要求，电源、水源、材料供应及地面运输条件和协作条件，建设地点和土地征用估算，建设投资和基建工期，劳动定员与劳动生产率，要求达到的技术水平和经济效益等内容。改、扩建项目设计任务书还应包括原有和现有的地质资料情况，可利用的井上、下工程设施，以及现有生产潜力发挥情况等。

3. *煤炭资源*

煤田地质勘查工作分为预查阶段、普查阶段、详查阶段和勘探阶段，各阶段勘查工程结束后提交相应的地质勘查报告书。井田勘探地质报告为矿井初步设计提供了可靠的资源储量依据。井田勘探地质工作是在矿区总体设计和详查的基础上进行的，其成果应满足井筒、主要平巷位置的选择和初期采区划分的需要，并保证井型、井田境界和煤的既定工业用途，不致因地质资料而发生重大变化。

4. *上一阶段的原则和技术标准*

经批准的上一阶段设计所确定的原则和技术标准是下一阶段设计的依据。设计一对矿井之前，首先要对矿井所在的矿区进行矿区总体规划，总体规划设计所确定的原则是单个矿井设计的依据；矿井初步设计所确定的原则是单项施工图设计的依据。

二、矿井开采设计的程序和内容

矿井设计的程序可概括为：根据已批准的矿区总体规划编制矿井项目建议书；根据已批准的矿区总体规划和矿井项目建议书，依据批准的精查地质报告，对矿井建设进行可行性研究；在矿井建设可行性研究报告得到批准后进行矿井初步设计；矿井初步设计审批后进行矿井施工图的设计。

1. *矿井项目建议书*

矿井项目建议书是根据批准的矿区综合开发规划编制的，它对矿井项目建设的有关重大问题提出初步分析。项目建议书的主要内容有：拟建矿井的必要性和依据，建设规模和地点，投资估算和资金筹措的初步设想；项目的进度安排；资源情况、建设条件、经济效益和社会效益的初步分析等。

2. *矿井建设可行性研究*

矿井建设可行性研究是对矿井建设的必要性、主要技术原则方案和技术经济合理性进行全面论证和综合评价，是矿井立项的依据。矿井建设可行性研究报告应在批准的矿区总体规划和矿井项目建议书的指导下进行编制，编制的基础资料是批准的矿井精查地质报告。可行性研究对建设项目的主要方面进行深入、细致的研究，其主要内容包括：预测市场对煤炭的需求情况；分析煤炭资源条件和原始地质资料，确定矿井生产能力；择优确定先进、可靠和符合我国技术政策及能源政策的开拓方案；选择矿井合理的工艺流程和主要设备；确定合理的矿井工业场地总平面布置及环境保护方案、占地面积、居住区规划等；协调各方面关系；对建设项目的经济效果进行总评价等。矿井建设可行性研究是一项内容广泛、严肃且科学的工作，应从技术上全面考虑，以便为矿井初步设计提供可靠的依据。

3. *矿井初步设计*

在矿井建设可行性研究之后，即可依据已批准的精查地质报告和煤层赋存条件进行矿井初步设计。矿井初步设计是指导矿井建设的技术经济文件，其经批准后是安排矿井建设计划和组织实施的依据。初步设计应指导施工图设计，作为控制工程投资、设备选型订货及矿井验收和生产考核的依据。矿井初步设计的质量和技术水平，决定了矿井的建设工程量、建设工期、基建投资和技术经济效果，对矿井生产经营有长远的影响。矿井初步设计应阐明和确定的主要问题如下：

1）说明矿井的隶属关系，地理位置，交通情况，地形地貌，河流、湖泊、沼泽的分布及范围，气象及地震、水文、工农业、建筑材料概况，现有水源、电源、地面建筑等情况；井田地质构造、煤层煤质情况；瓦斯、煤尘、煤自燃的情况；开采技术条件及其他有益矿产的开采与利用评价。重点对地质报告进行全面分析研究，应对勘探程度、存在的主要问题、开采技术条件与资源可靠性等做出评价并提出补充勘探意见。

2）说明井田境界及其划分依据、井田内各可采煤层的地质储量，计算矿井及各水平的可采储量，说明安全煤柱的留设及其计算方法、所采用的设计工作制度，确定矿井设计年生产能力与服务年限。

3）选择井田开拓方式，工业场地及井筒位置、数目、断面与用途；确定水平的划分及水平高程，包括防水煤柱的计算、回采上限的确定、回风水平的确定、第一水平高程的确定；确定主要巷道的布置方式、井底车场的类型及硐室布置；验算井底车场的通过能力；确定开采顺序、采区划分及配采计划。井田开拓方案关系到地面与井下整体布局，对建设工程量、基建工期、生产技术面貌和经济效益有重大影响，应提出多个方案进行技术经济比较，阐明所推荐开拓方案的主要内容和推荐理由。

4）确定矿井提升及大巷运输方式，选择矿井提升、运输、通风、排水、压气设备，并计算其能力。

5）根据地质构造、煤层的稳定性和开采条件分析比较选择采煤方法，选择工作面采煤、装煤、运煤、支护方式和设备选型，确定工作面顶板管理方式，确定采区巷道布置、矿井移交生产和达到设计能力时的采区布置、移交采煤工作面布置、工作面主要技术参数、移交时的掘进工作面数量、巷道断面和支护方式、掘进机械设备、移交时井巷工程量、辅助运输方式及设备选型等。

6）根据井田瓦斯、煤尘、自然发火倾向性、煤与瓦斯突出、突水等情况确定通风方式和通风系统，计算风量、风压及通风等积孔，确定降温措施及设备选型、防治井下灾害的措施及安全装备、井下安全监控系统和设备选型。

7）阐明各可采煤层的煤质、用途和用户，根据煤质和用户的要求，提出选矸及筛分方案；确定煤的加工工艺流程，主、副井生产系统和矸石系统，矿井机电设备修理车间、坑木场、煤样室等主要设备的选型、地点和面积。

8）概述地面现有铁路、公路和其他交通运输情况，线路主要技术条件、运输能力及发展规划；设计矿井装车站运输线路、标准轨道铁路和专用线，铁路的经营方式；简述场外公路和其他运输方式。

9）确定矿井工业广场总平面布置，说明平面布置、竖向布置及场内运输、场内排水情况；完成管线综合布置；说明风井位置的选择及平面布置；确定工业场地的防洪排涝措施。

10）确定矿井供电电源、电力负荷，计算吨煤耗电量，确定井上、下配电系统和设备的选型；确定地面照明供电系统与控制，矿井通信系统和通信设备选型；说明井下环境监测系统、生产监测系统和计算机网络管理系统。

11）说明地面建筑物和构筑物设计的气象、工程地质、地震、建筑材料等施工材料；确定地面工业建筑物、行政和居民生活建筑物的位置，计算这些建筑物的面积。

12）确定全矿给水、排水、采暖、通风、供热、消防系统及设施，以及井下洒水除尘、井筒防冻及地面生产系统的防尘措施。

13）概述建设地区的环境状况，分析矿井主要污染源和污染物及其可能引起的生态变化，说明设计采用的环境保护标准；对锅炉、煤场引起的大气污染，矿井排水和居住区生活用水的水污染，压风机房和通风机房的噪声污染，煤矸石垃圾等固体废弃物，以及地表塌陷对生态环境的破坏提出防治控制措施；根据环境保护方案估算环境保护费用；设置环境保护管理机构和监测机构。

14）计算矿井建设工程量；确定施工顺序、速度和工期，土建工程及施工顺序；说明并计算机电安装工程及其工程量、施工方法和顺序；确定三类工程综合排序和总工期。

15）采用先进的矿井管理模式设置矿井管理运行机制，编制矿井劳动定员，估算原煤成本，进行技术经济分析和总概算，编制矿井主要技术指标，预测产品市场及销售价格。

矿井初步设计除了要完成上述设计内容并编写设计说明书外，还要提供相应设计内容的附图、主要机电设备和器材目录、三材消耗清册及设计概算书。

矿井设计是一项原则性、技术性很强的工作，既要符合政策、规程，又要适应国情。设计单位和人员应精心设计，力求选出技术先进、经济合理的最优方案。设计审批程序也要严格按国家有关规定进行，避免由于任意修改设计或不按设计施工而造成经济损失或影响建设速度。

4. 施工图设计

施工图设计是在矿井初步设计的基础上，依据已批准的初步设计文件进行的。施工图设计的内容应根据初步设计内容确定，新建矿井一般包括井巷工程、地面建筑工程和机电设备安装工程等方面的施工图。批准后的设计施工图是施工单位进行施工的依据。为此，设计部门要结合现场实际，加强与施工单位的磋商，使设计成果便于施工、利于生产，做到经济合理。

三、矿井设计工作的原则

1. 提高设计水平，保证设计质量

设计单位要坚决贯彻国家的方针和政策以及《煤矿安全规程》、矿井设计规范，认真分析研究地质资料，努力提高设计质量，使设计的矿井技术先进，缩短建设工期和节省投资，保证生产时能取得最大的技术经济效果。

2. 保证合理的设计周期

合理的设计周期是提高设计质量的重要保证，各个设计阶段都需要配合一定的时间。如果设计周期过于紧迫，往往会使设计考虑不周，造成设计返工，甚至给矿井生产带来隐患，不能保证正常的安全生产，损失会更大。

3. 加强设计审批工作

设计审批是对设计文件进行全面审查，以决定是否批准将这一设计作为建设的依据。设计审批是确定建设项目的最后一个步骤。

设计审批是一项严肃的工作，要认真贯彻国家的有关规定。设计文件一经批准，就具有法律性，国家即按批准的设计安排投资。所以，任何单位和个人不经原审批单位同意，都无权更改批准设计中的重大原则。涉及一般设计的修改，也必须经原设计单位同意由原设计单位进行，才能保证基本建设的顺利进行。避免由于任意修改设计或不按设计施工，而造成经济损失或影响建设速度。

课题二　矿井开采设计方法

【任务描述】

为了确定井田的开拓方式、阶段垂高、采区布置形式、采煤方法，选择提升、运输、通风、排水、动力供应等各辅助生产系统，矿井开采设计可以采用不同的方法，包括方案比较法、统计分析法、技术标定法（或称标准定额法）、数学分析法和经济数学规划法等。利用这些方法进行方案选择，保证使设计的最终方案在技术上先进、经济上合理、安全上可靠。所谓技术上先进，是指选用的方案生产系统简单、安全可靠，采用了适合该矿井具体条件的先进技术，有利于采用新技术和新工艺，有利于实现生产过程的机械化、自动化和集中化，有利于提高资源采出率，有利于加强生产技术管理，有利于实现安全生产。经济上合理是指所选用的方案吨煤生产能力的基建投资少，特别是初期投资少，劳动生产率高，吨煤生产费用低，矿井建设时间短，投资效益好，投资回收期短、利润高。

【相关知识】

一、方案比较法

在实际工作中，方案比较法是矿井开采设计中最基本和最常用的方法，它可以解决矿井开拓总体和局部设计中的各种设计问题。方案比较法的核心是技术经济分析，它对提出的几个技术可行、安全可靠的设计方案进行全面的技术分析和经济比较，从中选出最优方案。

方案比较法的步骤及内容如下。

1. 熟悉基础资料

在技术分析的基础上提出可行性方案，熟悉矿井设计所需的各种基础资料，如勘探地质资料、地面工程地质资料、矿区总体规划等，明确设计的内容和目标，分析各种地质因素和地面条件对设计方案的影响程度。通过深入、细致分析和研究，提出若干个技术上可行、安全上可靠的方案。如果可行方案较多，则需要作进一步进行比较，删除在技术、安全和经济上明显不合理的方案。最后筛选确定的可行方案一般不少于三个。由于设计的内容不同，技术分析的内容也不尽相同。矿井开拓方案技术分析的主要内容如下：

1）根据煤层赋存特征，结合井田划分，分析保证矿井设计能力的可靠性和稳定性，以及初期能否迅速出煤和达到设计能力；达产后能否保持稳产和增产；两翼能否均衡生产，厚薄煤层及各煤种的搭配；水平是否有足够的服务年限等。

2）开拓方案要在使用先进技术的基础上，实现集中化生产，以获得较高效益。

3）井口的位置应尽可能平坦，以便于工业广场的布置；避免洪涝、滑坡等自然灾害的影响。

4）确定开拓方案时，要详细研究井巷穿过地层的水文地质条件。例如，对于含地下水的厚表土矿井只能用立井开拓；当井底有含水丰富的石灰岩时，井底车场只能在其上部设置；大的断裂构造对井筒布置的影响等。

5）开拓布置要考虑尽可能不迁移村庄，尽量少占农田、少压煤或不压煤，以提高煤炭采出率。

6）开拓方式和井口位置要与初期采区位置统筹考虑，使工期短、投资少、达产快、效益好。

7）开拓系统要充分考虑防水、防火、防瓦斯煤尘爆炸和突出的要求，保证安全生产。

8）要符合矿区总体设计要求。

2. 经济比较

计算各可行方案的工程量、基本建设投资、建井工期、生产经营费用、收益率和可采煤等主要指标，然后进行比较。各主要指标的内容和费用计算如下：

（1）工程量　包括井巷工程量（井巷、硐室的工程量分别按 m 和 m^3 计量）、地面建筑工程量（按建筑面积 m^2 计量，轨道和管线等按 m 计量）、机电设备安装工程量（按设备台数或成套设备套数计量）和其他工程量（平整土地按土石方计量）。

（2）基本建设投资　包括井巷工程量投资、地面建筑和构筑物投资、机电设备安装工程量投资和其他工程量投资。井巷工程量投资费用的计算方法如下

$$C_{j1} = La \tag{14-1}$$

$$C_{jV} = Va \tag{14-2}$$

式中　C_{j1}——井巷掘进费用（元）；

C_{jV}——井底车场及硐室掘进费用（元）；

L——巷道长度（m）；

V——掘进工程量（m^3）；

a——掘进单价（元/m）。

（3）基本建设工期

（4）机电设备及主要材料用量

（5）生产经营费用　包括巷道维护费用（C_w）、运输费用（C_y）、提升费用（C_t）、通风费用（C_f）、排水费用（C_p）等。

$$C_w = 巷道长度(m) \times 维护单价[元/(m \cdot 年)] \times 巷道维护时间(年) \tag{14-3}$$

$$C_y = 巷道长度(km) \times 运输单价[元/(t \cdot km)] \times 运输量(t) \tag{14-4}$$

$$C_t = 提升煤量(t) \times 提升距离(km) \times 提升单价[元/(t \cdot km)] \tag{14-5}$$

$$C_p = 365 \times 24[涌水量(m^3/h) \times 排水距离(km) \times 排水单价[元/(m^3 \cdot km)] \times 水平服务年限(年)] \tag{14-6}$$

矿井通风的电力费用占通风总费用的90%以上，因此在方案比较中，可以只计算其电力费 C_d。如果通风费用仅占吨煤成本的2%～5%，则可以不比较通风费用。矿井通风的电力费用可按下式计算

$$C_d = \frac{QH}{1000\eta} \times D_d \times 365 \times 24 \tag{14-7}$$

式中　D_d——电价（元/kW·h）；

Q——矿井供风量（包括漏风量）（m^3/s）；

H——矿井年平均风压（包括风机装置的风压损失）（Pa）；

η——通风机总效率。

值得注意的是，在计算井巷掘进、巷道维护、提升、运输、排水、通风费用时，使用了各种单价，这些单价所含费用项目不尽相同。例如，井巷掘进费用由直接定额费用、井巷工程辅助费用、现场经费、间接费用及劳动保险费税金等费用构成。排水费用主要由动力费用、设备折旧费用、建筑折旧费用、工人工资、维修费用等组成。费用计算应按煤炭建筑安装工程造价计算标准和程序进行。

3. 综合技术经济比较结果，择优确定矿井开拓主导方案

主导方案就是根据最优性准则所确定的，在技术、经济和社会等方面综合优越的方案。评价矿井开采设计的最优性准则一般有生产费用、吨煤成本、基建投资、初期投资、折算费用、利润、地面建筑费用、劳动生产率、劳动消耗量、资源采出率、矿井生产能力、建井工期、达到设计能力的时间、服务年限、初期和后期基建工程量、巷道维护长度、掘进率、采掘关系、巷道维护的有效性、开采强度、生产集中化程度、技术装备的先进性、生产系统的可靠性、生产操作的安全性等。在设计优化过程中，通常把一些易于数值化的准则编制成经济数学模型，用来确定方案的优劣。

目前，作为主要准则的有吨煤投资和吨煤成本、劳动生产率、折算费用法、投资回收期法、利润和多目标决策等。

（1）吨煤成本和吨煤投资　吨煤成本是矿井生产总成本除以矿井产量的值，是一项综合性指标。它反映了生产经营活动的最终成果，是评价矿井开采方案优劣的重要经济指标。

吨煤投资是矿井建设总投资额除以矿井生产能力的商。我国对不同井型的矿井规定了相应的吨煤投资限额，它是衡量矿井建设水平的重要指标。

（2）劳动生产率　煤矿劳动生产率是采煤工作面日产量与采煤工作面昼夜出勤人数的比值。它反映了煤炭行业生产力水平的高低，与煤层开采条件、采煤机械化程度、劳动组织形式和生产管理水平等因素有关，是反映矿井技术水平的重要指标。

（3）折算费用法　矿井方案的所有费用可分成基本建设投资费用和生产经营费用两部分，两部分费用不能简单相加。将参与比较的方案的基本建设投资费用乘以投资效果系数，即把基本建设投资费用折算成与生产经营费用类似的费用，然后与生产经营费用相加，得出折算费用值。折算费用数值最小的方案为最优。上述方法是将两种性质不同的费用折算成一种费用，故称折算费用法。折算费用法一般以年为计算周期，相应的折算费用为年折算费用，计算公式如下

$$S = C + E_0 K \tag{14-8}$$

式中　S——年折算费用（或吨煤年折算费用）；

C——全部或计算项目的年度生产经营费用总和；

E_0——标准投资效果系数，一般取0.10～0.12；

K——全部或计算项目的基本建设投资费用总和。

4. 绘制图件

最后，对主导方案分支中的各局部方案进行进一步优化，编写方案的文字说明，绘出方案相关图件。

在方案比较中，应注意以下问题：

（1）方案比较过程是一个综合决策的过程　方案不仅要反映技术的优越性、经济的合理性，还要较好地体现国家的政策，根据市场需求，结合社会效益和环境效益，详细论证和

综合评价。例如，某一方案虽然费用略高，但初期投资少、建井工期短，则可以早出煤，符合国家和市场需求，则可以确定为最优方案。

（2）方案比较法是重点比较的过程 由于方案比较涉及的因素多，方案中各因素的重要程度不同，应对重要项目和费用进行比较。两方案的相同项目可不进行比较；费用相同或费用占吨煤成本比例较小的可不进行比较。例如，某矿属涌水量小、低瓦斯矿井，排水、通风费用少，则可不列入比较内容。

（3）方案比较应注意各方案间的可比性 方案比较时经济比较的方法应相同；各方案设计深度应相同；各方案效益和费用的计算范围和计算的基础资料应相同，如设备、材料、工资、经营成本等价格水平相同，投资估算采用的各种指标相同，并且可靠、符合实际；计算的初始年限应一致。

（4）方案比较应从实际出发，具体问题具体分析 由于原始资料不可能十分准确，计算费用的误差一般在10%以下。两方案费用差额如果不超过10%，即可认为两方案在经济上是相等的。各种费用单价的选取也要符合生产实际。在实际工作中，在进行大方案比较之前，往往把几项局部方案综合在一起进行比较，这时就需要综合各项内容，以便进行统一的技术和经济比较。

二、其他设计方法

统计分析法、标准定额法、数学分析法、经济数学规划法等设计方法是在方案比较法基础上发展起来的。经济数学规划法是应用计算机进行矿井设计的一种新方法。

1. 统计分析法

统计分析法是应用数理统计原理，对生产矿井中的某一实际问题进行调查统计，找出相关参数之间的关系，得到参数的合理平均值或取值范围的一种方法。例如，某矿井区段的地质因素和技术因素已经确定，通过大量数据统计，在总结经验的基础上，选取一个使生产成本最低的合理工作面长度；调查一定条件下的巷道维护费用，以确定相似条件下的费用参数等。但应注意合理的参数是在一定条件下取得的，当条件改变时，需要重新统计以获得新的参数。因此，合理参数的适用是具有局限性的，设计时应结合各矿区的具体条件选取参数。

2. 标准定额法

标准定额法是以规范、规程和规定的形式对开采设计中的某些技术条件或参数做出具体规定，而后据此规定确定某设计方案的其他有关参数。例如，根据井筒形式和生产能力，确定开采水平垂高；根据规定巷道内的允许风速，计算巷道最小断面；在井田范围和矿井生产能力一定的条件下，根据采区走向长度和倾斜长度，确定矿井采区数目等。标准定额法的定额值是充分调查研究的结果，应反映最新的技术成果、管理水平和安全性。

3. 数学分析法

数学分析法是通过分析影响吨煤成本的各种因素，列出相应的函数关系表达式，并利用微分求极值的原理，求出使吨煤成本最低的各个参数值的方法。在矿井开采设计中，应用数学分析法可以研究合理的工作面长度、采区走向长度、矿井生产能力等。由于技术、安全和管理等因素不能量化，矿井设计中一些局部问题多采用此方法，它是方案比较法的一种补充形式。

4. 经济数学规划法

经济数学规划法是应用经济数学中线性规划的理论，借助于电子计算机进行矿井开采设计，选择最优方案的一种新方法。矿井设计时，首先根据拟订的方案，按设计的要求编列函数方程，构成规划论中的目标函数；设计方案的某些技术原则和参数必须满足一定的技术条件和“定额”的规定，将其表示为数学式，就构成了规划论中的约束条件，目标函数和约束条件就构成了经济数学模型。然后解算并比较结果，求出最优方案和相应的最佳参数值。利用经济数学规划法对全矿生产工艺系统和局部分支系统进行优化时，由于矿井的复杂性，数学模型中的方程和约束条件较多，用编程技术和计算机解算，可使设计工作量大大减少。

随着计算机技术和经济应用数学的发展，经济数学规划法将得到进一步的完善，成为矿井开采设计的重要方法之一。

【任务考评】（见表 14-1）

表 14-1　任务考评

过程考评	配分	考评内容	考评实施人员
素质考评	12	纪律	理论教师进行综合考评
	12	遵守操作规程情况、安全操作	
	12	团结协作情况	
实操考评	16	理论知识口述：方案比较原则	
	16	任务实施过程正确	
	16	完成本次工作任务，效果良好	
	16	按工作任务实施指导书完成学习总结	

课题三　矿井开采设计方案比较示例

【任务描述】

通过课题的实例，熟悉开采设计方案的比较方法。

【任务实施】

某矿位于丘陵地带，井田范围内地形起伏较大，仅井田南部靠近井田边界处地势较为平坦，可作为工业广场选址。地面高程为 +1460 ~ +1850m。井田南部境界外有水河通过，如图 14-1 所示。井田走向长度为 4.00 ~ 8.50km，倾斜长度为 1.40 ~ 4.40km，面积约 25km^2。

井田内煤层结构复杂，厚度变化大，主采煤 5 层厚度为 0.02 ~ 83.00m，平均厚度为 33m，仅在西部局部不可采。次开采煤 3 层厚度为0 ~ 4.50m，平均厚度为 1.58m，在东南部分布不均匀、不连续、不稳定，灰分高，不适宜开采；西北部具有一定的开发价值，可采储量为 17.2Mt。主要开采煤 5 层的煤层赋存特点如下：

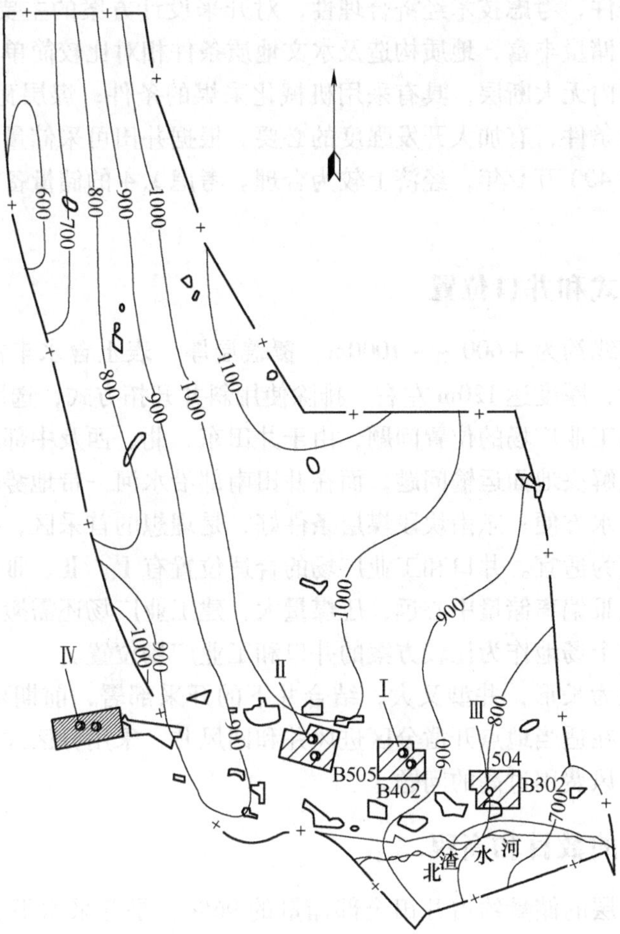

图 14-1　井田及工业广场位置图（单位：m）

Ⅰ—庞家磨场地　Ⅱ—何家庄场地　Ⅲ—曹园场地　Ⅳ—任家磨场地

1）东区块段煤层条件好，平均厚度为 35.50m，倾角为 6°～9°，面积为 9.70km^2，可采储量为 317.20Mt。

2）北区块段煤层较好，平均厚度为 18.80m，倾角为 10°～25°，面积为 5.10km^2，可采储量为 84.10Mt。

3）南区临近水河，煤层平均厚度为 32m，倾角为 5°～11°，面积为 5.5km^2，可采储量为 130Mt。

4）西区块段煤层结构复杂，煤层厚度变化大且有分岔现象，此区煤层位于西部向斜轴两翼，煤层倾角变化大。面积约为 3.40km^2，可采储量为 25Mt。

全矿井地质储量为 916Mt，其中煤 5 层为 888Mt，煤 3 层为 28Mt。

该矿井属于低瓦斯矿井，煤尘有爆炸危险性，矿井正常涌水量为 110m^3/h，最大涌水量为 135m^3/h；煤质属低灰、低磷、低硫、中发热量的长焰煤，是良好的动力和化工煤种。井田内煤层赋存深，覆盖层厚度在 500m 以上，表土含水丰富。第三系甘肃群下部的砂岩层结构松软、含水丰富，井筒施工困难。

根据该矿自然条件，考虑技术经济合理性，对开采设计方案的主要原则问题确定如下：该矿煤层赋存稳定，储量丰富，地质构造及水文地质条件相对比较简单，除了东部的向斜和中部的背斜外，井田内无大断层，具有采用机械化采煤的条件；煤层瓦斯含量低，煤质好，具有较好的铁路外运条件，有加大开发强度的必要。根据井田可采储量，遵照矿井设计规范的规定，将井型定为400万t/年，经济上较为合理。考虑1.4的储量备用系数，矿井的服务年限为99年。

一、井筒的形式和井口位置

煤5层底板等高线约为+600～+1000m，覆盖层厚，表土含水丰富，第三系甘肃群砂岩层强度低，富含水，厚度达120m左右。排除使用斜井开拓方式，选用立井开拓方式。

关于井口和地面工业广场的位置问题，由于井田东、北、西及中部地形起伏落差大，不便于布置工业广场及解决地面运输问题，而在井田南部沿水河一带地势较为平坦，且便于与现有的铁路接轨，取水方便；东南块段煤层条件好，是理想的首采区，把井筒和工业广场的位置设于井田南部较为适宜。井口和工业广场的合适位置有Ⅰ、Ⅱ、Ⅲ、Ⅳ四处场地可供选择。相比之下，场地Ⅲ偏离储量中心远，压煤量大，建工业广场还需搬迁一个小村庄，故最后选定Ⅰ、Ⅱ、Ⅳ三个场地作为比较方案的井口和工业广场位置。

考虑到井田面积为长形，井型又大，结合井下的开采部署，前期可采用中央并列式通风，矿井生产后期，在适当地点开凿分区进风井和回风井，采用分区式通风，有利于解决后期通风线路过长、通风费用过高的问题。

二、开采水平的数目和高程

井田内主采煤5层的储量约占井田全部储量的96%，是开采水平服务的主要对象。设置水平时应以煤5层为主兼顾煤3层的开采。该井田煤层倾角一般为6°～15°，倾斜长度在1400～4400m之间。从矿井的实际出发，考虑到合理的采区上、下山长度和上、下山煤量的比例，全矿设置一个水平开采全井田。井田的东南部斜长较长，可根据开采部署增设辅助水平进行开采。为此，针对水平高程的确定，现提出三个可行方案。

1. 方案甲

水平垂高定为+940m。首采区上、下山长度分别为1700m和1580m，能满足现有提升、运输和辅助运输设备的要求。全井田上山和下山储量分别为258Mt和278Mt，上、下山储量比例适宜，但副井井底和井底车场连接处围岩条件差，断面大，施工困难。

2. 方案乙

水平垂高定为+930m。首采区上、下山长度分别为1560m和1720m，全矿上、下山储量分别为282Mt和255Mt，上、下山长度和上、下山储量皆适宜，副井井底与井底车场连接处围岩条件好，也有利于箕斗装载硐室的布置。

3. 方案丙

水平垂高定为+915m。上、下山长度和上、下山储量都能满足生产和设备的要求，但井底围岩条件差，不利于车场和主要硐室的布置。

综合比较，确定使用方案乙+930m水平较为合适。

三、开采水平的巷道布置

根据井田内煤层的赋存状况，水平大巷在西北部基本沿煤层走向布置，东南部大背斜，水平大巷穿越背斜布置；井型大，生产集中，运输大巷采用带式输送机运输，轨道大巷采用电机车运输。根据以上考虑，拟定出以下三个矿井开拓方案。

1. 方案一

井口及工业广场选择在场地Ⅰ，立井单水平开拓开发全矿井。主、副井口高程为+1480m，主、副井落底后下设+930m水平环行车场；+930m水平轨道大巷按3‰流水坡度掘进，胶带大巷沿煤5层底板掘进，回风大巷沿煤5层中部布置，大巷与井底车场之间采用轨道石门、进风石门与上仓胶带巷连接。矿井初期采用中央并列式通风系统、抽出式通风方式，矿井后期采用分区式通风系统，即在井田北部再凿一对进、回风井。全井田共划分为13个采区，其中煤5层10个、煤3层3个，矿井移交的首采区为东一、西一采区。井田开拓方案的平、剖面图如图14-2~图14-4所示。

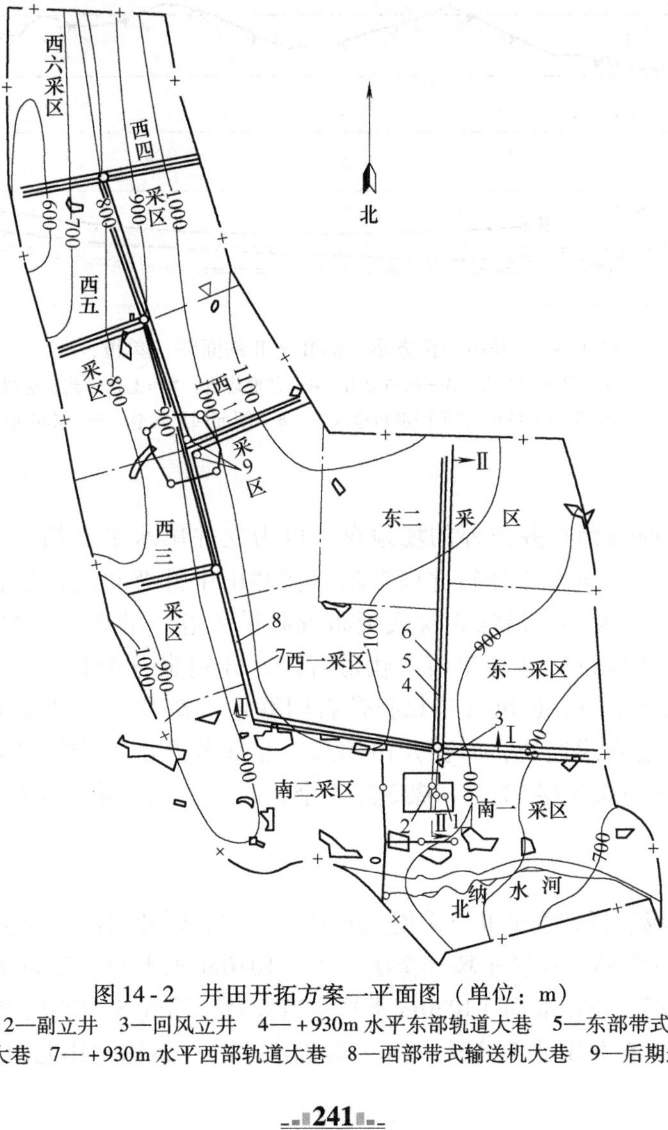

图14-2 井田开拓方案一平面图（单位：m）

1—主立井 2—副立井 3—回风立井 4—+930m水平东部轨道大巷 5—东部带式输送机大巷 6—东部回风大巷 7—+930m水平西部轨道大巷 8—西部带式输送机大巷 9—后期进、回风立井

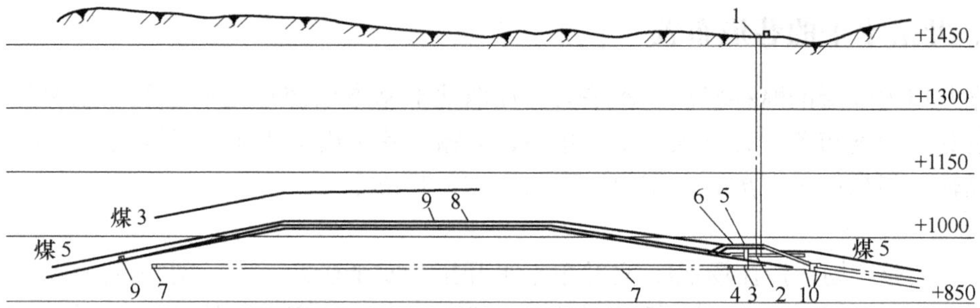

图 14-3　井田开拓方案一的Ⅰ—Ⅰ剖面图（单位：m）

1—回风立井　2—东部回风大巷　3—上仓带式输送机巷　4— +930m 水平东部轨道大巷　5—东部带式输送机大巷　6—分区煤仓　7— +930m 水平西部轨道大巷　8—西部回风大巷　9—西部带式输送机大巷　10—东一采区下山

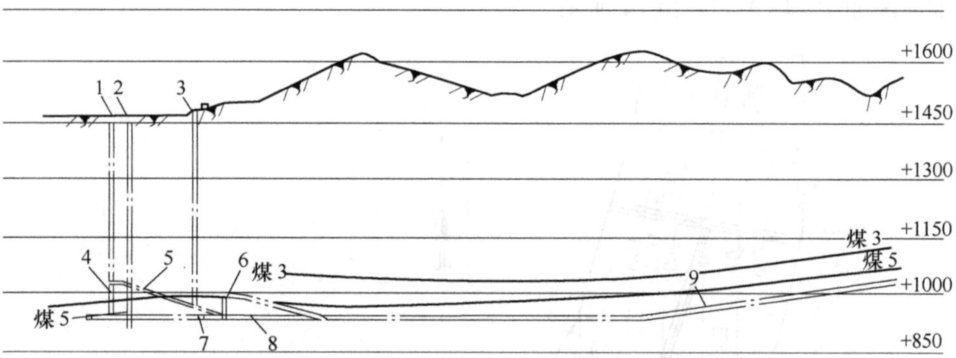

图 14-4　井田开拓方案一的Ⅱ—Ⅱ剖面图（单位：m）

1—主立井　2—副立井　3—回风立井　4—井底煤仓　5—上仓带式输送机巷　6—分区煤仓　7— +930m 水平西部轨道大巷　8—西部回风大巷　9—东部回风大巷

2. *方案二*

井田及工业广场选择在井田外的场地Ⅳ，也为立井单水平开拓。主、副井口高程为 +1510m，井底设 +930m 水平环行井底车场。在井田中部背斜的西翼，基本沿煤层走向设置 +930m 水平轨道大巷，沿煤 5 层底板布置胶带大巷，沿煤 5 层中部布置回风大巷。大巷的东侧布置两条穿过背斜的东西向轨道石门，分别服务于北二、北四采区，大巷与井底车场间采用轨道石门、进风石门和胶带石门联系。矿井生产初期采用中央并列式通风，后期采用中央边界式通风，即在井田的东、北部各开凿一个回风井回风。全井田共划分 15 个采区，其中煤 5 层 11 个、煤 3 层 4 个，北一、北三采区为首采区。矿井开拓方案如图 14-5 所示。

3. *方案三*

井口及工业广场选择在场地Ⅱ，采用立井开拓。主、副井口高程为 +1510m，车场水平高程为 +1030m，设置环行井底车场。全矿采用 +1030m 水平和 +930m 辅助水平开采。在井田中部背斜轴附近，设南北向 +1030m 水平轨道大巷，沿煤 5 层底板设胶带大巷，沿煤 5 层中部设回风大巷。在井田北部设置 +930m 辅助水平，主运输利用北四采区的集中胶带下

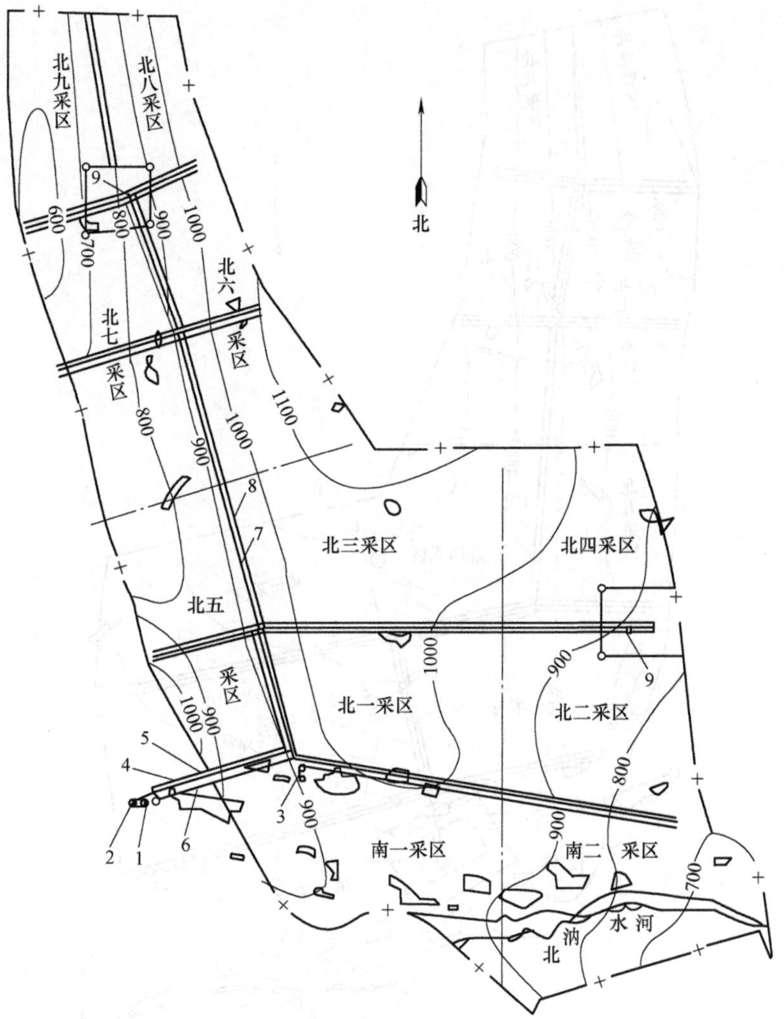

图 14-5 井田开拓方案二平面图（单位：m）

1—主立井 2—副立井 3—回风立井 4—+930m 水平东部轨道石门 5—+930m 水平进风石门 6—+930m 水平带式输送机石门 7—+930m 水平轨道大巷 8—+930m 水平带式输送机大巷 9—后期进、回风立井

山连接 +930m 和 +1030m 水平，辅助运输以暗斜井连接。矿井初期采用中央并列式通风，后期在井田北部凿一对进、回风井，使用分区式通风系统。全井田共划分为 15 个采区，其中煤 5 层 11 个，煤 3 层 4 个。开拓方案如图 14-6 所示。

上述三个方案在技术上各有特点，现分析比较如下：

（1）压煤方面 方案一和方案三的工业广场煤柱约为 23Mt，压煤量大；方案二工业广场不压煤，有利于提高资源回收率。

（2）建井工期 方案一、方案三的井巷贯通距离短，建井工期短、投产快。

（3）均衡生产 方案一首采区煤层条件好，能迅速达产，两翼同时生产，可保证稳产和高产；方案三后期为单翼生产，产量不均衡；方案二首采区煤层条件差，对达产不利。

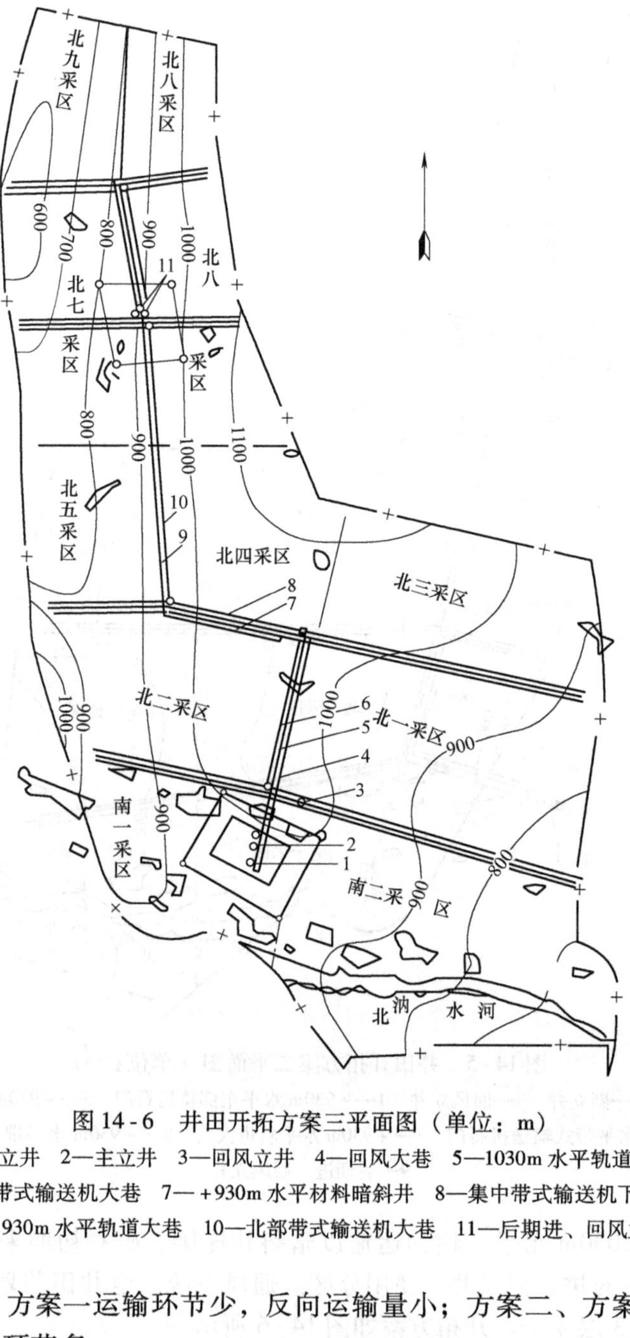

图 14-6 井田开拓方案三平面图（单位：m）

1—副立井 2—主立井 3—回风立井 4—回风大巷 5—1030m 水平轨道大巷 6—带式输送机大巷 7—+930m 水平材料暗斜井 8—集中带式输送机下山 9—+930m 水平轨道大巷 10—北部带式输送机大巷 11—后期进、回风立井

（4）运输方面 方案一运输环节少，反向运输量小；方案二、方案三上、下山反向运输量大；方案二运输环节多。

（5）基建投资 方案一较方案二、方案三基建投资少。

（6）外部条件 方案一、方案三铁路进线短，方案二供水线路短。

三个方案各有利弊，需要进行经济比较才能确定其优劣。方案经济费用主要为基本建设费用和生产经营费用。其中，基本建设费用有井巷开凿费，建筑物及结构物的修建费和一些特殊设备的费用等；生产经营费用包括巷道维护费、提升费、运输费、排水费、通风费等。三个方案投资费用的比较见表 14-2 和表 14-3。

表 14-2　各方案工程量投资比较表

项　目		方案一		方案二		方案三	
		数量	投资/万元	数量	投资/万元	数量	投资/万元
井巷工程	主井/m	550	1897.5	470	1621.5	485	1673.25
	副井/m	582	2390	500	2050	520	2132
	风井/m	520	1300	600	1500	480	1200
	井底车场/m		2200		2200		2200
	主要运输道及回风道/m	2300	1748	6400	4864	2800	2128
	采区准备巷道/m	2800	1568	4100	2296	4200	2352
	井筒装备/万元		800		905		870
	合计/万元		11903.5		15436.5		12555.25
工业场地运输工程	占地面积/km^2	15	750	14	700	16	800
	土石方工程量/m^3	110000	44	120000	48	130000	52
	防洪排涝工程/万元		180		245		260
	铁路专用线总投资/万元		3900		5100		4500
	场外公路总投资/万元		120		230		160
供电通信线路投资/万元			176		189		205
供水管路投资/万元			400		300		450
主、副井提升设备投资/万元			2460		2340		2270
基建投资合计/万元			19933.5		24588.5		21252.5

表 14-3　各方案投产 20 年内生产经营费比较表　　（单元：万元）

项目	方案一	方案二	方案三
矿井提升费	721.89	769.94	661.95
矿井带式输送机运输费	311.33	631.52	450.44
矿井辅助运输费	124.48	167.10	158.18
矿井主排水费	121.33	128.99	108.59
平面辅助排水费	20.57	30.17	45.24
矿井通风费	127.89	167.74	131.91
巷道维护费	371.14	501.23	423.45
合计	1798.63	2396.69	1979.76
吨煤生产运营费/(元/t)	4.50	5.99	4.95

通过以上技术经济比较可以看出，方案一在基本建设费用、生产经营费用上都是有利的，故确定采用方案一。

以上是用方案比较法确定矿井开采设计方案的一个简化示例。对于一个具体的矿井，其客观条件是很复杂的，因此在研究开采设计方案时，应全面、深入地研究各个方案的具体内容，进行详细且正确的计算，以使所研究的问题得到正确的解决。

【任务考评】（见表 14-4）

表 14-4　任务考评

过程考评	配分	考评内容	考评实施人员
素质考评	12	纪律	理论教师和现场教师进行综合考评
	12	遵守操作规程情况、安全操作	
	12	团结协作情况	
实操考评	16	理论知识口述：按书上实例列出方案比较表格	
	16	任务实施过程正确	
	16	完成本次工作任务，效果良好	
	16	按工作任务实施指导书完成学习总结	

思考与练习

1. 简述矿井开采设计的依据。
2. 简述矿井设计的程序。
3. 概述矿井设计的内容。
4. 何谓方案比较法？矿井开拓方案技术分析比较的主要内容有哪些？

单元十五　采区方案设计

【学习目标】

📖 知识目标：

1）掌握采区设计的依据、程序和步骤。

2）认识采区设计的基本内容。

📖 技能目标：

1）能够确定采区设计参数。

2）能够进行采区生产能力计算。

课题一　采区设计的依据、程序和步骤

【任务描述】

要做好采区设计，必须有正确的设计指导思想和充分可靠的设计依据，必须贯彻执行《煤炭工业技术政策》、《煤矿安全规程》和《煤炭工业矿井设计规范》等规定。

采区是组成矿井生产的基本单位。采区设计被批准后，在采区的施工及生产过程中就不能任意改变。采区设计要为矿井的合理、集中生产和持续稳产、高产创造条件；尽量简化巷道系统，减少巷道掘进和维护工程量；有利于采用新技术，发展机械化和自动化；使煤炭损失少，安全条件好。通过本课题的学习，掌握采区设计的依据，程序和步骤。

【相关知识】

一、采区设计的主要依据

1. 已批准的采区地质报告

地质报告主要包括地质说明书和附图两部分。

（1）采区地质说明书　包括详细的采区地质特征、地质构造状况，煤层赋存条件和煤层稳定程度，矿井瓦斯等级，有无煤与瓦斯突出危险，自然发火期，水文地质特征，煤种、煤质及国家对产品的要求，钻眼布置及各级储量的比例等。

（2）附图　包括采区井上下对照图、煤层底板等高线图、储量计算图、勘探线剖面图、钻眼柱状图、采掘工程平（立）面图等。

2. 矿井生产、接替和发展对设计采区的要求

主要是生产矿井提出的对设计采区的生产能力、采煤工艺方式、采准巷道布置及生产系统改革等要求，以适应生产技术不断发展的需要。

二、采区设计程序

1. 采区设计方案

采区设计一般是根据矿井设计、矿井改扩建设计及生产技术要求，由矿主管单位提出设计任务书，报局批准，而后由矿或局的有关部门、单位根据批准的设计任务书进行设计。

采区设计通常分为两个阶段进行，即确定采区主要技术特征的采区方案设计和根据批准的方案设计进行的采区单位工程施工图设计。

采区方案设计除了需要阐述采区范围、地质条件、煤层赋存状况、采区生产能力、采区储量及服务年限等基本情况外，应着重论证和确定以下问题：采准巷道的布置方式及生产系统、采煤方法的选择、采掘工作面的工艺及装备、采区参数、采区机电设备的选型与布置、安全技术措施等。

在进行具体采区方案设计时，应根据煤炭工业技术政策、地质和生产技术条件、设备供应状况，拟定数个技术上可行的方案，然后计算各方案相应的技术经济指标，通过对这些方案进行技术经济比较，选出技术先进、经济合理、安全可靠的方案，为进一步进行采区施工图设计打下基础。

采区施工图设计是在采区方案设计批准后进行的。在施工图设计中，主要是根据采区方案设计的要求，对采区某些单位工程，如采区巷道断面，采区上、中、下部车场，巷道交岔点及采区硐室等进行具体的设计，确定有关尺寸、工程量和材料消耗量，绘制出图件和表格，以便指导施工。

应该指出，采区方案设计和施工图设计是紧密相关的整体和局部的关系。采区方案设计中的技术方案要通过单位工程来实现，在进行采区方案设计时，应考虑施工图设计的可能性和合理性；而施工图设计要以批准的采区方案设计为依据，体现方案设计的技术要求。必要时，应根据实际情况的变化和施工的具体要求，本着实事求是的精神，进行适当的修改，并报上级批准，使设计更加完善，更加符合施工和生产的要求。

2. 采区设计步骤

（1）明确法规要求，掌握资料　认真学习有关煤矿生产、建设的政策法规，收集有关地质和开采技术资料，掌握上级管理部门对采区设计的具体规定。

要按照具体条件，因地制宜地提高采、掘、运的机械化水平，提高采煤工作面单产；积极推广无煤柱护巷技术及巷旁支护技术，降低掘进率和减少煤炭损失；实现合理集中生产，提高劳动生产率。

（2）明确设计任务，掌握设计依据　根据矿井生产技术发展及生产衔接的需要，明确采区设计中重大问题的设计任务，如采准巷道布置及采煤工艺的改革、采区生产能力的确定等主要技术原则。矿井地质部门应提出采区的地质说明书及附图，并应有分煤层和分等级的储量计算图。必要时，设计人员应对储量进行核算，设计人员真正掌握设计依据，使设计建立在可靠的基础上。

（3）深入现场，调查研究　根据采区设计需要解决的问题，确定调查的课题、内容、范围和方法。例如，调查原有采区的部署、巷道布置及生产系统、车场形式等，作为巷道布置方案设计时的借鉴；调查采煤、掘进、运输、提升等的生产能力，煤仓容量等数据，作为设备选型的参考；搜集巷道掘进、运输、提升、排水、通风和巷道维护等方面的技术经济指标，以便进行不同方案的技术经济比较。充分掌握第一手资料，使设计建立在客观实际的基础上。

（4）研究方案，编制设计　在进行实际调查研究的过程中，一定要注意汇集各有关单位对设计的具体要求及设想，根据设计条件提出几个可行方案，广泛征求意见，认真研究、修改和充实设计方案内容，在此基础上集中为两三个较合理的方案，对其进行技术经济比较，确定出采用的方案，正式编制设计。

（5）审批方案设计　已完成的方案设计经有关单位会同审查后，交有关上级部门批准。

（6）进行施工图设计　根据已批准的方案设计，进行各单位工程的施工图设计。

【任务考评】（见表 15 - 1）

表 15 - 1　任务考评表

过程考评	配分	考评内容	考评实施人员
素质考评	12	纪律	理论教师和现场教师综合考评
	12	遵守操作规程情况、安全操作	
	12	团结协作情况	
实操考评	16	理论知识口述：采区设计方法、步骤	
	16	任务实施过程正确	
	16	完成本次工作任务，制订设计方案，效果良好	
	16	按工作任务实施指导书完成学习总结	

课题二　采区设计的内容

【任务描述】

采区设计的内容包括采区设计说明书和采区设计图件。

【相关知识】

一、采区设计说明书

1）地质情况。采区设计说明书应说明以下内容：

① 采区位置、境界、开采范围及其与邻近采区的关系；可采煤层埋藏的最大垂深，有无小煤窑和采空区积水；与邻近采区有无压茬关系等。

② 采区所采煤层的走向、倾斜、倾角及其变化规律，煤层厚度、层数、层间距离，夹矸层厚度及其分布，顶底板的岩石性质及其厚度等赋存情况及煤质。

③ 瓦斯涌出情况及变化规律，瓦斯涌出量及其确定依据；煤尘爆炸性，煤层自然发火

性及其发火期；地温情况等。

④ 水文地质。包括井上、下水文地质条件；含水层、隔水层特征及发育情况和变化规律；矿井突水情况、静止水位和含水层水位变化；断层导水性；现生产区域最大及正常涌水量，邻近采区周围小煤窑涌水和积水情况等。

⑤ 煤层及其顶底板的物理、力学性质等。

说明对地质资料进行审查的结果，包括资料的可靠性及存在的问题。

2）确定采区生产能力，计算采区储量（工业储量、可采储量）和高级储量所占的比例，计算采区服务年限并确定同时生产的工作面数目。

3）确定采区准备方式。包括区段和工作面划分、开采顺序，采掘工作面安排及其生产系统（包括运煤、运料、通风、供电、排水、压气、充填和灌浆等）的确定。当有几个不同的采区巷道准备方案可供选择时，应进行技术经济分析比较，择优选用。

4）选择采煤方法和采掘工作面的机械装备。

5）进行采区所需机电设备的选型计算，确定所需设备的型号及数量、采区信号、通信与照明等。

6）进行洒水、掘进供水、压气、充填和灌浆等管道的选择及布置。

7）完成采区风量的计算与分配。

8）安全技术及组织措施。对预防水、火、瓦斯、煤尘、穿过较大断层等地质复杂地区提出原则意见，指导编制采煤与掘进工作面作业规程，并在施工中加以贯彻落实。

9）计算采区巷道掘进工程量。

10）编制采区设计的主要技术经济指标。包括采区走向长度和倾斜长度、区段数目、可采煤层数目及煤层总厚度、煤层倾角、煤的容重、采煤方法、主采煤层顶板管理方法、采区工业储量和可采储量、机械化程度、采区生产能力、采区服务年限、采区采出率和掘进率、巷道总工程量、投产前的工程量等。

二、采区设计图件

设计图件一般包括地质柱状图、采区井上下对照图、煤层底板等高线图、储量计算图及剖面图等。这些图件均应进行复印，作为采区设计的一部分。此外，还应有如下图件：

1）采区巷道布置平面图及剖面图（比例尺为1:1000或1:2000）。

2）采区采掘机械配备平面图（比例尺为1:1000或1:2000）。

3）采煤工作面布置图（比例尺为1:50或1:200）。

4）采区通风系统（最大、最小负压）示意图。

5）瓦斯抽放系统图（低瓦斯矿井不需要）。

6）采区管线布置图（包括防尘、洒水、灌浆管路布置等）。

7）采区轨道运输系统图（比例尺为1:1000或1:2000）。

8）采区供电系统图（比例尺为1:1000或1:2000）。

9）避灾路线图。

10）采区车场图（比例尺为1:200或1:500）。

11）采区巷道断面图（比例尺为1:50或1:20）。

12）采区巷道交岔点图（比例尺为1:50或1:100）。

13）采区硐室布置图（比例尺为1:200）。

前9张图属于方案设计附图，后4张图是施工图。具体设计时，应根据情况适当增删。

采区设计的编制和实施是矿井生产技术管理工作的一项重要内容，一般由矿总工程师负责组织地质、采煤、掘进、通风、安全、机电、劳资、财务等部门共同完成。

【任务考评】（见表15-2）

表15-2　任务考评表

过程考评	配分	考评内容	考评实施人员
素质考评	40	纪律	理论教师考评
实操考评	30	理论知识口述：设计说明书和图件的要求	
	30	按工作任务实施指导书完成学习总结	

课题三　采区参数的确定

【任务描述】

采区方案设计是矿井设计的核心部分，其牵涉面广、内容多、参数多，因此，设计时需要注意的事项很多。在综合各项因素后列出几个可行方案，然后进行经济技术比较，选出最优方案。

采区参数包括采区尺寸、采煤工作面长度、采区煤柱尺寸及采区生产能力等。

【相关知识】

一、采区尺寸

（一）影响采区尺寸的因素

要确定合理的采区长度，应考虑采区地质条件、开采技术装备条件、采区生产能力、工作面接替及经济因素等的影响。

1. 地质条件

（1）地质构造　较大的地质构造对采区长度影响较大。为了便于布置采区巷道，往往将大的断层及褶曲轴作为划分采区的界限。

（2）煤层及围岩稳定程度　围岩的稳定程度影响区段巷道的维护状况。在松软的煤层中布置区段巷道时，维护较困难，采区走向长度不宜过大。当采用岩石集中平巷且围岩较稳定时，工作面宜采用超前平巷，煤层巷道维护时间很短，采区长度可适当增大。

（3）自然发火　有自然发火危险的煤层，在确定采区走向长度时，要保证开采、收尾及封堵期间不发生煤层自然发火，并在采完以后能将采区迅速封闭。

（4）再生顶板形成时间　缓斜、倾斜近距离煤层群或厚煤层分层开采时，上、下煤层（分层）工作面要保持一定错距。根据实践经验，工作面错距一般为120～200m。

（5）煤层倾角　由于开采条件和所使用的采煤方法的限制，急斜煤层采区走向长度较缓斜和倾斜煤层短。随着开采技术的发展，急斜煤层采区走向长度有加大的趋势。

2. 生产技术条件

（1）区段平巷的运输设备

1）带式输送机。一般吊挂带式输送机的有效铺设长度为300～400m/台，新系列可伸缩吊挂带式输送机的铺设长度为500～1000m/台。所以，选用带式输送机一般都能够满足目前采区走向长度的要求。

2）刮板输送机。可弯曲刮板输送机的有效铺设长度可达200m/台，在区段平巷中串2～3台串联运输，即可满足一般采区走向长度的要求。

3）矿车。中、小型矿井区段运输平巷常采用无极绳、小绞车牵引矿车运煤，采区长度一般较短。

4）辅助运输设备。当区段平巷坡度起伏较大时，工作面多采用小绞车运料，采区走向长度宜适当缩短，以免多段运料并增加辅助工人数。

（2）设备搬迁　缓斜、倾斜煤层群或厚煤层分层开采使用集中运输平巷的采区，宜有较大的走向长度以充分发挥运输设备效能，减少设备拆装次数及工作面搬迁次数。

（3）采区供电　采区走向长度加大时，采区变电所至负荷的供电距离增加，电压降低，影响工作面机电设备的正常运转。所以在确定采区走向长度时，要考虑电压降的影响。

3. 经济因素

合理的采区走向长度应当使吨煤费用最低。采区走向长度的变化会引起多项费用的变化，如区段平巷的维护费和运输费随着采区走向长度的加大而增加，采区上（下）山采区车场和硐室的掘进费和机电设备安装费随着采区走向长度的加大而减少，而区段平巷的掘进费则与采区走向长度的变化无关。因此，在经济上存在着使吨煤费用最低的采区走向长度的合理值。

（二）采区尺寸数值

采区尺寸包括采区走向长度和倾斜长度。使用单体液压支柱的普采工作面采区，其走向长度一般为1000～1500m。综采采区宜用单面布置，其走向长度一般不小于1000m；采用双面布置时，走向长度一般不小于2000m。

煤层倾角平缓、采用盘区上（下）山布置时，盘区上山长度一般不超过1500m，盘区下山长度不宜超过1000m；采用盘区石门布置时，盘区斜长可按具体条件确定。盘区走向长度可按采区走向长度考虑。

当煤层倾角较大时，采区倾斜长度由水平高度确定，在这种情况下确定采用尺寸主要是指确定采区走向长度。

二、采煤工作面长度

（一）影响工作面长度的因素

合理的工作面长度应能为实现工作面高产、高效提供有利条件。在一定范围内，加长工作面长度能获得较高的产量和提高效率，减少采区巷道的开掘工程量和维护量，降低吨煤成本。但是，工作面过长会导致工作面推进度降低，不利于实现高产、稳产，从而影响经济效益。因此，工作面长度有其合理范围。在确定工作面长度时，应考虑以下影响因素。

1. 煤层赋存条件

(1) 煤层厚度 煤层很薄时，工作面行人、运料不便；煤层采高超过 2.5m 时，工作面支柱和回柱操作困难，工作面不宜过长。

(2) 煤层倾角 煤层倾角大于25°时行人、运料不便，特别是急斜煤层，由于工作面作业条件困难、劳动强度大、滑落煤块岩块易于伤人等原因，工作面宜较短。

(3) 围岩性质 顶板松软破碎的工作面或坚硬顶板工作面顶板控制工序占用时间较长，工作面均不宜过长。

(4) 地质构造 采区中若小的断层多或顶底板起伏较大，会使采煤工作困难、支护复杂，容易打乱正规循环作业，工作面不宜过长。落差较大的走向断层常作为划分区段的境界，在客观上也限制了工作面长度。

如果煤层倾角较小、采高适中，围岩性质便于顶板控制，地质构造简单，则可合理加大工作面长度。

2. 机械装备及技术管理水平

(1) 采煤机 由于滚筒采煤机和刨煤机破煤较爆破破煤进度快、效率高，为了充分发挥采煤机械的效能，条件相同的普采工作面长度宜大于炮采工作面长度。由于使用液压支架能保证采煤机有较高的牵引速度，辅助时间少，所以综采工作面长度可比普采工作面更长。但工作面过长会使管理复杂，遇到地质变化的可能性也会增大，因此工作面也不宜过长。

(2) 输送机 工作面输送机的运输能力和有效铺设长度应满足工作面生产的要求，使采落的煤炭在规定时间内被运出。

(3) 顶板控制 顶板控制对工作面长度的影响通常表现为采空区处理能力赶不上采煤的速度，尤其是在使用单体支架的普采工作面时常出现这种现象。因此，确定工作面长度要考虑采空区处理能力。倾角小时，可采用分段同时回柱以提高放顶能力；倾角大时，分段回柱则不够安全。顶板稳定时，可实行采回平行作业；顶板压力大或破碎时，采用平行作业则比较困难，故工作面长度不宜过大。综采工作面实现“支回合一”，可减少顶板控制对加大工作面长度的影响。

(4) 工作面通风 对于瓦斯涌出量较大的煤层，风速是限制工作面长度的重要因素。当工作面进度一定时，工作面越长，产量越高，越需要增加风量，由于工作面断面的限制，易导致风速过大，引起煤尘飞扬，影响安全生产。所以，在高瓦斯矿井中，要考虑工作面通风能力对工作面长度的影响。

3. 巷道布置

采区巷道布置方式对工作面长度有一定影响。例如，对于煤层群联合布置的采区，应使各区段上、下煤层工作面的长度相适应。可能对某一煤层而言工作面长度不太合适，但为了便于进行巷道布置，必须采用同主要可采煤层相适应的工作面长度。

实际工作中，都是根据煤层赋存条件、机械装备情况、采空区处理能力及通风能力等因素综合考虑确定工作面长度。

(二) 采煤工作面长度

综合机械化采煤工作面的长度一般为 150 ~ 250m，有的已达到 360m；普采工作面的长度一般为 120 ~ 150m；炮采工作面的长度一般为 80 ~ 150m；对拉工作面的总长度一般为 200 ~ 300m。小型矿井采煤工作面的长度可采用大、中型矿井的下限或适当降低。急斜煤层采用伪斜柔性掩护支架采煤法时，工作面长度一般为30～60m。

三、采区煤柱尺寸

确定煤柱合理尺寸的因素是煤层所受压力的大小及煤柱本身的强度。通常情况下，当煤层埋藏深度和厚度较大、围岩较软时，煤柱承受的压力就较大。煤柱强度主要取决于煤层的物理力学性质，并与煤柱的形状尺寸、巷道的服务年限及巷道支护情况有关。在选择煤柱尺寸时，须综合分析确定。

煤柱留设应按照《建筑物、水体、铁路及主要井巷煤柱留设与压煤开采规程》的相关规定确定。

（1）采区上（下）山间的煤柱宽度（沿走向）　薄及中厚煤层为20m，厚煤层为20～25m。工作面停采线至上（下）山的煤柱宽度：薄及中厚煤层约为20m，厚煤层为30～40m。

（2）上下区段平巷之间的煤柱宽度　薄及中厚煤层为8～15m，厚煤层约为30m。

（3）运输大巷一侧的煤柱宽度　薄及中厚煤层为20～30m，厚煤层为25～50m。

（4）回风大巷一侧的煤柱宽度　薄及中厚煤层约为20m，厚煤层为20～30m。

（5）采区边界两个采区之间的煤柱宽度　约为10m。

（6）断层一侧的煤柱宽度　根据断层落差及含水等具体情况而定：落差大且含水时，留30～50m；落差较大时，留10～15m；采区内落差小的断层通常不留煤柱。

应当指出，当大巷布置在较坚硬的岩层中，或大巷与煤层的垂距在20m以上时，一般不受采动影响，其上方可不留护巷煤柱。

采区内留设的煤柱可以回收一部分，如区段隔离煤柱、上（下）山之间及其两侧煤柱等，但不可能全部回收出来。

四、采区生产能力

采区生产能力是采区内同时生产的采煤工作面和掘进工作面出煤量的总和。合理确定采区生产能力，可以充分发挥采区主要巷道和设备的效能，改善采区各项技术经济指标。可见，合理提高采区生产能力，是实现采区集中化生产，不断提高矿井产量，减少同时生产采区个数的重要措施。

（一）采区生产能力的影响因素

（1）地质因素　可采煤层数目、厚度、倾角、层间距、煤层结构、顶底板岩石性质、煤层坚硬程度和地质构造等是影响采区生产能力的主要因素。瓦斯等级、煤层自然发火和水文情况对采区生产能力也有不同程度的影响。

（2）采煤、掘进、运输的机械化程度和通风、供电能力

（3）采区储量　采区的生产能力要与采区储量相适应，使采区具有相应的服务年限。

（4）采区产量的稳定性　采区服务年限除了递增、递减期外，采区产量要保持在生产能力以上，波动幅度不宜过大，且稳定时间以不少于整个采区服务年限为宜。

为了保证采区的正常接替，当生产采区处于产量递减期时，新采区的全部准备工作（包括巷道掘进、设备的安装和试运转等）应当相应结束并留有适当余地。

要尽量避免矿井出现两个以上的采区同时处于生产接替状态，以减少同时生产的采区个数并简化生产管理工作。

（二）确定采区生产能力的方法

$$A_B = k_1 k_2 \sum_{i=1}^{n} A_{0i} \tag{15-1}$$

式中 A_B——采区生产能力（万 t/年）；

A_{0i}——第 i 个采煤工作面的产量（万 t/年）；

n——同时生产的采煤工作面个数；

k_1——采区掘进出煤系数，取 1.1；

k_2——工作面之间的出煤影响系数，$n=2$ 时取 0.95，$n=3$ 时取 0.9。

确定采区生产能力主要是确定一个采煤工作面的产量和同时生产的工作面个数。

1. 一个采煤工作面的产量

$$A_0 = L\nu_0 m\gamma C_0 \tag{15-2}$$

式中 L——采煤工作面长度（m）；

ν_0——工作面推进度（m/年）；

m——煤层厚度或采高（m）；

γ——煤的体积密度（t/m^3）；

C_0——采煤工作面采出率。

采煤工作面的设计能力一般应选取如下数值：综采工作面，采高在 2m 及其以上的为 60~100 万 t/年，高产、高效矿井可以达到 200 万 t/年甚至更高；采高为 1.1~2m 的为30~60 万 t/年；采用刨煤机组可达到 60~100 万 t/年；配备有单体液压支柱的普采工作面，其产量为 20~30 万 t/年；炮采工作面的设计能力为 10~20 万 t/年。

2. 采区内同时生产的工作面个数

采区内同时生产的工作面个数应根据煤层赋存条件、采区主要巷道的运输能力、开采程序、采掘机械化程度、管理水平和采掘关系等因素综合考虑确定。同时生产的工作面过多，会导致管理复杂，接续紧张。

为保持采区合理的开采强度，每个双翼采区内同采的工作面个数一般为 1~2 个。

在一个采区内安排两个综采工作面若容易互相影响，则可布置一个综采工作面和一个普采或炮采工作面。

3. 采区生产能力的验算

初步确定采区生产能力后，应经过以下各生产环节的验算。

（1）采区运输能力 采区的运输能力应大于采区生产能力，其中主要是运煤设备的生产能力要与采区生产能力相适应。对于普采或综采工作面，采区集中巷和上（下）山运煤设备的小时运输能力应与同时工作的工作面采煤机小时生产能力相适应，其公式为

$$A_B \leqslant A_n \frac{T\eta_0}{K} \times 300 \tag{15-3}$$

式中 A_B——采区生产能力（t/h）；

A_n——设备运输能力（t/h）；

η_0——运输设备正常工作系数，取 0.7~0.9；

K——产量不均衡系数，取 1.2~1.3；

T——日出煤时间（h）。

（2）采区通风能力　采区的生产能力应和通风能力相适应。根据矿井瓦斯等级、进回风巷道数目、断面和允许的最大风速，通风允许的最大采区生产能力的公式如下

$$A_B \leqslant \frac{300 \times 24 \times 60 \nu S}{CC_1} \tag{15-4}$$

式中　ν——巷道内允许的最大风速（m/s）；

S——巷道净断面积（m^2）；

C——生产1t煤需要的风量［$m^3/(min \cdot t)$］；

C_1——风量备用系数。

【任务考评】（见表15-3）

表15-3　任务考评表

过程考评	配分	考评内容	考评实施人员
素质考评	12	生产纪律	理论教师考评
	12	遵守操作规程情况	
	12	团结协作情况、与教师交流学习情况	
实操考评	16	理论知识口述：采区设计要求、原则、注意事项	
	16	任务实施过程正确	
	16	完成本次工作任务，效果良好	
	16	按工作任务实施指导书完成学习总结，总结反映出的工作任务完整、信息量大	

课题四　采区准备方式的发展方向

【任务描述】

我国煤矿地质、开采技术条件的多样性、复杂性，技术结构及管理体制的多层次性决定了在不同类型的矿井中，准备方式的多样性和发展的不平衡性。准备方式的改革与发展可以归纳为准备方式的多样化、采区（盘区、带区）的大型化、采区布置的单层化和全煤巷化等。

【相关知识】

一、准备方式的多样化

国有重点煤矿中，主要采用采区式、盘区式和带区式准备，其产量分别占总产量的65%、20%和15%，分段式准备仅在个别矿井中采用。

1. 采区式

20世纪80年代以前，除近水平煤层外，均采用采区式准备。20世纪80年代以来，我

国在倾角为12°以下的煤层推广发展倾斜长壁开采的带区式准备。从今后的发展来看，采区式仍然是我国主要采用的一种准备方式。采区式准备的系统及参数，在不同时期、不同类型的矿井中有着不同的发展方向，其主要方向为：

1）扩大采区尺寸及生产能力，增大采煤工作面连续推进长度。

2）普采采区发展多种形式的联合布置，减少矿井同时开采的采区个数，使生产集中化。

3）综采采区及单产较高的变更采区内，在区段、采区范围内发展单层化布置，减少岩石巷道及大量联络巷，简化生产系统。

2. 盘区式

在20世纪80年代以前，近水平煤层均采用盘区式准备。20世纪80年代以来，在倾角为12°以下煤层推广应用倾斜长壁带区式准备后，盘区式准备产量所占比重呈下降趋势，但目前仍占一定的比重，这是因为：

1）过去设计的大型盘区，其服务年限有的达15~20年，目前仍在继续生产。

2）开采块段内走向断层较多，采用倾斜分带布置较困难。

3）开采块段受地质构造或为保护地面建筑物等设施需要留设煤柱的限制，倾斜长度较短，用采区分带布置易造成工作面搬迁频繁。

4）倾角很小的煤层，从工作面推进方向上，沿走向与沿倾斜推进已无明显区别。主要依据区内是否设有上（下）山进行判别。

3. 带区式

20世纪80年代以来，带区式准备得到迅速推广，其产量比重逐年上升，我国12°以下煤层可采储量占55%，今后的发展潜力仍很大，主要发展方向如下：

1）12°以下煤层，进一步发展各种形式的带区式布置。

2）扩大分带、带区尺寸，增加采煤工作面连续推进长度。

3）适应不同的地质、开采技术条件，分别采用仰斜开采、俯斜开采和伪斜开采。

4）我国煤层倾角在10°~15°的矿区很多，在井田内因地制宜地采用盘区式、带区式混合布置方式，以适应不同地质、开采技术条件，特别是在井田构造较复杂时，为适应沿断层布置回采巷道的需要，工作面小角度旋转调斜，在开采块段内出现了不同回采方向、不同倾角的开采单元（区段或分带）。

二、采区的大型化

采区的大型化包括采区（盘区）尺寸增大、可采储量增多、生产能力增大等几个方面。

20世纪50年代初期，采区（盘区）走向长度一般为500~600m（双翼），到20世纪70年代末，大中型矿井采区走向长度在1000m左右。20世纪80年代以来，我国开始推广带区式布置，系统大为简化与集中，效果显著。上山部分分带斜长为1000~1500m，下山部分分带斜长为700~1200m。

随着煤矿生产和开采技术的发展，新设备、新工艺及机械化程度不断提高，生产日益集中，致使采区参数不断发生阶段性变化。其主要发展方向为：

1）新设计采区（双翼），炮采、普采采区的走向长度应为1000~1500m，综采采区一般在2000m以上。

2）大型煤层上山采区，为了达到投产快及避免煤的长距离折返运输的目的，后上山的单翼采区呈发展趋势，走向长度为1000~2000m，有的可达3000m或以上。

3）分带斜长一般为700~1500m，有的达到2000~3000m或以上。

4）改造合并采区，扩大采区（盘区）尺寸，普采采区联合布置等。

5）采区生产能力不断加大。

采区联合准备的发展促进了采区的大型化。联合布置采区加大了采区尺寸，增加了可采储量和服务年限，可适当多布置工作面，提高采区生产能力，减少矿井同采采区数，有利于矿井的集中生产；集中巷道布置改善了巷道维护条件，促进了采区尺寸的进一步加大，提高了采出率。

随着综采、综掘配套设备的发展，布置大量岩石巷道已不适应，因此，综采采区、单产较高的普采采区在区段乃至采区范围内出现了单层化布置的趋势。由于煤层赋存及生产技术条件的不平衡性，单层布置采区目前仅占少数，我国大量综采采区仍以集中上山联合准备为主，上山大多布置在底板岩石中，实现了跨上山开采，取消了上山煤柱。集中平巷的联合准备在综采采区中已日趋减少。

采区（盘区）生产能力不断提高，20世纪80年代，我国国有重点煤矿的采区平均生产能力约为23万t/年，20世纪90年代中期已提高到29.24万t/年。综采采区一般一区一面，目前，不少矿井综采采区的生产能力达100万t/年以上，少数已达200万~300万t/年，个别达500万t/年以上。

三、采区布置的单层化和全煤巷化

20世纪70年代以前，我国一些矿区按单层布置采区并采用全煤巷布置，在煤层群中分煤层布置采区上山，煤层巷道的维护十分困难，特别是在厚煤层，加上工作面单产低，同产工作面数目多，生产分散。自20世纪60年代起，逐步改用多层联合布置，取得了显著的效果。20世纪80年代以来出现了新的单层开采全煤巷布置系统，其基本的布置方式与早期的布置方式没有太大区别，但在采掘运装备、支护手段、布置参数、机械化水平、新技术应用及单产、效率指标等方面提高到了一个新的水平。

随着高产、高效综采的发展，工作面单产大幅度提高，为采区单层化和全煤巷化创造了条件，在单一煤层中，进行集中准备、集中生产及采用全煤巷布置，出现了高效、简单、连续的布置方式，是煤矿准备方式发展的方向。

我国单层化全煤巷布置可以在不同范围内发展应用。首先实现区段（分带）范围内的单层开采，取消岩石集中巷；其次，逐步实现水平采区范围内的单层化、全煤巷化开采。全煤巷布置的优点如下：

1）大幅度或全部取消岩石巷道，最大限度地利用综掘设备，加快进度，降低成本，减少辅助工作量。我国目前掘进综合机械化程度仅占13%左右，与综合机械化的采煤发展不相适应。

2）可减少大量联络巷道的工程量及费用。这些巷道大多为岩石巷，施工不方便，增加了矿井的生产环节，使系统变得复杂；增加了人员及生产成本；降低了技术效果和经济效益。

3）为实现运煤系统的连续化创造了条件。可简化运输系统，便于实现自动化集中控制，大幅度地提高了运输效率。

4）辅助运输一直是我国煤矿的薄弱环节，采用单层化全煤巷布置，减少了联络巷，便于实现辅助运输的机械化和连续化。

【任务考评】（见表 15-4）

表 15-4　任务考评表

过程考评	配分	考评内容	考评实施人员
素质考评	40	课堂纪律	理论教师和现场教师综合考评
	60	作业完成情况	

课题五　采区方案设计示例

【任务描述】

在采区设计的基础上，结合实例，与本课题采区设计方案进行对比，总结成功与欠缺之处，适当修改，完善知识体系。

【任务实施】

1. 采区概况

该采区位于××矿一水平右翼，东以矿井边界为界，西与七采区相邻，南以±0m 等高线为界，平均走向长度为 1230m，采区平均倾斜长度为 560m（北 +107m 以上为煤层风化带），采区面积为 688800m²，如图 15-1 所示。

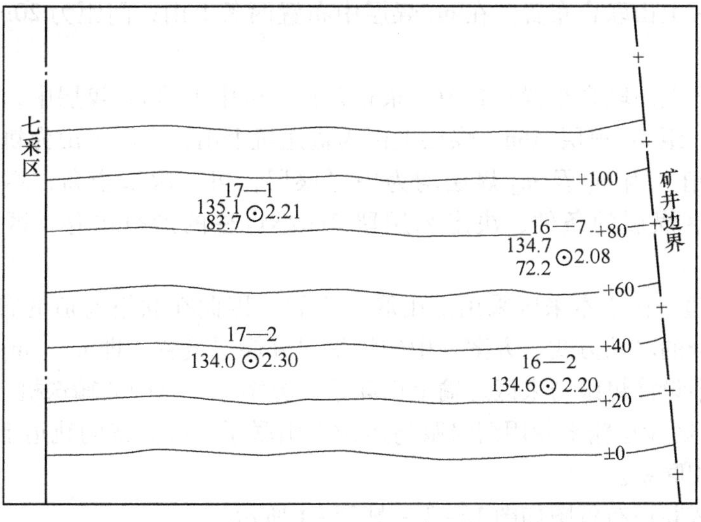

图 15-1　采区境界 7721 煤层底板等高线图（单位：m）

采区内有 m_1 和 m_2 两层可采煤层，煤层赋存稳定，煤层倾角为11°，东部边界附近的煤层倾角略有变化。

2. 采区内地质构造

本采区根据勘探和邻近采区揭露的资料看，构造尚属简单。

3. 煤层要素及顶底板特征

（1）m_1 煤层　平均厚度为2.21m，煤的密度为1.42t/m^3，为稳定煤层，含有0.1m的夹矸，煤质中硬，节理较为发育，低瓦斯。伪顶厚0.1m，为泥岩；直接顶厚4m，为沙质泥岩；基本顶为中粒砂岩，底板为粉砂岩，底板上有0.3m厚的泥质页岩，较松软。

（2）m_2 煤层　平均厚度为2.0m，煤的密度为1.43t/m^3，为稳定煤层，结构简单，煤质中硬，节理发育，低瓦斯。伪顶厚0.4m，为泥页岩，底板为细砂岩或粉砂岩，无突水危险。

m_1 煤层距 m_2 煤层8m。

4. 采区储量

采区地质储量为413.7万t，可采储量为372.4万t。

5. 采煤方法及采区生产能力

根据煤层赋存条件，在 m_1 及 m_2 煤层中采用走向长壁普通机械化采煤法同时开采。采区日产量为1607t，月产4.82万t，年产48.2万t，服务年限为7.7年。

6. 采区巷道布置

（1）采区形式　采用普通机械化采煤法的采区，要求有一定的走向长度，采区上部走向长度为1200m，下部走向长度为1250m，平均走向长度为1230m；采用双翼采区布置，每翼的走向长度为600m，已满足高档普采工作面走向长度的要求，故采区的形式采用双翼采区布置形式。

（2）采区上山　根据采区煤层赋存稳定、采区地质构造简单的条件，采区上山可以提出三种布置方案。

方案一：采区上山联合布置。在距 m_2 煤层12m的底板岩层中布置两条上山，上山位于采区走向中央，通过石门与煤层联系。两条上山的间距为20m。

方案二：采区上山联合布置。在 m_2 煤层中布置两条上山，间距为20m，上山位于采区走向中央。

方案三：采区上山联合布置。其中一条布置在采区中央的 m_2 煤层中；另一条布置在 m_2 煤层底板岩层中，距 m_2 煤层10m。煤层上山为输送机上山，岩层上山为轨道上山。

（3）区段巷道　因 m_1 及 m_2 煤层均为中厚煤层，可一次采全高，本采区布置区段集中巷，根据本采区煤层的条件，决定采用留2m小煤柱的沿空掘巷，区段巷道单巷布置方式。

（4）联络巷道　由于本采区采用上山联合布置，因此在联络巷道的布置上，采用区段石门与溜煤眼结合的联系方式。方案一中的溜煤眼分煤层设置，即 m_1、m_2 煤层均在本煤层的区段运煤平巷中设溜煤眼与采区运输上山联系；方案二、三中的输送机上山均布置在煤层中，故仅 m_1 煤层区段运输平巷用溜煤眼与运输上山联系。各方案的轨道上山均用石门与煤层区段轨道平巷相联系。

各方案的采区巷道布置图如图15-2~图15-4所示。

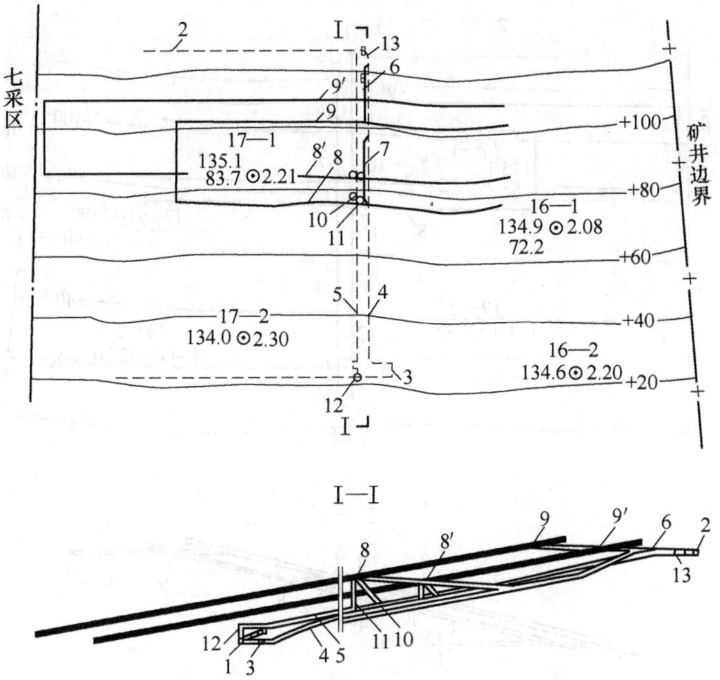

图 15 - 2　方案一采区巷道布置图（单位：m）

1—运输大巷　2—回风大巷　3—下部车场　4—轨道上山　5—输送机上山　6—上部车场
7—中部车场　8、8′—m_1、m_2 区段运输平巷　9、9′—m_1、m_2 区段轨道平巷
10—联络斜巷　11—溜煤眼　12—采区煤仓　13—采区绞车房

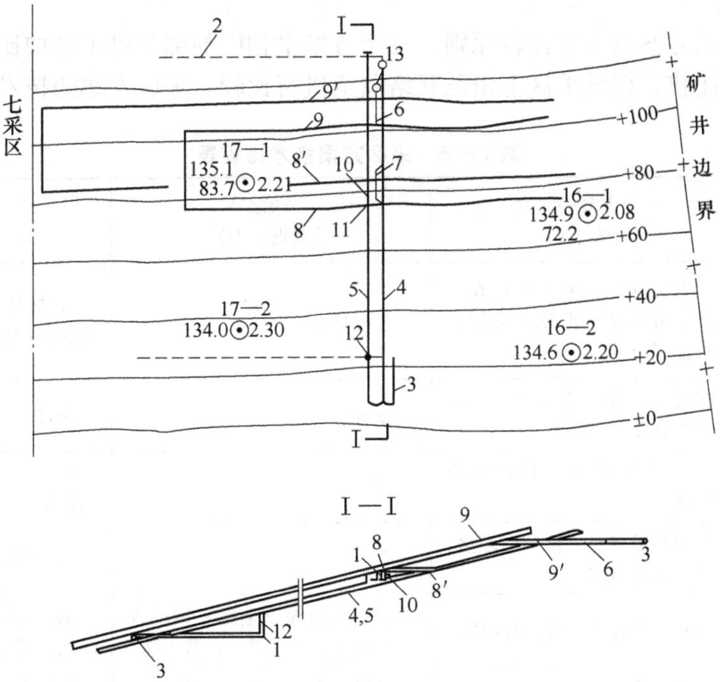

图 15 - 3　方案二采区巷道布置图（单位：m）

1—运输大巷　2—回风大巷　3—下部车场　4—轨道上山　5—输送机上山　6—上部车场　7—中部车场
8、8′—m_1、m_2 区段运输平巷　9、9′—m_1、m_2 区段轨道平巷　10—联络斜巷　11—溜煤眼　12—采区煤仓　13—采区绞车房

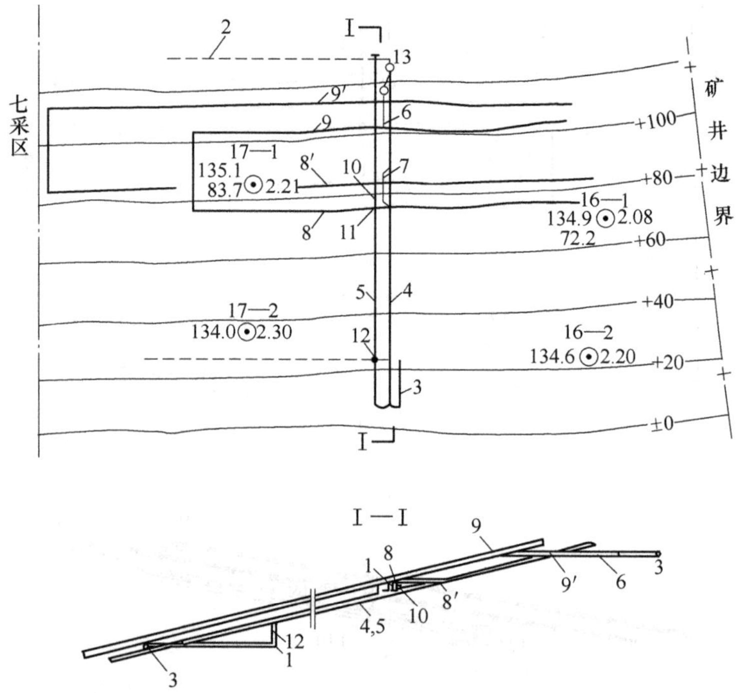

图 15-4　方案三采区巷道布置图（单位：m）

1—运输大巷　2—回风大巷　3—下部车场　4—轨道上山　5—输送机上山　6—上部车场　7—中部车场　8、8′—m_1、m_2 区段运输平巷　9、9′—m_1、m_2 区段轨道平巷　10—联络斜巷　11—溜煤眼　12—采区煤仓　13—采区绞车房

7. 方案比较

根据已提出的方案及方案比较原则，三个方案中相同的部分可不参加比较，故区段巷道布置方案不参加比较，仅就采区上山及联络巷道进行比较。采区方案的技术比较见表 15-5。

表 15-5　采区方案技术比较表

项目＼方案	方案一（双岩上山）	方案二（双煤上山）	方案三（一煤一岩上山）
掘进工程量	工程量大。因两上山均在岩层中，故要多掘进 252m 石门和 60m 溜煤眼	工程量小	工程量较大比方案二多掘 170m 石门
工程难度	困难。一是岩巷施工，二是巷道联接复杂	较容易	困难
通风距离	长。每区段要增加 130m 的通风距离	短	较长。每区段增加 60m 的通风距离
管理环节	管理环节多。一是溜煤眼多，二是漏风地点多	少	多（同方案一）
巷道维护	维护工程量少，维护费用低	煤层上山梯形金属支架受采动影响大，工程量大，费用高	第一条煤层上山维护工程量较大，费用较高
支架回收	无法回收	可以回收，70% 可以复用	煤层上山支架可以回收复用
工程期	岩石上山掘进速度慢，约需 14 个月才能投产	煤层上山掘进快，约 10 个月可投产	同方案一

由比较可以看出，方案三实际上是方案一、二结合的结果，其较方案一、二并无明显优势，故该方案不参加经济比较。采区方案的经济比较见表 15 - 6。通过经济技术比较可以看出，方案二在经济上相对较省（初期投资少 3.2%，总投资少 5.8% 左右），工程量小、施工容易、投产期短，沿煤层布置上山有利于进一步摸清煤层赋存情况。故选用方案二。

表 15 - 6　采区方案经济比较表

<table>
<tr><th colspan="3">方案
项目</th><th>方案一
（双岩上山）</th><th>方案二
（双煤上山）</th></tr>
<tr><td rowspan="3">上山</td><td colspan="2">长度/m</td><td>560 × 2</td><td>560 × 2</td></tr>
<tr><td colspan="2">掘进单价/(元/m)</td><td>394.4</td><td>433.5</td></tr>
<tr><td colspan="2">费用/元</td><td>441728.0</td><td>485520.0</td></tr>
<tr><td rowspan="8">联络巷</td><td rowspan="4">石门</td><td>长度/m</td><td>两煤层间距为 42，上山到 m_2 煤层为 63</td><td>两煤层间距为 42</td></tr>
<tr><td>单价/(元/m)</td><td>394.4</td><td>394.4</td></tr>
<tr><td>单条上山费用/元</td><td>41412.0</td><td>16564.8</td></tr>
<tr><td>总费用（4 条）/元</td><td>165648.0</td><td>66259.2</td></tr>
<tr><td rowspan="4">溜煤眼（ϕ = 2m）</td><td>体积/m^3</td><td>63</td><td rowspan="4">0</td></tr>
<tr><td>单价/(元/m)</td><td>45.53</td></tr>
<tr><td>每区段费用/元</td><td>2868.4</td></tr>
<tr><td>总费用（3 组）/元</td><td>11473.6</td></tr>
<tr><td rowspan="4">维护巷道</td><td colspan="2">长度/m</td><td>560 × 2 + 63 × 2</td><td>560 × 2 + 63 × 2</td></tr>
<tr><td colspan="2">单价/[元/(m·年)]</td><td>3.62</td><td>41.2</td></tr>
<tr><td colspan="2">维护时间/年</td><td>7.7</td><td>7.7</td></tr>
<tr><td colspan="2">费用/元</td><td>34731.0</td><td>355308.8</td></tr>
</table>

【任务考评】（见表 15 - 7）

表 15 - 7　任务考评表

<table>
<tr><th>过程考评</th><th>配分</th><th>考评内容</th><th>考评实施人员</th></tr>
<tr><td rowspan="3">素质考评</td><td>12</td><td>设计纪律</td><td rowspan="7">理论教师和现场教师综合考评</td></tr>
<tr><td>12</td><td>遵守操作规程情况</td></tr>
<tr><td>12</td><td>团结协作情况、与教师交流情况</td></tr>
<tr><td rowspan="4">实操考评</td><td>16</td><td>理论知识口述：总结所做设计方案的不足之处，提出方案修改要点</td></tr>
<tr><td>16</td><td>工具使用或任务实施过程正确</td></tr>
<tr><td>16</td><td>完成本次工作任务，效果良好</td></tr>
<tr><td>16</td><td>按工作任务实施指导书完成学习总结，总结所反映出的工作任务完整、信息量大</td></tr>
</table>

思考与练习

1. 编制采区设计的依据是什么？
2. 试述采区设计的步骤。
3. 简述采区设计应包括的内容。
4. 影响采区尺寸的因素有哪些？
5. 试述采煤工作面的合理长度以及影响工作面长度的因素。
6. 影响采区生产能力的因素有哪些？
7. 试述确定采区生产能力的方法。
8. 试述采区准备方式的发展方向。

单元十六 采区车场轨道路线设计

【学习目标】

📖 知识目标：

1）掌握车场轨道路线设计的基本概念、内容及步骤。

2）了解采区上、中、下部车场设计的区别。

📖 技能目标：

1）能够正确确定车场。

2）能够判别不同设计方案的优劣。

课题一 轨道线路设计基础

【任务描述】

矿井采区内运送材料及设备几乎全部采用轨道运输，很多小型矿井采区内运煤也常采用轨道运输。在进行采区设计时，特别是进行采区施工设计时，必须充分考虑采区轨道线路布置的特点和要求，掌握有关轨道线路设计的基本知识。

矿井轨道线路因受井下空间的限制及生产能力的影响，轨距一般都比较小，通常把矿井轨道线路列为窄轨线路。窄轨线路相应地采用轻轨及窄轨道岔。

【相关知识】

一、车场轨道线路设计的基本概念

采区内最集中、最复杂的轨道线路，是采区上、中、下部车场线路。因此，采区轨道线路设计主要是指采区车场线路设计。为了能够正确地进行车场设计，应对设计的内容、方法及步骤有一定的了解。

（一）采区轨道线路及线路联接的概念

图 16 - 1 所示为一采区轨道线路布置示意图。采区的轨道线路包括由采区上、中、下部车场组成的车场线路和与之相联接的轨道线路。

（1）采区上部车场　包括平车场储车线路与平车场储车线的联接线路。

（2）采区中部车场　包括甩车场线路与绕道线路。

（3）采区下部车场　包括装车站线路、下部平车场线路与绕道线路。

与车场线路相联接的其他轨道线路包括矿井总回风道线路、区段回风巷道线路和运输大巷线路等。

任何轨道线路都有直线和直线间的联接线路，这种联接线路又称为线路联接点。

平面线路的联接线路包括曲线及道岔的联接，斜面间或斜面与平面间的线路都是由竖直面上的曲线，即竖曲线联接的。

（二）线路设计的内容和步骤

车场线路设计的内容包括线路设计、总平面布置设计及线路坡度设计。

设计平面线路时，首先要确定车场的形式，绘制出线路总平面布置的草图，然后进行联接点线路设计（计算尺寸并绘出线路联接图），最后计算线路平面布置的总尺寸，绘制出线路布置的平面图。

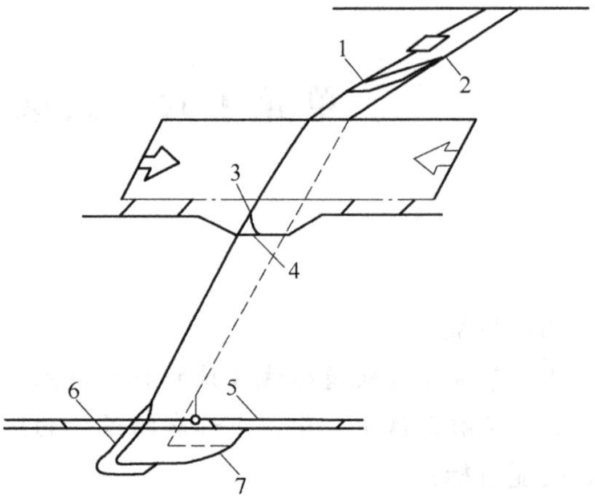

图 16-1　采区轨道线路布置示意图

1—上部车场　2—回风石门　3—中部车场　4—绕道　5—运输大巷　6—下部车场　7—绕道

为了说明车场线路的坡度变化，应沿有关线路作一个或数个剖面图，并用文字表示出每一坡度范围内线路的长度及坡度。

在线路设计的基础上，再设计车场各段巷道的断面、交岔点及有关的硐室，绘出车场的总平面布置图。

（三）矿井轨道

1. 轨道

目前轨道运输是矿井运输的主要方式。矿井轨道由铺设在巷道底板上的道床、轨枕、钢轨和联接件等组成。

钢轨的型号（简称轨型）是以每米长度的质量（kg/m）来表示的。矿用钢轨有 11、15、18 和 24 等型号。使用时，应根据运输设备类型、使用地点、行车速度和频繁程度等考虑。

2. 道岔

道岔是使车辆由一条线路上转运到另一条线路上的装置，如图 16-2 所示。

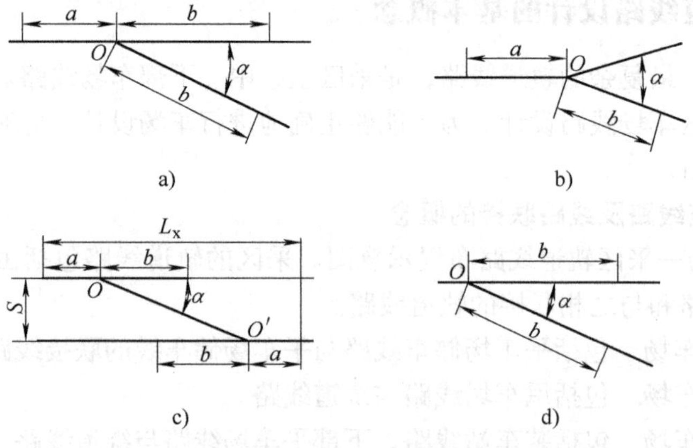

图 16-2　道岔的种类

a）单开道岔　b）对称道岔　c）渡线道岔　d）简易道岔

在线路平面图中，道岔通常用单线表示，道岔的主线与岔线的线路用粗实线绘出。单线表示此图虽不能表明道岔的结构及布置的实际图形，但能表明与线路设计有关的道岔参数，如道岔的外形尺寸（a、b）及辙叉角（α）等，从而简化了设计工作。

道岔有单开道岔、对称道岔、渡线道岔及简易道岔四种，标准道岔共有615、618、624、918、924五个系列，每一系列中按辙叉号码和曲线半径划分为很多型号。

选用道岔时，应从以下几方面进行考虑：①与基本轨的轨距相适应；②与基本轨的轨型相适应；③与行驶车辆的类别相适应；④与车辆的行驶速度相适应。

根据所采用的轨道类型、轨距、曲线半径、电机车类型、行车速度、行车密度、车辆运行方向、车辆集中控制程度及调车方式的要求，可选择电动的、弹簧的或手动的等各种类型的道岔。

二、平面线路联接

平面线路联接点包括曲线与曲线及曲线与道岔的联接。

（一）曲线线路

常见的曲线线路包括单轨和双轨两种。

1. 单轨曲线线路

（1）曲线线路设计参数　为了设计及施工方便，矿井轨道线路中所采用的曲线都是圆曲线。在线路联接计算中首先应确定圆曲线的半径。

圆曲线的半径与车辆的轴距和行驶速度有关。图16-3所示是轴距为 S_B 的车辆与半径为 R 的曲线轨道内接的情形。在车辆运行的每一瞬间，车辆的前轮均以角度 φ 碰撞钢轨，此角度称为冲击角。

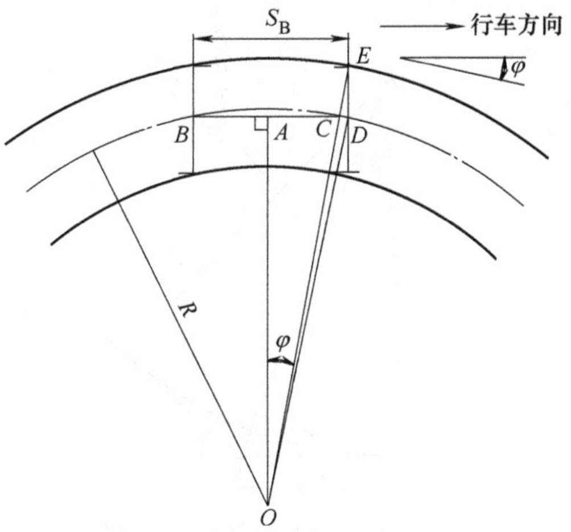

图16-3　车辆与曲线内接

在图16-3中，设车轮与曲线的接触点为 E，自 E 点作切线，该切线与过 E 点垂直于车辆前轴的直线间的夹角即为冲击角。

设图中的 B 点及 D 点分别为车辆前轴及后轴的中点，自 O 点作垂直于 BD 的垂线 BA，则 $\angle AOE=\varphi$。由于 C 点与 D 点很接近，可以认为角 $\angle AOC=\angle AOD$，则

$$\sin\varphi=\frac{AD}{OD}=\frac{S_B}{2R} \tag{16-1}$$

为了使车辆在曲线上顺利运行，应限定 φ 角不能超出允许的最大值，因此，求得曲线允许的最小半径 R 为

$$R_{min}=\frac{S_B}{2\sin\varphi_{max}}=CS_B \tag{16-2}$$

即最小的曲线半径与车辆的轴距成正比。

φ 角允许的最大数值与车辆的运行速度有关，当运行速度小于1.5m/s时，取 $\varphi\leqslant4°$，

即 $C=7$；当运行速度为 1.5～3.5 时，可取 $\varphi \leqslant 3°$，即 $C=10$；当运行速度大于 3.5m/s 时，可取 $\varphi \leqslant 2°$，即 $C=15$。

为了车辆运行可靠及设计方便，曲线半径应取大于最小半径的整数值。常用的曲线半径有 6m、9m、12m、15m、20m、25m、30m 等。

曲线两端点切线的夹角 δ 即曲线线路转角。已知线路转角 δ 及曲线半径 R 后，即可计算出相应的曲线长度 K_P 及切线长度 T

$$K_P = \frac{\pi R\delta}{180} \tag{16-3}$$

$$T = R\tan\frac{\delta}{2} \tag{16-4}$$

在曲线设计图中，常集中标注参数 δ、R、T 和 K_P，如图 16-4 所示。

（2）曲线线路施工参数　车辆在曲线上运行时，如果两条轨道仍在同一水平面，则由于离心力的作用，车轮轮缘将向外轨挤压，从而加剧了车轮的磨损和阻力，严重时将使车辆倾倒或出轨。因此，曲线处外轨应抬高，以造成离心力 $\frac{Gv^2}{gR}$ 和重力 G 的合力与轨面垂直，使车辆不再受横向力的影响，如图 16-5 所示。

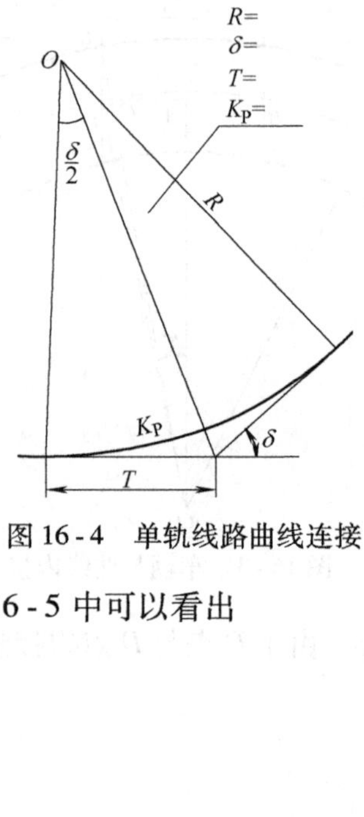

图 16-4　单轨线路曲线连接

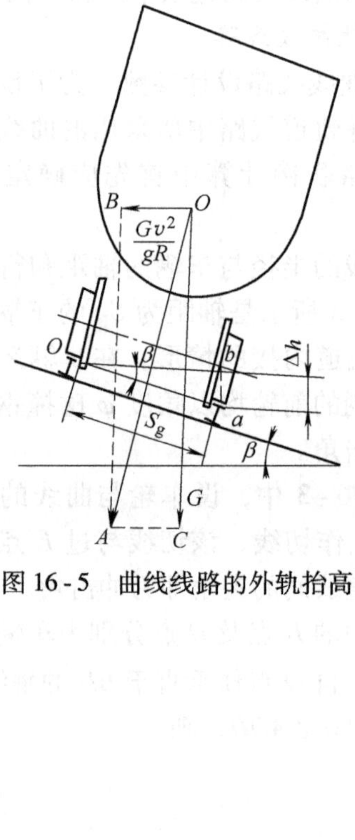

图 16-5　曲线线路的外轨抬高

从图 16-5 中可以看出

$$\frac{\Delta h}{\frac{Gv^2}{gR}} = \frac{S_g\cos\beta}{G} \tag{16-5}$$

$$\Delta h = \frac{S_g v^2\cos\beta}{gR} \tag{16-6}$$

式中　S_g——轨距（m）；

v^2——车辆在曲线段的运行速度（m/s）；

R——曲线半径（m）；

β——外轨抬高后的倾角，$\cos\beta \approx 1$；

g——重力加速度，取 $g=10\text{m/s}^2$。

当轨距为900mm时，Δh 为10～35mm；当轨距为600mm时，Δh 为5～25mm。

车辆在曲线上运行时，如果轨距不变，则车辆前轴的外轮就要挤压外轨，而后轴的内轮则挤压到内轨上，这增加了轮缘与钢轨的阻力，使车辆运行困难。为了避免这种现象，必须将曲线段的轨距加宽，如图16-6所示。轨距加宽量 ΔS_g 与车辆的轴距及曲线半径有关。当车辆轴距为1100mm时，ΔS_g 为10～20mm。加宽轨距时，一般外轨不动，内轨向曲线中心移动一个距离。

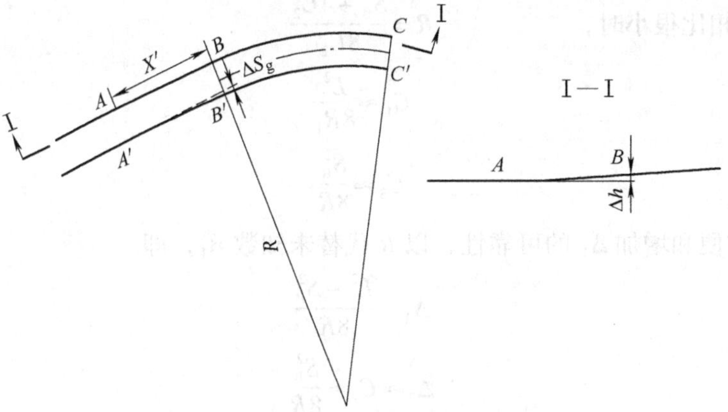

图16-6 曲线线路外轨抬高及轨距加宽

为了使曲线线路具有应有的外轨抬高量和轨距加宽量，在曲线与直线联接时，应从直线段内某一点开始，同时逐步进行外轨抬高和轨距加宽，直到曲线起点处抬高量和加宽量恰好达到规定的数值为止。这段直线距离 X' 叫做外轨抬高或轨距加宽的递增（递减）距离，其公式为

$$X' = (100 \sim 300)\Delta h = \frac{v^2 S_g}{R} \times 10^4 \tag{16-7}$$

对于铺设要求不十分严格的线路，如采区的某些线路，也可在曲线起点处开始抬高和加宽，在曲线内某点逐渐达到规定的数值，即 $X'=0$。

曲线线路的外轨抬高及轨距加宽，并不移动曲线线路中心线，同时也不影响外轨抬高递增（递减）距离以外直线段的高度和坡度。

（3）曲线线路及相联直线线路巷道的加宽

1）曲线线路巷道的加宽。车辆在直线段运行时，车身长度为 L、轴距为 S_B、车身宽度为 B 的车辆进入半径为 R 的曲线后，车身在巷道中所占宽度向曲线外侧增加了 Δ_1、向曲线内侧增加了 Δ_2，如图16-7所示。

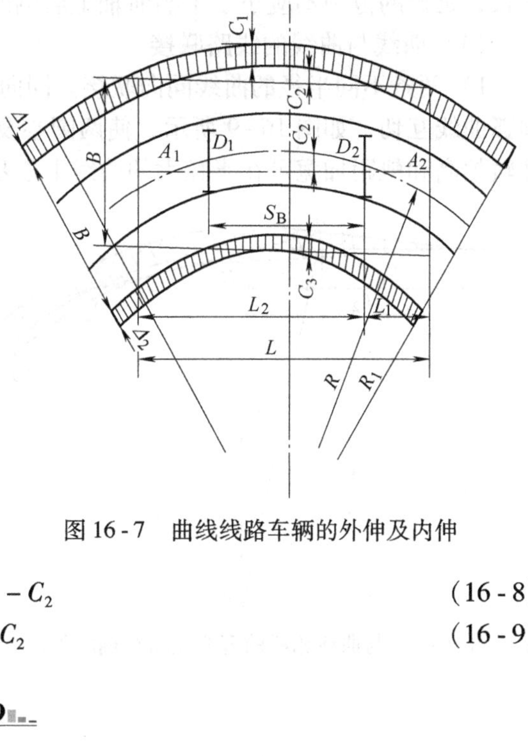

图16-7 曲线线路车辆的外伸及内伸

$$\Delta_1 = C_1 - C_2 \tag{16-8}$$

$$\Delta_2 = C_2 \tag{16-9}$$

式中　C_1——以半径为 R 的圆弧和弦为 L 的矢高；

C_2——以半径为 R 的圆弧和弦为 S_B 的矢高。

从图中可知

$$R_1=\frac{L^2+4C_1^2}{8C_1} \tag{16-10}$$

当 C_2 与 R 相比很小时，

$$R=\frac{S_B^2+4C_2^2}{8C_2} \tag{16-11}$$

则

$$C_1\approx\frac{L^2}{8R_1} \tag{16-12}$$

$$C_3\approx\frac{S_B^2}{8R} \tag{16-13}$$

为了运算方便和增加 Δ_1 的可靠性，以 R 代替未知数 R_1，即

$$\Delta_1\approx\frac{L^2-S_B^2}{8R} \tag{16-14}$$

$$\Delta_2\approx C_2\approx\frac{S_B^2}{8R} \tag{16-15}$$

由于车辆在曲线处的外伸及内伸，曲线处的巷道应较直线处巷道的外侧加宽 Δ_1，内侧加宽 Δ_2。一般情况下，Δ_2 不超过 200mm，Δ_1 不超过 100mm。

2）与曲线相联的直线巷道的加宽。用 L_1 表示车辆前（后）轴与车箱前（后）端的距离，由图 16-8 可知，当车辆前轴刚一进入曲线，车箱外侧后端点便开始外伸，同时前、后轴间内侧车箱的轮廓线开始内伸。外伸的范围 L_2 等于车辆前轴与车箱后端点的距离，即

$$L_2=S_B+L_1 \tag{16-16}$$

内伸的范围等于轴距 S_B。因此，在曲线与直线线路联接处，巷道加宽长度要向直线段延长，延长的范围不应小于车辆前轴至后端的长度。

（4）曲线与曲线的线路联接

1）两条不同半径的曲线同向联接。同向的两条不同半径的曲线之间可以直接联接成两圆弧曲线互切，如图 16-9 所示，使两圆心及两弧曲线交点在一条直线上。半径小的曲线的外轨抬高和轨距加宽可在半径大的曲线上逐步进行。

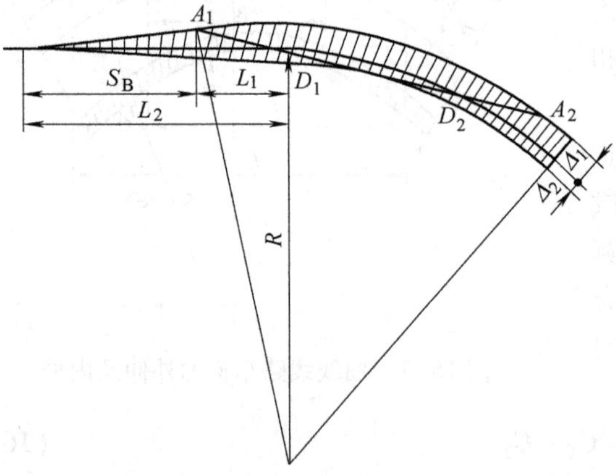

图 16-8　与曲线相联的直线线路车辆的外伸及内伸

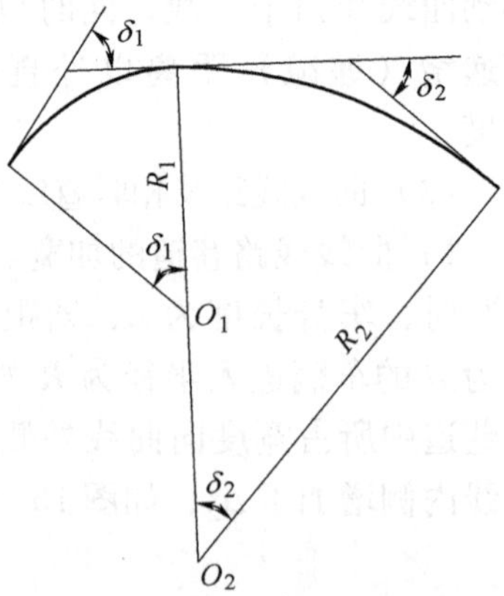

图 16-9　同向曲线的联接

2）异向曲线的联接。异向曲线联接时，线路的外轨转为内轨，内轨转为外轨，如图 16-10 所示。为了使车辆在运行过程中，不同时受两根轨道外轨抬高的影响，在两异向曲线间应接一段缓和直线 C，并使 $C=2X'+S_B$。

在线路平行移动时，要遇到两段异向曲线联接。如图 16-11 所示，通常是已知平移距离 S，选定曲线半径 R。为了使 $C=2X'+S_B$，应确定合理的线路转角 δ。

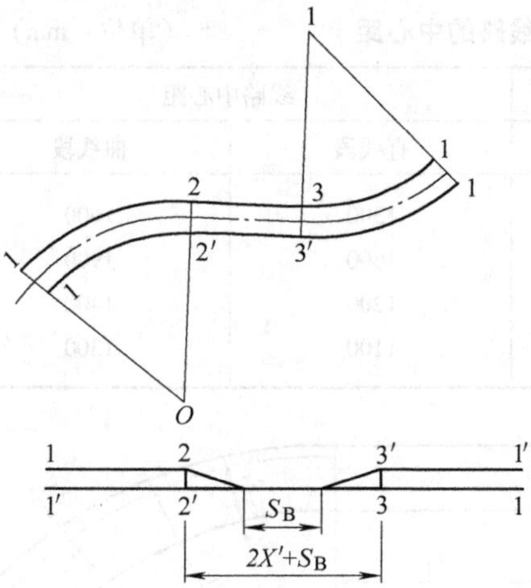

图 16-10　异向曲线的联接

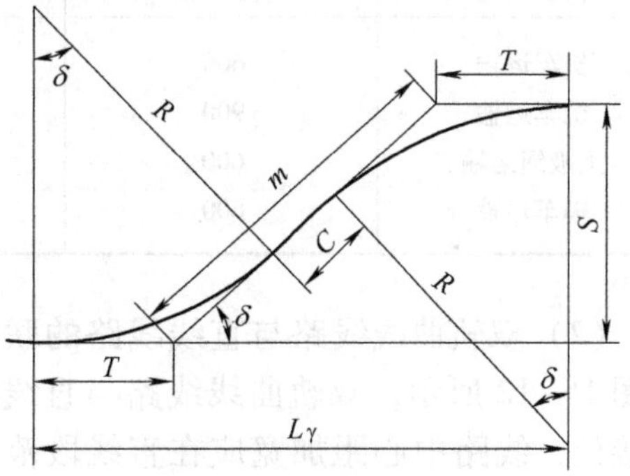

图 16-11　单轨线路平行移动

根据图 16-11 可以列出

$$R-R\cos\delta+C\sin\delta+R-R\cos\delta=S \tag{16-17}$$

$$2R-S=2R\cos\delta-C\sin\delta \tag{16-18}$$

令 $2R-S=P$，将上式两边同时除以 C，得

$$\frac{P}{C}=\frac{2R}{C}\cos\delta-\sin\delta \tag{16-19}$$

导入辅助角 β，使 $\tan\beta=\frac{2R}{C}$，$\beta=\arctan\frac{2R}{C}$；用 $\tan\beta$ 代 $\frac{2R}{C}$，并将各项乘以 $\cos\beta$，得

$$\frac{P}{C}\cos\beta=\sin\beta\cos\delta-\sin\delta\cos\beta=\sin(\beta-\delta) \tag{16-20}$$

则

$$\delta=\beta-\arcsin\left(\frac{P}{C}\cos\beta\right) \tag{16-21}$$

在采区线路中，常不需要进行上述严格计算，而是直接选取习惯用的值，如 $\delta=45°$ 或 $60°$，并使所设计的缓和直线 $C\geqslant S_B$ 即可。

联接系统长度 L_Y 为

$$L_Y=2R\sin\delta+C\cos\delta \tag{16-22}$$

2. 双轨曲线线路

（1）双轨曲线线路中心距的加宽　车辆在双轨曲线线路上运行时，在外侧线路运行的车辆内侧及在内侧线路运行的车辆外侧，同样分别要产生内伸及外伸。因此，两车辆的安全间隙应增加宽度 ΔS。其计算公式为

$$\Delta S=\Delta_1+\Delta_2=\frac{L^2-S_B^2}{8R}+\frac{S_B^2}{8R}=\frac{L^2}{8R} \tag{16-23}$$

为了设计方便，对于机车运输，安全间隙可增加300mm。采用1t矿车、串车或无极绳运输时，安全间隙可适当取小一些，一般取200mm。增加安全间隙后的曲线线路，其线路中心距见表16-1。

表16-1 增加安全间隙后曲线线路的中心距 （单位：mm）

设备类型及有关参数			线路中心距	
设备类型	轨　距	车　宽	直线段	曲线段
机车运输	600	1060	1300	1600
机车运输	900	1360	1600	1900
无极绳运输	600	880	1200	1400
串车运输	600	880	1100	1300

（2）双轨曲线线路与直线线路的联接 如图16-12所示，双轨曲线线路与直线线路联接处，线路中心距加宽应在直线段范围内进行。设计时一般内侧直线不动，将 l_0 范围内的外侧直线段逐步加宽，并用一直线段与曲线相联，这种方法称为移动外侧线路法。

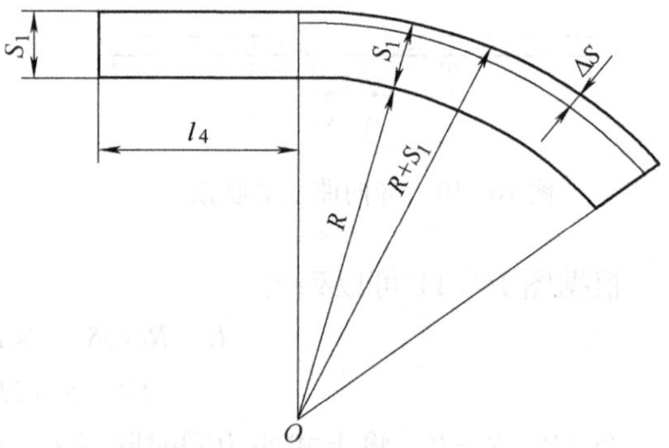

图16-12 双轨曲线线路与直线线路联接

对于机车运输，l_0 可取5m；1t矿车运输，l_0 可取2～2.5m；3t矿车运输，l_0 取3～5m。

（二）道岔与曲线线路联接

有些线路联接点是由道岔及曲线组成的，常用的有单开道岔非平行线路联接，单开道岔、对称道岔平行线路联接，以及分岔平移线路联接等。

1. 单开道岔非平行线路的联接

图16-13所示的线路联接又称为单侧分岔点。其特点是用单开道岔和一段曲线线路与岔线直线线路相联接，主线与岔线线路的夹角即线路转角 δ。这种线路联接应用十分广泛。

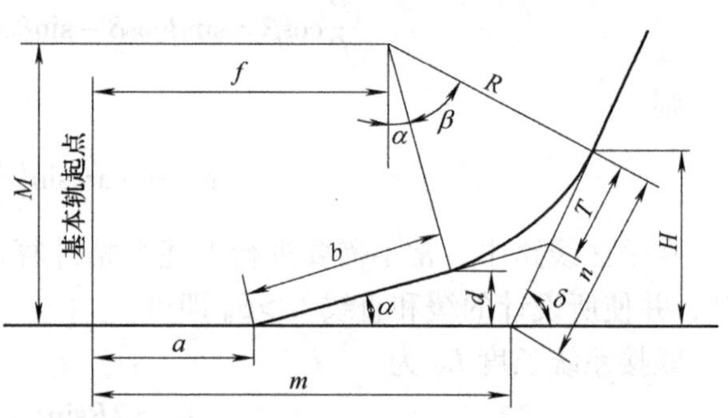

图16-13 主线为单轨的单开道岔非平行线路联接

由于道岔是一个独立结构，故其本身既不抬高外轨，也不加宽轨距。若道岔能与外轨抬高、轨距加宽了的弯道曲线相联接，则其间应设置缓和线。但是加入缓和曲线后，巷道工程量也会增加。为使线路布置紧凑，目前在煤矿井下窄轨线路设计中取消了这种缓和线，使道岔的岔线与弯道曲线直接相接。曲线处的外轨抬高与轨距加宽，在曲线本身开始并逐步达到预定的数值。

设计时，一般已知道岔各参数 a、b、α，曲线半径 R 及巷道转角 δ。

正规的线路设计应按下述公式进行计算

$$\beta=\delta-\alpha \tag{16-24}$$

$$T=R\tan\frac{\beta}{2} \tag{16-25}$$

$$m=a+(b+T)\frac{\sin\beta}{\sin\delta} \tag{16-26}$$

$$d=b\sin\alpha \tag{16-27}$$

$$M=d+R\cos\alpha \tag{16-28}$$

$$H=M-R\cos\delta \tag{16-29}$$

$$n=\frac{H}{\sin\delta}=\frac{b\sin\alpha+R\cos\alpha-R\cos\delta}{\sin\delta} \tag{16-30}$$

$$f=a+b\cos\alpha-R\sin\alpha \tag{16-31}$$

上述各种数据中，有些是线路联接点的轮廓尺寸，如 m、n 等；有些是曲线的主要参数，如 β、R、T 等。其他数据在施工中用处不大，但在设计过程中，需要先把这些数据计算出来后，才能求得最后所需要的数据。

对于临时性的线路或设计草图，可采用作图法。如图 16-14 所示，在道岔主线点 1 处作直线 1—3 与主线夹 α 角，沿该线截取长度 b 得点 2；自点 2 作 1—3 的垂线，其长度等于曲线半径 R，得曲线的圆心 O'。以 O' 为圆心，以 R 为半径，作一段圆曲线，使圆心角为 $\delta-\alpha$，得点 4。自点 4 作切线与 1—3 交于 3 点，延长后交于主线，得转角 δ。做出联接点图形后，再按比例尺量出有关数据。

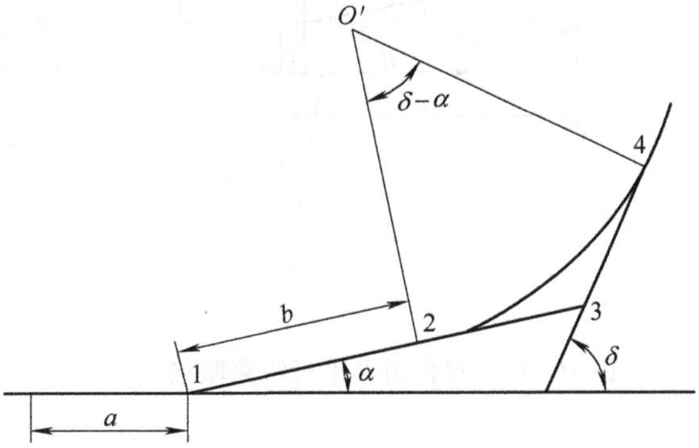

图 16-14　主线为单轨的单开道岔非平行线路联接

2. 单开道岔、对称道岔平行线路联接

（1）单开道岔平行线路联接　如图 16-15 所示，这种线路联接又称为复线单侧联接点。其特点是用单开道岔和一段曲线把双轨线路和单轨线路联接起来，在线路由单轨线路变为双轨线路时使用。

已知道岔参数 a、b、α，曲线半径 R 及线路中心距 S_1，确定下列主要数据

$$C=m-(b+T) \tag{16-32}$$

$$L_K=a+B+T \tag{16-33}$$

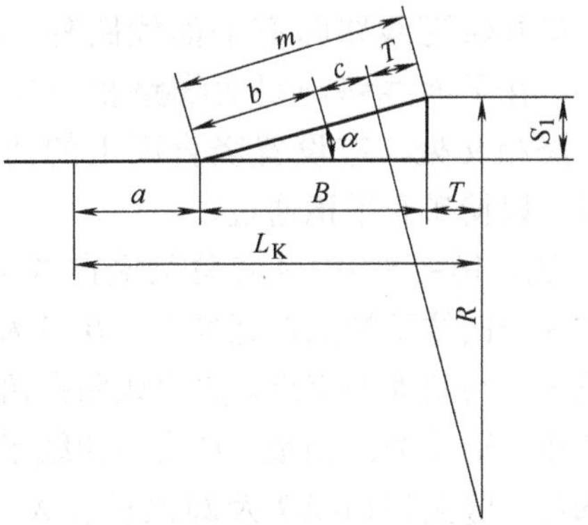

图 16-15　单开道岔平行线路联接

（2）对称道岔平行线路联接。如图 16-16 所示，这种线路联接又称为复线对称联接点。其特点与单开道岔平行线路联接相同，只是用对称道岔代替了单开道岔。

已知道岔参数 a、b、α，曲线半径 R 及线路中心距 S_1，需确定 C 及 L_C 的值

$$C=m-b_1-T \tag{16-34}$$

$$L_C=a+B+T \tag{16-35}$$

这种线路联接广泛应用于单轨采区上山，在下部车场附近由单轨变为双轨线路。

3. 分岔平移线路联接

这种线路联接与没有道岔的线路相似，不过多设置了一个道岔，在上山采区下部车场中应用广泛，如图 16-17 所示。

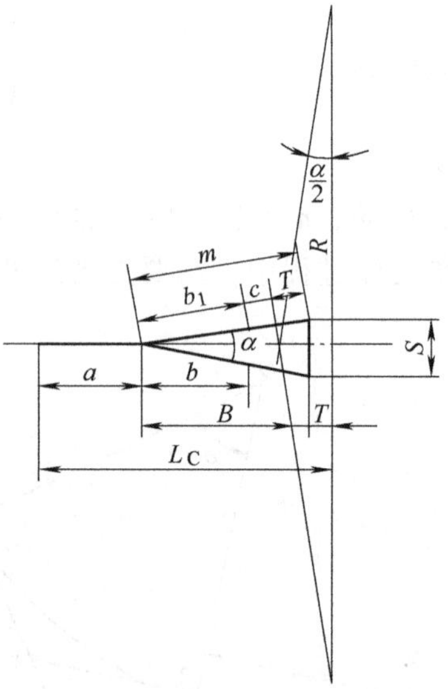

图 16-16　对称道岔平行线路联接

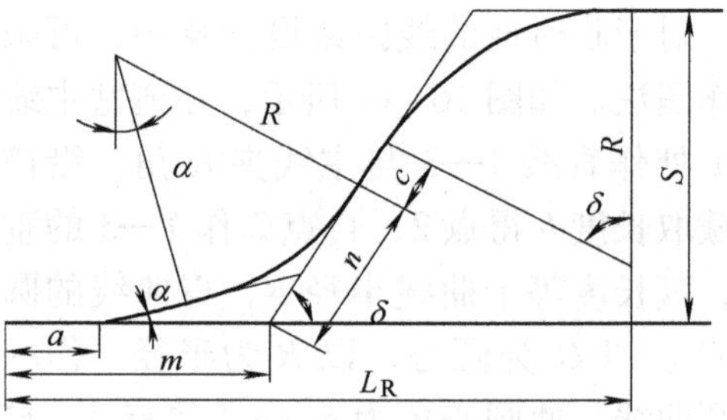

图 16-17　分岔平移线路联接

三、纵面线路的竖曲线联接

（一）竖曲线的概念

矿井轨道线路除有平面线路外，还有斜面线路。在平面线路与斜面线路相交处或两个斜面线路相交处，应设置竖直面上的曲线，即竖曲线，以使矿车平稳通过。

在图 16-18 中，A 点称为竖曲线上端点，C 点称为竖曲线下端点或起坡点，B 点为斜面与平面或平面与斜面的交点。β'为线路夹角，即竖曲线转角，通常为已知量。R 为竖曲线半径，由设计选定。竖曲线切线 T 及圆弧长度 K_P' 的计算公式与平面曲线相同。

竖曲线可分为凸面曲线及凹面曲线两种形式，如图 16-18 所示。

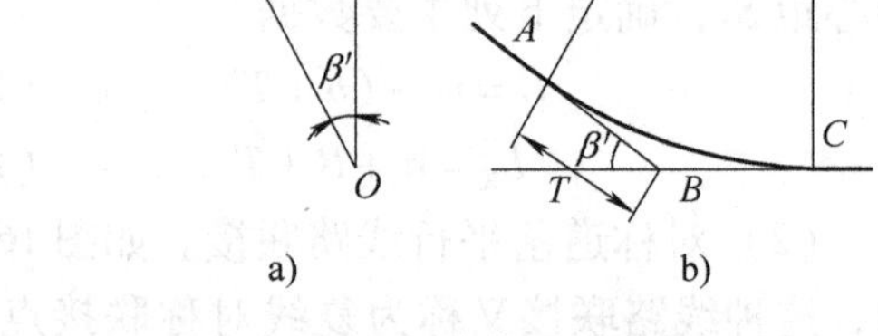

图 16-18　竖曲线及其参数

a）凸面曲线　b）凹面曲线

（二）竖曲线半径的确定

竖曲线的半径 R_1 是一个重要参数，R_1 过大，则车场线路布置不紧凑，增加了工程量；另一方面，摘、挂钩点位置后移，增长了提升时间。若 R_1 过小，又会出现矿车变位过快，易使相邻车箱上缘挤撞，造成矿车在竖曲线处车轮悬空而掉道。

设计中，最小竖曲线半径应为车辆轴距的 12～13 倍，竖曲线半径均取稍大于上述计算的数据，并调整为整数值。一般 1t 矿车时，R_1 可取 9m、12m、15m；3t 矿车时，R_1 可取 12m、15m、20m。

四、线路坡度

（一）线路坡度的概念

线路两点之间的高差与其水平距离的比值的千分值称为线路坡度。

如图 16-19 所示，AB 为一直线段，其长度为 L，设 A 点的高程为 H_A，B 点的高程为 H_B，两点的高差为 ΔH，则 $\Delta H = H_B - H_A$，线路坡度的计算公式为

$$i = \tan\gamma = \frac{\Delta H}{L\cos\gamma} \times 1000‰ \qquad (16-36)$$

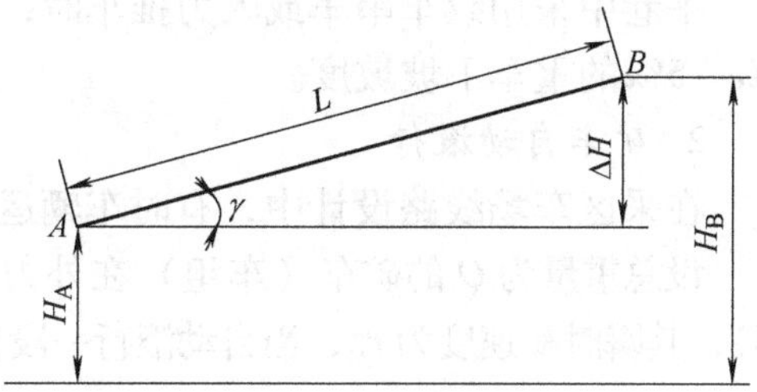

图 16-19　坡度计算示意图

当线路坡度很小时，$\cos\gamma \approx 1$，线路坡度为

$$i = \frac{\Delta H}{L} \times 1000‰ \qquad (16-37)$$

（二）矿车的阻力系数

矿车在平直线路上运行时的阻力为矿车基本阻力，经过弯道或道岔所增加的阻力为矿车的附加阻力，各项阻力都可用阻力系数表示。

1. 矿车基本阻力系数

矿车基本阻力系数取决于矿车的轴承类型、矿车自重、载重及轨道表面状态等因素，用 ω' 表示，见表 16-2。

表 16-2　矿车的阻力系数

矿车类型	载重情况	矿车基本阻力系数		矿车在弯道运行的阻力系数 $\omega' + \omega_f$
		单个矿车	车　组	
1t 矿车	空车	0.0095	0.011	0.013～0.018
	重车	0.0075	0.009	0.011～0.015
3t 矿车	空车	0.0075	0.009	0.011～0.015
	重车	0.0055	0.007	0.008～0.012

由于矿车的新旧程度、铺轨质量、线路维护、线路结构、矿井温度与湿度等因素的影响，ω' 经常发生变化，选用时可根据具体情况进行调整，最好经过实测确定。

2. 矿车附加阻力系数

（1）弯道的附加阻力系数　矿车在弯道中运行时，除了具有基本阻力系数外，还需附

加一弯道附加阻力系数 ω_f。ω_f 与弯道半径 R 有关，弯道半径 R 越小，ω_f 越大。矿车在弯道上运行的阻力系数 $\omega' + \omega_f$ 见表 16-2。

（2）道岔的附加阻力系数　矿车经过道岔时阻力增加，并用相应的附加阻力系数表示。此附加阻力系数可查阅有关手册。

（三）线路坡度的确定

对于不同的运输方式，应选用不同的线路坡度。

1. 电机车运输、串车或人力推车

大巷采用电机车运输时，线路坡度应使重列车下行和空列车上行的阻力相等，以充分发挥电机车效能，即应按等阻力坡度进行设计。此外，还应考虑排水要求，若排水要求更大的坡度，则应满足排水需要，通常取电机车运输的线路坡度为 3‰～5‰。

平巷中采用绞车串车或人力推车时，线路坡度原则上也可按等阻力坡度考虑，通常也取 3‰～5‰的重车下坡坡度。

2. 矿车自动滚行

在采区车场线路设计中，有时车辆运行采用自动滚行，线路坡度较大。

设总重量为 Q 的矿车（车组）在外力的作用下（如机车在行进中摘钩、静止矿车受推动等），其瞬时初速度为 v_C，当自动滚行一段直线距离 L 后的瞬时末速度为 v_m，如图 16-20 所示。

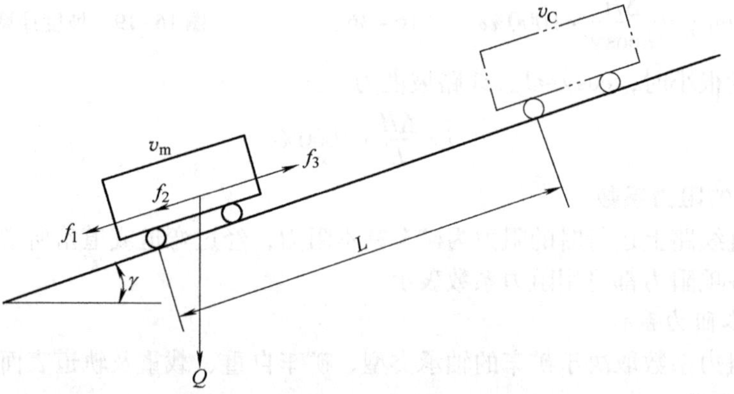

图 16-20　矿车在斜面上自动滚行

由于

$$f_1 + f_2 + f_3 = 0 \tag{16-38}$$

则

$$Q\frac{v_C^2 - v_m^2}{2gL} + Q\sin\gamma - \omega' Q\sin\gamma = 0 \tag{16-39}$$

因为角度很小，故

$$\sin\gamma = \tan\gamma = i$$

$$\cos\gamma \approx 1$$

则

$$i = \omega' - \frac{v_C^2 - V_m^2}{2gL} \tag{16-40}$$

已知 i 时

$$a = g(i - \omega') \tag{16-41}$$

式中 a——加速度（m/s^2）。

由上式可知，当 $i=\omega'$ 时，矿车等速运行；当 $i>\omega'$ 时，矿车加速运行；当 $i<\omega'$ 时，矿车减速运行。

【任务考评】（见表 16-3）

表 16-3　任务考评表

过程考评	配分	考评内容	考评实施人员
素质考评	12	设计纪律	理论教师和现场教师综合考评
	12	遵守操作规程情况	
	12	团结协作情况、与教师交流情况	
实操考评	16	理论知识口述：说出本组轨道设计参数和本组设计思路	
	16	工具使用和任务实施过程正确	
	16	完成本次工作任务，效果良好	
	16	按工作任务实施指导书完成学习总结，总结所反映出的工作任务完整、信息量大	

课题二　采区下部车场线路设计

【任务描述】

采区下部车场是采区车场中最重要的组成部分。由于与大巷线路相接，其设计及施工精度比上、中部车场要求更高。

采区下部车场由装车站、绕道、轨道上山、下部平车场和煤仓等硐室组成。

根据煤炭装车地点的不同，采区下部车场可分大巷装车式、石门装车式及绕道装车式等几种。

【相关知识】

一、大巷装车式下部车场

（一）装车站线路设计

装车站线路设计与装车站调车方法有关。调车方法可分为调度绞车调车和矿车自动滚行调车。

1. 调度绞车调车时的装车站线路

（1）线路布置及调车方法　图 16-21a 所示为大巷设双轨线路时，装车站线路的一般布置方式。机车牵引空列车由井底车场驶来，进入装车站的空车储车线 4，机车 1 摘钩，单独进入重车储车线 5（不过煤仓 3），把已装满的重列车拉出，经装车点道岔 6，驶向井底车场。

空列车采用绞车牵引整列车不摘钩装煤。调度绞车 2 一般设在装车点煤仓同侧，钢丝绳通过滑轮装置进行牵引，由一名装车工人进行操作。列车装完煤后，机车把重车拉出时，应将牵引钢丝绳一起拉出。当列车尾部通过装车点道岔 6 后，应立即在不停车的情况下快速摘下钢丝绳钩头，并将其挂在空车上，这样便可以省去人力拉钢丝绳的工序。

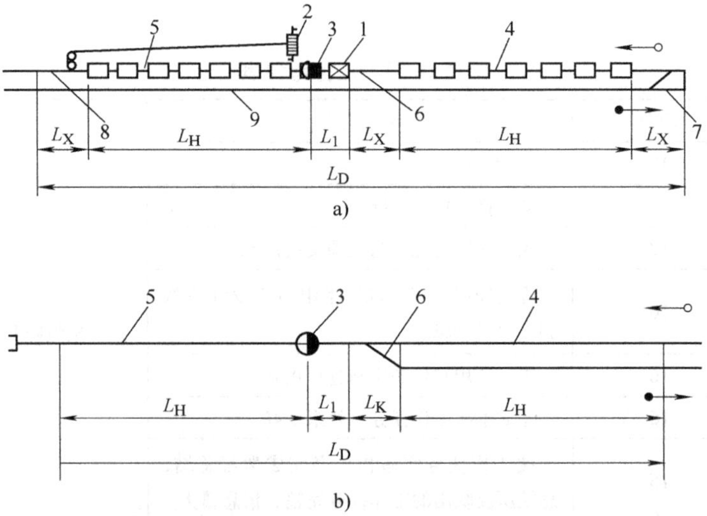

图 16-21　调度绞车调车时的装车站线路布置

a）通过式　b）尽头式

1—机车　2—调度绞车　3—煤仓　4—空车储车线　5—重车储车线

6—装车点道岔　7、8—渡线道岔　9—通过线

当相邻两个采区同时进行生产或靠近井田边界一侧的新采区正在进行准备时，有相当数量的矸石、材料需要运输。为此，需设渡线道岔 7 和 8，用于邻近采区的空列车由井底车场驶来时，经过道岔 7 进入通过线 9，经渡线道岔 8 到大巷空车线，驶向下一采区。列车绕过储车线而运行的这一段线路 9，称为通过线。这种装车站的线路布置方式称为通过式布置。

对于位于井田边界的采区，可用图 16-21b 所示的尽头式线路布置方式。其调车方法与通过式完全相同，线路上不需要设渡线道岔，只要在装车站附近设一单开道岔即可。但尽头式装车站需要妥善解决尽头巷道的通风问题。

（2）装车站线路参数的确定　装车站线路总长度 L_D 为

通过式　$$L_D = 2L_H + 3L_X + L_1 \qquad (16\text{-}42)$$

尽头式　$$L_D = 2L_H + L_K + L_1 \qquad (16\text{-}43)$$

式中　L_H——空、重车线长度（m），各不小于 1.25 列车长度；

L_X——渡线道岔线路连接点长度（m）；

L_K——单开道岔线路连接点长度（m）；

L_1——机车加半个矿车长度（m）。

为了保证车辆运行安全及操作方便，在装车点附近的巷道内，应根据《煤矿安全规程》的规定，加宽线路的中心距。

对于通过式装车站，调度绞车可设在煤仓同侧的壁龛中。

2. 矿车自动滚行调车时的装车站线路

（1）调车方法　图 16-22 所示为通过式装车站线路。由井底车场驶来的列车经通过线

1、渡线道岔7，至调车线8停车，机车反向顶推空车入空车储车线4，机车摘钩，由通过线返回，过渡线道岔6，到重车储车线5拉出重车驶向井底车场。

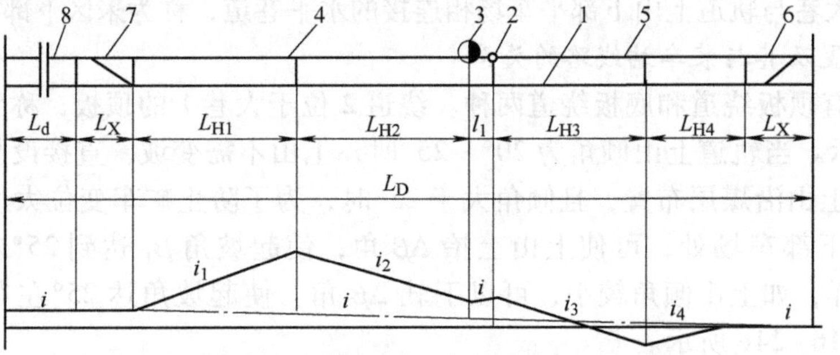

图16-22　矿车自动滚行调车时的装车站线路

1—通过线　2—阻车器　3—煤仓　4—空车储车线　5—重车储车线

6、7—渡线道岔　8—调车线

空车装煤及重车编组是通过矿车自动滚行实现的。为了便于机车拉出重车，自动滚行方向应朝向井底车场的方向。

（2）装车站线路参数　各段线路的长度和坡度如下：

1）调车线长度L_D。包括机车在内应为一列车长，线路坡度i与大巷坡度相同。

2）空车存车线分为两段：L_{H1}段的长度为0.5列车长，为上坡段线路，线路坡度为i_1，其作用是把线路上抬到一定高度，造成空车能自动滚行的条件，在机车能力允许的条件下，可适当取得大一些，一般为18‰～23‰；L_{H2}段的长度为一列车长，i_2为空车自动滚行的坡度，一般取9‰～11‰。

3）装车点中心线至阻车器的距离L_1如图16-23a所示。为了避免列车对阻车器的冲撞，此段坡度取$i_0=0$（平坡）。

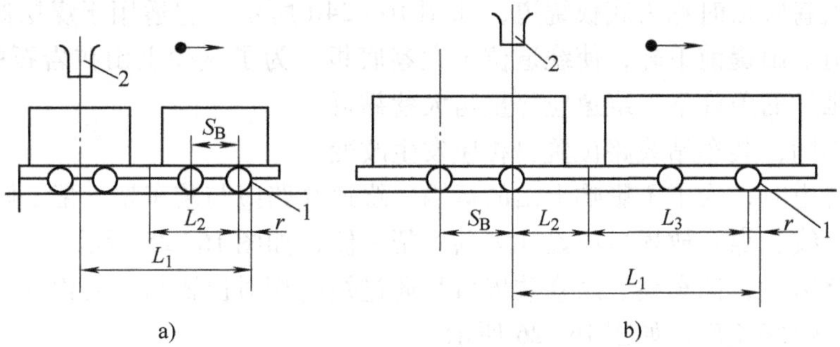

图16-23　装车点与阻车器的相对位置

a）1t矿车时（一次装载）　b）3t矿车时（二次装载）

1—阻车器　2—溜口

4）重车存车线分为两段：L_{H3}及L_{H4}。L_{H3}的长度为一列车长，i_3为重车自动滚行的坡度，一般取7‰～9‰。L_{H4}不宜超过0.5列车长，i_4为重车的上坡段坡度，用它来补偿高差，并防止列车冲过储车线终点。考虑到机车需要在此牵引重车，此处坡度一般不超过5‰。装车站线路总长为L_D，其公式为

$$L_D = L_d + 2L_X + L_{H1} + L_{H2} + L_{H3} + L_{H4} + L_1 \tag{16-44}$$

储车线各段长度和坡度，应结合使用经验，经过线路坡度闭合计算，才能确定。

（二）绕道线路设计

主要运输大巷与轨道上山下部平车场相连接的水平巷道，称为采区下部车场的绕道。

1. 绕道位置及其与装车站线路的关系

绕道位置有顶板绕道和底板绕道两种。绕道 2 位于大巷 1 的顶板，称为顶板绕道，如图 16-24a 所示。当轨道上山倾角为 20°～25°时，上山不需变坡，直接设竖曲线落平进入绕道；当轨道上山沿煤层布置，且倾角大于 25°时，为了防止矿车变位太快而造成运行不可靠，在接近下部车场处，可使上山上抬 $\Delta\beta$ 角，使起坡角 β_1 达到 25°左右，如图 16-24b 所示。同样，如上山倾角较小，可以下轧 $\Delta\beta$ 角，使起坡角达 25°左右，以减少车场工程量，如图 16-24c 所示。

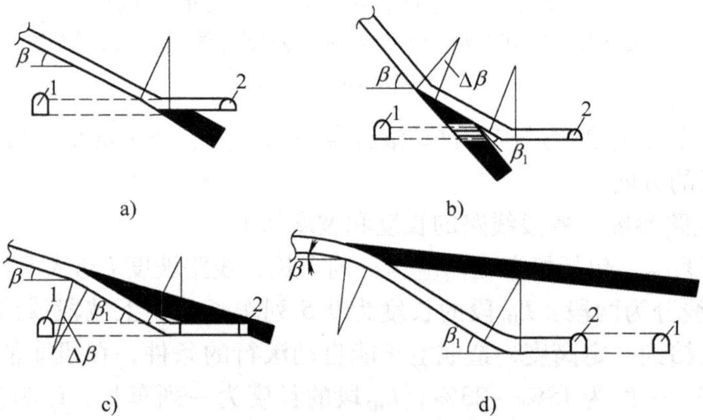

图 16-24 大巷装车式下部车场绕道的位置

a)、b)、c) 顶板绕道 d) 底板绕道

1—大巷 2—绕道

绕道位于大巷底板时称为底板绕道，如图 16-24d 所示。它适用于煤层倾角小于 10°的情况。这时轨道上山提前下轧，使绕道位于大巷底板。为了减少上山在岩石中的开掘长度，在不影响巷道维护的条件下，绕道应尽量与大巷靠近。

绕道位置不同，装车站线路位置也相应发生改变。

采用顶板绕道时，为了不影响上山的运输，绕道线路应与装车站下帮一侧的通过线相联接，装车站储车线、煤仓放煤口应设在大巷上帮一侧，如图 16-25 所示。

采用底板绕道时，储车线、煤仓放煤口与通过线的相对位置与上述相反。装车站中各渡线道岔的方向也恰好相反，如图 16-26 所示。

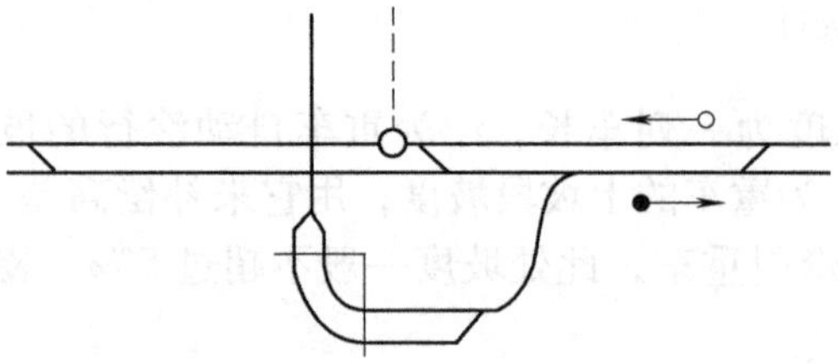

图 16-25 顶板绕道布置

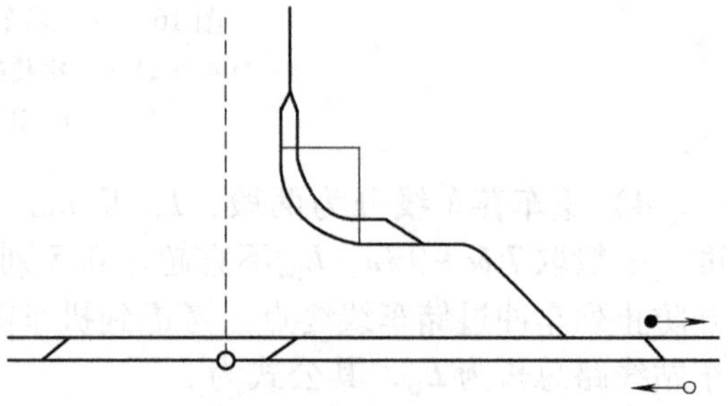

图 16-26 底板绕道布置

2. 绕道方向

绕道方向是指绕道出口朝向井底车场还是背向井底车场。绕道方向不同，对混合列车的调运方式有很大影响，设计中一般采用绕道朝井底车场方向布置。

3. 绕道线路布置

绕道内的线路布置必须保证材料及矸石储车线有一定的长度，并尽量减少绕道的开掘及维护工程量。

绕道内的线路布置方式按照绕道线路与大巷线路的相互位置关系，可分为立式、卧式及斜式等几种。卧式布置的特点是储车线直线段线路与大巷线路平行。这种布置一般在起坡点位置距大巷较近时采用。

立式布置如图 16-27a、b 所示，其特点是储车线直线段线路与大巷线路相垂直。它一般在起坡点位置距大巷较远时采用，其中，底板绕道立式布置只有在倾角很小时才有可能采用。

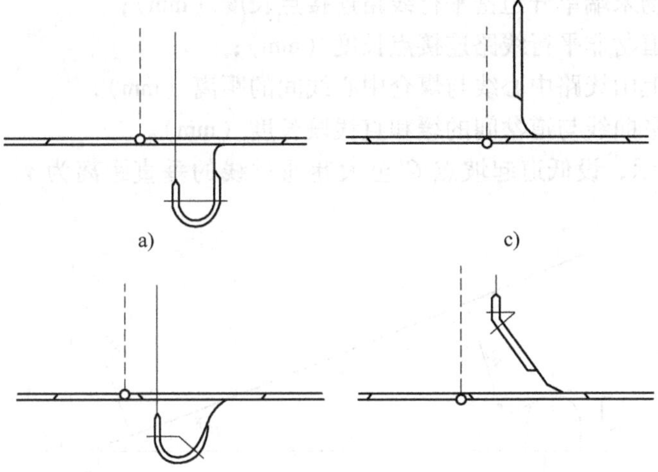

图 16-27　绕道线路立式和斜式布置

a)、b）立式布置　c)、d）斜式布置

若采用立式布置平车场储车线长度不够（如底板绕道），而卧式布置绕道开掘工程量又太大，则可以采用斜式布置，如图 16-27c)、d）所示，这种布置方式的储车线路与大巷线路的夹角一般为 45°~90°。

现以顶板绕道为例，说明绕道内线路的具体布置，如图 16-28 所示。设绕道交岔点道岔始端与煤仓中心线的距离为 X，则

$$X=\frac{S_1}{2}+R+(L_{HG}-K_P-C_1)+L_K+C+R+m-L_S \tag{16-45}$$

式中　S_1——平车场双轨线路中心距（mm）；

R——平车场线路内侧曲线半径（mm）；

L_{HG}——内侧线路（设为高道）的储车线长度（mm）；

K_P——内侧曲线弧长（mm）；

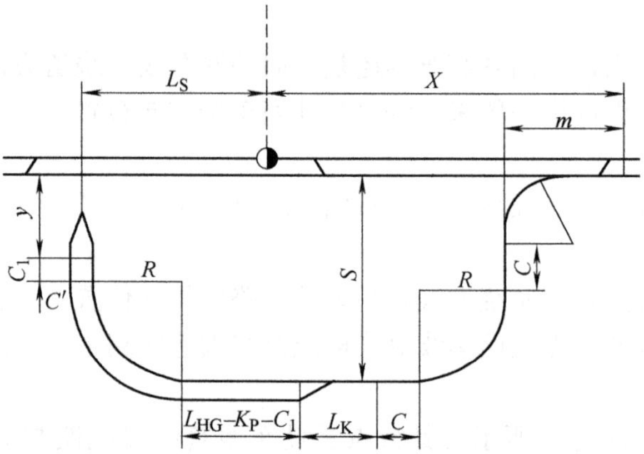

图 16-28　顶板绕道线路布置

C_1——车场起坡点与平曲线间的缓和直线段长度（mm）；

L_K——平车场末端单开道岔平行线路连接点长度（mm）；

m——单开道岔非平行线路连接点长度（mm）；

L_S——轨道上山线路中心线与煤仓中心线间的距离（mm）；

C——绕道平曲线与道岔间的缓和直线段长度（mm）。

如图 16-29 所示，设低道起坡点 C' 至大巷通过线的垂直距离为 y，y 值可近似按下式计算

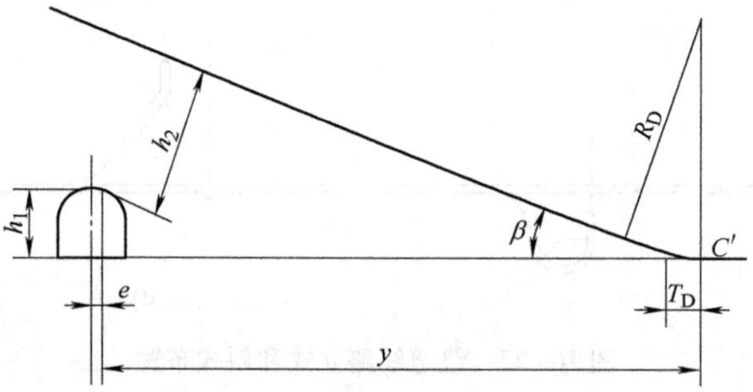

图 16-29　顶板绕道的起坡点位置

$$y = \frac{h_1\cos\beta + h_2}{\sin_\beta} - e + T_D \tag{16-46}$$

式中　h_1——大巷中心线自轨面高度（mm）；

h_2——大巷与轨道上山间的垂直距离（mm）；

e——大巷中心线与装车站通过线的间距（mm）；

T_D——低道竖曲线切线的长度（mm）。

通过线与轨道上山下部平车场储车线内侧线路之间的距离为

$$S = y + C_1 + R \tag{16-47}$$

顶板绕道卧式布置时（图 16-30），X 的值按下式计算

$$X = \frac{S_1}{2} + R + (L_{HG} - K_P - C_1) + L_K + C_2 + T + (T + C_3 + n)\cos\delta + m + L_S \tag{16-48}$$

在式（16-48）中，绕道线路转角 δ 的值主要决定于 S。采用顶板绕道时，由于轨道上山跨越大巷且平车场远离大巷，S 较大，δ 可取 90°；底板绕道时，为了减少上山在岩石中的开掘工程量，S 应尽可能取得小一些，但为了有利于大巷及绕道的维护，S 一般为 15～20m。由于 S 较小，绕道转角一般可取 45°。

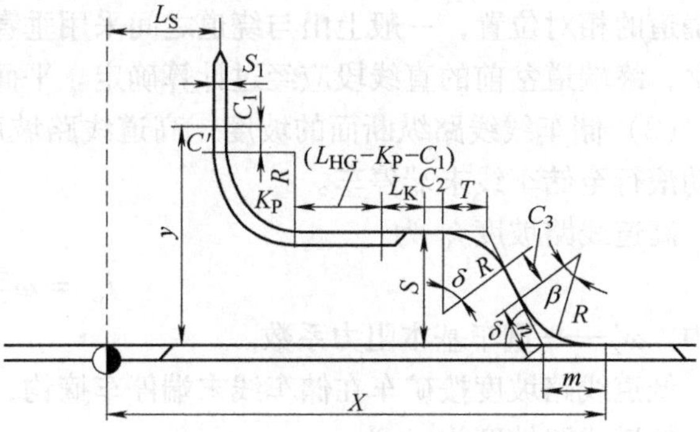

图 16-30　底板绕道线路布置

当 S 及 δ 确定后，便可进行下列计算

$$C = \frac{S}{\sin\delta} - T - n \qquad (16-49)$$

$$y = S + R + C_1 \qquad (16-50)$$

（三）辅助提升车场线路设计

轨道上山下部车场一般采用双轨线路，以便增加车场的运输能力。根据车场内调车方式不同，储车线线路可分为普通坡度（流水坡度）及自动滚行坡度两种，一般多采用自动滚行坡度。图 16-31 所示为下部平车场自动滚行线路示意图。图中 $O-O$ 水平线以上的线路称为高道线路或高道，$O-O$ 水平线以下的线路称为低道线路或低道。高道自上而下甩放车辆，又称甩车道或甩车线；低道自下而上提升车辆，又称提车道或提车线。

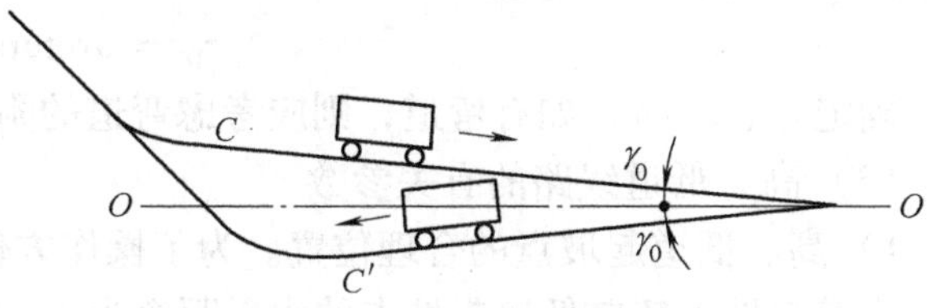

图 16-31　自动滚行线路示意图

当机车将空车（有时为材料、设备车）顶推入储车线后，自动滚行至低道起坡点中 C'。停车后经轨道上山绞车提升，最后到区段巷道。掘进出煤或矸石车自轨道上山下放到高道变坡点中 C，摘钩后自动滚行到储车线终端 O 点。因此，对于轨道上山下部平车场，高道为重车道，低道为空车道。

辅助提升车场线路包括斜面线路、储车线线路及联接两者的竖曲线线路。

斜面线路是指轨道上山下端的对称道岔平行线路联接点。当储车线线路采用自动滚行坡度时，储车线线路是指低道起坡点 C' 到绕道单轨的线路。

1. 斜面线路

轨道上山下端可采用对称道岔或单开道岔，为了调车方便，以采用对称道岔为好，一般采用 3 号对称道岔。斜面线路设计，即对称道岔平行线路联接点的计算。应先确定高、低道储车线线路的中心距 S_1 及斜面曲线半径 R，然后计算对称道岔平行线路联接点的长度 L_C。

2. 储车线线路

（1）储车线线路的布置　储车线包括平面曲线 K_P、平面曲线与竖曲线间的缓和线 C_1 及储车线终端道岔前的直线段三部分。储车线的长度应能满足煤、矸石及材料车储车长度的要求，其空、重车线的长度一般均为 0.5 列车长左右。

确定平面曲线 K_P 时，曲线半径 R 采用 9m、12m、15m、20m 等，线路转角取决于上山及绕道的相对位置，一般上山与绕道之间采用垂直布置。储车线终端道岔一般选用4号单开道岔，终端道岔前的直线段应经过计算确定。平面曲线与竖曲线间的直线段一般取2m。

（2）储车线线路纵断面的坡度　高道线路坡度按矿车在高道起坡点C停车摘钩，然后自动滚行至储车线末端停车。

高道线路坡度i_G为

$$i_G = \omega'_Z \tag{16-51}$$

式中　ω'_Z——重车基本阻力系数。

低道线路坡度按矿车在储车线末端停车摘钩，然后自动滚行至低道起坡点C'停车。

低道线路坡度为r_D为

$$i_D = \omega'_K \tag{16-52}$$

式中　ω'_K——空车基本阻力系数。

高道线路坡度角r_G为

$$r_G = \arctan i_G \tag{16-53}$$

低道线路坡度角r_D为

$$r_D = \arctan i_D \tag{16-54}$$

确定i_G、i_D时，如有弯道，则应考虑弯道的附加阻力系数。

（3）高、低道线路的有关参数

1）高、低道起坡点的合理位置。为了操作方便，高道起坡点最好适当超前于低道起坡点，高道起坡点超前低道起坡点的水平距离为L，一般$L<1.5\sim2.0$m。

2）高、低道的垂直高度差。两起坡点的垂直高度差H称为最大高低差，可由下式计算

$$H = L_{HG}i_G + L_{HD}i_D \tag{16-55}$$

式中　L_{HG}、L_{HD}——高、低道储车线长度（m）。为便于施工及保证工作安全，最大高低差一般不超过1.0m。

3）高、低道线路中心距。高、低道线路中心距与最大高低差的大小有一定关系。最大高低差较大时，高道要砌筑台阶，从线路铺设安全、方便方面考虑，线路中心距应适当增大。

高、低道线路中心距还与人行道的位置有关，一般采用中间人行道，便于把钩人员操作。

3. 竖曲线参数及相对位置的确定

在斜面线路及平面储车线线路之间设置竖曲线，由于平面储车线有高、低道之分，因此竖曲线也分高道竖曲线及低道竖曲线。

（1）竖曲线参数　竖曲线参数包括高道竖曲线半径R_G、低道竖曲线半径R_D、高道竖曲线线路转角β_G和低道竖曲线线路转角β_D。根据这些参数，可以计算出高道竖曲线弧长K_{PG}、低道竖曲线弧长K_{PD}、高道竖曲线切线T_G和低道竖曲线切线T_D。

竖曲线参数还包括高道竖曲线两端点高差h_G、低道竖曲线两端点高差h_D、高道竖曲线水平投影长度l_G和低道竖曲线水平投影长度l_D。

1）竖曲线半径。一般取9m、12m、15m、20m。R_G及R_D可取同一数值，当最大高低差较大且β较小时，高、低道起坡点C及C'相距较远，为此应将R_G取得大一些，以便使C及C'靠近。

2）竖曲线线路转角。

高道竖曲线线路转角为

$$\beta_G = \beta - \gamma_G \tag{16-56}$$

低道竖曲线线路转角为

$$\beta_D = \beta + \gamma_D \tag{16-57}$$

当最大高低差较大时，可以不改变竖曲线半径，而使高道或低道经两次变坡（图 16-32c、d）或高、低道均经二次变坡（图 16-32e），使起坡点 C'及 C 的距离较近。

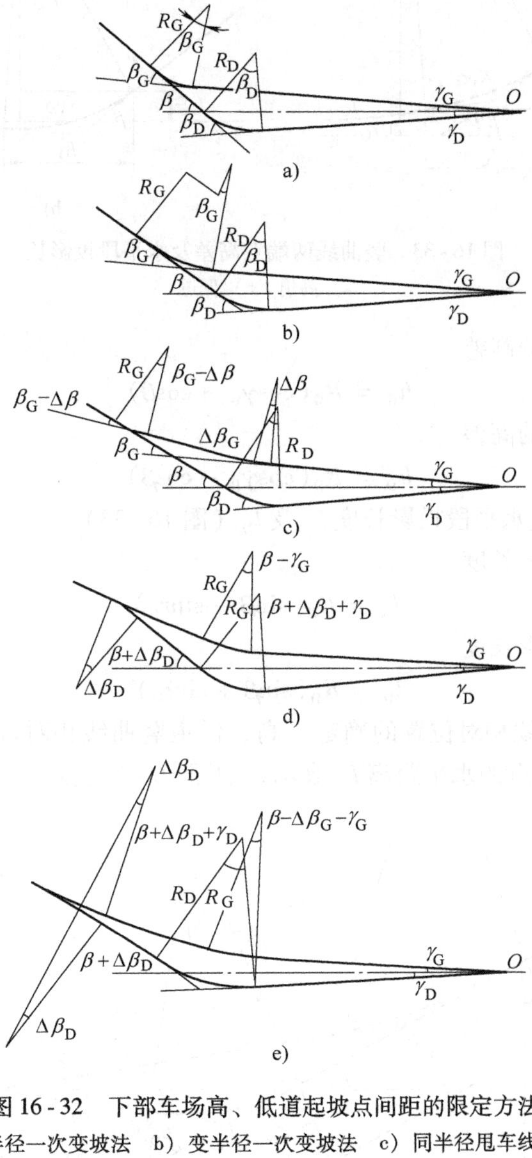

图 16-32　下部车场高、低道起坡点间距的限定方法

a）同半径一次变坡法　b）变半径一次变坡法　c）同半径甩车线上抬法

d）同半径提车线下轧法　e）同半径提车线下轧、甩车线上抬法

高、低道线路均经二次变坡时，使平面斜面交线处甩车线上抬，提车线下轧，但上抬角及下轧角一般不超过 5°。

3）高、低道竖曲线两端点的高差 h_G 及 h_D（图 16-33）。

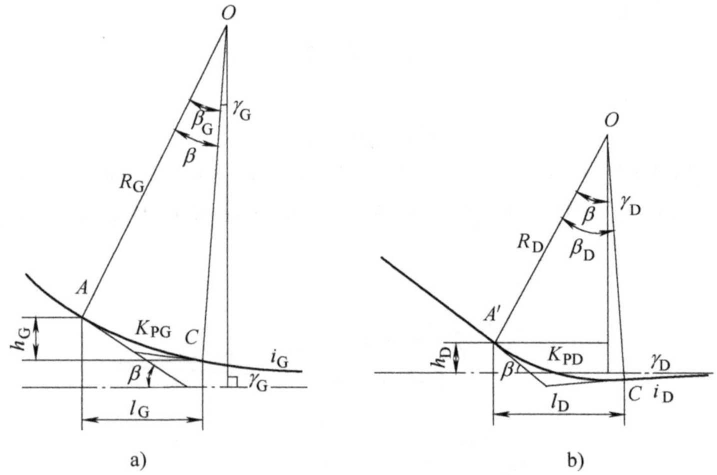

图 16-33　竖曲线两端点高差及水平段投影长

a）高道　b）低道

高道竖曲线两端点的高差

$$h_G = R_G(\cos\gamma_G - \cos\beta) \tag{16-58}$$

低道竖曲线两端点的高差

$$h_D = R_D(\cos\gamma_D - \cos\beta) \tag{16-59}$$

4）高、低道竖曲线水平段投影长度 l_G 及 l_D（图 16-33）。

高道竖曲线水平投影长度

$$l_G = R_G(\sin\beta - \sin r_G) \tag{16-60}$$

低道竖曲线水平投影长度

$$l_D = R_D(\sin\beta + \sin r_D) \tag{16-61}$$

（2）高、低道竖曲线相对位置的确定　高、低道竖曲线相对位置用高、低道上端点的斜距 L_1 及高、低道起坡点的水平距离 L_2 表示，如图 16-34 所示。

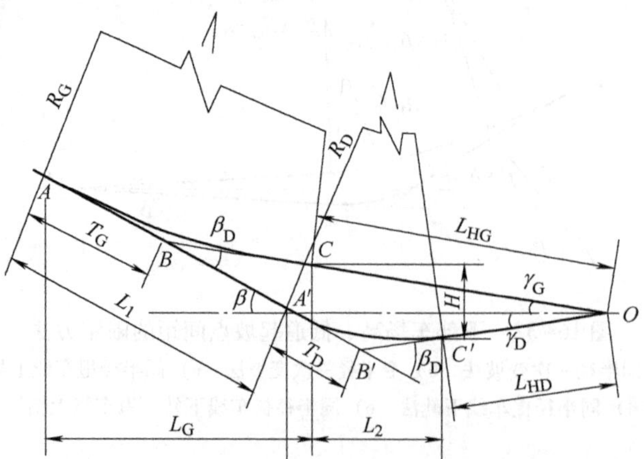

图 16-34　竖曲线及平车场线路各参数剖面示意图

$$L_1 = \frac{h_G - h_D + H}{\sin\beta} \tag{16-62}$$

$$L_2 = L_1\cos\beta + L_D - L_G \tag{16-63}$$

二、石门装车式下部车场

开采煤层群时，可自主要运输大巷掘采区石门联系各煤层。此时，轨道上山多布置于煤层组下部稳定的薄煤层中或底板岩石内，在石门内布置装车站，进行列车的调运及装载。上山与石门间的绕道是联接轨道上山与石门的通路。为了便于独头石门通风，在石门尽头应设风道与输送机上山相联。

石门内的线路布置与大巷装车式下部车场基本相同，主要取决于装车点的数目。当石门只有一个装车点时，装车站线路布置可采用尽头式；当石门很长时，则在石门最里面的一个装车站采用尽头式，外面的装车站采用通过式，煤仓可设 2 ~ 3 个，以煤仓为界，空车储车线位于近运输大巷一端，重车储车线位于另一端。如石门长度不能完全满足装车线路布置的要求，可把部分重车储车线转入最上一层煤的平巷内或适当延长石门长度。

石门内的调车方法也可采用调度绞车调车或矿车自动滚行调车。图 16 - 35 所示为采用调度绞车调车方式，此时，石门内分别有一个装车点及两个装车点的路线布置。

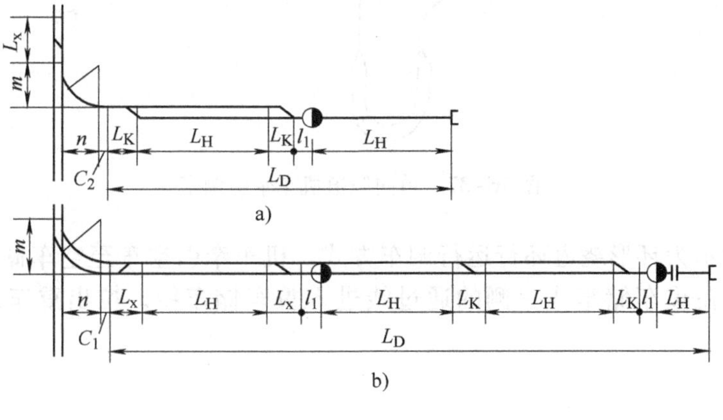

图 16 - 35　石门装车站线路布置

a）一个装车点　b）两个装车点

三、绕道装车式下部车场

在大型或特大型矿井中，采用大巷装车场，可能使大巷的运输能力受到影响；如果采用石门装车场，又会受到石门长度等的限制。在这种情况下，可采用绕道装车站。具有绕道装车站的下部车场称为绕道式下部车场。

绕道位置可设在底板内或顶板内。绕道装车站的线路布置有单向绕道、双向绕道和环形绕道三种。绕道装车式下部车场内均采用机车调车，根据装车站线路布置方式，可分别采用机车顶推、牵引、环行运行等调车方式。

图 16-36 所示为双向绕道机车顶推调车方式。空车由井底车场驶来，过渡线道岔，进入调车线，停车后机车顶推空车入空车储车线。

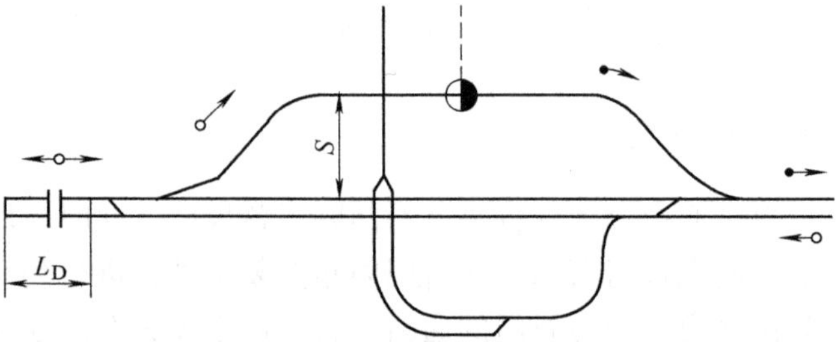

图 16-36　双向绕道机车顶推调车

图 16-37 所示为单向绕道机车牵引调车方式。空车由井底车场驶来，过渡线道岔，进入绕道，停于空车储车线，机车牵引重车驶向井底车场。

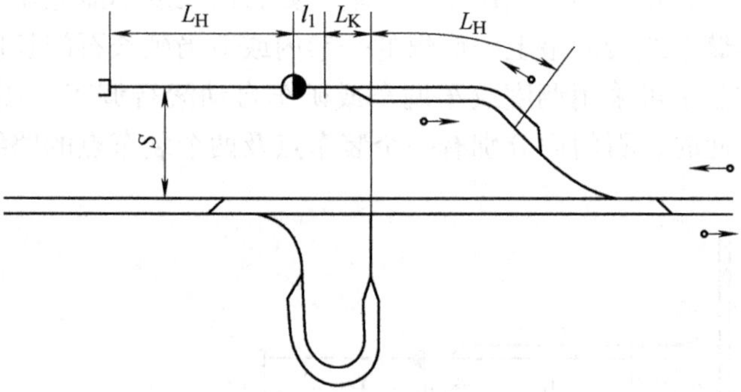

图 16-37　单向绕道机车牵引调车

图 16-38 所示为环形绕道环行运行调车方式。机车牵引空车至空车储车线后，机车摘钩，单独通过设在重车储车线一侧的通过线进入重车储车线，拉出重车，然后到大巷重车线。

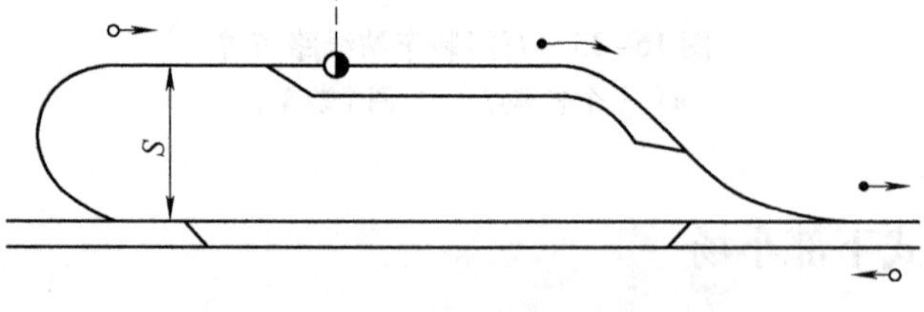

图 16-38　环行绕道环行运行调车

绕道式装车空、重车储车线的位置与装车站线路布置及调车方式有关。采用机车顶推入站或机车环行运行的方式时，空车储车线位于远离井底车场的一侧，重车储车线位于井底车场方向一侧。当采用机车牵引入站的方法时，储车线位置恰好与上述相反。

空、重车储车线的长度与大巷通过式相同。

【任务考评】（见表 16-4）

表 16-4　任务考评表

过程考评	配分	考评内容	考评实施人员
素质考评	12	设计纪律	理论教师和现场教师综合考评
	12	遵守操作规程情况	
	12	团结协作情况、与教师交流情况	
实操考评	16	理论知识口述：说出本组下部车场设计参数和本组设计思路	
	16	任务实施过程正确	
	16	完成本次工作任务，效果良好	
	16	按工作任务实施指导书完成学习总结，总结所反映出的工作任务完整	

课题三　采区中部车场线路设计

【任务描述】

采区中部车场一般采用甩车式车场。甩车式中部车场根据起坡处线路数目的不同，可以分为单道起坡甩车场及双道起坡甩车场。按照甩车方向，甩车式中部车场又可分为向两侧区段巷道甩车的双向甩车场及向一侧区段巷道甩车的单向甩车场。

【相关知识】

一、单道起坡甩车式车场

（一）甩入平巷的单道起坡甩车场

图 16-39 所示为一个车场线路先进入煤层顶板，再转入平巷单道起坡的单向甩车式中部车场。这种车场线路布置的特点是：甩车道内只布置单轨线路，到区段平巷后，才变为双轨线路；除厚煤层外，图中所示的平面曲线已进入煤层顶板，并以异向曲线联接的方式转入区段平巷内。

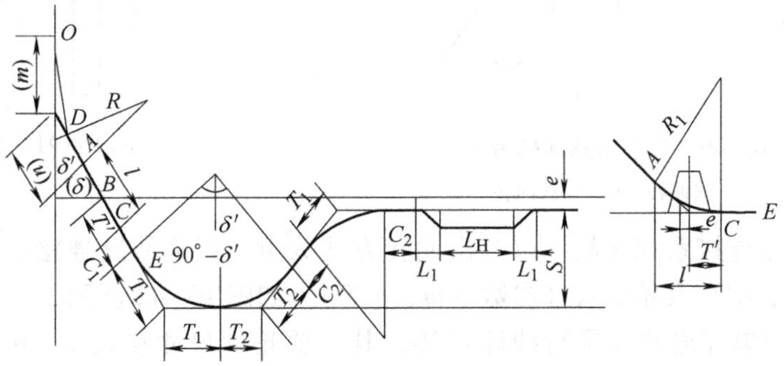

图 16-39　甩入平巷的单道起坡甩车场

从图 16 - 39 中可以看出，该中部车场线路可分为斜面线路、平面线路及联接两者的竖曲线三部分。

1. 斜面线路

斜面线路一般沿煤层底板布置。

（1）斜面线路的布置方式　斜面线路的布置方式有斜面线路一次回转方式及斜面线路二次回转方式两种。

斜面线路一次回转方式如图 16 - 40a 所示，其特点是甩车的单开道岔设在斜面线路上，岔线末端直接与竖曲线 AC 相接。由于斜面线路未设斜面曲线，线路只经过一次角度的回转，故称为斜面线路一次回转方式。回转角即为道岔的辙岔角 α。斜面线路经过一次回转后，道岔岔线 OA 的倾角 β' 为伪斜角，称为一次伪斜角，竖曲线在一次伪斜角上起坡。

图 16 - 40b 所示为斜面线路二次回转方式。线路从道岔岔线 OD 段接斜面曲线 DA，使线路的斜面回转角由一次回转角 α，进一步增大到二次回转角 δ。从斜面曲线末端开始布置竖曲线 AC，竖曲线转角为二次伪斜角 β''。

布置斜面曲线的目的是减少巷道交岔点的长度和跨度，以利于交岔点的开掘和维护。但是斜面曲线转角不宜过大，否则会加大矿车提升牵引角 θ（图 16 - 41）。提升牵引角 θ 是矿车行进方向和钢丝绳牵引方向之间的夹角，此夹角造成提升时的横向分力，角度越大，横向分力也越大，甚至可能使矿车倾倒，造成运输可靠性变差。设计时，一般控制斜面线路二次回转角 δ 不得大于 30°。两种布置方式的选择主要取决于围岩条件，围岩条件好时，可考虑采用一次回转方式。一般情况下，大多采用二次回转方式。

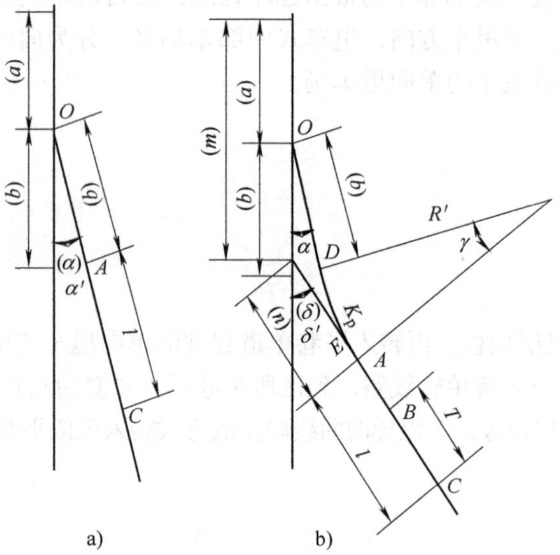

图 16 - 40　斜面线路回转方式

a）一次回转　b）二次回转

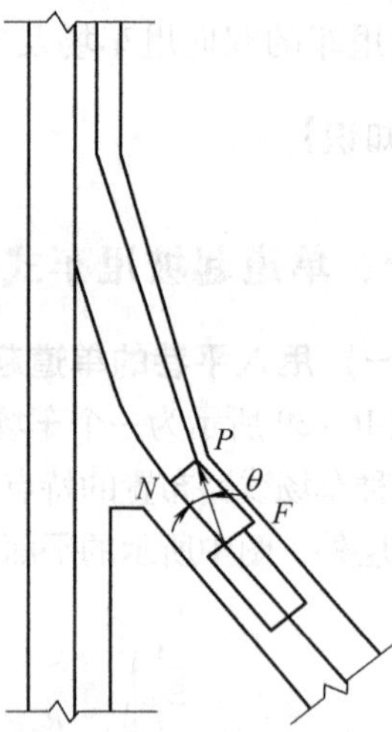

图 16 - 41　提升牵引角

（2）斜面线路连接系统参数　以二次回转方式为例，斜面线路连接系统参数包括角度参数（δ、α'、β'、β''）及轮廓尺寸参数（m、n 等），如图 16 - 42 所示。

斜面线路为一单开道岔非平行线路连接，其主要轮廓尺寸参数 m、n 的计算方法见式（16 - 48）。

2. 竖曲线（图 16-43）

单道起坡时，平面线路的坡度在3‰左右，计算竖曲线时可按水平考虑。因此，平面线路与斜面线路的夹角即为二次伪斜角 β''。竖曲线半径 R_1 的数值如前所述。根据 β'' 及 R_1，便可求得竖曲线的切线及弧长 K'_P。

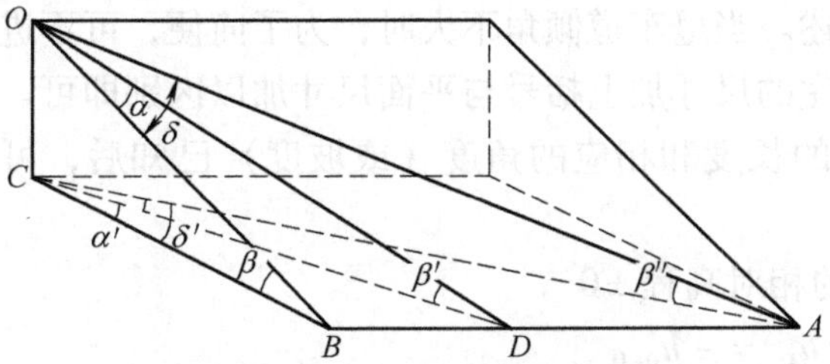

图 16-42　回转角及伪倾角的计算

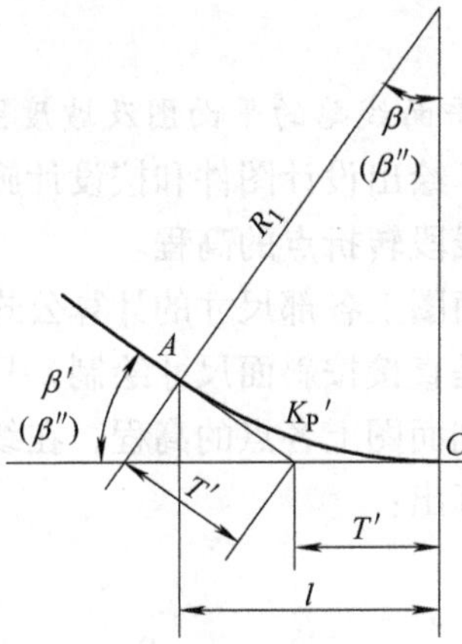

图 16-43　竖曲线参数

为了减少斜面线路的长度，也可将两个曲线重合一部分。如图 16-44 所示，平面与斜面交点以上的那部分竖曲线与斜面曲线重合。重合布置时，应注意竖曲线不能进入道岔。道岔是一个整体结构，不能进行纵面弯曲。

3. 平面线路

如图 16-45 所示，起坡点 C 以下，即进入该中部车场的平面线路。在平面曲线与竖曲线间设置缓和直线段 C_1，其数值不宜小于 2m。

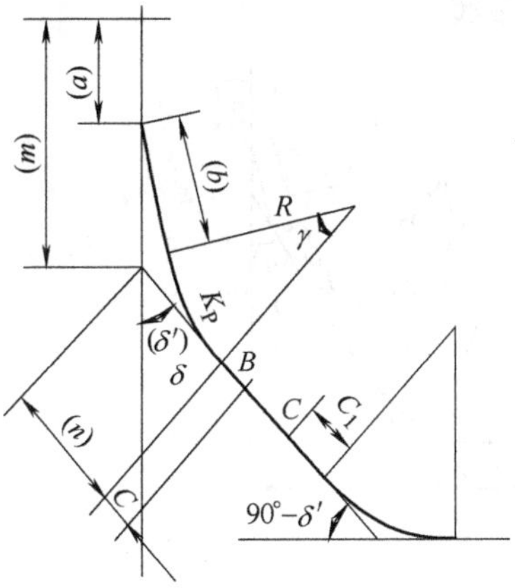

图 16-44　斜面曲线与竖曲线部分重合

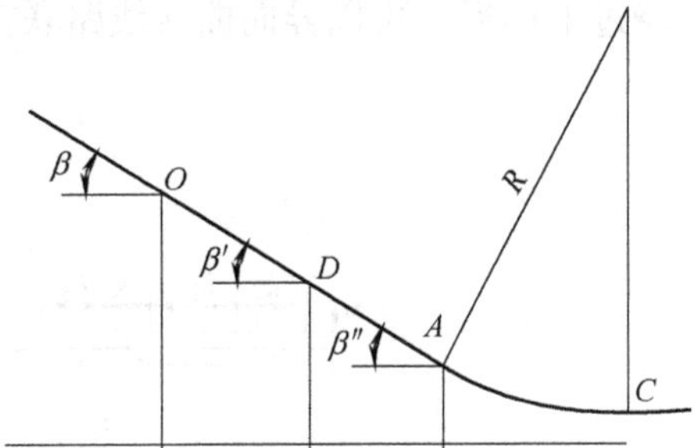

高程	±0	h_D	h_A
长度	b	K_P	K'_P
角度	β'	$\beta' \to \beta''$	$\beta'' \to 3‰$

图 16-45　线路坡度图

平曲线的半径 R 如前所述。若区段平巷与上山的夹角为 90°，则穿进煤层顶板的平曲线左侧部分的线路转角为 $90° - \delta'$。根据 R 及转角便可得该曲线的切线 T 及弧长 K_{P1}。与该曲线相接的穿进煤层顶板的平曲线右侧部分及转入区段巷道的平曲线，其线路转角 δ'' 可取 45°。据此，便可求得 T_2、K_{P2} 等参数。

当线路转入平巷后，平行移动了 S 大小的距离

$$S = (T' + C_1 + T_1)\sin(90° - \delta') - e \tag{16-64}$$

式中　e——竖曲线切点 B 至区段平巷线路中心线的距离，当区段平巷位置及巷内轨道线路布置确定后，e 值已知。

当平移距离为 S 时，异向曲线中缓和直线段 C_2 为

$$C_2 = \frac{S}{\sin\delta''} - 2T_2 \tag{16-65}$$

4. 平面线路的平面图及坡度图

为了绘出设计图件和按设计施工，必须计算线路系统在平面图上的各部分尺寸和纵断面图上各线段转折点的高程。

平面图上各部尺寸的计算公式如前所述。当甩车道倾角不大时，为了简便，可不进行换算，而是直接按斜面尺寸绘制，只要把标注的尺寸加上括号与平面尺寸加以区别即可。

纵剖面图上各点的高程，在线路各段的长度和相应的角度（或坡度）已知后，可以很容易地算出：

$$O \text{ 点的相对高程 } \pm 0$$

$$D \text{ 点 } h_D = -h_{0-D}$$

$$A \text{ 点 } h_A = -(h_{0-D} + h_{D-A})$$

$$C \text{ 点 } h_C = -(h_{0-D} + h_{D-A} + h_{A-C})$$

计算结束后，绘制线路坡度图，如图 16-45 所示。

（二）甩入绕道的单道起坡甩车场

甩入绕道的单道起坡甩车场，其线路布置与先进入煤层顶板、再转入平巷的采区中部车场相似，如图 16-46 所示。为了便于维护巷道，应使绕道与上山之间的煤柱（岩柱）具有一定的厚度。因此，线路进入平面后，应沿着竖曲线的切线方向向顶板延伸，与平曲线相接，绕过上山后，再以异向曲线线路联接区段平巷储车线。

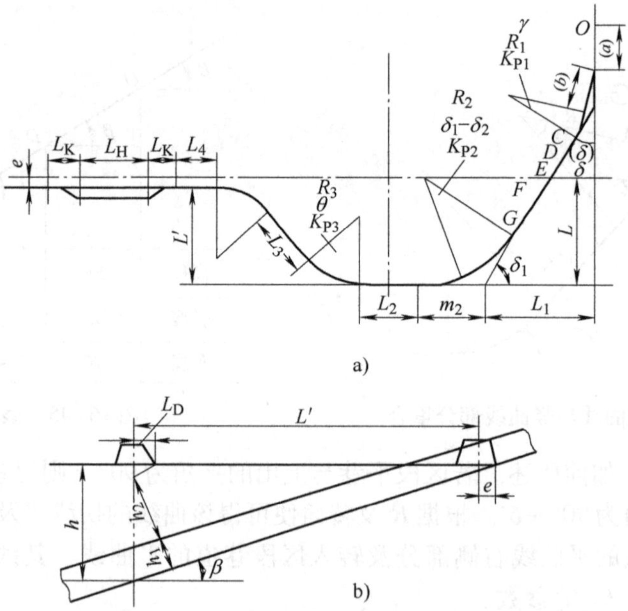

图 16-46　甩入绕道式的单道起坡甩车场

a）平面图　b）绕道底板至轨道上山底板的高度

绕道部分的设计重点在于确定绕道线路的位置，即确定绕道线路至输送机上山底板的高度及绕道线路与区段平巷线路间的水平距离。

（三）甩入石门的单道起坡甩车场

甩入石门的单道起坡甩车场线路布置如图 16-47 所示。它是多煤层采区联合布置中最常用的一种方式。图中的 L_H 为储车线长度，L_K 为隔开道岔非平行线路连接点的轮廓尺寸，C_1、C_2 为缓和线长度，D 为插入的直线段长度。

该车场线路布置的要点是确定石门与上（下）山的水平间距 P 及插入直线段的长度 D。

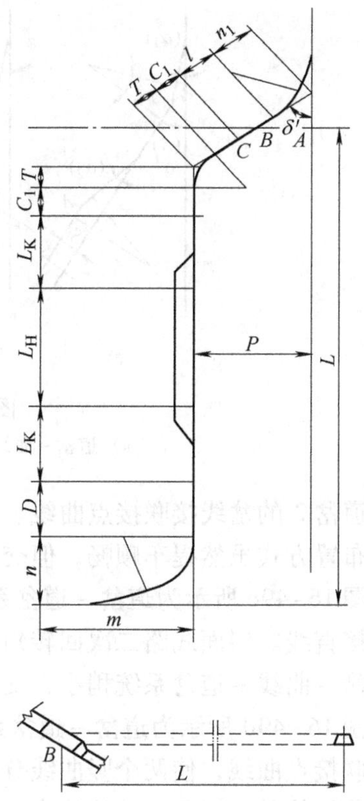

图 16-47　甩入石门的单道起坡甩车场

二、双道起坡甩车式车场

双道起坡是在斜面上设两个道岔（甩车道岔和分车道岔），使线路在斜面上变为双轨，空、重车线分别设置竖曲线起坡。

双道起坡甩车式中部车场也可分为甩入平巷式、甩入绕道式及甩入石门式三种。其车场线路也由斜面线路、平面线路及竖曲线三部分组成。

以下简单介绍甩入平巷的双道起坡甩车场，如图 16-48 所示。

1. 斜面线路

甩入平巷的双道起坡甩车场，在斜面上的线路联接可采取道岔－曲线－道岔系统或道岔－道岔系统。

（1）道岔－曲线－道岔系统　道岔－曲线－道岔系统的特点是在道岔 1（图 16-48）岔线末端设一斜面曲线，然后接道岔 2 使单轨变为双轨，再设置竖曲线到平面，如图 16-49a 所示。

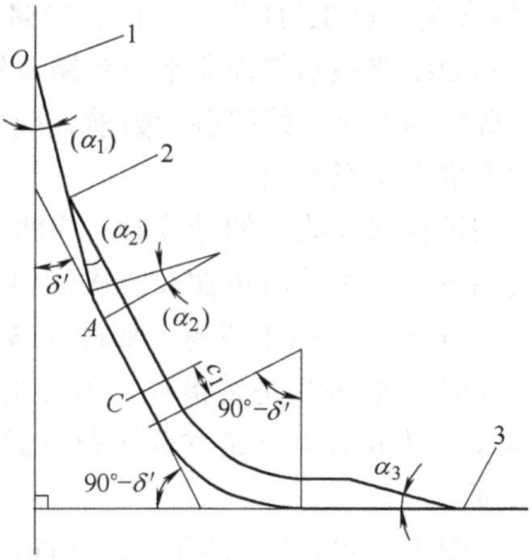

图 16-48　甩入平巷的双道起坡甩车场

1、2、3—道岔

道岔－曲线－道岔系统的主要优点是：由于道岔间设有斜面曲线，回转角较大，故甩车场斜面交岔点的长度和坡度均较小，易于开掘和维护，也便于设置简易交岔点。因此，当上山作为辅助提升采用简易交岔点时，多采用这种线路联接系统，围岩松软时更为适用。其缺点是：斜面线路长，提升牵引角大，道岔 1 与道岔 2 间增设了斜面曲线，把钩人员往返路程长。

（2）道岔－道岔系统　“道岔－道岔系统的特点是道岔 1 与道岔 2 直接相接，如图 16-49b、c、d 所示。

图 16-49b 所示为道岔－道岔系统斜面线路一次回转方式。道岔 2 的主线接道岔 1 的岔

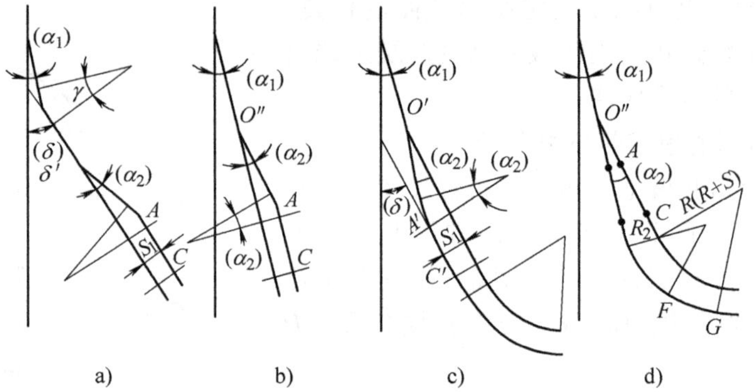

图 16-49　斜面线路布置方式

a）道岔－曲线－道岔系统　b）、c）、d）道岔－道岔系统

线，道岔 2 的岔线接联接点曲线。斜面线路作二次回转，其回转角即为道岔 1 的辙岔角 α。这种布置方式虽然提车顺畅，但交岔点较长，采区中较少采用。

图 16-49c 所示为道岔－道岔系统斜面线路二次回转方式。道岔 2 的主线接联接点曲线，岔线接直线。斜面线路二次回转角 δ 为两个道岔的辙岔角之和。这种布置方式的提升牵引角较道岔－曲线－道岔系统稍小，交岔点的长度和跨度也不过分增大，因而被广泛采用。

图 16-49d 所示为道岔－道岔系统线路先竖后平的布置方式。其特点是在斜面线路上取消了联接点曲线，使两个竖曲线分别在一次、二次伪斜角上起坡。线路经竖曲线落平后，再用平曲线使其达到预定的线路中心距。这种布置方式的提升牵引角小，线路布置比较紧凑，但线路中心距较大，适合在巷道中间布置人行道，否则巷道断面会太大。平面储车线线路可设在平巷内，图中的 R、$R+S$ 为双轨曲线的两个半径，R_2 为调整线路中心距的曲线半径，FG 为直线（施工时应稍弯曲）。当储车线设在石门方向时，线路布置应相应改变。

斜面线路包括斜面非平行线路及斜面平行线路两部分。

确定斜面平行线路各参数前，应确定其轨道中心距 S_1，确定轨道中心距的原则与轨道上山下部平车场相同。

在进行斜面线路的计算时，应将斜面线路回转角 α_1 及 α_2 的水平投影角 α_1' 和 α_2'，以及与之相应的一次伪斜角 β' 及二次伪斜角 β'' 同时计算出来，以便绘制平面图及计算平面线路。

2. 平面线路储车线高、低道线路

此时的平面线路是指高、低道竖曲线起坡点与区段平巷间的水平线路，其中主要是储车线。从起坡点到道岔 3 平行线路联接点为储车线长度，辅助提升时，可取 2～3 钩串车长度。

在图 16-49a 中，储车线由平曲线、缓和线 C 和保证储车线长度的直线插入段三部分组成。图中的上山与煤层倾角一致，储车线直线段线路垂直于轨道上山，则平曲线线路转角为

$$\theta = 90° - (\alpha_1 + \alpha_2) \tag{16-66}$$

选定平曲线半径 R 后，便可计算出平曲线各参数。

双道起坡甩车式中部车场的提车线为重车线，甩车线为空车线。确定高、低道起坡点的相对位置，高、低道的最大高低差，高、低道线路中心距的原则与轨道上山下部平车场相同。

3. 竖曲线

双道起坡甩车场竖曲线各参数的计算方法与轨道上山下部车场相同，但竖曲线所对应的伪斜角为一次或二次伪斜角，与轨道上山下部平车场竖曲线对应的起坡角有所不同。

竖曲线的相对位置也用高、低道上端点斜长 L_1 及高、低道起坡点的水平距离 L_2 表示。

现以斜面线路二次回转方式为例，说明 L_1、L_2 的确定方法。

如图 16-50 所示，斜面线路布置的特点是低道竖曲线紧接在联接点曲线之后布置，但高道竖曲线上端点不能进入第二道岔。

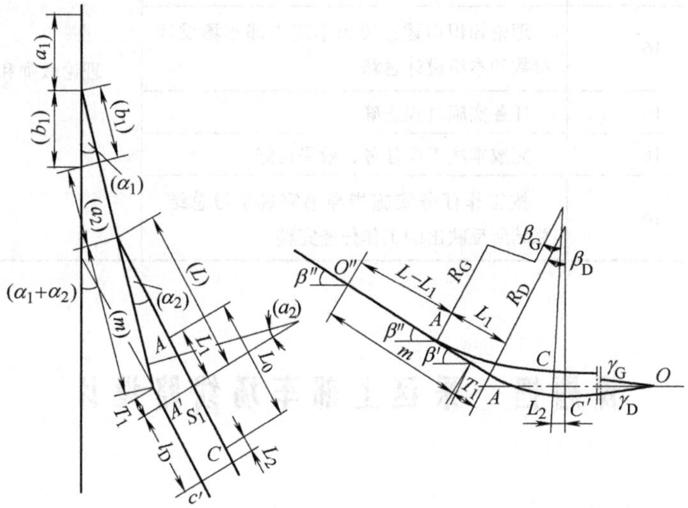

图 16-50　斜面线路二次回转方式竖曲线位置的确定

将提、甩车线向垂直轴上投射，可得以下关系式

$$L_1 = \frac{(L - T_1)\sin\beta'' - m\sin\beta' + h_G - h_D + H}{\sin\beta''} \tag{16-67}$$

将提、甩车线向水平面上投射，得

$$L_2 = L_1\cos\beta'' + l_D - l_G - (m\cos\alpha_2\cos\beta'' - m\cos\beta'\cos\alpha_2) \tag{16-68}$$

则

$$L_2 \approx L_1\cos\beta'' + l_D - l_G \tag{16-69}$$

一般已知 H、R_G、R_D，按上述公式求 L_1 及 L_2。同轨道上山下部平车场一样，高、低道起坡点应尽可能接近，或者高道起坡点超前低道起坡点 1.5 ~ 2.0m。当求出的 $L_2 > 2.0$m 时，应另取 R_G 重新计算，为了避免重复计算，可先定 L_2、L_D 和 H，然后求未知数 R_G 和 L_1。为此，需要解以下两个方程

$$L_2 = \frac{(L - T_1)\sin\beta'' - m\sin\beta' + R_G(\cos\gamma_G - \cos\beta'') - h_D + H}{\sin\beta''} \tag{16-70}$$

$$L_2 \approx L_1\cos\beta'' + l_D - R_G(\sin\beta'' - \sin\gamma_G) \tag{16-71}$$

若计算后，发现高道竖曲线上端点进入了第二道岔的 b_2 段，即 $L - L_1 < b_2$，则应调整线路系统，把第二道岔末端定为高道竖曲线的上端点，使低道竖曲线的位置下移，在连接点曲线之下加一直线段。

必须指出，应将求得的 R_G，调整为常用整数再代入公式内，最后确定 L_1 及 L_2。

【任务考评】（见表 16-5）

表 16-5　任务考评

过程考评	配分	考评内容	考评实施人员
素质考评	12	设计纪律	理论教师和现场教师综合考评
	12	遵守操作规程情况	
	12	团结协作情况、与教师交流情况	
实操考评	16	理论知识口述：说出本组中部车场设计参数和本组设计思路	
	16	任务实施过程正确	
	16	完成本次工作任务，效果良好	
	16	按工作任务实施指导书完成学习总结，总结所反映出的工作任务完整	

课题四　采区上部车场线路设计

【任务描述】

采区上部车场可分为甩车场、平车场及转盘车场三类。

采区上部甩车场的设计方法与中部车场相同，但由于上部甩车场靠近绞车房，要求 $F-F$ 线以上设置 B 和 A 两段线路。B 为一钩串车的长度，A 为防止绞车过卷矿车冲入绞车房的安全距离，一般为 4～6m，如图 16-51 所示。

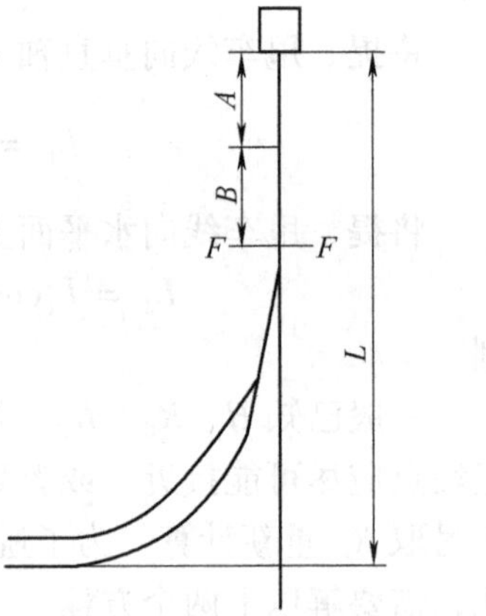

图 16-51　采区上部甩车场线路布置

在上山上部设置反向竖曲线，使斜面线路变平即成为上部平车场。按照起坡处线路的数目，可分为单道起坡及双道起坡，一般采用单道起坡。但在采区下山的上部车场，或者当上山运输量大时，也可采用双道起坡。

上部平车场可分为顺向平车场及逆向平车场两种，车场线路可以直接进入总回风巷、绕道或石门。

以下将按照单道起坡及双道起坡，分别阐述顺向及逆向平车场的线路布置特点。

【相关知识】

一、单道起坡上部顺向平车场

图 16-52 所示是一个单道起坡顺向上部平车场，线路进入总回风巷。该车场的变坡点 C

处为单轨线路，提车方向与矿车进入车场的方向一致，经过一段平面线路后进入总回风巷。

上山经反向竖曲线变平后，沿上山方向长度为 $B+A$（B 为一钩车长度，A 为安全距离）。矿车经过 C 点后，关闭阻车器以防止跑车，然后摘钩，推入平面弯道，经过直线段 D 和单开道岔非平行线路联接点，进入位于总回风巷的储车线。

采用这种布置的条件是

$$L \geqslant B + A + L_G + L_D \tag{16-72}$$

式中 L_D——绞车房及风道、绳道的总长度（m）；

L_G——交岔点长度（m）；

L——变坡点与总回风巷轨道中心线的距离（m）。

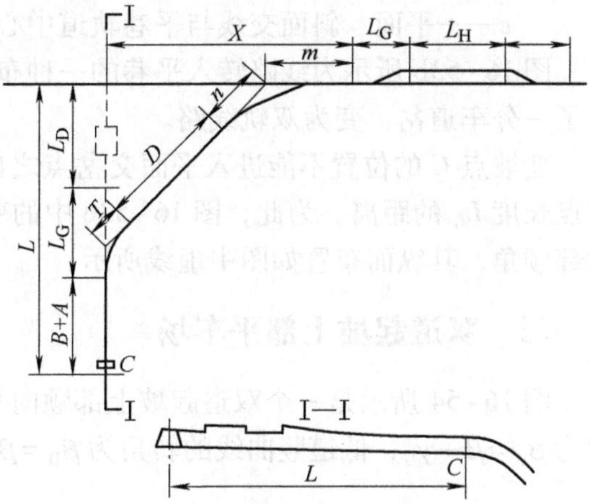

图 16-52 单道起坡上部顺向车场

总回风巷的位置在矿井开拓布置时已确定。L 值为已知值，若 L 值小于上式，则在上山倾角不大时，可加大倾角移动变坡点，以增大 L 值。

二、单道起坡上部逆向平车场

单道起坡上部逆向平车场的提车方向与矿车进入车场储车线的方向相反。图 16-53a 所示为线路由煤层上山转入本层平巷的布置方式。线路变平后，设单开道岔非平行线路联接点。矿车提过道岔后停车，再反向推车进入平巷。

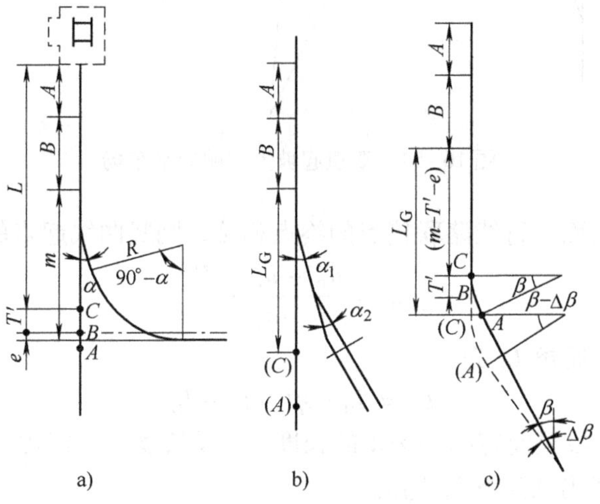

图 16-53 单道起坡上部逆向平车场

a）单道时 b）双道时 c）靠近车场处加大上山倾角

变坡点 C 至绞车房的距离为

$$L = A + B + m - (T' + e) \tag{16-73}$$

式中 m——单开道岔非平行线路联接点的轮廓尺寸（m）；

T'——反向竖曲线的切线长（m）；

e——平面、斜面交线与平巷轨道中心线的间距（m）。

图 16-53b 所示为线路转入平巷的一种布置方式。为提高通过能力，缩短倒车时间，又设了一分车道岔，变为双轨线路。

变坡点 C 的位置不能进入平面交岔点之内，即单开道岔始端与 C 点之间应有不小于交岔点长度 L_G 的距离。为此，图 16-53c 中的变坡点 C 应向顶板方向移至（C），应加大上山顶部倾角，其纵面布置如图中虚线所示。

三、双道起坡上部平车场

图 16-54 所示是一个双道起坡上部顺向平车场。设上山的倾角为 β，则高道竖曲线的转角为 $\beta_G=\beta+\gamma_G$，低道竖曲线的转角为 $\beta_D=\beta-\gamma_D$。

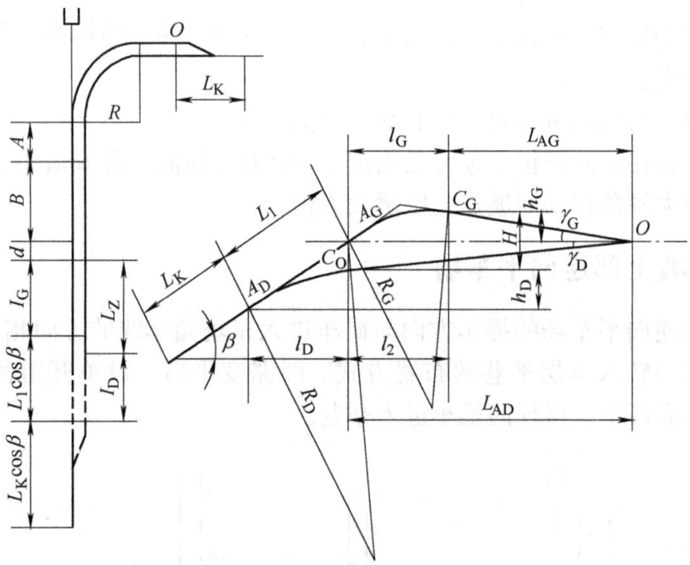

图 16-54　双道起坡上部顺向平车场

令低道竖曲线与斜面平行线路联接点的终点相接，则竖曲线起点的距离 L_1 为

$$L_1=\frac{h_D-h_G+H}{\sin\beta}\tag{16-74}$$

竖曲线终点的水平距离 L_2 为

$$L_2=L_1\cos\beta+l_G-l_D\tag{16-75}$$

在车场平台上，B 段只能容纳一钩车的长度，A 段长度中不能停放矿车，储车线长度可以从弯道点算起，坡度仍从变坡点计算。

由于高、低道的影响，车组由平台送下后，需要设上绳装置。为了防止跑车，高道变坡点 C 后应设不可逆挡车器，低道变坡点 C' 后也需设阻车器。由于摘、挂钩点不在变坡点附近，高差不大，与甩车场相比，L_2 值可以稍大一些，高、低道竖曲线半径也可取相同值。

在计算及绘制各种顺向及逆向车场线路时，常使用以下数据：

1）对于单道起坡平车场线路，坡度向绞车房下坡可取 3‰～5‰，水沟坡度向上山下坡为 2‰～3‰。

2）平车场设置高、低道时，高道 i_G 取9‰~11‰，低道 i_D 取7‰~9‰。高、低道最大高差 H 宜在0.2~0.5m之间。

3）平曲线半径一般为6~12m，竖曲线半径为9~12m，存车线长度为2~3钩车长。

顺向与逆向平车场的使用条件主要取决于运量大小及上部车场的线路布置。

【任务考评】（见表16-6）

表16-6　任务考评

过程考评	配分	考评内容	考评实施人员
素质考评	12	设计纪律	理论教师和现场教师综合考评
	12	遵守操作规程情况	
	12	团结协作情况、与教师交流情况	
实操考评	16	理论知识口述：说出本组上部车场设计参数和本组设计思路	
	16	任务实施过程正确	
	16	完成本次工作任务，效果良好	
	16	按工作任务实施指导书完成学习总结，总结所反映出的工作任务完整	

思考与练习

1. 试述车场线路设计的内容和步骤。
2. 试述道岔的选择方法。
3. 绘图说明单轨线路曲线半径的选择方法。
4. 说明外轨抬高和轨距加宽的原因和方法。
5. 绘出主线为单轨的单开道岔非平行线路联接图，并写出相关计算公式。
6. 绘图说明单开道岔平行线路联接。
7. 绘图说明分岔平移线路联接。
8. 简述线路坡度的确定方法。
9. 采区下部车场的形式有哪些？
10. 简述辅助提升车场线路坡度及最大高低差的计算过程。
11. 采区中部车场有哪些类型？
12. 绘图说明单道起坡斜面线路回转方式的特点、布置斜面线路的目的及回转方式选择方法。
13. 采区上部车场有哪些类型？
14. 绘图说明单道起坡上部顺向平车场的布置方式。

*单元十七　采区硐室设计

【学习目标】

📖 知识目标：

1）了解采区煤仓、矸仓的设计方法。

2）了解采区绞车房的设计方法。

3）了解采区水泵房的设计方法。

📖 技能目标：

1）掌握采区煤仓尺寸的计算内容。

2）了解采区变电所的设计过程。

课题一　采区煤仓设计

【任务描述】

当采区内煤炭采用带式输送机等连续性运输，而大巷采用机车等不连续运输时，采区煤仓就可以起到调节作用，缩短大巷装车时间，提高矿车及机车周转率。煤仓设计的主要内容是：确定采区煤仓的容量、形式及参数、结构及支护方式。

【相关知识】

一、采区煤仓的容量

采区煤仓的容量取决于采区生产能力、采区下部车场装车站和运输大巷的通过能力。

确定采区煤仓容量时，可参考以下计算公式：

1）在采区高峰生产延续时间内，保证采区连续生产的条件为

$$Q=(A_G-A_N)t_GK_b \tag{17-1}$$

式中　A_G——采区高峰生产能力（t/h），高峰期间的小时产量为平均产量的1.5~2.0倍；

A_N——装车站通过能力（t/h），为平均产量的1.0~1.3倍；

t_G——采区高峰生产延续时间（h），机采取1.0~1.5h，炮采取1.5~2.0h；

K_b——运输不均匀系数，机采取1.15~1.20，炮采取1.5。

2）按装车站的装车间隔时间为

$$Q=A_Gt_0K_b \tag{17-2}$$

式中　t_0——装车间隔时间，一般可按15~30min计算；

采区煤仓的容量一般为50~300t。近年来随着采区生产的集中化，煤仓容量也在增大。

二、煤仓的形式及参数

1. 煤仓的形式

煤仓的形式按倾角分，有垂直式、倾斜式和混合式三种；按煤仓断面形状分，有圆形、拱形、椭圆形和矩形四种。

垂直式煤仓一般选择圆形断面。圆形断面的利用率高，不容易发生堵塞现象，便于维护，而且施工速度快。倾斜式煤仓多选用拱形或圆形断面，仓底倾角为60°~65°，这种煤仓施工也比较方便，但其承压性能稍差些，铺底工作量大。混合式煤仓是一段倾斜式、一段垂直式的组合形式，由于其折曲多，施工不便，因此使用得较少。垂直式圆形断面煤仓在实际生产中用得较多。

2. 煤仓的参数

煤仓的参数主要是指煤仓的断面尺寸和高度。

圆形垂直煤仓的直径为2~5m，个别的可达到5m以上；拱形断面倾斜煤仓的宽度一般在2m左右，高度可大于2m。

煤仓的高度不宜超过30m，以20m左右为宜。为便于布置和防止堵塞，圆形垂直煤仓应设计成“短而粗”的形状。设垂直圆形断面煤仓的高度为h，直径为D，当$h \geqslant 3.5D$时，可使煤仓的有效容积$V' \geqslant V \times 90\%$（$V$为垂直圆形断面煤仓总容积）。为了有效地利用煤仓，煤仓高度应不小于直径的3.5倍。

三、煤仓的结构及支护方式

煤仓的结构如图17-1所示。

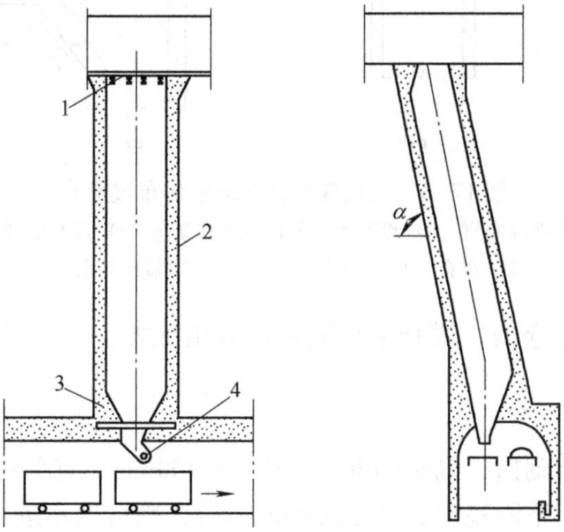

图17-1　煤仓的结构

1—煤仓上口　2—仓身　3—下口漏斗及漏口闸门基础　4—漏口及闸门

1. 煤仓上口

由于煤仓断面较大，为了保证煤仓上口安全，需要使用混凝土收口。为了防止大块煤、矸石、废木料等进入煤仓造成堵塞，应在煤仓上口安设铁箅子。铁箅子一般采用规格为 8～24kg/m 的旧钢轨或Ⅰ10～Ⅰ20 号工字钢制成，铁箅子的网孔尺寸一般为 200mm×200mm、250mm×250mm 或 300mm×300mm，如图 17-2 所示。

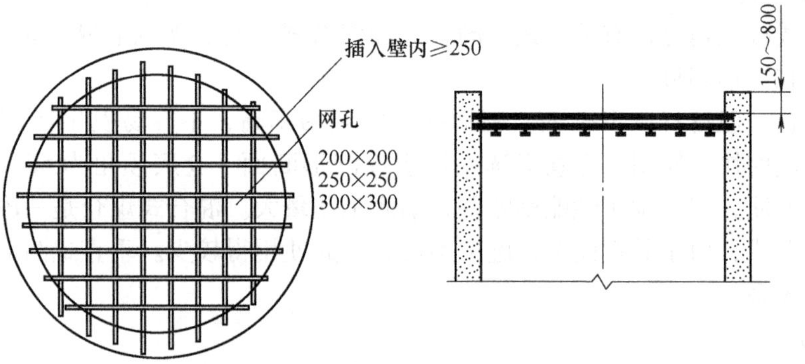

图 17-2　煤仓上口铁箅子

煤仓上口网孔上大块煤炭的破碎和杂物的清理工作可在煤仓上部巷道内进行，也可设置专门的破碎硐室。图 17-3 所示为煤仓上口大块煤炭破碎硐室的布置形式。

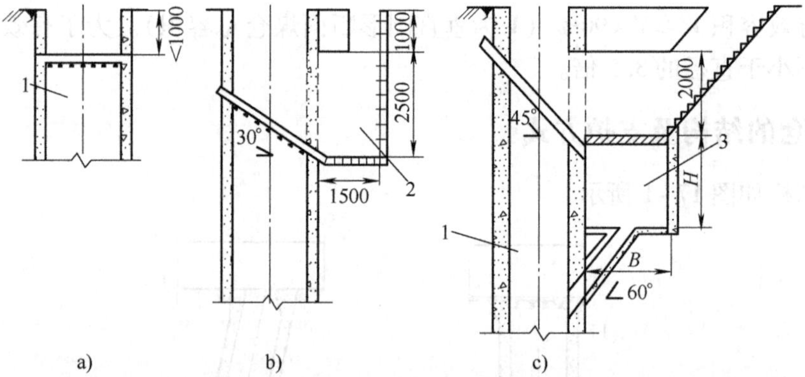

图 17-3　大块煤炭破碎硐室的布置形式

a）煤仓上口兼作破碎硐室　b）设有人工破碎硐室的煤仓　c）设有机械破碎硐室的煤仓

1—煤仓　2—人工破碎硐室　3—机械破碎硐室

为了防止井下水流进仓内，煤仓上口应高出巷道底板。上口处巷道断面一般应适当扩大，并且要加强支护。

2. 仓身

煤仓的仓身一般均应砌碹，砌碹的壁厚为 300～400mm。有条件时，应尽量采用锚喷支护。若煤仓穿过的岩层为坚固稳定、易于维护的岩层，则可以不进行支护。

3. 下口漏斗及溜口及闸门基础

煤仓仓身下部为收口漏斗，收口漏斗一般为截圆锥形，以便安装溜口和闸门。为了防止堵塞，下口漏斗应尽量消除死角。垂直煤仓下口漏斗可取 60°，倾斜煤仓收口漏斗底板倾角应与煤仓倾角相同。锥形漏斗以下的拱顶部分为溜口和闸门基础。为了安装溜口和闸门，应在漏斗下方留一边长为 0.7m 的方形孔口，并在孔口预埋安装固定溜口的螺栓。

4. 溜口及闸门装置

煤仓的溜口一般制成四方锥形，在溜口处安设可以启闭的闸门。按开闭闸门所使用的动力，可将闸门分为手动、电动和气动三种；按闸门的形式，分为扇形闸门和平闸门两种，其中扇形闸门有单扇和双扇之分，单扇闸门又分上关式、下关式和反扇形闸门。上关式最好用气动闸门，采用手动闸门时，多采用下关式。

选择闸门时，应以操作方便省力、启动迅速可靠为原则，多采用上关式气动闸门。

溜口、闸门与矿车的位置关系如图 17-4 所示。

常用的溜口方向有以下三种：图 17-5a 所示为溜口方向与矿车行进方向一致（顺向）；图 17-5b 所示为溜口方向与矿车行进方向垂直（侧向）；图 17-5c 所示为溜口方向对准轨道中心线（垂直）。从装车效率来看，顺向及垂直方式较好，横向溜口矿车一侧不易装满，且易撒煤。目前，多采用与矿车行进方向一致的顺向溜口。

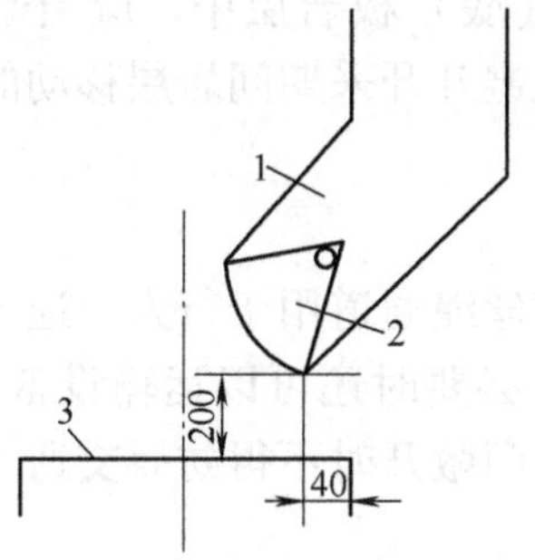

图 17-4　溜口、闸门与矿车的相对位置

1—溜口　2—闸门　3—矿车

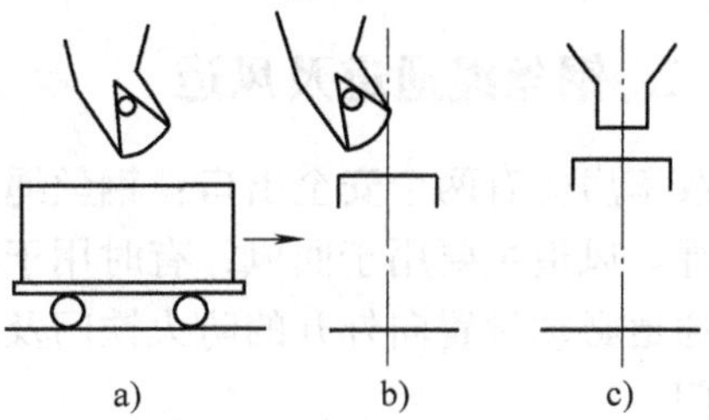

图 17-5　溜口方向

a）顺向　b）侧向　c）垂直

当煤仓下口要求连续均匀装煤时，煤仓漏斗下方应设置给煤机。

【任务考评】（见表 17-1）

表 17-1　任务考评

过程考评	配分	考评内容	考评实施人员
素质考评	12	设计纪律	理论教师和现场教师综合考评
	12	遵守操作规程情况	
	12	团结协作情况、与教师交流情况	
实操考评	16	理论知识口述：说出本组煤仓设计参数和本组设计思路	
	16	任务实施过程正确	
	16	完成本次工作任务，效果良好	
	16	按工作任务实施指导书完成学习总结，总结所反映出的工作任务完整	

课题二 采区绞车房设计

【任务描述】

采区绞车房是采区上部车场的主要硐室，绞车房设计得是否合理，将直接影响采区的辅助提升运输能力。

【相关知识】

一、绞车房的位置

绞车房应位于围岩坚固稳定的薄及中厚煤层或顶（底）板岩层中，应当避开大的地质构造、大的含水层和有煤与瓦斯突出危险的地区，且应避开开采期间岩层移动的影响。

二、钢丝绳通道及风道

绞车房应有两个安全出口：钢丝绳通道及风道。钢丝绳通道用于行人、通风、运输设备和走绳。风道主要用于回风，有时用于存放电气设备，必要时还可以运输设备及用于行人。硐室通道必须设置向外开的防火铁门及铁栅栏门，且铁门敞开时不得妨碍交通。风道须设调节风门。

回风道的位置有三种，即位于硐室的左侧、右侧和后侧，如图 17-6 所示。

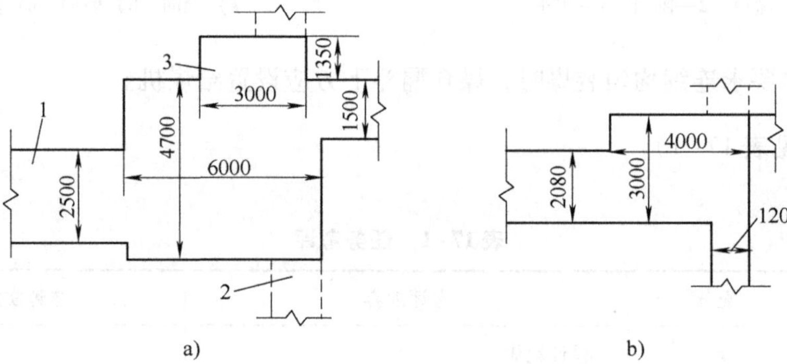

图 17-6 绞车的平面尺寸

a）滚筒直径为 1200mm b）滚筒直径为 1800mm

1—绳道 2—左侧风道 3—电动机壁龛

为使电动机散热良好，风道应靠近电动机一侧布置。若总回风道位于车房后面且距离车房较近，则回风道位于右后方是合理的。当回风道位于左侧时，行人较方便，但对电动机散热不利。

回风道的断面较小，净宽为 1.2 ~ 1.5m。回风道至绞车房 5m 长度内应用不燃性材料支护，钢丝绳通道的位置应使通道的中心线与提升中心线重合。钢丝绳通道内可只设单边人行道，人行道的位置最好与轨道上山的人行道一致，以利于行人及安全。钢丝绳通道的宽度通常为2~2.5m，并在5m以内，采用不燃性材料支护。钢丝绳通道断面与上（下）山断面可以一致。为了便于施工，常将钢丝绳通道壁的一侧与绞车硐室壁取齐。

三、绞车房的平面布置及尺寸

1. 绞车房的平面布置

进行绞车房布置时，应在保证安全生产和易于安装检修的条件下，尽可能布置得紧凑，以减少硐室的工程量。应有绞车型号、外形尺寸、绞车及电动机基础图、机械和电气安装图以及绞车所属的其他设备（如配电开关、金属电阻箱或液体电阻等）等基本资料。

2. 绞车房的尺寸

绞车基础前面和右侧与硐室壁的距离以能在安装或检修绞车时运出电动机为准。绞车的后方应在布置电气设备后，便于司机操作活动，并能在司机后面通过行人。绞车左侧与硐室壁的距离可按方便行人考虑。绞车房的主要尺寸见表17-2。

表17-2　绞车房的主要尺寸　（单位：mm）

绞车型号	宽度			高度			长度			断面形状
	左侧人行道	右侧人行道	净宽	自地面起壁高	拱高	净高	前面人行	后面人行	净长	
JT800X 600-30	600	1000	3000	1200	1500	2700	800	1200	4000	半圆拱
JT1200X 1000-24	700	950	4700	800	2350	3150	1000	1000	6000	半圆拱
JT1600X 1200-20	700	1050	5800	1200	2900	4100	1200	1560	7600	半圆拱
JT1600X 900-20	850	1020	6400	900	3200	4100	1200	1560	7600	半圆拱

四、绞车房的高度

绞车房的高度应按起重设施的布置要求确定。

安装1.2m以上绞车的绞车房应设起重梁。起重梁一般采用Ⅰ20~Ⅰ40工字钢制成，两端插入壁内300~400mm。安装1.2m以下的绞车时可用三角架。

五、绞车房的坡度

绞车房地面应高于钢丝绳通道底板100~300mm，并向绳道倾斜2‰~3‰，以免积水。考虑到风道的排水和有时需从回风道运出设备，回风道应向外倾斜，以倾角不大于3°为宜。

六、绞车房的支护

绞车房应采用不燃性材料支护，并用C15混凝土铺底，由于硐室的跨度和高度较大，故一般用直墙半圆拱碹。采用料石砌碹时，料石强度等级应大于MU30，砌体允许抗压强度应大于2.2mPa；采用混凝土砌拱时，允许抗压强度应大于2.5mPa。有条件的地方应尽量用锚喷支护。

顶板淋水较大时，一般采用料石墙混凝土拱顶，并应在拱后铺两层油毛毡，然后涂沥青和水玻璃，以提高混凝土的抗渗水性；同时，壁上应安导水管，室内应设水沟。顶压太大时，可在整个硐室拱基线以下 200 ~ 300mm 处放置一层木砖，并与无木砖的巷道之间留设沉降缝。

【任务考评】（见表 17 - 3）

表 17 - 3 任务考评

过程考评	配分	考评内容	考评实施人员
素质考评	12	设计纪律	理论教师和现场教师综合考评
	12	遵守操作规程情况	
	12	团结协作情况、与教师交流情况	
实操考评	16	理论知识口述：说出本组绞车房设计参数和本组设计思路	
	16	任务实施过程正确	
	16	完成本次工作任务，效果良好	
	16	按工作任务实施指导书完成学习总结，总结所反映出的工作任务完整	

课题三 采区变电所设计

【任务描述】

采区变电所是向采区供电的枢纽。由于低压输电的电压降较大，为了保证采区正常生产，必须合理地选择采区变电所的位置。

【相关知识】

一、采区变电所的位置

确定采区变电所的位置时，应考虑以下内容：对于范围较小的采区，尽可能由一个采区变电所向采区全部采掘工作面的受电设备供电，并使之位于负荷的中心；对于较大的采区，可设两个或两个以上变电所，当开采过渡到下一阶段时，尽可能充分利用原有变电所，尽量减少变电所的迁移次数，应保证最远端的设备正常启动，并要求采区变电所通风良好，而且所选地点应易于搬迁变压器等电气设备、无淋水、地压小、易于进行硐室的维护。

采区变电所的具体位置一般设在输送机上山与轨道上山之间或上（下）山巷道与运输大巷交岔点附近。

二、采区变电所的尺寸和支护方式

采区变电所的尺寸取决于硐室内设备的数目、规格、设备间距及设备与墙壁之间的距离等因素。

硐室内主要行人道的宽度应大于 1. 2m。采区变电所的高度应根据行人高度、设备高度及吊挂电灯的高度来确定，一般为 2. 5 ~3. 5m。

图 17 - 7 所示为 2 ×180kV 采区变电所硐室图。

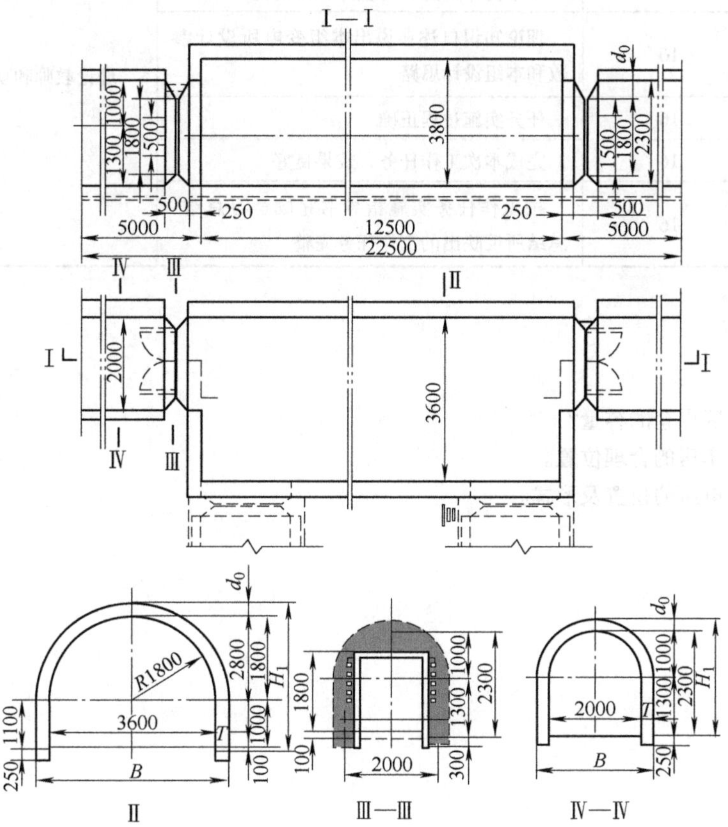

图 17 - 7　采区变电所硐室图

采区变电所采用不燃性材料支护；一般情况下采用拱形石材砌碹，服务年限短的可采用装配式混凝土支架。尽量采用锚喷支护；采用石料支护时，强度等级不得小于 MU30。采用混凝土拱时强度等级不应低于 C15，铺底可用 C10 混凝土。

当变电所的地面应高出邻近巷道 200 ~300mm，且应有 3‰的坡度。

当变电硐室的长度超过 6m 时，必须在硐室两端各设一个出口，并在通道 5m 范围内用不燃性材料支护。

硐室与通道的联接处应设防火栅栏两用门，防火栅栏两用门的挡墙可用 C10 混凝土砌筑。设有两个通风道的采区变电所，一个用于进风，一个作为回风。通道宽度以能通过最大设备及能安装标准防火栅栏门为原则。

【任务考评】（见表 17-4）

表 17-4　任务考评

过程考评	配分	考评内容	考评实施人员
素质考评	12	设计纪律	理论教师和现场教师综合考评
	12	遵守操作规程情况	
	12	团结协作情况、与教师交流情况	
实操考评	16	理论知识口述：说出本组变电所设计参数和本组设计思路	
	16	任务实施过程正确	
	16	完成本次工作任务，效果良好	
	16	按工作任务实施指导书完成学习总结，总结所反映出的工作任务完整	

📖 思考与练习

1. 如何确定采区煤仓的容量？
2. 试述采区绞车房的合理位置。
3. 试述采区变电所的位置及形式。

第四篇

露天开采

【学习目标】

📖 知识目标：

1）熟知地下开采与露天开采的区别。

2）了解露天开采的采煤特点。

📖 技能目标：

1）认识露天开采的开拓系统和运输系统。

2）能够比较露天开采与井下开采的适用条件。

【任务描述】

在学习地下采煤法的基础上，进一步认识露天开采的特点和生产系统，比较其与地下采煤方法的异同，加深对不同采煤法的理解。

对于储量丰富、埋藏浅的煤田（或矿田），可采用剥离煤层上部覆盖岩土层的方法进行开采，这种开采方法叫做露天开采。目前，我国大型的露天矿有山西平朔、内蒙古霍林河和准格尔、陕西神府等。

我国露天煤矿开采技术的发展方向是：开采规模大型化，工艺连续化，应用联合开拓方式，工艺设备大型化，以及加强计算机在露天矿设计、管理中的应用。

单元十八　露天开采概述

课题一　露天矿开采工艺

【任务描述】

露天开采的特点是采掘空间直接敞露于地表，为了实现采煤，需要剥离煤层上覆土壤及其四周的土岩。因此，采场内建立的露天沟道和线路系统除担负着煤炭运输任务外，还需将比煤量多几倍的土岩运往指定的排土场。所以，露天开采是采煤和剥离两部分作业的总称。

【相关知识】

一、生产工艺环节

露天开采工艺分为主要生产环节和辅助生产环节。

1. 主要生产环节

（1）松碎　煤岩必须进行预先松碎后才能采掘。

（2）采装　利用采掘设备将工作面煤岩铲挖出来，并装入运输设备的过程。

（3）运输　采掘设备将煤岩装入运输设备后，煤被运至卸煤站或选煤厂，土岩运往指定的排上场。

（4）排土和卸煤　土岩按一定程序有计划地被排弃在规定的排土场内，煤被卸至选煤厂或卸煤站。

2. 辅助生产环节

辅助生产环节包括动力供应，疏干及防排水，设备维修，线路修筑、移设和维修，以及滑坡清理与防治等。

二、露天开采的优、缺点

与矿井开采相比，露天开采有以下优、缺点：

优点是：

1）生产规模大。

2）生产率高。

3）生产成本低。露天开采成本的高低与所选择的工艺、煤岩运距、开采单位煤量所需剥离的土岩数量等有关。与矿井开采方式相比，露天开采的吨煤成本比较低。据统计，世界各地露天采煤的吨煤成本约为矿井开采吨煤成本的1/2。

4）煤炭采出率高，一般可达90%以上，还可对伴生矿产进行综合开发。

5）作业空间不受限制。露天矿由于开采后形成的是敞露空间，可以选用大型或特大型的设备，因而开采强度较大。

6）木材、电力消耗少。

7）建设速度快，产量有保证，生产安全，劳动条件较好。

缺点是：

1）占用土地多，污染环境。露天开采后的复田工程需要花费相当数量的时间与资金。

2）受气候影响大，严寒、风雪、酷暑、暴雨等会影响露天矿生产。

3）对矿床赋存条件要求严格。露天开采范围受到经济条件的限制，因此覆盖层太厚或埋藏较深的煤层尚不能使用露天开采法。

课题二 采场要素及开采工艺分类

【任务描述】

采场要素是指露天矿的井田范围、边邦及其角度等；开采工艺介绍采矿过程，常见的有机械开采工艺和水力开采工艺两大类。

【相关知识】

一、采场要素

（一）露天开采境界及边帮要素

1. 露天开采境界

露天开采境界是露天开采终了时的空间状态。它包括开采终了时的地面境界 AB，边帮 AC、BD 和底部境界 CD，如图 18-1 所示。

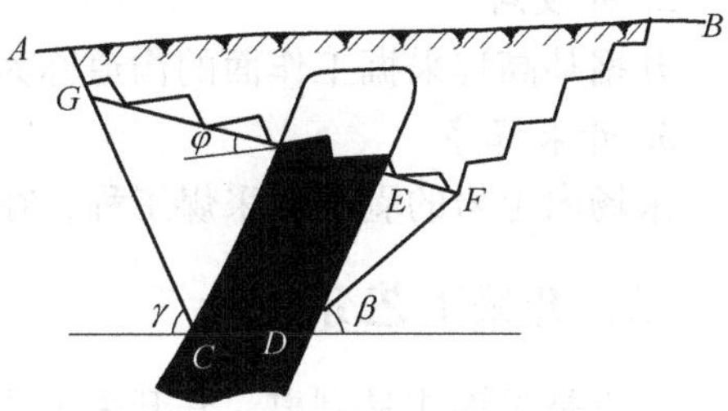

图 18-1 露天采场构成要素

2. 边帮

边帮是由采场四周坡面及平台组合而成的表面总体，包括以下部分：

（1）工作帮 由工作台阶组成，是正在进行开采的那部分边帮，如图 18-1 中的 GE。

（2）非工作帮 由非工作台阶组成的边帮，如图 18-1 中的 AG 和 BF。

［视频链接］…\ 煤矿视频…\ 《吞噬地球》、《地球力量》05. swf

3. 边帮角

（1）工作边帮角 由工作帮最上台阶和最下台阶坡底线形成的假想平面与水平面的夹角，如图 18-1 中的 φ。

（2）最终边帮角 露天采场终了时，由最上台阶坡顶线和最下台阶坡底线组成的假想平面与水平面的夹角，如图 18-1 中的 β 和 γ。

（二）台阶要素

在开采过程中，为满足采运作业的需要，往往把露天采场划分为具有一定高度的水平分层，每一个分层称为一个台阶，如图 18-2 和图 18-3 所示。

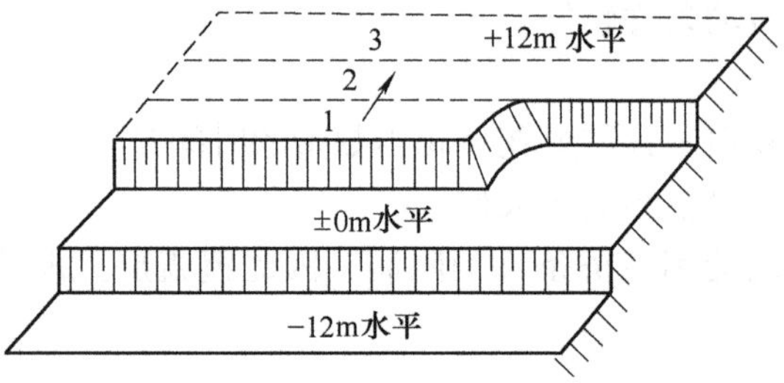

图 18-2　矿场划分为台阶
1、2、3—台阶

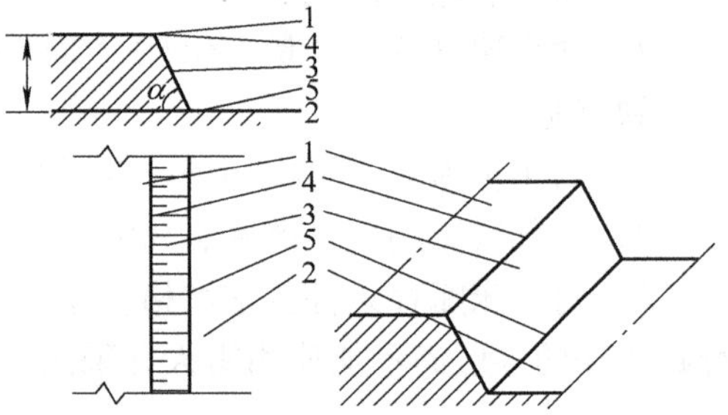

图 18-3　台阶的构成要素
1、2—台阶　3—台阶坡面
4—台阶坡顶线　5—台阶坡底线

台阶的要素如下：

（1）台阶坡面　台阶朝向采空区一侧的倾斜面，如图 18-3 中的 3。

（2）台阶坡面角　台阶坡面与水平面的夹角，如图 18-3 中的 α。

（3）台阶坡顶线　台阶上部平盘与坡面的交线，如图 18-3 中的 4。

（4）台阶坡底线　台阶下部平盘与坡面的交线，如图 18-3 中的 5。

（5）台阶高度　台阶上平盘与下平盘的垂直距离。

（三）开拓及开采要素

1. 出入沟

建立采场与地表运输通路的露天沟道称为出入沟。

2. 开段沟

开掘某高程采掘工作面的沟道称为开段沟。

3. 开采程序

采场内土岩的剥离和采煤工程，在空间与时间上合理配合的发展顺序称为开采程序。

二、开采工艺分类

无论是采煤或是剥离，其开采工艺都与所使用的设备有关，可以分为机械开采工艺和水力开采工艺两大类。机械开采工艺在露天开采中所占的比重较大，按主要采运设备的作业特征，机械开采工艺又可分为如下几种。

1. 间断式开采工艺

间断式开采工艺中的采装、运输和排土作业是间断进行的。

2. 连续式开采工艺

连续式开采工艺在采装、运输和排土三大主要生产环节中，物料的输送是连续的。

3. 半连续式开采工艺

在整个生产工艺中，一部分生产环节是间断式的，另一部分生产环节是连续式的。

上述各种机械开采工艺各有其适用条件和优点：间断式开采工艺适用于各种硬度的煤岩和赋存条件，故在我国及世界上使用广泛；连续式开采工艺的生产能力高，是开采工艺的发展方向，但其对岩性有严格要求，一般适合开采松软土岩；半连续开采工艺是介于间断式和连续式工艺之间的一种方式，它具有两种工艺的优点，在采深大及矿岩运距远的露天矿山中有很大的发展前途。

水力开采工艺主要是利用水枪冲采土岩进行剥离。运输可以采用自流式，也可以利用管道加压运输至水力排土场。

上述各种开采工艺，在适宜的条件下都能产生较好的经济效益。所以，根据矿山条件选择开采工艺是采矿工作者的一项重要任务。

思考与练习

1. 露天开采工艺环节有哪些类型？
2. 露天开采的优、缺点有哪些？
3. 试述采场要素。

单元十九　露天矿开采方法

【学习目标】

📖 知识目标：

1）认识露天开采的开采工艺。

2）了解露天开采各个工序的特点。

📖 技能目标：

1）认识露天开采的开拓系统和运输系统。

2）了解露天采煤方法的采装、排土、运输等生产过程。

课题一　露天矿开采工艺

【任务描述】

露天开采工艺包括松碎、采装、运输、排土等方面。各方面互为因果，相互关联。

【相关知识】

一、间断开采工艺

（一）煤岩预先松碎

露天开采所用采装设备的切割力是有限的。采掘设备可以直接铲挖软岩，但更多的中等硬度以上的煤层和岩层则难以直接挖掘。因此，必须对这些煤岩进行预先松碎。煤岩预先松碎效果的好坏将影响到采装、运输、排土设备的效率及采煤成本。如有大块煤必须进行二次破碎，这样就会提高成本，影响装车效率；若松碎过细，则会影响煤的质量和价格。露天矿广泛采用的预先松碎方法是穿孔爆破。选用合适的钻孔设备，按一定规格打出孔眼，再进行装药爆破，爆破后使煤岩松散成一定规格的块度，以便于采装。

1. 钻孔

（1）钢绳冲击式钻机　钢绳冲击式钻机的工作原理如图 19 - 1 所示，它靠钻具 1 自由下落冲击孔底而凿碎岩石。经一定时间向孔内注入一定量的水，使孔底岩粉与水混合形成悬浮岩浆，再

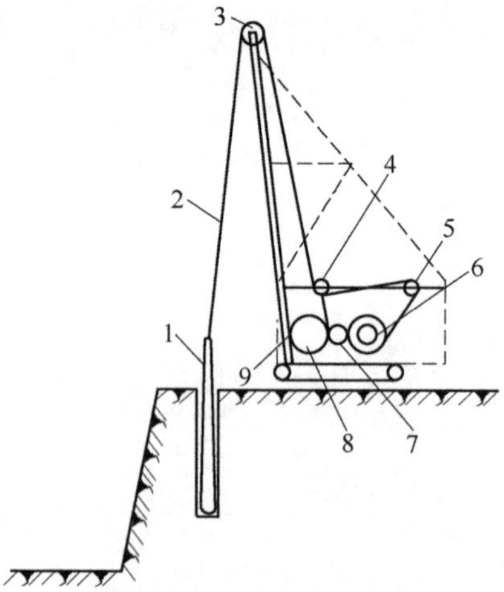

图 19 - 1　钢绳冲击式钻机工作原理示意图

1—钻具　2—钢绳　3—天轮　4—压轮　5—后绳轮　6—卷筒　7—主动齿轮　8—冲击轮　9—桅架

定时用取碴筒取出泥浆。

这种穿孔机结构简单、适应性强、易于维修、备件充足；但作业过程是间断式的，故钻孔效率低，劳动强度大。

（2）潜孔钻机　它是一种风动冲击式钻机。工作时将冲击器和钻头一起潜入钻孔，压缩空气经钻杆送入冲击器冲击钻头，孔底岩粉由压气排出孔外。

潜孔钻机结构简单，钻机机架和水平面的夹角可以改变（60°~90°），故可以穿凿倾斜孔，满足控制爆破要求；其穿孔成本较低，穿孔效率一般比钢绳冲击式钻机高2~3倍。由于这种钻机的钻孔直径较小，故爆破后产生的煤岩块块度较小。

潜孔钻机适用于中等硬度的岩石。

（3）牙轮钻机　它是一种回转钻机，工作时借助推压提升机构向钻头施加高钻压和转矩，使煤岩在静压、少量冲击和剪切作用下破碎，岩碴通过压缩空气吹出孔外。

牙轮钻机的效率高、适应性强，在各种硬度岩石中的作业效果比其他钻机都好。在相同的穿孔条件下，牙轮钻机的穿孔效率比钢绳冲击式钻机高4~5倍，比潜孔钻机高1~2倍，成本低。

2. 爆破

爆破工作是将煤岩从整体中分离下来，按一定块度和工程要求堆积成一定的几何形体。

［视频链接］…\ 煤矿视频…\ 《国内煤矿介绍》 \ 露天矿生产场景 . swf

（1）矿用工业炸药　主要使用以硝酸铵为主，加适量可燃剂组成的干爆炸剂；以及以硝酸铵水溶液为主，加敏化剂等组成的含水炸药，如铵梯炸药、铵油炸药及铵沥蜡炸药等。

（2）起爆方法及器材　起爆方法应力求安全、可靠，充分利用炸药能量。起爆方法可分为电起爆和非电起爆两类。电起爆有电雷管和起爆器两种，非电起爆有火力起爆和导爆索起爆。

（二）采装

采装工作是将软岩或被预先松碎了的煤岩，通过机械设备采挖并装入运输设备中，或倒卸在指定地点。

广泛得到应用的间断式采装设备有单斗挖掘机和前装机等。

1. 单斗挖掘机

单斗挖掘机按其工作装置可分为正铲、反铲、刨土铲、拉铲和抓斗铲，如图19-2所示。

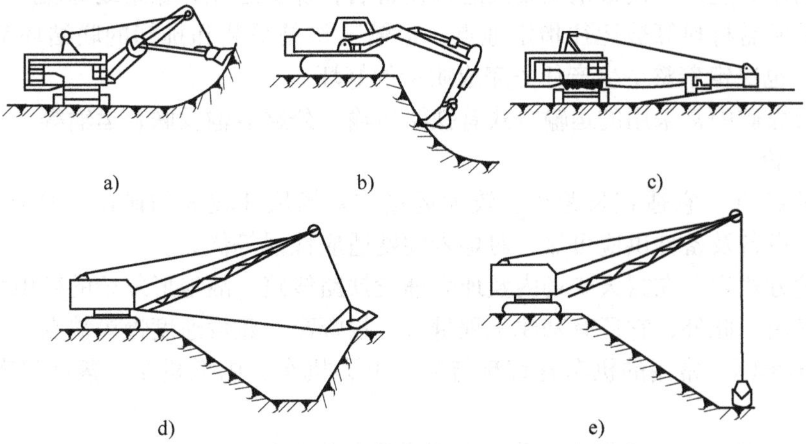

图19-2　各种工作装置的单斗挖掘机示意图

a）正铲　b）反铲　c）刨土铲　d）拉铲　e）抓斗铲

(1) 正铲

1) 正铲的组成。正铲由底座、机体、臂架和工作机构组成。

2) 工作面规格。如图 19-3 所示。

① 挖掘半径 R_W。挖掘时，由挖掘机回转中心至铲斗斗尖的水平距离。推压杆最大水平伸出时的挖掘半径为最大半径 H_{Wmax}；铲斗平放在站立水平面上时的挖掘半径称为站立水平挖掘半径 H_{WP}。

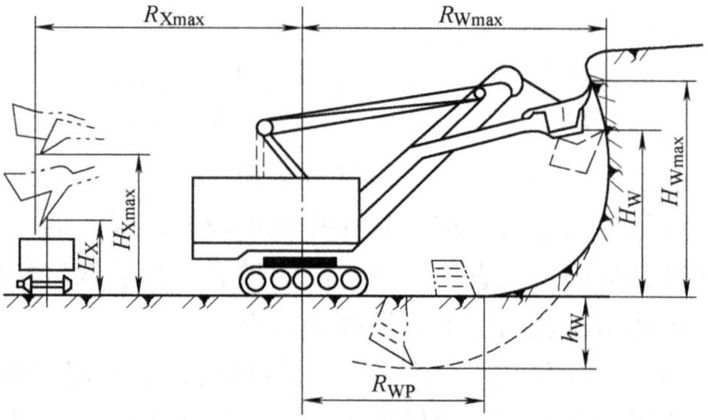

图 19-3　正铲工作面规格

② 挖掘高度 H_W。铲斗齿尖距站立水平面的垂直距离。推压杆伸出最大、提到最高位置时的垂直距离称为最大挖掘高度 H_{Wmax}。

③ 卸载半径 R_X。卸载时，由挖掘机回转中心至铲斗中心的水平距离。推压杆水平伸出最大时的卸载半径称最大卸载半径 R_{Xmax}。

④ 卸载高度 h_W。卸载时，被打开的斗门下缘距站立水平面的垂直距离。当推压轴伸出最大和提到最高位置时，斗门下缘距站立水平面的垂直距离称最大卸载高度 h_{Wmax}。

⑤ 下挖深度 h_X。铲斗下挖时，由站立水平面至铲斗齿尖的垂直距离。

(2) 液压铲　液压铲的重量轻，挖掘过程灵活平稳、效率高，利于选采。其缺点是设备制造工艺要求高，维修复杂，在严寒地区作业时需要特备低温油等。液压铲在边远新建矿区及基建时期因主要是油压动力而显得更合适。

2. 前装机

前装机将采装、短距离运输、排弃和辅助作业集于一体。它灵活机动，运行速度高，缓坡作业性能好，维护费用低。前装机多是轮胎式的，运输距离一般不超过 150m。

(三) 运输

煤岩从工作面经采装设备挖掘装入运输设备后，煤被运往卸煤站或选煤厂，岩被运往排土场，生产上所需材料等被运往指定地点。运输工作是采装和排卸的联结环节，起着“纽带”的作用，也决定着整个生产任务完成质量的好坏。

我国露天煤矿中常采用的运输方式有铁路运输、公路运输及联合运输等。

1. 铁路运输

(1) 运输特点　它适宜长距离、较大运量、采场尺寸较大的矿山。具有运输成本低、运输能力大、设备及备件供应可靠、对煤岩硬度适应性强等优点。

铁路运输方式需要在露天矿场内及地表铺设铁路线路，故地形复杂的矿山由于线路难以铺设而不能采用。此外，它还有基建工程量大、投资高、建设速度慢等缺点。

(2) 机车车辆　常用的机车有直流与交流电力机车、内燃机车、蒸汽机车和复合能源机车。

(3) 铁道线路　露天矿铁道线路按生产需要分为三类：

1) 固定线路。指露天矿地面干线、站线、采场、排土场内服务年限在 3 年以上的线路。

2）半固定线路。指采场、排土场内移动干线和站线、平盘联络线等。它的服务年限一般为1～3年。

3）移动线路。采场工作面的采掘线和排土场内的翻车线。

2. 公路运输

公路运输的主要设备是自卸汽车，它具有机动灵活性高、爬坡能力比铁路列车强、曲线半径小、建设速度快、基建投资低等优点。其主要缺点是运输成本高、合理运距小。

（1）矿用自卸汽车　自卸汽车按其传动方式可分为机械传动、液压传动和电力传动。我国能够制造载矿量为7t、20t、32t、68t、100t的自卸卡车。载矿量350t级的特大型电力传动汽车已在美国矿山试用。矿用汽车正在向大吨位发展。

（2）道路　露天矿道路路面质量的好坏直接影响到汽车运行速度、燃料消耗、轮胎磨损和汽车保养。露天矿道路分为生产干线、生产支线、联络线和辅助线四种类型。

3. 联合运输

除铁道、汽车运输外，还有箕斗运输、斜坡卷扬串车运输、重力运输（溜井）等。后几种运输方式不能作为独立的运输方式，仅能与其他运输方式组成联合运输方式。

（四）排土

露天开采为了采煤而必须剥离的土岩，经运输设备运至一定地点排弃，这个排弃的场所称为排土场。排土场选在开采范围外，称为外排土场；利用已开采的空间进行排弃，称为内排土场。

由于被剥离的土岩往往是采煤量的几倍，所以场地的选择、容量大小、距离采场的远近都将直接影响到剥离成本。

选择排土场位置时，首先应考虑近距离排土，少占或不占农田，尽可能减少对环境的污染。在近水平和缓斜煤层条件下，从开采设计上应尽可能采用采场内采空区排土；在倾斜与急斜煤层条件下，可利用分区开采实现内排，或将剥离物排至已采尽的采空区，这些均为内排土。内排土时，采掘工作面和排土工作面间应留一定的安全距离。为了达到近距离排土，降低采煤成本，采场附近选择的近距离排土场不一定是一个，可以是两个或多个。但总的排弃空间应能满足排弃全部剥离量的要求。

二、连续开采工艺

间断开采工艺系统的适应性强，得到了广泛应用。但是，由于它是间断作业，与作业直接目的有关的工作时间短。为了克服其不足，相应地出现了煤岩的采装和连续进行移运的开采工艺系统。

露天开采中使用的连续工艺系统有：轮斗挖掘机或链斗挖掘机→带式输送机→排土机；轮斗挖掘机或链斗挖掘机→运输排土桥或悬臂排土机等工艺系统。

（一）采装设备——轮斗挖掘机

1. 结构

斗轮是轮斗挖掘机切割物料的机构。在斗轮轮周上装有铲斗，挖掘机工作时，铲斗随斗轮体同时旋转，在旋转过程中切割物料。

装载臂的结构形式有三种：悬臂式、桥式和胶带车配合式。

2. 物料流程

工作面上的煤岩被斗轮切割后，经斗轮臂上胶带、机体内部、转入装载臂装载到工作面带式轨道机上。

3. 工作面采掘方式

轮斗挖掘机广泛采用端工作面采掘方式，如图 19-4 所示。切割的基本方式有水平切片和垂直切片两种。垂直切片方式使用比较广泛。

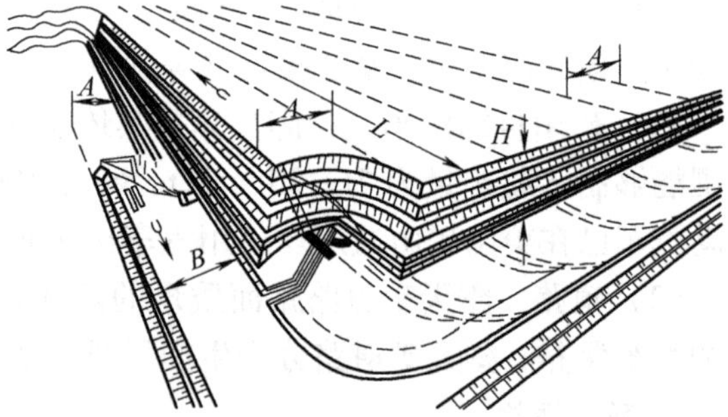

图 19-4　轮斗挖掘机的端工作面采掘方式

H—采高　*A*—采宽　*L*—采区长度　*B*—工作平盘宽度

轮斗挖掘机的工作面参数有采高 *H*、采宽 *A*、采区长度 *L* 及工作平盘宽度 *B*。采高、采宽主要取决于轮斗挖掘机的工作规格。工作平盘宽度除与轮斗铲的规格有关外，还与工作面运输类型有关。采区长度增长，由于减少了开切量及端部作业量，会使轮斗铲作业率增大，但又会增加胶带机长度及煤岩运距。

（二）运输设备——带式输送机

1. 结构

带式输送机的结构比较简单，分机头、机架、胶带和机尾四部分。物料由轮斗挖掘机装载臂卸到带式输送机上的漏斗车中，再装到槽形胶带上，通过驱动滚筒与胶带之间的摩擦力带动胶带运转，从而实现物料的输送。机头为胶带机驱动部分，包括电动机、减速箱传动系统、滚筒、支承机架及移行机构等。机尾有滚筒和拉紧装置。

2. 主要参数

1）胶带宽度主要取决于要求的输送量和输送物料的块度。

2）胶带速度可按要求的输送量、物料类型等因素确定。

3）槽角一般选用 40°~45°，槽角的大小与运量及物料类型有关。

4）胶带强度指带宽方向上平均每厘米长度可承受的拉力，它决定着单机的最大长度。

3. 分流设备

由于物料的用途和流向不同，带式输送机从工作面运来的物料，必须根据不同流向进行分流。常用分流设备为回转式分流转载机和伸缩机头式分流站。

（三）排土设备——悬臂式排土机、排土桥

1. 悬臂式排土机

如图 19-5 所示，物料由工作面来料胶带经过胶带卸料车、受料臂，通过排料臂回转排土。

2. 排土桥

排土桥由主桥和排土悬臂组成。两者都是桁架结构，用于支设输送机、传动装置、转载设备和卸料设备。排土桥由两个行走架支承，行走架在轨道上行走。

悬臂式排土机可以用在外排土场和内排土场，排土机横跨于采掘与排土台阶之间。当煤层呈近水平或缓斜埋藏时，悬臂式排土机可与轮斗挖掘机配合，形成横向内排土，如图 19-6 所示。

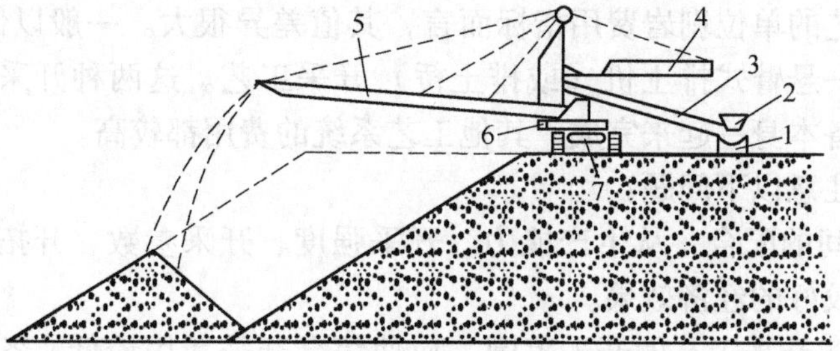

图 19-5 悬臂式排土机
1—工作面来料胶带 2—胶带卸料车 3—受料臂 4—平稳臂 5—排料臂 6—可回转机体 7—行走机构

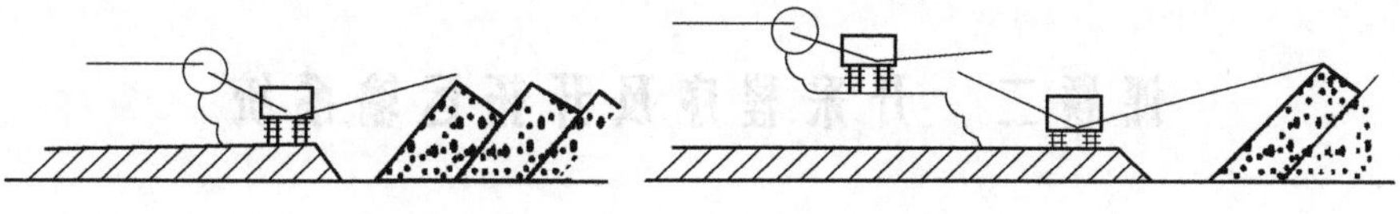

a)　　　b)

图 19-6 悬臂式排土机横向内排
a）直接内排 b）转载内排

三、半连续开采工艺

露天开采工艺中，部分工艺环节为连续的，部分为间断的，称为半连续工艺系统。

半连续工艺系统的产生，目的在于扩大连续工艺系统的适用范围。半连续开采工艺适合在中硬及硬岩条件下使用带式输送机运输。

半连续工艺系统的形式如下。

1. *带筛选设备的半连续工艺系统*

煤岩爆破后，85% ~90% 的物料可以用带式输送机直接输送，而物料不必再进破碎机，直接选用筛分设备，对筛选物料进行重新破碎，以降低破碎费用。

2. *带破碎机的半连续工艺系统*

煤岩爆破后，所含大块比例较大，可在工作面设置移动破碎机或半固定、固定破碎机。

移动破碎机在作业过程中要随工作面的推进而移动。采用固定或半固定破碎机时，机械铲所采煤岩要通过中间运输设备运往固定、半固定破碎机，而后经过带式输送机运往目的地。所以，固定破碎机应设在非工作帮或地面境界以外；半固定破碎机则可设在采场内或地表某处，但需要定期移设。移设的次数和时间视经济因素而定，倾斜矿床一般为推进 50 ~ 80m 的深度移设一次。

四、综合开采工艺

由于开采总厚度、覆盖物厚度、岩性、内外排土场容量及物料运距等的不同，可充分利用各种不同开采工艺的长处，在一个露天矿场内选用两种或两种以上的开采工艺配合作业，称为综合开采工艺。

就各种开采工艺的单位剥岩费用指标而言，其值差异很大。一般以倒堆开采费用最低，其次为轮斗挖掘机—悬臂式排土机（或排土桥）开采工艺。这两种开采工艺都省略了运输设备，而由采装设备本身一起来完成。其他工艺系统的费用都较高。

综合开采中应注意以下问题：

（1）开采工艺间的配合　从生产能力、开采强度、开采参数、开拓运输系统等方面实现相互配合，获得较好的经济效果。

（2）合理划分各开采工艺的开采范围　应使综合开采费用最低，各工艺的设备能力得以充分发挥并相互适应，各工艺推进速度相协调。

综合开采工艺设备类型多，生产管理较复杂，但它能适应各种不同的开采条件，比单一开采工艺的经济效果好。所以，采用综合开采工艺是采矿开采工艺发展的必然趋势。

课题二　开采程序及开拓运输系统

【任务描述】

开采程序主要解决采煤、剥岩的顺序问题；开拓运输系统涉及铺设坑道内运输线路的问题。

【相关知识】

一、开采程序

露天矿场开采程序是指在露天开采范围内采煤、剥岩的顺序，即采剥工程在时间和空间上发展变化的方式。包括采剥工程台阶划分，采剥工程初始位置确定，采剥工程水平推进、垂直延深方式，工作帮构成等。

（一）采剥工程台阶划分及台阶开采程序

露天矿场内，采煤、剥离工程通过划分成台阶来开采。台阶的划分应有利于设备效率的发挥、作业安全及提高煤质。

台阶一般按水平划分，称为水平分层；有时是倾斜的表面，称为倾斜分层。

对每个单台阶来讲，台阶的开采程序为：开掘倾斜的出入沟→开掘开段沟→进行扩帮，如图19-7所示。

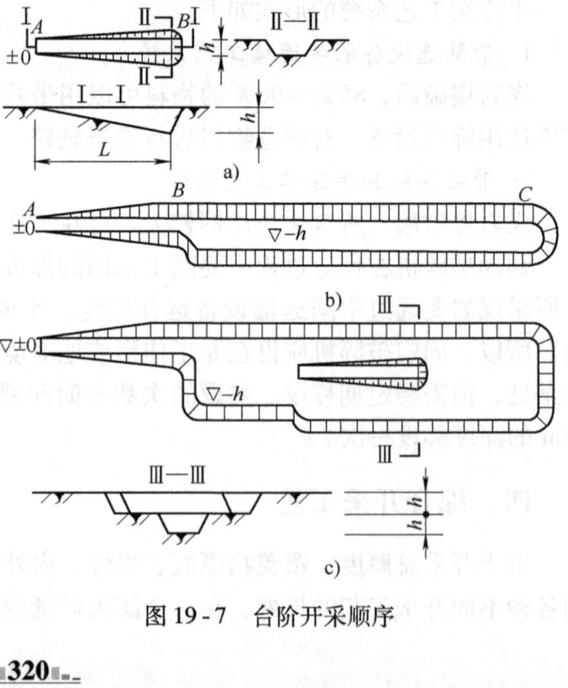

图19-7　台阶开采顺序

在图 19-7 中，*AB* 为出入沟（图 19-7a），*BC* 为开段沟（图 19-7b），*BC* 掘完后进行扩帮（图 19-7c）。扩帮到一定宽度后，又可进行下一个台阶的出入沟、开段沟和扩帮。

（二）工作帮及其推进

1. 开段沟初始位置确定

第一个台阶的开段沟位置一般选在剥离量少的煤层露头处，可设在煤层底板，也可设在煤层顶板。沟道可以平行于煤层走向，也可以平行于煤层倾向，如图 19-8a、b 所示。沟道呈圈形布置，如图 19-8c、d 所示。

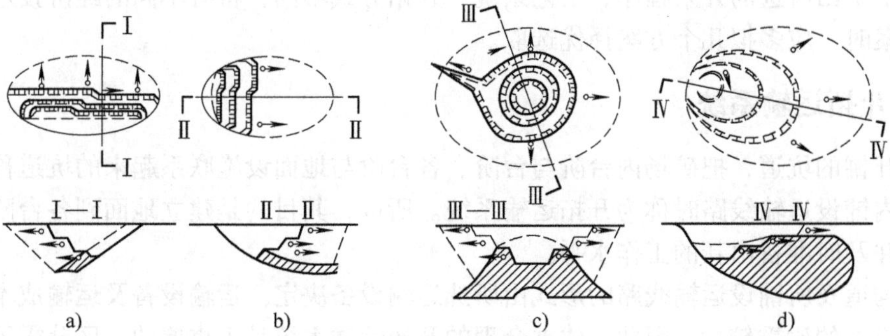

图 19-8　开段沟位置

2. 工作帮构成

工作帮形态取决于组成工作帮的各台阶之间的相互位置，通常可用工作帮坡角大小来表示，如图 19-9 所示。

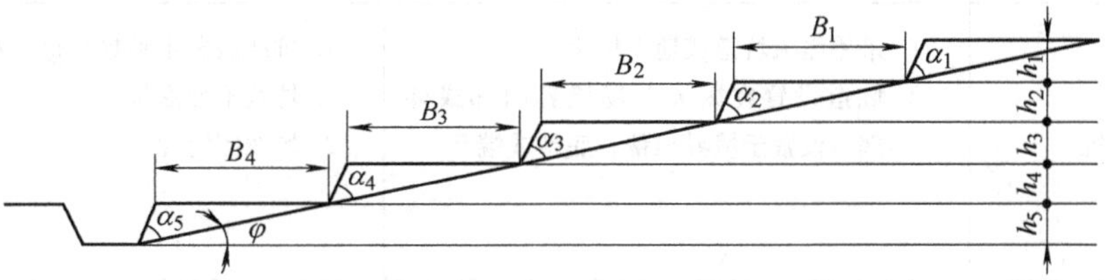

图 19-9　工作帮坡角

3. 工作帮推进

推进方向与矿山工程开段沟的初始位置有关。图 19-10a 所示是煤层底板拉沟，向顶帮推进，即一个工作帮。图 19-10b 所示是从煤层顶板拉沟，工作帮向顶、底帮两个方向推进，形成一个剥离工作帮，一个采煤工作帮。这两种台阶工作帮的推进方式均为平行推进。

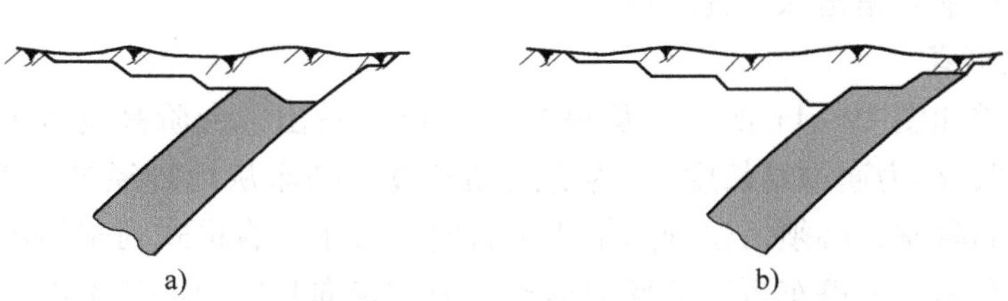

图 19-10　工作帮推进图

a）一个工作帮　b）一个剥离工作帮、一个采矿工作帮

（三）影响开采程序的因素

影响开采程序选择的因素有：煤岩赋存条件、露天矿场的尺寸和几何形状、工艺类型、开拓方式，以及煤产量、质量、投产时间、达产时间等。

煤岩赋存条件主要为煤层倾角大小、覆盖层厚薄和走向长度等。选择开采程序时，应考虑可否形成内排土场，因为这既是近距离排土，又是少占土地的措施。走向长度与工作线长度和产量有关。根据赋存条件和矿场尺寸，可以考虑台阶划分及台阶高度、设备的选型、开拓运输系统及第一个沟位的确定。

同一个矿山所选的开采程序、工艺系统、开拓方式不同，将有不同的经济技术效果。所以确定方案时，应多拟几个方案择优选取。

二、开拓运输系统

通过开掘的坑道，把矿场内台阶与台阶、各台阶与地面设施联系起来的坑道称为坑道系统。坑道内铺设运输线路时称为开拓运输系统。所以，其目的是建立地面到各台阶的煤岩运输通道，并及时准备出新的工作水平。

开拓沟道及所铺设运输线路的形式由所选运输设备决定。运输设备及运输成本占设备总投资和总成本的比重较大。因此，建立合理的开拓运输系统是很重要的。区分露天矿开拓运输系统特征的主要依据是露天矿的基本运输方式；进一步区分该系统的特点，则以坑道形式、坑线位置、坑线数量、平面形状及其固定性来进行。开拓运输系统的分类见表 19 - 1。

表 19 - 1　开拓运输系统的分类

类别	主要特征	一般特征
1. 铁路 2. 公路 3. 带式输送机 4. 提升坑道 5. 溜道	1. 采用露天坑道或地下坑道 2. 坑道设置在露天采场境界内部或外部，设置于境界顶帮、底帮或端帮	1. 坑线服务水平数及每个水平沟道数 2. 坑线平面形状 3. 坑线固定性
6. 联合	几种运输方式、坑道形态及坑线特征的联合	

（一）铁道运输开拓系统

铁道运输开拓在我国露天煤矿中占有较大比重。该开拓系统的运量大、成本低、运输设备及线路结构坚实，能适应各种气候条件下作业；但其爬坡能力差，要求的曲线半径大，基建工程量大，新水平开拓延深工程缓慢。

1. 坑线布置形式

坑线布置形式如图 19 - 11 所示。从纵断面图可以看出，台阶高度为 h，L 为露天矿底长，i 为限制坡度，l_c 为通过站长度，l 为折返站长度。列车从地表经过 3 次直进到折返站，由于受采场长度的限制，必须折返到达第 4 个台阶。其中，直进式列车的运行条件好，而采用折返式时，列车需要先停车再起动反向运行，故在走向长度允许的条件下，应尽可能采用直进式。但由于受矿场长度限制，不可避免地要采用折返式。所以，在铁路开拓矿山，无论是山坡露天还是凹陷露天，坑线布置一般是直进式和折返式两种方式的结合。为了提高列车运行速度，当上部台阶到边界后，可以废除原折返坑线，而全部采用沿边界直进延深，形成螺旋式坑线（图 19-12）。图示表明，原来的开拓方式是一台阶一折返，当上部几个台阶到边界后，坑线在直进到第二个台阶后，沿端帮（图上虚线）继续直进到▽-24，再直进到▽-36 和▽-48；下部未到边界的台阶，仍按折返式延深。

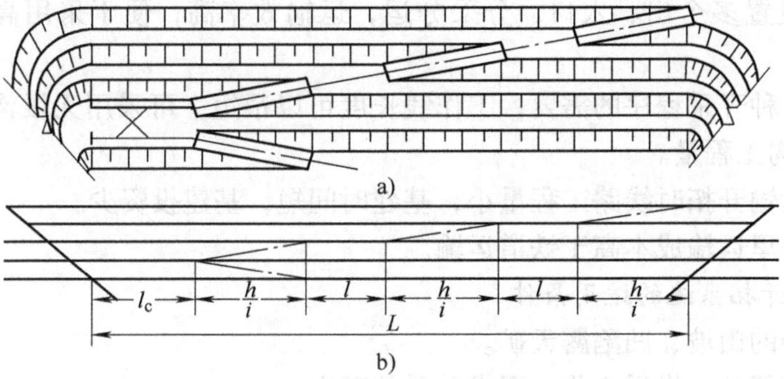

图 19-11 上部直进、下部折返坑线

a）平面投影 b）纵断面

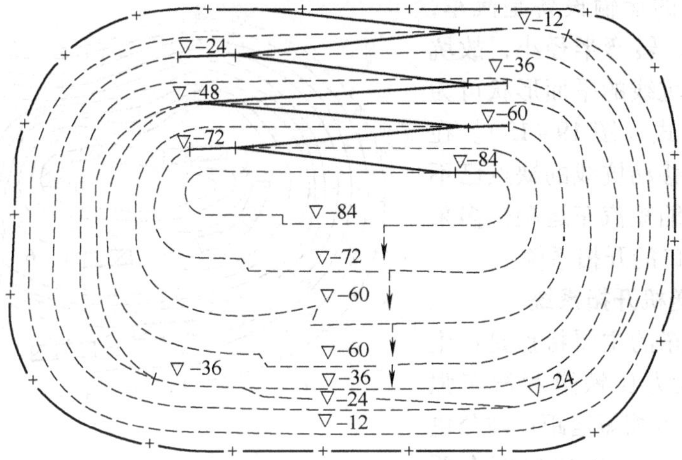

图 19-12 上部水平改为螺旋式坑线示意图

2. 坑线固定性

坑线设于非工作帮上时称为固定坑线，坑线设于工作帮上时称为移动坑线。固定坑线在生产中不受工作帮推进的影响，生产中不需定期移设，线路质量好；但矿床埋藏条件及水文、工程地质条件要清楚，并应有确定的最终边帮位置。移动坑线在一定条件下采用时也有许多优点：减少运距、基建工程量和初期生产剥采比，从而降低投资和成本，有利于新水平的准备等。

3. 多坑线系统

当露天矿场煤岩运量很大，一个坑线系统的运输能力不够或煤岩流向不一致时，可以设立两个或两个以上的沟道系统来满足不同需要，开采运输量很大的长、深露天矿时，还可成对建立坑线系统，分别通行空、重列车。

（二）公路运输开拓系统

1. 公路运输开拓的特点

1）机动灵活，利于选采。

2）矿场可设置多个出、入口，分采分运，运输效率高，便于采用高、近、分散的排土场。

3）能适应各种开采程序的需要，工作线长度可以很短，可采用无段沟或短段沟开掘新水平，以减少掘沟工程量。

4）比铁道运输开拓时线路工程量小，基建时间短，基建投资少。

5）矿岩吨公里运输成本高于铁道运输。

2. 公路运输开拓系统的适用条件

1）地形复杂的山坡、凹陷露天矿。

2）煤层赋存复杂、煤质变化、要求分采的矿山。

3）运距不长的山坡露天矿，一般不大于3km。

4）作为露天矿联合开拓方式的组成部分。

3. 坑线布置方式

公路开拓采用的运输设备是汽车，坑线坡度可达8%，转弯半径小，故坑线布置较为灵活。坑线的平面形状可为直进–回返螺旋方式（图19-13）。在汽车运输条件下，移动坑线的缺点已不明显，故实践中为缩短汽车运距，多采用移动坑线、多出口的开拓系统。

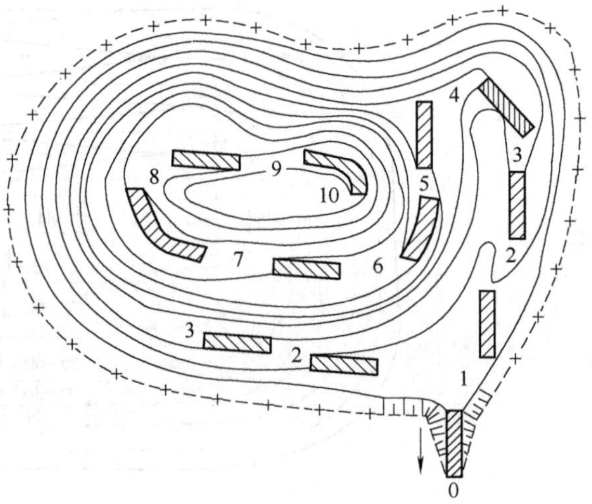

图19-13 直进-回返-螺旋坑线联合开拓系统
1、2、…、10—开采水平号

（三）带式输送机开拓系统

带式输送机开拓的主要特点是：生产能力大；爬坡能力比铁道和汽车强（可达16°～18°），可缩短运距；吨公里运输成本比汽车低；对煤岩块度有要求；敞露的带式输送机受气候条件影响。在露天矿采用连续工艺时，开拓系统比较单一。当采用半连续工艺时，须将物料破碎为合适的块度后再进入带式输送机系统，布置方式较简单。

除上述三种类型的开拓系统外，还有提升机-溜道开拓系统。使用提升机可以克服较大的开拓坑道高差，建立工作面与地表的运输联系。这种运输系统的运营费用低，节约能耗；但运输环节多，生产能力受到了限制。在山坡陡峻，相对高差较大的地形条件下，常用放矿溜道作为中间环节建立开拓运输系统，以降低费用。溜道和平硐应开凿于岩石普氏系数$f \geqslant 5 \sim 6$、没有较大断层破碎带和软岩夹层的岩层中。

课题三 露天矿生产能力

【任务描述】

露天矿的生产能力不仅指年产煤量，还有年剥离土岩量。年产煤量的确定是一个比较复杂的问题，应根据国家的需要、国内外市场的供求关系、矿山资源条件、开采范围大小、开采技术上的可行性、合理的服务年限、矿山建设的外部条件等，从经济上、技术上进行综合分析确定。

【相关知识】

一、露天开采境界

露天开采境界是指露天矿场开采终了时形成的空间轮廓。它由矿场的地表境界、底部境界和四周帮坡组成。

1. 影响露天开采境界的因素

（1）自然因素　包括煤层赋存状态、厚度、倾角、煤质、围岩岩性、地形地貌、工程和水文地质条件等。

（2）技术组织因素　包括开采技术水平、装备水平、地面主要建筑物、城市、厂房、铁路等。

（3）经济因素　包括基建投资、基建期和达产时间、煤炭的开采成本及销售价格、开采中煤炭的贫化损失、设备供应情况及国民经济发展水平等。

2. 合理开采深度的确定原则

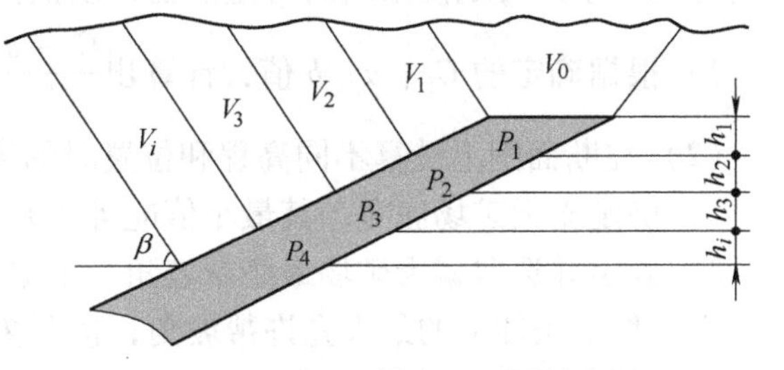

图 19-14　露天矿横断面开采示意图

当一个煤田或煤田的一部分被确定采用露天法开采时，首先必须确定以什么原则圈定其合理的开采范围。现以图 19-14 所示倾斜煤层横断面为例加以说明。设煤层厚度为 m，顶帮边帮角为 β，台阶高度为 $h_i(i=1, 2, \cdots, n)$，露头上部岩土量为 V_0。每向下延深一个高度采出煤量为 $P_i(i=1, 2, \cdots, n)$，所需剥离岩土量为 $V_i(i=1, 2, \cdots, n)$。则在 h_1 时采出煤量为 P_1，剥离岩土量为 V_1；在 h_2 时采出煤量和剥离岩土量分别为 P_2 和 V_2；直至 h_i 时，采出煤量和剥离岩土量分别为 P_i 和 V_i。从中可以看出，在 m、h 不变时，各水平采煤量 P 值的变化不大，而 V 值随着深度的加大和 β 的减小而增加。由此可见，露天开采的范围（深度）必然有一限度，即

$$C_L P_i \geqslant aP_i + bV_i \tag{19-1}$$

式中　C_L——露采煤炭售价（元/t）；

P_i——第 i 高程采出煤量（t）；

V_i——第 i 高程所需剥离土岩量（m^3）；

a——露天纯采煤成本（元/t）；

b——露天纯剥离成本（元/m^3）。

式（19-1）说明了每延深一个深度所采出的煤量，市场上销售所得金额应大于或等于采煤费用和为采煤而必须剥离岩土费用之和。上式可表示为

$$\frac{V_i}{P_i} \leqslant \frac{C_L - a}{b} \tag{19-2}$$

$\frac{V_i}{P_i}$表明采出的煤量和所需剥离岩土量的比值；$\frac{C_L - a}{b}$为煤售价与单位采剥成本间的关系，表明采出单位煤量经济上允许的最大剥离岩土量。由上式可知，合理开采深度的确定主要取决于经济因素和由赋存条件决定的煤量与岩土量的比值。

露天矿合理开采深度的确定，实质上就是对煤、岩土比值大小的控制，使其不超过经济上允许的$\frac{C_L - a}{b}$值。

3. *确定境界的方法和步骤*

在境界圈定之前，必须解决露天矿生产工艺、开采程序和开拓运输系统等主要技术问题。确定境界深度主要在横断面图上进行。

（1）确定有关经济指标（C_L、a、b）

1）C_L值。可以是煤炭售价，也可以用条件类似的地下单位开采成本。若采用设计露天矿附近地采煤炭成本时，则说明露天开采时的最大成本为地采成本。按售价时，则应扣除税金和盈利率。

2）a、b值。指纯采煤、剥离岩土成本，与工艺方式、开采程序及开拓运输系统等有密切关系。对一个露天矿设计而言，通常选用条件类似的露天矿的实际a、b值作为基础，对有差异之处进行适当调整，如开采深度上的差异；内外排土场引起的运距不同的差异；剥离物内有无伴生的可顺便采出的有益矿物，以抵消部分剥离费用；技术进步对a、b值的影响。

3）根据确定的C_L、a、b值，计算出$\frac{C_L - a}{b}$值。

（2）在断面图上计算不同高程和位置时的煤岩量比值等

1）确定露天矿场底宽，其最小值应等于开段沟底宽。

2）确定并选取露天矿场最终帮坡角，根据露天矿场四周围岩性质，进行边坡稳定性计算，得出稳定条件下的最大允许帮坡角；按开拓运输系统的要求进行调整，使其满足稳定及运输两方面的要求。

3）按上述确定的底宽、最终帮坡角及台阶高度，计算断面上的V、P值。如图19-15所示，在断面上任选一深度H_1，向上取一台阶高度h，再按顶帮和底帮最终帮坡角β绘出最终帮坡线间所夹煤岩量V_1、P_1；h_2深度时的V_2、P_2……。用这种方法就可以计算出任意深度的V、P值。

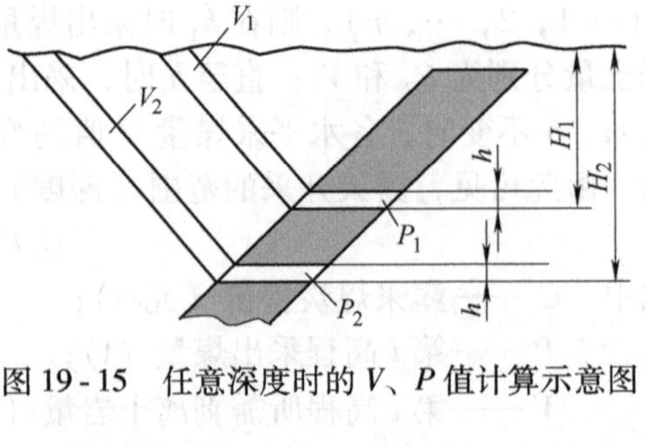

图19-15 任意深度时的V、P值计算示意图

（3）求出使$\frac{V_i}{P_i} = \frac{C_L - a}{b}$的深度　如上所述把

任意深度的 V_i、P_i 值求出后，用内插法找出该断面 $\frac{V_i}{P_i}=\frac{C_L-a}{b}$ 的深度，此深度即为该断面经济合理的开采深度。

（4）调整　对各断面的合理深度进行调整，以满足线路曲线半径和坡度的要求。

（5）绘图　按调整后的高程和平面位置，自下而上绘出最终的开采位置平面图。

二、剥采比

如前所述，露天开采剥离的岩石量比采煤量大得多，所谓剥采比即开采单位煤量所需剥离的岩土量。

1. 平均剥采比 n_P

露天开采境界内，全部岩土量与采出煤量之比称为平均剥采比，如图 19-16 所示。

$$n_p=\frac{V}{\eta P} \tag{19-3}$$

式中　n_p——平均剥采比；

V——开采境界内全部岩土量（m^3 或 t）；

η——采出系数；

P——开采境界内全部工业储备量（m^3 或 t）。

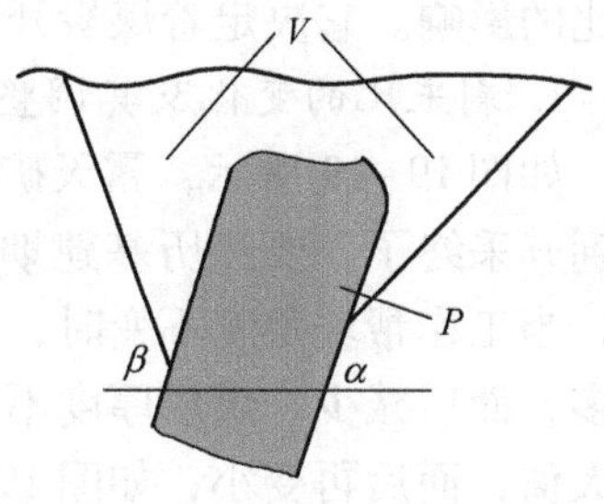

图 19-16　平均剥采比计算示意图

2. 境界剥采比 n_k

露天开采境界作少量变化（扩大或减少 Δh）所引起的岩土量与煤量变化之比称为境界剥采比，如图 19-17 所示。

$$n_k=\frac{\Delta V_k}{\eta \Delta P_k} \tag{19-4}$$

式中　n_k——境界剥采比；

ΔV_k——境界少量变化扩大的岩土量（m^3 或 t）；

ΔP_k——境界扩大后增加的煤量（m^3 或 t）。

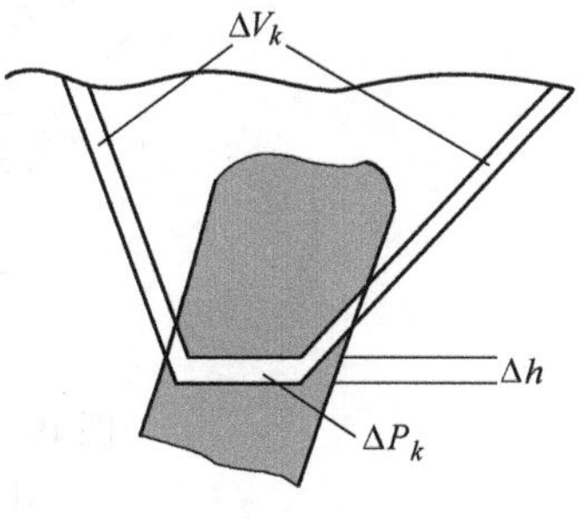

图 19-17　境界剥采比计算示意图

由图 19-17 和式 19-4 可知，境界剥采比实为边界岩土、煤增量之比。在露天矿圈定境界时，多采用境界剥采比作为式（19-2）中左边的计算内容。

3. 生产剥采比 n_s

露天矿某一生产时期剥离的岩土量与采出煤量之比称为生产剥采比，如图 19-18 所示。

$$n_s=\frac{\Delta V_s}{\eta \Delta P_s} \tag{19-5}$$

式中　n_s——生产剥采比；

ΔV_s——某一生产时期剥离的岩土量（m^3 或 t）；

ΔP_s——同一生产时期采出的工业煤量（m^3 或 t）。

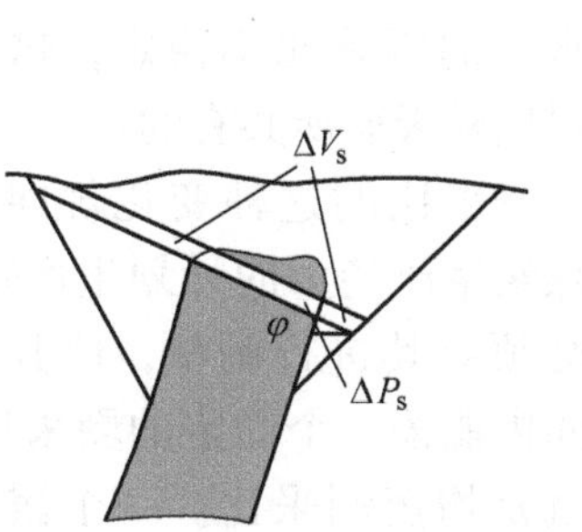

图 19-18　生产剥采比计算示意图

露天矿生产时，上、下台阶间应保持工作平盘宽度，由此构成工作帮坡角 φ。φ 的变化会直接影响 n_s 的变化，生产中也正是利用调整工作帮坡角

φ 来均衡生产剥采比，以实现在某一较长时期（一般为 5～10 年）内设备数量和人员的稳定。

三、露天矿生产总能力

露天矿生产总能力应为年采煤和剥离两个量之和，即年采剥总量为

$$A = A_P + A_V = A_P + n_s A_P = A_P(1 + n_s) \tag{19-6}$$

式中 A_P——年采煤量（t/年或 m^3/年）；

A_V——年剥岩量（m^3/年或 t/年）；

n_s——生产剥采比。

从上式可以看出，露天矿的煤岩生产能力除受到煤层生产能力的影响外，还受到生产剥采比的影响。它决定着煤炭开采成本、工效、设备数量、人员和投资等。

1. 剥采比的变化及其调整

如图 19-19 所示，露天矿的开采境界为 *ORQ*。如沿 *CD* 即煤层底板延深，推进时，从建矿到开采终了，要经历基建期，投产、达产期，剥离高峰期和减产结束期。在这几个时期里，当工作帮坡角度不变时，台阶数目由少变多，到达地表最远处（*R* 处）时，台阶数目最多，而后减少。煤层厚度不变，则剥采比的变化规律是：由小到大，到地表最远处时达到最大值，而后再变小，如图 19-20 所示。

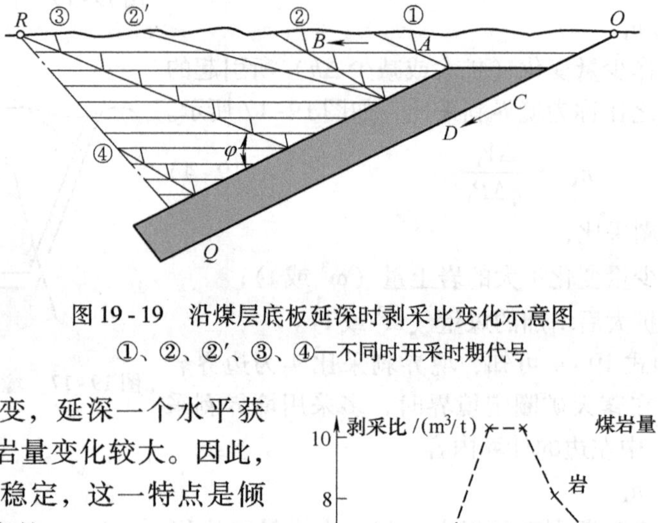

图 19-19 沿煤层底板延深时剥采比变化示意图

①、②、②′、③、④—不同时开采时期代号

图中的煤量不变，延深一个水平获得的煤量相同，但岩量变化较大。因此，各水平的剥采比不稳定，这一特点是倾斜煤层露天矿所共有的。

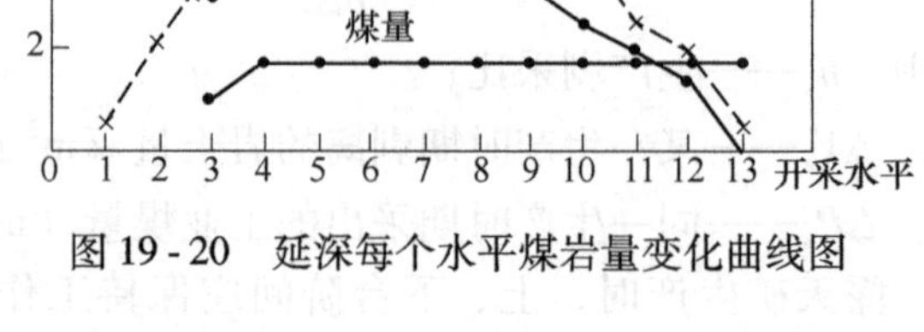

图 19-20 延深每个水平煤岩量变化曲线图

剥采比的这种变化规律，给按照设计煤炭生产能力的计划生产带来了困难。故必须对其进行调整，使其在相当长的时间内能按一个固定的剥采比进行生产，这就是均衡剥采比。一个露天矿根据其产量和服务年限可以划分 2～3 个时期，每一时期按一个均衡剥采比组织生产，其目的是保持在一个时期内设备数量、人员的相对稳定。

求得每一期的均衡剥采比，实质上是调整各期的剥岩量。从图 19 - 19 中可知，③期剥岩量最大，设法将③期的岩量一部分调到②期提前剥离（称为超前剥离），一部分留到④期剥离（称为滞后剥离）。超前和滞后剥离可以通过调整台阶平盘宽度来实现。如②期不按原工作平盘宽度，而是在剥离台阶上加大平盘宽度，至②期位置则将原来属于后一期的剥离量提前进行剥离，从而达到剥离量的调整；滞后同理。当然，超前剥离量不宜过多，否则会影响经济效果。

2. *露天矿生产能力确定*

（1）按技术条件确定生产能力　技术条件主要是可能布置的挖掘机工作面数目、矿山工程延深速度、运输线路的通过能力等。

1）按可能布置的挖掘机工作面数目确定生产能力

$$A_{P1} = N_W n_W Q_W \gamma \tag{19-7}$$

式中　A_{P1}——可能达到的采煤生产能力（t/年）；

N_W——一个采煤台阶可能布置的挖掘机台数；

n_W——可能同时采煤的台阶数；

Q_W——每台采煤挖掘机的生产能力（m^3/年）；

γ——煤的密度（t/m^3）。

2）按矿山工程延深速度确定生产能力。对于倾斜和急斜煤层，要获得煤量，必须不断地进行新水平的延深工程。每延深一个台阶花费的时间 T，称为延深一个台阶所需时间。若延深某水平获得的煤量为 ΔP，则此时可能的生产能力为

$$A_{P2} = \frac{\Delta P}{T} \tag{19-8}$$

从上式可以看出，加快延深速度或缩短新水平开拓准备时间 T，就可以提高煤炭生产能力。

3）按运输线路的通过能力验证生产能力。技术上可能的生产能力还受到运输能力的限制。对于新建的露天矿，其设计运输能力应与露天矿的生产能力相适应；对于改扩建矿山，对其运输能力的限制，要进行分析和验算。

（2）按经济条件确定生产能力　确定煤炭生产能力的经济条件包括合适的矿山服务年限、可能的投资额和经济效果最优。

（3）按需求量确定生产能力　按需求煤量确定生产能力时，必须对市场的需求量进行预测。首先要对国内外历年煤炭供求情况作统计分析，其次对今后若干时间的需煤前景进行估计，在此基础上预测未来的供求关系及风险，从而确定生产能力。

思考与练习

知识练习题

1. 煤岩为何要预先松碎？松碎方法和要求有哪些？
2. 露天矿铁道运输的特点有哪些？
3. 露天矿公路运输的特点有哪些？
4. 什么是间断开采工艺和连续开采工艺？两种开采工艺的主要特点是什么？

5. 连续开采工艺系统中采装、运输、排土的主要设备有哪些配合方式?
6. 何谓半连续开采工艺?其主要特点及系统的配合方式有哪些?
7. 何谓露天矿开采程序?影响露天矿开采程序的因素有哪些?
8. 采剥工程台阶划分的方法及根据何在?
9. 开段沟初始位置是按什么原则确定的?工作帮推进方式有哪几种?
10. 何谓露天矿开拓运输系统?
11. 试述影响露天开采境界的因素。
12. 试述确定露天开采境界的方法和步骤。
13. 什么是剥采比?如何计算?
14. 如何确定露天矿生产能力?

附录 实践教学

【学习目标】

📖 **知识目标：**

1）领会巷道的空间位置、轨道连接方法。

2）巩固理解、加深认识煤矿各个生产系统。

📖 **技能目标：**

1）认识课程实习的内容，并通过相关实习掌握煤矿的基本知识。

2）掌握采矿类教学模型的制作方法。

3）掌握有关课程设计的方式、方法。

【任务描述】

根据高等职业教育煤矿开采技术专业及通风与安全专业培养方案和教学要求，本书提供了模型实训、课程设计和课程实习等实践教学指导材料。各院校在教学中可结合本校条件和教学要求选择使用。

附录A　模型实训

学生在学习煤矿开采方法课程中所遇到的普遍问题是，对复杂的矿井巷道系统的理解和认识比较困难，难以建立矿井巷道系统的空间概念。各院校多年来的教学实践表明，通过有效的矿井模型实训教学，可以帮助学生直观地理解和认识煤矿巷道系统，建立清晰的巷道空间概念，认识和理解井下复杂的轨道线路联接，认识和理解采煤工作面的布置方式和生产工艺过程。矿井模型实训教学可以培养学生分析采煤方法及生产工艺特点、处理采煤生产技术和管理工作问题的能力，培养科学的工作态度和严谨的工作作风，为扎实地掌握课程基本理论、基本知识和基本技能打下基础。

一、模型实训的教学的基本方法

模型实训教学方法，应根据教学目的，采用教学、观摩、练习相结合的方法。根据教学大纲的要求，指导学生观摩采矿巷道模型，熟悉矿井各类巷道布置的基本形式及其特点，分析井下运输、提升、通风、材料与矸石运输、供电及排水等系统的巷道和设施构成；系统掌握各类巷道的性质与特点，矿井、采区、采煤工作面生产系统的构成和基本要求；熟悉主要生产系统的巷道路线，对照模型绘制矿井或采区巷道布置系统图。

二、模型实训教学的基本要求

1）模型实训教学是煤矿开采方法课程实践教学的一项重要内容，各院校应按照专业设置标准和要求，建立煤矿开采方法课程模型教学实训室，配置能满足教学需要的各类模型和实训教学设施。

2）模型实训教学前，指导教师应提前准备好实训教学所需模型，并检查其完好性。

3）模型实训教学前，学生要预习相关的教学内容，了解实训教学的目的、内容和基本要求。

4）模型实训应分组进行，每组10~15人，按组配置相应的教学模型，每组在完成一组模型实训之后，组与组交换模型，完成下一组模型的实训，直至按要求完成全部实训教学内容。

5）实训结束后，学生应按要求完成实训报告。

三、模型实训说明

本书提供的5种模型实训模型见附表1。

附表1　模型制作内容分类

序　　号	模型内容	备　　注
模型实训一	矿井模拟巷道类型的识别	单元一
模型实训二	矿井开拓系统模型实训	单元二
模型实训三	采（盘）区巷道布置模型实训	单元六
模型实训四	采区车场线路模型实训	单元六
模型实训五	采煤工艺模型实训	单元八

四、任务考评

实训考核成绩由两部分组成（见附表2）。一是考核学生在实训教学中的态度和独立完成能力，二是考核学生的实训教学报告书。

附表2　模型实训检测表

测评项目	应得分值/分	小组自评	小组互评	教师评价	实际得分
态度	20				
独立完成能力	65				
知识拓展	15				
合计	100				
说明	对口述部分，语言表达要求顺畅、清晰；各教师结合各项表现进行综合考评				

注：实际得分用分数标出。得分结果包括优秀（>90分）、良好（80～90分）、中等（70～80分）、合格（60～70分）、不合格（<60分）。

附录 B　课程设计

课程设计是掌握煤矿开采方法基本理论、基本知识和实践技能的重要教学环节。本部分安排了采区巷道布置课程设计和采煤工艺课程设计两项教学内容。

*课程设计一　采区巷道布置课程设计

一、课程设计任务

（一）课程设计的基本条件

1. 设计题目

________矿________采区巷道布置课程设计。

2. 基本条件

该采区位于________矿________水平，开采________煤层。采区以________为边界。

采区走向长________m，倾斜长________m，煤层走向为________，煤层平均厚度为________m，层间距为________m，倾角为________，煤的密度为________t/m^3。采区瓦斯绝对涌出量为________m^3/min（掘进）及________m^3/min（采煤），采区正常涌水量为________m^3/h，煤层自然发火期为________个月，煤尘________爆炸性，煤质________。

地面无需保护地物，邻近采空区对本采区开采无影响，井底车场位于采区的________侧，阶段回风大巷位于采区上部边界距________煤层________m 的岩层中（或煤层中），运输大巷位于采区下部边界距________煤层________m 的岩石中（或煤层中）。

主采煤层顶板：伪顶为________m 的________岩，直接顶为________m 的________岩，基本顶为________m 的________岩。

采区煤层底板等高线图另附。

采区设计年产量为________万 t。

（二）课程设计的时间安排

课程设计的时间为________周，其中包括编写说明书和绘图。

（三）课程设计的质量要求

1. 说明书的编写

设计说明书由文字说明、图表、附件等组成，编写要求如下：

1）叙述要简明扼要。

2）文理通顺，字体工整清楚。说明书正文一律用五号长仿宋体字书写。章节标题用四号长仿宋体字书写。标题的上方和下方都应留一行空行与正文隔开。

3）说明书一律用 16 开或 A4 纸抄写，在每页边缘都要留出空白，左侧留出 25mm，右侧留出 20mm，上方留 25mm，下方留 20mm。

4）说明书每页统一用阿拉伯数字编页码，标注在右下角，数字两边加两个小圆点。

5）说明书分章节书写，每一节分段落书写，说明书每章应重新开页。

6）说明书中引用参考书的公式、主要原理及引证的依据，均应在文字说明的右上角加注参考文献编号。该编号应与说明书正文后所附的参考文献编号相符。说明书最后要列出参考文献和参考书的名称、出版时间（或发表时间）、出版社名、作者名、参考页码。

7）说明书所应用的公式，应将所有符号及单位注明，计算时，将数字代入后，可直接将答案写出，不必将计算过程详细列出。

8）说明书正文之前应编写目录。

9）说明书中附图必须有图名及说明，附表必须有表名及说明。图、表中的所有标注，必须符合采矿制图标准。

10）说明书的章节，应按设计大纲的顺序编写。

11）说明书按统一格式装订。

2. 采区巷道布置平、剖面图的绘制

(1) 平面图的内容　绘出该采区巷道布置的全貌（以采区最初达到设计生产能力时已掘的巷道为准），明显标出采区的四周边界；留设各种保安煤柱边界线；标明工作面的始采位置、停采线，采区的机电设备配备；用标准符号标明采区的运煤、矸、材料系统，采区的通风系统，采区各机电硐室，上、中、下部车场的位置；标明采区和工作面编号、各巷道名称、剖面线位置及剖视方向等。

(2) 平面图应标注的尺寸　采区走向长度、倾斜长度，采区各种煤柱尺寸，上（下）山之间的距离，工作面长度、工作面错距等。

(3) 剖面图的内容　剖面线代号、地表、高程；主要可采煤层；直接剖到的地质构造；采区的各主要巷道；煤层顶底板等。

(4) 剖面图应标注的尺寸　采区的倾斜长度；工作面长度；沿倾斜方向留设的煤柱尺寸；煤层厚度、倾角、层间距；采区上山的长度、倾角和煤层的相对关系；一些主要联络巷道的长度、倾角；岩层巷道和煤层的相对关系等。

3. 对图件的要求

1）明确反映设计内容，投影关系正确，符合工程要求。

2）符合采矿制图标准的规定。

3）图面布置均匀、整齐，图件清洁美观，字体工整。

4）所有图件一律用铅笔绘制或使用计算机制图。

5）说明书中的插图可不按比例绘制，要求其尺寸大体与实际情况相符。

6）插图要直接绘制在说明书纸上，说明书应留出插图的位置。

二、设计内容

课程设计的内容如下。

第一章　采区地质概况

采区地质概况是指所设计采区的地质情况。

1. 本章内容的资料来源

设计任务书；采区煤层底板等高线图、剖面图；储量图；煤层综合柱状图；井上下对照图等。

2. 本章说明书内容

（1）采区概述　采区的位置、范围、煤层的赋存情况；采区上、下边界高程，采区走向、倾斜长度；煤系产状，煤层厚度；相邻采区情况、地面情况及其与开采的关系。

（2）采区煤层及其顶底板特征

1）采区内可采煤层层数、层号、厚度、间距、倾角及其变化规律，煤层内夹矸情况及其变化规律，煤层的自燃倾向、自然发火期，煤层的厚度变化规律，煤层的物理性质等。

2）采区内可采煤层顶板的岩性、厚度、稳定性、物理性质（伪顶、直接顶、基本顶分别叙述），煤层底板岩性、厚度、稳定性、抗压入特性。

3）邻近采区同煤层的矿山压力观测结论。

4）附采区煤系地层综合柱状图。

（3）采区地质构造

1）采区内所有探明的褶曲构造的性质、特征、轴线位置、变化规律及其对开采的影响。

2）采区内所有可能出现的断层情况，包括位置、断层面、产状规律、断层类型、落差、断层对煤层的破坏程度等。

3）陷落柱情况，火成岩侵入情况。

（4）煤质、瓦斯、煤尘

1）采区内各煤层的煤质、煤种、含硫量、含磷量、灰分含量、挥发分指数、胶质层厚度、含矸率、发热量、用途等，可用表格的形式说明。

2）各煤层的瓦斯含量。

3）各煤层的煤尘爆炸性能。

（5）采区水文地质特征　采区含水层的特征及充水条件；地面水系，老塌陷区积水，采空区对本采区的影响；承压水的水位；采区预计涌水量。

第二章　采区储量与生产能力

第一节　采区储量

计算采区内的工业储量及可采储量，确定设计损失量。储量计算表见附表3。

附表3　储量计算表

煤层名称	工业储量/万t	煤的损失量/万t					采出率（%）	可采储量/万t
		厚度损失				其他损失		
		名称	数量	地点	数量			

第二节　采区生产能力及服务年限

1. 采区生产能力

确定采区的设计生产能力，并说明确定的依据。

2. 服务年限

采区生产能力的递增期、递减期、正常生产期、采区的服务年限（要符合有关规定）。

3. 采区生产能力及服务年限的验算

第三章 采区巷道布置

本章是课程设计中最重要的一环，也是最难的一环，因此应予以高度重视。本章要求设计的内容有：采区形式及有关参数的确定，采区上（下）山的数目及其位置，区段平巷布置，采区车场的形式及布置，采区运输、通风等系统，采区主要巷道断面的确定等。

通过采区方案的技术经济比较，可以提高理论联系实际、分析问题与解决问题的能力。因此，必须应用采区地质条件及地质图件，提出多种可行方案，并通过比较，而后确定采区的巷道布置。

采区巷道布置，应根据已知的采区走向长度和倾斜长度，确定区段斜长和区段数目，进而确定采区形式、采区上（下）山的位置和数目，区段平巷、区段集中平巷和它们之间的联络形式。对于这些内容可以全部设立方案比较，也可以针对其中一项设立方案比较。

采区巷道布置的主要内容如下。

1. 采煤工作面长度及区段斜长

本部分要求说明采煤工作面长度、区段斜长、区段数目、护巷煤柱宽度。

2. 采区形式

采区的基本形式有单翼和双翼两种。单翼采区又有采区上山在前面（即矿井走向边界一侧）和后面（即井底车场一侧）两种。各种采区形式技术上的优缺点及适用条件可参考本书相关单元的内容。

3. 采区上（下）山的数目和位置

(1) 采区上（下）山位置的要求　采区上（下）山是采区的主要巷道，应以有利于采区生产和巷道维护作为确定其位置的主要依据，同时考虑经济效益。上（下）山根据层位可分为岩层上（下）山和煤层上（下）山两种形式。

采区上（下）山在下列情况下，可以考虑在煤层中布置：

1）对于开采单一煤层、薄及中厚煤层的采区，采区服务时间短时。

2）开采只有两个分层的单一厚煤层采区，开采深度小，顶底板岩石比较稳定，煤质在中硬以上，上山不难维护时。

3）联合布置采区，下部为维护较好的薄及中厚煤层时。

4）对于为部分煤层和区段服务的，维护年限不长的专用通风或运煤上山。

对于单一厚煤层和联合布置的采区，一般应将上山布置在煤层底板岩石中。但如果下部煤层的底板岩层距涌水量特大的含水层很近，不能布置上山，或者当上山只为采区上部煤层或部分区段服务，开采下部煤层便废弃不用时，可以考虑把上山布置在煤层群的中部或上部。

(2) 采区上（下）山的数目　采区上（下）山至少为两条，一条为运输上山，一条为轨道上山，同时兼作通风和行人。

在生产能力很大的特厚煤层采区；联合布置的采区；产量较大、瓦斯涌出量也很大的采区，特别是下山采区；产量较大，经常出现上、下区段同时生产，需要简化通风系统的采区；运输上山和轨道上山均布置在底板岩石中，需要探明煤层情况，或者为提前掘进其他采区的巷道以及需要泄水的采区，也可增设一条专用上山。增设的上山如果服务年限不长，可沿煤层布置。

在一些特殊条件下，如煤层倾角较大，一个采区仅划分为两个区段开采，并且由回风水平运送材料、设备时，也可只设一条或一条半上山。设一条上山时，位于区段中的轨道上山，作为向第二区段下料和回风用。位于第二区段中的一般为运输上山，作为第一区段的运煤和进风用，这种布置方式可充分利用上山。设一条半上山时，其中一条为轨道上山，另半条为运输上山。这种一条或一条半的上山布置方式，可以降低掘进率，减少巷道工程量。

（3）采区上（下）山的布置方式　采区上（下）山数目一般为两条，其布置方式可以是两岩、两煤或一岩一煤等。但在特殊情况下，也可以布置三条上（下）山，此时可以是三岩上山或一煤两岩等布置方式。

上山之间应有一定的层位高差，一般运输上山布置在上层位，轨道上山布置在下层位，这样有利于巷道的排水及与区段巷道的衔接。当两条上山均在煤层中布置，且煤层厚度有限，而一条上山可能处于松软破碎的岩层中时，为便于巷道维护，仍应在同一层位布置上山。岩石上山的布置应使其处于基本避开采动影响、较为稳固的岩层中。因此，上山与煤层底板应保持一定的距离。

4. 区段平巷的布置

（1）区段平巷的布置要求

1）应保证采煤工作面的生产需要，尽可能获得较好的维护条件。

2）应考虑尽量减少万吨掘进率和掘进费用。

3）应考虑通风、防治自然发火、瓦斯等方面灾害的要求。

4）应考虑有利于工作面的接替。

（2）区段平巷的布置

1）对于开采单一薄及中厚煤层的采区，区段平巷布置在煤层中，一般留 8 ~ 15m 的煤柱维护。开采厚煤层时，各分层的区段平巷在煤层倾角小于 15° ~ 20°时，一般采用内错式布置；对于倾角小于 8°的近水平煤层，一般采用重叠式布置。条件合适时，应尽可能采用沿空留巷或沿空送巷的布置方式。

2）沿空留巷一般适用于开采缓斜或倾斜、厚度小于 2m、顶板较好的煤层。

3）沿空送巷是目前无煤柱开采技术中应用最为广泛的一种区段平巷布置方式，它既适用于薄及中厚煤层，也适用于厚煤层的分层开采。沿空送巷按巷道布置不同，分为完全沿空送巷和留 2 ~ 4m 窄小煤柱的沿空送巷。前者适用于顶板垮落性能好、固定支承压力曲线靠采空区较陡的情况；后者适用于固定支承压力曲线较平缓的情况。

4）当煤层起伏较大，采区一翼走向长度较长，采区接替不紧张时，宜采用双巷布置方式。

5）当煤层平稳，顶板条件较好，特别是薄煤层，砌筑矸石带维护方便时，宜采用单巷布置方式，以减少掘进工程量。

6）对于采用恒底式采煤法的采区，其区段平巷的布置可以采用沿空留巷的方法，即在区段平巷内采用密集棚支护，第一分层采后在密集棚内再采用加强支护。也可以采用外错式沿空送巷方式，即第一分层采后1.5～2个月开掘第二分层区段平巷，其位置均向外移2m左右，采煤工作面开切眼向实体煤扩16m左右，以后各分层均依此向外扩展，停采线一般为向采空区内错8～10m。

7）布置区段平巷时，第一区段的回风平巷一般应采用单巷布置方式，其他各区段的煤层平巷，可以采用单巷布置方式，也可以采用双巷布置方式。

5. 区段集中平巷布置（分层单独开采时，不进行该部分内容设计）

区段集中平巷是为区段内各煤层（分层）服务的巷道，有作为集中出煤用的集中运输平巷和作为运送设备、材料及回风用的集中轨道平巷。区段集中平巷适用于煤层群联合布置及厚煤层分层开采的采区。根据煤层埋藏条件和生产需要，以及考虑到与采区上（下）山和区段平巷的配合，区段集中平巷的布置方式大致有五种。

6. 联络巷道的布置（无集中巷时，不设计该内容）

联络巷道是指区段平巷与区段集中平巷、采区上山与区段集中平巷，以及采区上山与区段平巷之间的联接巷道。

（1）区段集中平巷与区段平巷的联络方式　有石门、斜巷和立眼三种。当煤层倾角大于15°～20°，区段平巷为水平布置时，常采用石门联系；当煤层倾角小于15°～20°，层间距较大时，可采用斜巷联系；而在近水平煤层，区段平巷为水平布置时，则采用立眼联系。为了便于运煤，运输平巷与运输集中平巷之间可采用斜巷或立眼联系；而轨道平巷与轨道集中平巷之间可采用石门联系，以便于进行辅助运输和行人。区段集中平巷与区段平巷的联络方式可参考本书相关单元的内容。

（2）采（盘）区上（下）山与区段集中平巷之间的联络方式　主要根据运输需要来确定，并与区段集中平巷与区段平巷之间的联系方式同时考虑和选定。对于缓斜煤层和倾斜煤层，为了便于轨道运输和中部车场的布置，轨道上山与轨道集中平巷之间宜多用石门联系；当煤层倾角较小或层间距较大时，可采用斜巷布置联系，斜巷角度一般为25°，且不宜太长（小于80～100m）。运输上山与集中运输平巷之间，则广泛采用溜煤眼的联系方式。

开采急斜煤层时，在煤层间距很近、层数又少时，可采用斜巷联系；当间距较远、层数较多时，可用石门联系。

分层超前区段运输平巷与集中运输平巷联络巷道的间距，主要取决于分层平巷内输送机的类型和每台输送机的有效铺设长度。为满足通风、安全的需要，通常应使采煤工作面前方保持有两个与超前平巷贯通的联络巷道。

分层轨道平巷与集中轨道平巷的联络巷道间距，一般应与运输机巷的联络巷道间距相适应。但是，为了减少联络巷道的总工程量，只要分层平巷维护问题不严重，分层轨道平巷与集中轨道平巷联络巷道的间距可适当加大一些。

7. 采区车场

对采区车场只作形式上的选择，不作详细设计。其上、中、下部车场形式选择可参考本书相关单元的内容。

8. 采区主要巷道断面的确定

根据通风、运输等要求选择采区上山、区段平巷等的断面，并列表（见附表4）说明各断面面积、支护形式等参数。

附表 4　采区主要巷道断面、支护形式表

序号	巷道名称	断面面积/m^2		支护形式	断面形状	标准图号
		掘进断面积	净断面积			
1						
…						

第四章　采区巷道布置方案的技术经济比较

第一节　技术经济方案比较法的步骤

采区巷道布置应提出几个可行方案，通过技术经济比较后确定。

1）根据地质条件、煤层赋存情况、矿井开拓、矿井生产系统提出技术上可行的方案，保留 2~3 个在技术上各有优缺点的方案进行经济比较。

2）在比较之前，先对所列的方案作简要的文字说明，描述本方案的主要特点，并绘制出本方案的图件，图上应注明采区巷道的长度、断面、间距等。

3）列出本方案在技术上的优缺点，并填入附表 5。各方案的共同点不必列入。

附表 5　方案技术比较表

<table>
<tr><th colspan="2">方案名称</th></tr>
<tr><td>Ⅰ方案（名称）
（附图）</td><td>Ⅱ方案（名称）
（附图）</td></tr>
<tr><td colspan="2">方案简短说明</td></tr>
<tr><td>1—阶段运输大巷
2—阶段回风大巷
3—采区运输上山
……
（说明附图中各巷道的名称、用途、长度等）</td><td>（同左）</td></tr>
<tr><td colspan="2">方案技术比较</td></tr>
<tr><td>巷道总掘进量、作业条件、维护条件等
运输环节、设备型号、台数、管理集中程度等
通风系统、瓦斯、煤尘积聚情况等
掘进出煤、排矸系统等
工作面长度、区段隔离煤柱尺寸等
其他</td><td>（同左）</td></tr>
</table>

4）计算各方案的经济费用，并把计算结果列附表6。

附表6　经济费用比较表

工程费用	单位	工程量	单价/元	费用/万元
掘进费用				
煤仓掘进				
……				
生产经营费用 带式运输				
生产经营费用 带式运输				
小　计				
合　计				

5）对各方案的优缺点及经济计算结果进行综合分析对比，确定最优方案。

第二节　采区巷道掘进费、维护费的计算

1. 巷道掘进费

巷道掘进费可按下式计算

$$F = KL$$

式中　F——巷道掘进费（元）；

K——巷道单位长度掘进费（元/m）；

L——巷道长度（m）。

其中K值可以从《井巷工程概算指标》和有关参考资料中查取，也可以从实习矿井的设计计划部门或企业财务单位收集。

2. 巷道维护费

巷道维护费必须根据不同条件进行计算。

（1）巷道长度为定值　巷道维护费R可按下式计算

$$R = Ltr$$

式中　R——巷道维护费（元）；

L——巷道长度（m）；

t——巷道维护年限（年）；

r——单位时间每米巷道的维护费（元/m·年）。

（2）巷道长度为变值　巷道维护费按下式计算

$$R = \frac{L}{2}tr$$

式中各参数的含义均等同于上式。

（3）巷道各段维护时间t不同　巷道维护费用按下式计算

$$R = (L_1t_1 + L_2t_2 + \cdots + L_nt_n)r$$

式中　R——巷道维护费（元）；

r——单位时间每米巷道维护费（元/m·年）；

L_1，…，L_n——巷道各段长度（m）；

t_1，…，t_n——巷道各段的维护时间（年）。

计算所得的各项数据，最后汇入总表（附表7）中进行分析。

附表7　方案费用汇总表

费用项目	方案Ⅰ		方案Ⅱ	
	万元	相对百分数	万元	相对百分数
掘进费用				
生产经营费用				
全部费用				

三、任务考评

学生按设计要求撰写课程设计报告书。

课程设计考核成绩由两部分组成（见附表8）。一是考核学生在课程设计中的态度和独立完成能力，二是考核学生的课程设计报告书。

附表8　课程设计—检测表

测评项目	应得分值/分	小组自评	小组互评	教师评价	实际得分
态度	20				
独立完成能力	65				
知识拓展	15				
合　计	100				
说　明	对口述部分，语言表达要求顺畅、清晰；教师结合各项表现进行综合考评。				

注：实际得分用分数标出。得分结果包括优秀（>90分）、良好（80~90分）、中等（70~80分）、合格（60~70分）、不合格（<60分）。

课程设计二　采煤工艺课程设计

一、课程设计任务

（一）课程设计的基本条件

1. 设计题目

________采煤工作面采煤工艺课程设计。

2. 基本条件

该采煤工作面位于________，开采________煤层。采煤工作面以________为边界。

采区走向长__________m，倾斜长__________m，煤层走向为__________，煤层平均厚度为________m，与邻近层间距为________m，倾角为________，煤的密度为________t/m^3。瓦斯绝对涌出量为__________m^3/min，正常涌水量为__________m^3/h，煤层自然发火期为________个月，煤尘________爆炸性，煤质________。

地面无需保护地物，邻近采空区对本工作面的开采无影响。

煤层顶板：伪顶为________m的________岩，直接顶为________m的________岩，基本顶为________m的________岩。

将________采区煤层底板等高线图与工作面布置图另附。

（二）课程设计时间安排

设计时间为________周，其中包括编写说明书和绘图的时间。

（三）课程设计的质量要求

1. 说明书的编写

说明书的编写要求见课程设计一。

2. 采煤工艺

（1）采煤工艺图的内容　采煤工艺图包括以下主要图表，并在同一张图件中绘制。

1）采煤工作面平面图。

2）采煤工作面断面图。

3）采煤工作面循环作业图。

4）采煤工作面劳动组织表。

5）技术经济指标表。

如果是炮采工作面，还要绘制炮眼布置图和编写爆破说明书。

（2）采煤工艺图中应标注的主要尺寸　工作面全长，上下切口长度、宽度，上下平巷宽度，采高，柱距，排距，机道宽度，无支护宽度及最大和最小控顶距，以及炮眼布置各参数。

（3）采煤工艺图图幅安排

1）采煤工作面坡面图（比例尺为1∶100）。

2）最大控顶距和最小控顶距剖面图（比例尺为1∶50）。

3）炮眼布置图（比例尺为1∶50）。

4）循环作业图。

5）劳动组织表。

6）技术经济指标表。

对图的要求见课程设计一。

二、设计指导

课程设计内容如下。

第一章　概述

1. 采煤工作面的位置及开采范围

（1）位置　采煤工作面的位置主要是指本工作面所处的水平、翼、采区（盘区或带区)、区段等，并应说明工作面的编号。

(2) 开采范围　采煤工作面的开采范围是指开采的上下边界、始采和终采位置、沿走向（或倾斜）方向的推进长度及工作面的长度。

2. 采煤工作面与相邻煤层及相邻已采采区的关系

(1) 与相邻煤层的关系　开采煤层群的矿井，应写明本采煤工作面所开采的煤层与上、下煤层的层号、层间距、各煤层的厚度、开采情况及对本工作面的影响。若上、下煤层工作面同采，则应写明两工作面的错距。

(2) 与相邻已采采区的关系　应写明本采煤工作面与相邻已采采区有无隔离煤柱及煤柱的宽度；采空区内是否有积水和瓦斯，以及对本工作面采煤有何影响。

3. 采煤工作面与地面相对位置的关系

采煤工作面开采范围与地面相对位置的范围内有无建筑物、水体、铁路。如果有，则应附本工作面井上下对照图，并写明建筑物、水体或铁路对本工作面开采的影响和应采取的措施及建议。

第二章　地质概况

1. 煤层赋存情况

主要说明采煤工作面开采范围内煤层的走向、倾向、倾角及其变化规律，煤层的名称、结构及厚度，煤的硬度、强度、牌号、容重及其他物理力学指标和工业指标。

2. 围岩的性质及其对采煤的影响

主要说明伪顶的岩石性质及厚度；直接顶的岩性、厚度、结构及强度，层理、节理发育程度，直接顶的类别；基本顶的岩性、厚度及强度，基本顶的级别；底板的岩性、厚度、结构及强度。阐明围岩对采煤及顶板控制的影响，附本工作面煤层综合柱状图。

3. 地质构造及水文地质情况

1) 主要说明褶曲的要素（如轴部、翼部、轴面、轴线）及类别；断层的要素（如断层面、断层线、交面线、断盘、断距等）及类别；陷落柱的井下特征，与围岩的接触关系，陷落柱的范围等；岩浆侵入体的产状、岩性、构造及岩浆侵入煤层的变质作用等。

2) 说明本工作面顶底板岩层的含水情况，周围采空区积水情况及工作面最大、最小涌水量等。

4. 瓦斯、煤尘和自然发火情况

1) 说明本采煤工作面瓦斯涌出情况及涌出量，是否有煤（岩）与瓦斯突出危险。

2) 说明煤层自然发火倾向性及发火期，煤尘爆炸危险性及煤尘爆炸指数，冲击地压危险性及其对开采的影响程度。

第三章　可采储量及可采期

1. 可采储量的计算

$$Z = LSm\gamma K$$

式中　Z——可采储量（t）；

L——采煤工作面长度（m）；

S——采煤工作面的走向长度（m）；

m——采高（m）；

γ——煤层实体密度（t/m^3）；

K——工作面采出率。

2. 可采期的计算

$$T = \frac{Z}{A}$$

式中　T——采煤工作面的可采期（年）；

Z——采煤工作面可采储量（万 t）；

A——工作面生产能力（万 t/年）。

也可根据工作面的走向长度与推进度计算工作面的可采期。

第四章　巷道布置与生产系统

第一节　巷道布置

简要说明本工作面所在采区（盘区或带区）的巷道布置方式，附巷道布置示意图。

详细说明本采煤工作面的运煤巷、回风巷及开切眼的布置，巷道断面规格，支护形式及支架折损情况，附本工作面巷道布置平面图及巷道断面图。

第二节　生产系统

1. 运输系统

运输系统包括煤炭运输系统和材料及设备运输系统。运输系统除用文字说明外，还须绘制运输系统图，在图中用箭头标明运煤及运料的方向，用不同的符号标明各种运输设备所安设的位置，并附运输设备配备表，在表中列明设备名称、型号、台数及主要技术特征（包括煤仓的容量）。

2. 排水系统

采煤工作面遇涌水时，作业规程要说明水源及涌水量、排水方式，所选用的排水设备型号、台数及主要技术特征，排水硐室的布置，并绘制排水系统图，标明排水方向、路线及排水设备的使用地点。

3. 供电系统

列表统计本工作面所有用电设备的负荷，见附表 9。绘制工作面供电系统图，图中应注明开关的型号及整定值、电缆的长度及型号、用电设备的型号等。

附表 9　采煤工作面用电设备负荷统计表

设备名称	规格型号	使用地点	数量	规定容量/kW	备注
……					

4. 通风防尘系统

（1）确定风量　先按瓦斯涌出量、二氧化碳涌出量、炸药消耗量、工作面温度计算出采煤工作面需风量，然后按风速验算，确定采煤工作面的实际需风量。

（2）通风防尘系统图　用文字说明通风设施和通风监测仪表的布置及要求，说明综合防尘的设施、设备及要求，并绘制通风防尘系统图。

5. 管路系统

用文字说明本采煤工作面供液、供压风、洒水、注水、注浆、充填、瓦斯抽放等管路系统，并绘制管路系统图。

6. 照明及通信系统

说明工作面照明设备的型号、数量及安设地点；说明通信设备的型号及安设地点，并说明各特定的联络信号和联络办法。

第五章　采煤工艺

第一节　采煤工艺的选择

为确定采煤工艺，应首先详细了解煤层赋存条件，并对实习矿井目前使用的采煤工艺进行认真分析，作出简要的评价。对于近距离煤层群采区，可由指导教师指定其中一层煤进行采煤工艺设计。

采煤工艺设计应尽可能采用先进技术、先进设备，以提高机械化水平、产量和劳动生产率，保证安全生产，降低吨煤成本。

第二节　采煤工艺

采煤工作面的工艺过程，包括破煤、装煤、运煤、工作面支护和采空区处理等工序。

1. 破煤

（1）滚筒采煤机落煤　在煤层赋存稳定、地质构造简单、顶板完整、煤层厚度在0.8m以上的长壁工作面，可采用滚筒采煤机落煤。

在设计中应说明采煤机类型、采煤机的工作方式、采煤机的进刀方式及合理的截深等。

（2）刨煤机落煤　刨煤机对煤层地质条件（特别是底板岩层性质）的适应性比滚筒采煤机差，因此其使用并不广泛。但是刨煤机的刨深小，可充分利用煤壁被压酥的特点快速穿梭采煤。工作中不需要人工清理浮煤，工人分段定点作业，司机固定位置操作，采出煤块度大、煤尘少，所以仍有很多优点。

在设计中应说明刨煤机的类型、刨深等。

（3）爆破落煤　炮采在我国仍被广泛采用，特别是在地质条件复杂、不具备使用采煤机的工作面中应用更广。

钻眼爆破工作包括打眼、装药、填炮泥、联炮线及爆破等部分。依据采煤工作面的采高、煤层的软硬、煤层节理裂隙发育程度及围岩的性质，正确地确定钻眼爆破参数。这些参数包括炮眼的排列、炮眼布置方式、炮眼的角度、炮眼深度、装药量、一次起爆炮眼数量及起爆顺序等。应附炮眼布置图、炮眼装药结构示意图和爆破说明书。

（4）爆破材料消耗量　列表计算爆破材料消耗量，见附表10。

附表 10 循环爆破器材消耗量计算表

炮眼名称	循环个数	角度/(°)		眼距/m			炸药/kg			雷管			封孔	
		水平角度	眼深/m	距顶眼	距底眼	间距	种类	每眼装药量	每循环装药量	种类	段数	循环用量/发	水炮泥/个	封孔长度/m
顶眼														
腰眼														
底眼														
每循环炮眼数			每循环总装药量/kg			每循环雷管数/发				每循环水炮泥数/个				

2. 装煤

(1) 炮采工作面的装煤方式

1) 爆破装煤。人工装煤辅以爆破自装，其自装率与爆破参数有关。

2) 机械装煤。

(2) 普采及综采工作面的装煤方式　使用滚筒式采煤机的工作面，采煤机在割煤的同时，约 90% 的煤靠挡煤板及螺旋叶片推向输送机，完成装煤工序。其余少量浮煤由安装在输送机上的铲煤板在移输送机时铲入输送机内，或由人工清理。

3. 运煤

(1) 采煤工作面的运煤方式　采煤工作面的运煤方式主要根据煤层倾角及破煤方式确定。在缓斜煤层工作面，无论采用何种采煤方式，均采用可弯曲刮板输送机运煤。在倾斜煤层工作面，当采用滚筒式采煤机破煤时，使用可弯曲刮板输送机运煤或活节溜槽溜煤；当采用爆破法破煤时，可采用铁溜槽或搪瓷溜槽溜煤。搪瓷溜槽的摩擦因数较小，在煤层倾角大于 19°时即可采用。

(2) 采煤工作面输送机的选择　采煤工作面输送机的选择应根据落煤方式及运煤能力确定。而各种输送机在设计上已规定了其适应的落煤方式，所以在设计中着重根据运煤能力来考虑，所选输送机的运输能力应大于工作面生产能力。

4. 工作面支护

(1) 炮采、普采工作面支护　一般选用摩擦式金属支柱和铰接顶梁，或由单体液压支柱与铰接顶梁组成的金属支架。

应设计计算单体支柱规格（计算出最大、最小高度，查表确定单体支柱的类型和规格）、工作面支架布置方式（附工作面支架布置图）、工作面上下出口支护、采煤巷道的超前支护。

（2）综采工作面支护　说明液压支架的架型及规格。

5. 采空区处理

采空区处理方法有全部垮落法、充填法、煤柱支撑法、缓慢下沉法等。其中全部垮落法应用最广。全部垮落法是通过回柱放顶、移架，使工作面控顶距范围以外的顶板岩层有计划地垮落下来，基本上填满采空区，同时维护好控顶距范围内的顶板，使其保持完整、稳定。为此，设计这部分内容时，要解决放顶距及控顶距的确定；是否采用特种支架，采用何种形式的特种支架；工作面回柱顺序、回柱方法等问题。

第六章　生产技术管理

本章内容包括确定循环方式、作业形式、工序安排、劳动组织，以及编制循环作业图、工人出勤表、采煤工作面主要技术经济指标表。

1. 循环方式

循环方式是指循环进度和昼夜循环的总体。

2. 作业形式

指一昼夜内采煤班和准备班的配合形式。

3. 工序安排

1）对整个采煤工艺过程进行分析，确定主要工序和次要工序及其相互关系，充分利用工作面空间和时间，避免各工序的相互影响，保证主要工序顺利进行。如普采工作面割煤是主要工序，支护、放顶等是次要工序，把次要工序围绕主要工序进行安排。

2）对各工序在时间上分清先后顺序，在空间上分清位置关系，在不影响安全的前提下应安排其平行作业。

4. 劳动组织

劳动组织包括人员的配备和劳动组织形式，附劳动组织表。

5. 循环作图

循环作业图表示工作面内各工序在时间与空间上的相互关系。它是以工作面长度（单位是m）为纵坐标，以昼夜24h为横坐标，再以规定的符号在图内绘出各工序所处的时间和地点。循环作业图应根据确定的循环方式、作业形式、工序安排及劳动组织等编制。

作图时，应准确地反映出各工种在时间和空间上的关系。图的下面应注明图例。

6. 工人出勤表

工人出勤表中各工种的出勤人数，可根据各工种的工作量及实习矿井收集到的劳动定额计算求得，无定额的工种，按岗位定员。

7. 采煤工作面主要技术经济指标表

用表格形式表示采煤工作面的工作条件和应获得的技术经济指标，其所包括的内容参见本书相关课题。

第七章　采煤方法图的设计与绘制

采煤方法设计的最终成果要反映在采煤方法图中，它是指导生产的重要图件，是必须完成的最主要的设计图件之一。

1. 采煤方法图的内容

采煤方法图包括以下主要图表。

（1）采煤工作面平面图　绘出工作面的全貌，包括工作面的机械设备及其位置，工作面支柱及顶梁的布置，工作面上、下出口处的支护方式，采煤机的割煤方式，割煤挂梁、支柱、移溜、放顶等工序的空间关系，采煤工作面生产系统等。

（2）采煤工作面断面图　在工作面平面图的适当位置处作若干个断面图，说明最小和最大控顶距、工作面支护方式；画出机道、人行道、材料道及放顶宽度，以及工作面中采煤机、输送机、支柱、顶梁在空间上的相互关系。

（3）采煤工作面循环作业图　在该图中用规定符号画出各主要工序和辅助工序，并画出各道工序在时间上的先后顺序和间隔时间。如果是炮采工作面，还要绘制炮眼布置图和爆破说明书。

2. 采煤方法图中应标注的主要尺寸

1）工作面全长，上下切口长度、深度，采煤巷道宽度、采高。

2）柱距、排距、机道宽度，无支护宽度及最大和最小控顶距。

3）炮眼布置参数。

3. 绘制采煤方法图时的注意事项

1）用一号或零号图纸按规定比例尺绘图。

2）图面布置要疏密匀称、重点突出、线条清晰、粗细分明，各图位置布置恰当、整齐干净。

3）正式绘图前，先画设计草图，然后在图纸上用铅笔画底图，经检查无误后上墨。

第八章　安全技术措施

本章主要说明采煤工作面主要设备的安全操作与保养措施，支、回柱或移架安全技术措施；有重点地编写（1~2项）顶板事故的防治措施、瓦斯的防治措施、综合防尘措施、防火措施、防水措施、其他方面的安全技术措施（如初次放顶、收尾放顶、托伪顶开采、过老巷、过断层、褶曲和过陷落柱等的安全技术措施）；编写安全制度，遇灾害时的紧急处理及避灾路线。

三、任务考评

学生按课程设计要求编写课程设计报告书。

课程设计考核成绩由两部分组成：一是考核学生在课程设计中的态度和独立完成能力，二是考核学生的课程设计报告书。课程设计成绩分为优秀、良好、及格与不及格，由指导教师考核评定。

附录 C　课程实习

课程实习是专业教学的一项重要内容。通过课程实习，可进一步理解和巩固理论知识，培养专业实践能力。本部分包括矿井认识实习和采煤工艺实习两项内容。

课程实习一　矿井认识实习

一、矿井认识实习的目的和要求

矿井认识实习是在学习本课程第一篇后进行的现场实习。教学目的是通过听取技术报告、下井参观、调查研究、资料搜集等实习活动，结合理论教学内容，对矿井开拓方式和生产系统有初步的认识和了解；培养热爱煤炭事业、不怕吃苦、勇于奉献的优良品质。

二、实习时间安排

根据现行教学计划和进程安排，本次实习于______年______月______日至______年______月______日在______煤矿进行。实习时间为______天。

三、实习内容

矿井认识实习包括技术讲座、安全培训地面生产系统参观、井田开拓系统认识、采区巷道系统和采煤工艺参观等内容。

1. 技术讲座、安全培训

邀请工程技术人员作矿井开拓系统的报告和安全入井知识讲座。

技术报告的主要内容包括：矿井概况、煤的地质特征、矿井地面布置、矿井开拓系统、采煤方法、运输系统、通风系统、排水系统、动力供应系统及主要机电设备的类型、技术特征、矿井安全技术措施、井田范围及储量、矿井生产能力、矿井工作制度、矿井在籍人员总数和各类人员比重、效率、吨煤成本、主要技术经济指标等。

通过安全入井知识讲座，对实习学生和指导教师进行安全培训。安全入井知识讲座的主要内容包括：入井前的准备工作、井下行走、乘车、参观学习的安全注意事项、地面安全实习注意事项等。

2. 地面生产系统参观

由实习矿安排相关工程技术人员带队参观地面工业广场及设施并作详细讲解。为保证实习效果，人数较多时要分组进行。地面参观实习的主要内容有：主、副井绞车房，中央变电所，压风机房，风机房，地面运煤、选煤系统，排矸系统，材料供应系统等。

3. 井田开拓系统参观

1）了解实习矿井的开拓方式，包括主井、副井和风井的形式、数目、位置及布置方式，井筒的断面形式、断面大小和支护方式，井筒的装备和提升容器，井筒内的管线敷设，井筒连接处和井底硐室，矿井安全出口的设置情况等。

2）了解井底车场的形式和布置方式、硐室的布置、调车方式、存车线长度、车场线路的坡度、通过能力，并绘出井底车场简图。

3）了解开采水平的划分，上、下山开采情况，煤层群分组情况，以及这些划分的依据和合理性分析；了解开采水平高度、阶段尺寸的确定方法及其依据。

4）了解主要开拓巷道（主要石门、采区或带区石门、运输大巷、总回风巷等）的布置及其依据，采区或带区的划分、尺寸的确定及其依据。

5）了解主要运输大巷、主石门、总回风道的运输方式，运输设备的技术特征，大巷断面形式和支护方式，矿井三量是否符合规定，采区和带区接替是否正常。

6）绘出实习矿井开拓系统（包括运输、通风系统等）示意图。

4. 采区巷道系统和采煤工艺参观

1）了解采区或带区走向长度、区段或分带斜长和数目，各种煤柱的尺寸，以及确定这些尺寸的依据。

2）了解采区上（下）山、区段平巷、区段集中平巷和它们之间联络巷道的形式、布置方式及其确定的依据。

3）了解带区巷道布置方式、有无分带集中斜巷，运输大巷、分带集中斜巷和分带斜巷之间的联系方式及其确定的依据。

4）了解并分析采区或带区煤层开采顺序；同时生产的煤层和回采工作面数目；上下分层、上下煤层、上下区段或相邻分带同时回采时，回采工作面的超前距离。

5）了解并分析采区上、中、下部车场形式或带区车场形式，相应的线路布置，调车方式，高低道布置，储车线长度，特别是下部车场的线路设计情况。

6）了解并分析采区或带区煤仓位置、形式、规格、容量和支护方式；绞车房和变电所的位置，平面布置，设备类型、型号、技术特征，硐室尺寸和支护方式。

7）了解并分析采区或带区各主要巷道断面和支护方式、掘进方法，掘进使用的设备型号和技术特征，掘进作业方式，掘进速度，各类巷道的维护状况。

8）了解采区或带区运输（包括煤、矸石、材料设备）系统、通风系统、供电系统。

9）了解并分析一个采区或带区内的工作面接替安排、采掘关系，采区或带区的产量递增、递减期和正常生产期；了解采区或带区年产量和采出率。

10）熟悉各种工艺采煤工作面的机械装备及其布置；了解采煤工艺的工序过程。

四、实习纪律

1）严格遵守实习矿的各项规章制度及学校对实习的有关规定，服从领导，一切行动听指挥，按时参加一切实习活动，按时赴、离实习矿，严格执行请假制度。

2）实习前必须认真、深入地学习实习指导书，准确把握实习规定的内容，并准备好必要的实习用品、参考书及绘图工具。在实习过程中记好笔记或日记，随时记录数据、内容、心得体会和问题。一般是先听报告、下井参观、在地面收集整理资料，然后带着问题下井作详细调查，询问工程技术人员。整理资料和编写实习报告时，尽量采用图表形式反映收集到的资料，并附上必要的文字说明。

3）实习期间要牢固树立安全第一的思想，严格执行《煤矿安全规程》，遵守实习煤矿的安全制度，树立安全第一思想。

4）实习期间要注意精神文明建设，参加有意义的学术活动和文体活动。

五、注意事项

矿井认识实习，必须开展安全实习教育，树立“安全第一”的意识，确实保证地面和井下实习教学的安全。

1）实习之前必须对学生和指导教师进行安全知识培训，培训考试合格后才能参加实习教学活动。

2）每次组织进行地面、井下实习教学之前，指导教师必须强调安全事项和要求。每次实习教学结束之前都要清点人数，确认无误后，方可离开实习现场。

3）指导教师与学生同时下井和升井。

4）要确实保证实习教学目标，避免走过场，避免为安全而不下井实习的现象，避免实习报告只是抄写资料、抄写技术报告等问题的出现。

六、矿井认识实习报告编写提纲

实习结束后，学生必须提交实习报告，将本次实习情况及本人在实习中的收获全面、准确地用文字表述出来。实习报告的编写方式、内容如下。

（一）实习基本情况

内容包括：实习时间、参加人员及组织情况；本次实习的目的和任务、实习的主要过程和实习内容；实习矿井的概况。

（二）实习矿井的基本情况

1. 实习矿井（矿区）的概况

1）介绍实习矿井所在的行政隶属关系，自然地理位置，铁路、公路、水路的交通情况，地形地貌特征，名胜古迹，气候条件，主导风向，最大风速，土壤冻结深度，降水量和历年洪水位，防洪排涝工程，地震烈度。

2）介绍矿区的地面河流、湖泊、建筑物和铁路的分布，矿区的水、电、建筑物材料等供应情况，矿区建设与规划概况，该矿所处的区域经济状况。

3）介绍井田所处的自然环境及环境质量现状，地表塌陷区及其治理情况，煤矸石的处置和综合利用等，增强环境保护意识。

2. 实习井田的地质特征

1）井田的勘探程度，煤系地层特征，煤层和主采煤层层数，层间距离和顶底板岩性，煤层厚度和倾角，井田内断层、褶曲、陷落柱等地质构造的分布及特征，水文地质情况，主要含水层的分布，以及其他影响开采的地质特征等。

2）井田内开采煤层煤的牌号，煤质软硬、灰分和发热量，工业用途及经济评价；煤的自然发火倾向性，煤尘的爆炸性；煤层瓦斯含量和矿井瓦斯等级，地温情况等。

3. 井田境界和储量

1）实习矿井的井田境界划分情况及其划分依据，井田走向长度和倾斜长度，井田的面积，井田的地质勘探类型、勘探线及钻井的分布、储量等级的圈定。

2）矿井实际确定的煤层可采层数，井田按不同水平（或按高程）计算的工业储量和可采储量，以及储量的计算方法。

3）井田内安全煤柱（井田边界、井筒、工业广场、地面建筑物、铁路、河流湖泊及水库等）的留设和留设方法，矿区表土层和基岩岩层移动角以及这些永久煤柱的煤炭损失量。

4）矿井开采损失的计算方法和煤炭损失量，采区或带区护巷煤柱的尺寸和回收率等。

4. 矿井工作制度、年产量和服务年限

1）矿井每年的实际生产天数，每天的工作制度，出煤班数，每天工作小时数。

2）矿井设计生产能力、实际年产量和各水平的服务年限。

3）确定矿井设计生产能力的依据，矿井年产量与矿井储量、开采条件是否相符，与各辅助环节的能力（包括提升、运输、通风、大巷和井底车场等）是否相适应。

（三）实习主要内容

本部分报告内容也可参照以下结构编写。

1. 矿井开拓部署

1）井田境界与范围。

2）矿井开拓方式及生产能力。它主要包括：井筒的形式、数目、位置、装备；阶段与水平的划分、位置；开采水平的布置，主要石门、运输大巷和回风大巷的数目、位置及断面、支护方式、维护状况；车场的形式、线路布置，调车方式和通过能力；各硐室的布置、形式、断面、支护方式和工程量；主要道岔的型号；矿井的生产能力和服务年限。

3）矿井深部延深开拓方式。

4）采区划分及采区的走向长度、年生产能力及服务年限（炮采、普采、综采分别统计）。

5）各种煤仓的容量、形式；井下爆炸材料库的形式、位置和通风系统。

6）各种开拓巷道的掘进、支护方式。

2. 采区巷道布置

1）上（下）山与区段平巷、集中平巷的联系方式；区段巷道的布置方式；采区上、中、下部车场的形式及轮廓尺寸；各主要硐室的形式、位置和工程量。

2）采区划分及工作面的合理长度。

3）采区内各类巷道、硐室的断面和支护方式。

4）采区生产系统（提升、运输、通风、供电、供风等）的主要设备特征，上、下区段同时通风的系统。

5）采区内各类煤柱尺寸。若采用无煤柱开采，应收集跨斜巷（上山、下山）、跨大巷回采和沿空留巷、沿空掘巷方法和技术措施。

6）分层开采时工作面的错距或间隔时间。

7）煤层群联合开采的联系方式。

3. 提升和运输设备、供电系统

（1）提升和运输设备　主、副井的提升方式和容器；机械的类型、主要特征及选择依据；井筒及上山、下山提升绞车的类型。

（2）供电系统　矿井供电电源、供电设施和供电系统；矿井用电荷及井上、井下电压等级；井下供电方式及吨煤电耗。

4. 通风系统、排水系统

（1）通风系统　风井的位置及数目，现有通风方式及系统；井筒、大巷、采区巷道和工作面风速、风量；采掘工作面及各类硐室的供风标准；风机、电动机的型号及技术特征。

（2）排水系统和线路　排水设备的型号、流量、扬程；排水工作时间。

5. 参阅的主要图件

1）矿井地形图。

2）矿井开拓平、剖面图。

3）采掘工程平面图。

4）井底车场平面图。

5）矿井通风系统图。

（四）实习体会和感受

七、任务考评

实习成绩考核主要依据以下两个方面进行：

1）实习过程中的学习态度、出勤情况、完成实习任务情况等。

2）实习报告。

实习结束后，学生应将实习资料、实习报告、实习单位鉴定意见带回学校，由指导教师综合考核。考核成绩分为优秀、良好、及格和不及格。

课程实习二　采煤工艺实习

一、实习目的和要求

熟悉采煤工艺流程；了解工作面设备的性能，以及生产中遇到地质构造问题时的处理方法及安全技术措施；掌握采煤工作面生产技术及组织管理的基本知识，采煤工作面主要工种的操作技能和编制采煤工作面各种安全技术措施的能力。

二、实习时间安排

根据教学需要，计划实习安排3周，可安排在2～3个具有一定特点的矿井中进行，各学校可根据自身的实际情况进行安排。具体安排如下：

（1）实习矿井的概况　通过参观及工程技术人员的讲解，了解矿井的地质、生产和经营情况，熟悉井上、下生产环境。

（2）采煤工作面岗位实习　在现场工人的指导下参观采煤工作面主要岗位的生产情况，熟练掌握采煤工作面的工艺过程，能初步处理生产过程中出现的一些技术问题。

炮采工作面工艺实习1周，普采工作面工艺实习1周，综采、综放工作面工艺实习1周，共安排3周（含实习报告编写时间）。

三、主要实习内容及要求

1. 爆破采煤工艺实习

实习的主要任务是加强理论与实践的结合，了解炮采工作面的工艺过程，掌握各工序的具体操作，及时发现生产过程中的技术问题，并加以处理。

炮采工作面工艺过程包括打眼、放炮落煤和装煤、人工装煤、刮板输送机运煤、移置输送机、人工支护和回柱放顶等主要工序。

（1）爆破落煤　由打眼、装药、填炮泥、联炮线及放炮等工序组成。要求保证规定进度，工作面平直，不留顶煤和底煤，不破坏顶板，不崩倒支柱和不崩翻工作面输送机，尽量降低炸药和雷管的消耗。因此，要根据煤层的硬度、厚度、节理和裂隙的发育状况及顶板条件，正确确定钻眼爆破参数，包括炮眼排列、角度、深度、装药量、一次起爆的炮眼数量及爆破次序等。

（2）刮板输送机运煤　炮采工作面采用可弯曲刮板输送机运煤，为了提高爆破装煤的效果，刮板输送机必须推靠煤壁（刮板输送机与煤壁的间隙不能大于300mm），并在刮板输送机采空区侧加装挡煤板。爆破时分次爆破，先爆破顶眼，落下的煤炭大部分装入输送机内，然后挂顶梁及时支护顶板，再爆破底眼，把煤抛掷到输送机内，如操作得当，爆破装煤率可达60%以上。

（3）采煤工作面基本支护方式　点柱支护多用于顶板较稳定的薄煤层工作面。支架一般是由摩擦式金属支柱与金属顶梁或单体液压支柱与金属顶梁相配合组成的，其布置形式主要有两种：齐梁直线柱和错梁三角柱。爆破落煤时，爆深应与铰接顶梁长度相等。最小控顶距时，应有3排支柱，以保证有足够的工作空间；最大控顶距时，一般不宜超过5排支柱。当工作空间达到最大控顶距时，为了确保放顶安全，回柱之前常在放顶处架设一些加强支架，称为工作面的特种支架。特种支架的形式很多，有丛柱、密集支柱、木垛、斜撑支架及切顶墩柱等。

（4）采空区处理　随着采煤工作面不断向前推进，需要及时对采空区进行处理。由于顶板特征、煤层厚度和保护地表的特殊要求等条件不同，采空区有多种处理方法，但最常用的是全部垮落法。当工作面推进一次或两次之后，工作空间达到允许的最大宽度，即最大控顶距，此时应及时回柱放顶，使工作空间只保留回采工作所需要的最小宽度，即最小控顶距。最小控顶距一般为3排支柱，最大控顶距为4排或5排支柱。

当工作面使用木支柱时，需要采用回柱绞车回撤支柱。当工作面使用金属摩擦支柱或单体液压支柱时，通常用人工回柱。回柱应按由下而上、由采空区向煤壁方向的顺序进行，并应遵守安全规程的各项规定，以保证回柱放顶工作的安全。

2. 普通机械化采煤工艺实习

实习的主要任务是了解普采工艺流程，掌握采煤机的工作方式及进刀方式。

普采工艺过程包括采煤机割煤、装煤、运煤、支护及回柱放顶等工序，具体要求同炮采工作面。

普采工作面单滚筒采煤机的工作方式如下：

（1）滚筒的位置和旋转方向　单滚筒采煤机滚筒的旋转方向与工作面方向有关。当面向回风平巷站在工作面时，若煤壁在右手方向，则为右工作面；反之为左工作面。右工作面的单滚筒采煤机应安装左旋滚筒，割煤时滚筒逆时针旋转；左工作面应安装右旋滚筒，割煤时顺时针旋转。这样的滚筒旋转方向，有利于采煤机的稳定运行。当采煤机上行割顶煤时，其滚筒截齿自上而下运行，煤体对截齿的反力是向上的，但因滚筒的上方是顶板，无自由面，故煤体反力不会引起机器振动。当机器下行割底煤时，煤体反力向下，也不会引起振动，并且下行时负荷小，也不容易产生“啃底”现象。这样的转向还有利于装煤，产生的煤尘少，煤块不抛向司机位置。

（2）采煤机的割煤方式　包括单向割煤、往返一刀，“∞”字形割煤、往返一刀和双向割煤、往返两刀三种方式。

1）单向割煤、往返一刀。此割煤方式的工艺过程为：采煤机自工作面下（或上）切口向上（或下）沿底割煤，随机清理顶煤、挂梁，必要时可打临时支柱。采煤机割至上（或下）切口后，翻转弧形挡煤板，快速下（或上）行装煤及清理机道丢失的底煤，并随机推移输送机、支设单体支柱，直至工作面下（或上）切口。

2）双向割煤、往返两刀。此割煤方式又称穿梭割煤。采煤机首先自下切口沿底上行割煤，随机挂梁和推移输送机，同时铲装浮煤、支柱，待采煤机割至上切口后，翻转弧形挡煤板，下行重复同样的工艺过程。当煤层厚度大于滚筒直径时，挂梁前要处理顶煤。

普采工作面使用双滚筒采煤机时，一般也采用双向割煤、往返两刀的割煤方式。

（3）单滚筒采煤机的进刀方式

1）“∞”字形割煤时，采煤机沿工作面中部输送机弯曲段自行进刀，没有单独进刀过程，有利于端头作业和顶板支护。

2）斜切进刀。斜切进刀可分为割三角煤和留三角煤两种方式。

3. 综采、综放工艺实习

实习的主要任务是了解综采、综放工作面的工艺流程，掌握采煤机与液压支架的相互配合关系、液压支架的工作方式、工作面过特殊地质构造的工艺和技术措施，以及综采放顶煤工艺；掌握放煤步距和放煤方式的确定方法。

综采工作面的工艺过程一般为：采煤机落煤装煤，输送机运煤，自移式支架前移，同时推输送机到新的位置，后方顶板自动冒落。采煤机割煤及装煤、运煤与普采工作面基本相同，主要区别体现在液压支架的使用。

（1）综采工作面液压支架的移架方式　我国采用较多的移架方式有三种：①单架依次顺序式，又称单架连续式，支架沿采煤机牵引方向依次前移，移动步距等于截深，支架移成一条直线，该方式操作简单，容易保证规格质量，能适应不稳定顶板，应用比较多；②分组间隔交错式，该方式移架速度快，适用于顶板较稳定的高产综采工作面；③成组整体依次顺序式，该方式按顺序每次移一组，每组2~3架，一般由大流量电液阀成组控制，适用于煤层地质条件好、采煤机快速牵引割煤的日产万吨综采工作面。我国采用较多的分段式移架属于依次顺序式。

（2）综采工作面工序配合方式　综采工作面割煤、移架、推移输送机三个主要工序，按照不同顺序有两种配合方式，即及时支护方式和滞后支护方式。

（3）综采工作面端头作业　综采工作面端头支护方式主要有以下三种：①单体支柱加长梁组成的迈步抬棚，与普采工作面的端头支护方式相同；②自移式端头支架；③用工作面液压支架支护端头，适用于煤层倾角较小的综采工作面，通常在机头（尾）处要滞后于工作面中间支架一个截深。

（4）综采工作面的拆迁和安装

1）拆除期间的顶板控制。国内外综采设备拆除期间的顶板控制主要有三种方法：金属网加木板梁、金属网加钢丝绳、金属网加钢丝绳或锚杆。

2）综采设备的拆除方法。综采设备的拆除顺序一般是先拆输送机的机头或机尾，再拆采煤机和输送机机槽。支架的拆除顺序依据顶板和运输条件而定，多为后退式，即从工作面的运输巷端退向回风巷端（装平板车端）拆除，这样的拆除顺序有利于控顶；若机巷设有轨道、顶板条件好，可由回风巷端向运输巷端拆除，即前进式；或由工作面两端向中间前进拆除，以加快拆除速度。在拆除过程中，可以依次顺序拆除，也可以间隔抽架，这取决于哪种方式对顶板管理有利并能加快拆除速度。

3）开切眼断面的扩大及支护形式。通常为了减小开切眼的变形量和保证顶板的完整性，在设备安装之前开切眼是以小断面掘进的，因此，设备安装时一般要重新扩大开切眼断面。当顶板稳定、压力较小时，可一次先扩完，然后安装设备；反之，当顶板破碎、压力较大时，可分段扩面，边扩面边安装。开切眼支护视顶板情况，可采用与工作面推进方向一致的棚子加铺顶网支护或采用锚杆加顶网支护。

4）综采工作面设备组装。依据井巷条件及设备尺寸的大小，综采设备可以在地面工业场地、井下巷道和工作面组装。

5）综采设备运进工作面的方法。可用绞车将设备拖入工作面，即在工作面的两端头出口处各设置一台小绞车，首先用绞车将支架沿底板拖至安装地点，再用两台绞车转向、对位和调正。

6）综采工作面的安装顺序。综采工作面设备的安装顺序可分为前进式和后退式两种。前进式安装，是指支架的安装顺序与运送方向一致，支架的运输路线始终处于已安装好支架的掩护下，支架运进时要架尾朝前，以便调向入位。前进式安装可采用分段扩面铺轨道、分段安装的方式，也可采用边扩面、边铺轨、边安装的方式安装支架，支架安装完毕再铺设工作面输送机，最后安装采煤机。

（5）放煤步距与采煤机截深　合理的放煤步距应该与顶煤放落椭球体短轴半径和放顶煤高度相匹配，使顶部矸石和采空区矸石同时到达放煤口，达到丢煤最少、含矸率最低的目的。

实践证明，当放煤步距太大时，顶煤上部矸石将先于采空区矸石到达放煤口，脊背煤损失大；当放步距太小时，采空区方向的矸石将先于上部顶煤到达放煤口，使得上部一部分顶煤被关在放煤口之外，不利于顶煤的回收。只有确定合理的放煤步距，才能使煤炭回收率较高而含矸率最低。

采煤生产实践和测试研究证明：放煤步距大于或基本等于支架煤口沿工作面推进方向（放煤口沿支架纵向）的水平投影长度，至少使第二次放煤时放煤口上方全部为煤炭时，顶煤回收率最高、含矸率最低。为了简化采煤工艺、方便作业，放顶煤的步距应该是采煤机截煤深度（移架步距）的整数倍。一般情况下，当采用小截深（0.6～0.8m）时，割2刀放1次顶煤，放顶步距约为采煤机截深的2倍，即1.0～1.2m；当采用大截深（0.8～1.0m）时，采用割1刀放1次顶煤，放煤步距等于采煤机截深，即0.8～1.0m。

按照综采放顶煤采煤法的实际生产工艺，我国目前综采放顶煤生产工作面的放煤方式基本可以归纳为单轮顺序放煤、多轮顺序放煤和单轮间隔放煤及多轮间隔放煤等方式。每个矿井的放煤方式，应根据其煤层的赋存条件、煤层结构、顶底板岩性、工作面装备、采煤比等因素通过试验确定，并随着开采条件的变化适时调整，选择出适合本矿井的最佳放煤方式。

（6）端头放煤　根据提高工作面顶煤回收率的需要和端头支架的改进，目前一般综采放顶煤工作面采用端头放顶煤支架放落工作面两端的顶煤。

（7）工作面末采　工作面邻近停采线，即将结束回采前的一段时间的采煤过程称为末采。像初采一样，末采期间也存在是否放煤的问题。一般在距停采线 12～18m 时开始铺网，距停采线 10～14m 时即停止放煤。因此，在生产中可根据采煤工作面的具体条件，在顶板条件允许的前提下，尽量缩短末采停止放煤的距离。

四、实习注意事项

在生产实习过程中要注意安全，虚心向实习单位技术人员请教，坚决服从实习单位的安排调遣，遵守院校的一切规章制度，遵守社会公德，遵纪守法。

五、采煤工艺实习报告的编写

实习结束后，每个学生应提交一份实习报告，将本次实习情况及本人在实习中的收获全面、准确地用文字表述出来。实习报告的编写方式、内容要求如下。

1. 实习基本情况

内容包括实习时间、参加人员及组织情况；实习目的、实习主要过程和实习内容；实习矿井概况。

2. 实习主要内容（实习报告正文部分）

1）根据实习的每个环节收集的相关资料（包括相关图件）。

2）主要实习环节的工艺说明及遇到的技术问题的处理方法。

3）对于炮采、普采、综采工作面，任选一个，编写工作面作业规程和技术措施。

3. 实习报告编写要求

实习报告要求立意明确、资料翔实、思路清晰、文理通顺，有必要时可附图件说明问题。编写报告的材料来自生产实习单位，总结个人在工艺实习中的体会。

六、任务考评

实习成绩的评定主要根据以下三个方面的表现：

1）在实习岗位的表现情况。

2）实习资料的收集情况。

3）实习报告的编写情况。

实习结束后，学生应将实习资料、实习报告、实习单位鉴定意见带回学校，由指导教师作综合考核，考核成绩分为优秀、良好、及格和不及格。

参考文献

[1] 陈炎光，徐永圻．中国采煤方法 [M]．徐州：中国矿业大学出版社，1991.
[2] 徐永圻．中国采煤方法图集 [M]．徐州：中国矿业大学出版社，1990.
[3] 徐永圻．煤矿开采学 [M] 修订本．徐州：中国矿业大学出版社，1999.
[4] 张先尘，钱鸣高．中国采煤学 [M]．北京：煤炭工业出版社，2003.
[5] 徐永圻．采矿学 [M]．徐州：中国矿业大学出版社，2003.
[6] 任秉钢．中国综合机械化放顶煤开采 [M]．北京：煤炭工业出版社，2002.
[7] 胡公才．煤矿安全规程问答 [M]．北京：煤炭工业出版社，2002.
[8] 张希峻．煤矿开采方法 [M]．徐州：中国矿业大学出版社，1993.
[9] 何道清．陕西煤炭技术 [M]．徐州：中国矿业大学出版社，1994.
[10] 王刚．煤矿地下开采 [M]．徐州：中国矿业大学出版社，1990.
[11] 陈郑正．采煤专业毕业设计指导书 [M]．徐州：中国矿业大学出版社，1998.
[12] 张先民，王春城．实践性教学指导书 [M]．徐州：中国矿业大学出版社，1994.
[13] 杜计平．采矿学 [M]．徐州：中国矿业大学出版社，2009.

参考文献

[1] [illegible]
[2] [illegible]
[3] [illegible]
[4] [illegible]
[5] [illegible], 2001.
[6] [illegible]
[7] [illegible], 2008.
[8] [illegible]
[9] [illegible]
[10] [illegible]
[11] [illegible]
[12] [illegible]
[13] [illegible], 2009.